做人、说话、办事,是人生的三大能力。
会办事,先要学会说话;会说话,先要学会做人。

经典实用　全本珍藏

会做人
会做人是一种境界，需要技巧

会说话
会说话是一种艺术，需要智慧

会办事
会办事是一种能力，需要方法

大全集

水中鱼 ◎ 编著

启迪心智，不可或缺的人生指南；
指点迷津，独一无二的智慧读本。

立信会计出版社
LIXIN ACCOUNTING PUBLISHING HOUSE

图书在版编目（CIP）数据

会做人会说话会办事大全集/水中鱼 编著.—上海：立信会计出版社，2010.11

（超值金版）

ISBN 978-7-5429-2700-2

Ⅰ.①会… Ⅱ.①水… Ⅲ.①人生哲学–通俗读物 Ⅳ.①B821-49

中国版本图书馆CIP数据核字（2010）第211399号

策划编辑	蔡伟莉
责任编辑	张　蕾
封面设计	久品轩

会做人会说话会办事大全集

出版发行	立信会计出版社		
地　　址	上海市中山西路2230号	邮政编码	200235
电　　话	(021) 64411389	传　真	(021) 64411325
网　　址	www.lixinaph.com	电子邮箱	lxaph@sh163.net
网上书店	www.shlx.net	电　话	(021) 64411071
经　　销	各地新华书店		
印　　刷	廊坊市华北石油华星印务有限公司		
开　　本	787毫米×1092毫米　　1/16		
印　　张	25		
字　　数	405千字		
版　　次	2010年11月第1版		
印　　次	2015年2月第11次		
书　　号	ISBN 978-7-5429-2700-2/B		
定　　价	29.00元		

如有印订差错，请与本社联系调换

前 言

世事洞明皆学问，人情练达即文章。这是说一个人为人处世的能力和艺术。可是要达到如此境界，不是一朝一夕就能实现的，它需要在人生旅途中不断地学习和摸索，不断地磨练和修正。今天，你可能在学校里专业课学得非常精通，但在社会这个大课堂上却格格不入；你可能在某一领域是个技术骨干，但在人际交往中却四处碰壁；你可能在熟悉的环境里谈笑风生，而到了陌生的环境却不知所措；你和老朋友畅所欲言，见了陌生人就脸红……总之，一涉及为人处世这个话题，你便会不知不觉地胆怯起来，甚至想溜之大吉，而后，面对人生这部更加复杂的大书，开始茫然、惆怅，独自叹息。

人的一生就是在不断的学习中度过的，只是有的知识由老师传道、授业、解惑，而有的本领和技能就需要我们自己去领悟，去锻炼，去实践。比如，做人的学问，说话的艺术，办事的技巧，这些是你在学校里学不到的。

一、人生三事：做人、说话、办事

人无论在哪个发展阶段，都离不开三件事：做人、说话、办事。要想立足社会，想在人际圈中吃得开，就要掌握三种本领：会做人、会说话、会办事。

会做人是一种境界，需要技巧；

会办事是一种能力，需要方法；

会说话是一种艺术，需要智慧。

一个人的做人方式会在说话和办事的过程中得以体现，而说话和办事中的细节与态度也恰恰折射出了做人的风格。会说话、会办事，你的人格魅力自然得到提升；不会说话、不会办事，自然麻烦重重惹人厌。做人就是办事，办事就是做人，当做人和办事相互交融时，做人中掺入了技巧，办事时透出了境界，再通过恰当的语言彼此让对方感知，生命的意义就会因此而变得更加深刻、更加丰富，为人也会更加洒脱和自信。

学会做人、学会办事、学会说话，是人生的三大生活技巧，缺一不可。会做人，也会办事；会办事，要先会做人。同时，会说话也是会办事和会做人的重要内涵，掌握了说话的技巧，做人可以做得练达，办事可以办得聪明、圆满。掌握了这三大技巧，也就掌握了成功的金钥匙，人生一定会过得十分美满和精彩。

二、立世三宝：会做人、会说话、会办事

会做人、会说话、会办事，此为立世三宝。

会做人就是会处理好三种关系：人自己的心身关系，人与社会的人际关系，人与自然的天人关系。简单点说，就是学会让人、学会敬人、学会爱人、学会宽容别人、学会善待别人、学会尊敬别人；不张扬、不狂傲、不显露、不虚伪，这些都是做人的基本要求。

有的人会做人，有的人不会做人。会做人的人善于处理做人的问题，赢得他人

的尊重和社会的认可，同时也发展和提升了自己。不会做人的人不会处理做人的问题，事业上一败涂地，生活也处于焦头烂额的状态中。学会做人就要从我们自身开始，从提升我们个人的修养和素质开始。

会说话就是讲究语言表达的方式：说得好，说得精，说得巧。说得好，就是把话说到对方的心坎上，说者会说，听者爱听，彼此共鸣；说得精就是言简意赅，不啰嗦，不冗繁，不赘言；说得巧，是指话说到点子上，言之有据，一语中的，而不是东拉西扯，无理狡辩。

有的人会说话，有的人不会说话。会说话的人可以明确地表达自己的意图，能够把道理说得清楚、动听，并使别人乐意接受。会说话的人金玉良言被人所称赞，绝词妙语被人所欣赏，豪言壮语被人所鼓舞。正所谓"良言一句三冬暖。"不会说话的人常常吞吞吐吐，含糊其辞，重则造成误会，伤至感情，对人对己都不利。

会办事就是懂得处理问题的技巧：事办得到，事办得牢，事办得周全。办得到，简单来说就是答应别人的事就一定要完成它，对他人交代的事情能够严守承诺，不放空炮，不拖拖拉拉，不论上级指示的、上司交办的、下属请示的、同事委托的、亲友嘱咐的等等都如期完成任务；办得牢，就是将事情办得牢靠，让人放心，不让人催促、有所担忧；办得周全，指办事有始有终，不半途而废，不虎头蛇尾，细枝末节都想得到，办得好。

有的人会办事，有的人不会办事。会办事是做人在行为上的要求，人们面对各种各样的问题和矛盾，以什么样的态度和方式处理问题、解决矛盾，反映着一个人的追求，也决定着事情的不同结果。会办事的人能够在工作和生活中运筹帷幄、应用自如，做到办实事、求实效。不会办事的人或者言而无信，说得到做不到，或者有头无尾，草率了之，或者固执己见，不求变通，结果好事也变得糟糕。

三、关于《会做人会说话会办事大全集》

如果你正为以下的尴尬处境而烦恼，请打开本书吧！

常常感慨："做人难，人难做，难做人。"

有的话想说而不能说；有的话想说而不该说；有的话想说而不会说；有的话想说而不敢说。

简单的事情搞复杂，越办越乱；愉快的事情搞复杂，越办越烦；好的事情搞复杂，越办越糟……

本书以为人做题，以做人、说话、办事做眼，内容古今鉴用，中外融通，多侧面、多角度、多层次地阐述了现代人立足社会应当掌握的技巧和策略。每一个生动精彩的故事都映照出了人性的光辉，教给我们做人的价值和意义；每一段文字深入浅出地说明了说话和办事所蕴藏的智慧和艺术。它用最直接、最简单、最实用、最有效的方法告诉大家：怎么说话最恰当，最让人爱听，怎么办事最成功，收效最高。

衷心希望你拥有不可思议的力量，有能力去改变你的现状，拓宽你的视野，丰富你的内涵，实现你的目标。

本书编写时借鉴和参阅了大量的文献作品，从中得到了不少启发和感悟，在此表示深深的感谢！

会 做 人

目录

第一章 看透人性——做人要懂心理学
通过对方的交际圈来了解对方 …… 3
摘掉光环，警惕晕轮效应 …… 4
利用投射心理，洞悉他的心境 …… 6
跳出心理定势，用新眼光看待对方 …… 7
领悟刻板效应，用心看待每个人 …… 9
慧眼识英雄，看出对方的闪光点 …… 10
看穿脸面，辨析对方的内心 …… 11
透过衣着，看破对方的心理 …… 13

第二章 用点手腕——做人不要太老实
原则性结合灵活性 …… 16
懂得争取自己的利益 …… 17
要勇于赚取钱财 …… 19
不要随便讨厌别人 …… 20
掌握各种人生的技巧 …… 21
要启发对现状的不满 …… 22
改变观念，顺应时代潮流 …… 23
掌握与人交际的方法 …… 24
走出人际交往的误区 …… 25

第三章 学会感恩——对别人表达感激之情
培养感恩的心 …… 28
感谢生活的赐予 …… 29
感谢自己拥有的一切 …… 30
感谢别人为你付出 …… 31
感恩的人容易得到快乐 …… 33
感恩的生命会得到滋润 …… 33

第四章 懂得珍惜——做人身在福中要知福
只看自己所拥有的，不看自己所没有的 …… 36
重视有形和无形的价值 …… 37
每个人都少了一样东西 …… 38
珍惜你的婚姻 …… 38
珍惜你的家庭 …… 40
珍惜你的工作 …… 41

目录

珍惜你的福分 ……………………………… 42

第五章 主动适应——不把自己的意志强加于人
适应不是牵就 …………………………………… 45
与人融洽相处 …………………………………… 46
多说"您想呢" ………………………………… 47
避免无谓的争论 ………………………………… 48
改变你自己 ……………………………………… 49

第六章 放低姿态——做人该低头时就低头
低头的好处 ……………………………………… 52
低头不是逆来顺受 ……………………………… 53
低头不是消极避世 ……………………………… 53
低头是对现实的积极反应 ……………………… 54
低头是为了抬头 ………………………………… 55

第七章 留有余地——把握做人的尺度
可方可圆，不偏不倚 …………………………… 57
恪守中庸之道 …………………………………… 58
一定不要走极端 ………………………………… 59
少说绝话多留余地 ……………………………… 60
掌握立身行事的度 ……………………………… 61

第八章 换位思考——做人要有同理心
了解对方的立场 ………………………………… 64
没有同理心就没有信任 ………………………… 65
为别人着想，进入"文明"的层次 …………… 66
把自己放到社会之中去，将心比心 …………… 66
你怎样对别人，别人就怎样对你 ……………… 67
善待别人，就是善待自己 ……………………… 68
理解别人，不要逼迫别人 ……………………… 69

第九章 尊重对方——所有人都是平等的
每个人都很重要 ………………………………… 72
放下你的身段 …………………………………… 73
努力使人赢得尊严 ……………………………… 74
尊重所有人，包括你不喜欢的人 ……………… 75
和大家一起分享荣耀 …………………………… 76

第十章 欣赏对手——把对手变成朋友
人生不是战场 …………………………………… 79
欣赏就是不诽谤 ………………………………… 80
欣赏就是不嫉妒 ………………………………… 80
欣赏就是为人喝彩 ……………………………… 81

为对手鼓掌叫好 ………………………………………… 82
　　给对手以适当的赞美 …………………………………… 83

第十一章　赠人玫瑰——做一个肯帮助别人的人
　　你是好人还是坏人 ……………………………………… 86
　　做人的差距 ……………………………………………… 86
　　别做一毛不拔的铁公鸡 ………………………………… 87
　　帮助别人有技巧 ………………………………………… 88
　　勿以善小而不为 ………………………………………… 89
　　莫做自私的人 …………………………………………… 90
　　决定之前先想想别人 …………………………………… 91
　　对方需要什么就给予什么 ……………………………… 92
　　给人方便，自己方便 …………………………………… 93

第十二章　自我调节——做一个快乐的工作达人
　　给自己种一棵"忘忧草" ……………………………… 96
　　试着建一本烦恼日记 …………………………………… 97
　　小爱好也有大快乐 ……………………………………… 98
　　做自己喜欢做的事 ……………………………………… 99
　　会休闲才有好心情 ……………………………………… 100
　　保持一颗平常心 ………………………………………… 101
　　用一杯茶来品尝心灵的淡泊 …………………………… 102
　　让每一天都充满书的影子 ……………………………… 103
　　让音乐奏响人生崛起的旋律 …………………………… 103
　　水墨丹青蕴藏着快乐的源泉 …………………………… 104
　　人生低谷借酒解忧又何妨 ……………………………… 106

附录一　李嘉诚做人之道 ………………………………… 108
附录二　为人处世能力测试 ……………………………… 111

会　说　话

第一章　善于赞美——多谈对方的得意之事
　　每个人都渴望被赞美 …………………………………… 119
　　多在背后赞美他人 ……………………………………… 120
　　赞美他人，照亮自己 …………………………………… 121
　　赞美的六个前提条件 …………………………………… 123
　　赞美的四大方式 ………………………………………… 125
　　赞美的五种效果 ………………………………………… 127

目录

多谈对方的得意之事 …………………………………………… 128
不要胡乱恭维对方 ……………………………………………… 129
"大家都这么认为" ……………………………………………… 130
夸人减龄，遇货添钱 …………………………………………… 131

第二章 幽默风趣——寓庄于谐的语言酵母

幽默的四大类型 ………………………………………………… 134
幽默的五大作用 ………………………………………………… 135
幽默的三大力量 ………………………………………………… 138
笑一笑，十年少 ………………………………………………… 139
谁说中国人不懂幽默 …………………………………………… 140
幽默促推销 ……………………………………………………… 142
幽默的十大技法 ………………………………………………… 143

第三章 耐心倾听——人人都有说话的欲望

每个人都有倾诉的欲望 ………………………………………… 150
乱插嘴的人令人讨厌 …………………………………………… 151
耐心听别人谈他自己 …………………………………………… 152
做一个耐心的倾听者 …………………………………………… 153
倾听能帮助你思考 ……………………………………………… 154
给顾客说话的机会 ……………………………………………… 155
倾听中的插话技巧 ……………………………………………… 156

第四章 委婉拒绝——别不好意思说"不"

在生活中学会拒绝 ……………………………………………… 159
拒绝，但不使人难堪 …………………………………………… 160
拒绝的六大妙招 ………………………………………………… 161
说"不"的禁忌 ………………………………………………… 163
说"不"能为你赢得尊重 ……………………………………… 164
谈判中的拒绝术 ………………………………………………… 165

第五章 因人而言——注意对方，谨慎开口

边看边说，边说边看 …………………………………………… 170
注意对方，谨慎开口 …………………………………………… 171
从声气中认识人 ………………………………………………… 174
从音色中辨别人 ………………………………………………… 176
十种会说话的人 ………………………………………………… 177
七种似是而非的人 ……………………………………………… 179
与名人交谈，不卑不亢 ………………………………………… 180
与有钱人交谈，正直坦率 ……………………………………… 181

第六章 有礼有节——得体地使用礼貌语言

优雅的谈吐讨人喜欢 …………………………………………… 184

得体地使用礼貌语 …………………………………… 185
　　因为少说了一句话 …………………………………… 186
　　说好"谢谢" …………………………………………… 187
　　说好"对不起" ………………………………………… 188
　　说客气话时不要太客套 ……………………………… 189
　　文明礼貌三句话 ……………………………………… 190

第七章　简洁明快——把话说到点子上
　　林肯的演讲词 ………………………………………… 193
　　不做啰唆先生 ………………………………………… 194
　　措辞简洁的六大方面 ………………………………… 195
　　有哪些是不必要的 …………………………………… 196
　　在家里，多余的话也不是一无是处 ………………… 197

第八章　巧妙提问——问对问题赚大钱
　　提问的四大作用 ……………………………………… 201
　　提问的技巧 …………………………………………… 202
　　提问的方法 …………………………………………… 204
　　提问的尺度 …………………………………………… 205
　　看清对方，问得适宜 ………………………………… 206
　　问得太多惹人烦 ……………………………………… 207
　　一次提出两个问题 …………………………………… 208
　　只给出一个答案：Yes或No ………………………… 209
　　让对方说"是" ……………………………………… 210
　　相同的问题有不同的问法 …………………………… 211
　　问句类型举例 ………………………………………… 213

第九章　含蓄暗示——换个说法会更好
　　《第六枚戒指》的故事 ……………………………… 216
　　含蓄是一种艺术 ……………………………………… 217
　　换个说法会更好 ……………………………………… 220
　　委婉曲折的三大形式 ………………………………… 221
　　含蓄地表达爱情 ……………………………………… 223
　　在谈判中尽量使用婉语 ……………………………… 225
　　含蓄的六种表达方法 ………………………………… 227

第十章　肢体语言——此时无声胜有声
　　把握最初的十秒钟 …………………………………… 229
　　表情语言为你铺平道路 ……………………………… 230
　　发挥肢体语言的魅力 ………………………………… 234
　　肢体语言的类型 ……………………………………… 235
　　肢体语言的特性 ……………………………………… 236

目录

　　肢体语言的功能 ……………………………………… 236
　　站　姿 ………………………………………………… 237
　　坐　姿 ………………………………………………… 238
　　步　态 ………………………………………………… 238
　　手　势 ………………………………………………… 239

第十一章　注意场合——到什么山唱什么歌
　　说话要注意场合 ……………………………………… 243
　　严肃场合不能开玩笑 ………………………………… 244
　　喜庆场合妙语解围 …………………………………… 245
　　危机场合一语自救 …………………………………… 245
　　社交场合说好第一句话 ……………………………… 246
　　公关场合说话艺术 …………………………………… 247
　　不同场合下的不同用语 ……………………………… 248

第十二章　善意批评——忠言也可做到顺耳
　　切莫轻易指责别人 …………………………………… 251
　　纠正他人错误的方法 ………………………………… 252
　　良药苦口，忠言逆耳 ………………………………… 253
　　批评的五个前提 ……………………………………… 254
　　批评的四大内容 ……………………………………… 256
　　批评的十三种方式 …………………………………… 258
　　用一用声东击西法 …………………………………… 261

附录一　温式讲话风格 ………………………………… 263
附录二　沟通能力测试 ………………………………… 265

会 办 事

第一章　首因效应——求人办事形象第一
　　人靠衣服马靠鞍 ……………………………………… 271
　　办事时的衣着应得体 ………………………………… 272
　　别人以貌取人，你怎么办 …………………………… 274
　　成功的形象由你自己决定 …………………………… 275
　　好形象是成功的资本 ………………………………… 276
　　打造完美形象 ………………………………………… 277
　　出色的工作增添你成功形象 ………………………… 278
　　娶个好妻子给你的形象加分 ………………………… 278
　　与杰出的成功者交往合作 …………………………… 279

第二章　有张有弛——塑造成熟的办事心态

办事离不开决心 …………………………… 281
办事离不开顽强 …………………………… 282
成功离不开坚持 …………………………… 283
办事要发挥长项 …………………………… 284
办事要坚决果断 …………………………… 285
办事要激发潜能 …………………………… 286

第三章　八面玲珑——经营你的人脉资源

成功15%靠知识，85%靠关系 …………… 289
规划人脉资源 ……………………………… 291

第四章　知己知彼——办事这样说服对方

不同的人不同的说服方式 ………………… 294
不到最后绝不放弃 ………………………… 295
运用名片赢得人心 ………………………… 296
层层剥笋，层层递进 ……………………… 297
先否后赞，先坏后好 ……………………… 298
利用人的逆反心理 ………………………… 299

第五章　巧借外力——找不同的人的方法

"贵人"相助好办事 ………………………… 302
主动接触成功人士 ………………………… 303
让客户成为钱脉 …………………………… 304
选准合作伙伴 ……………………………… 306
获得陌生人的认同 ………………………… 307
拉近和老乡的关系 ………………………… 309

第六章　谨小慎微——细节决定一切成败

细节反映人的修养 ………………………… 313
细节决定成败 ……………………………… 314
在细节处下功夫 …………………………… 316
差不多心理要不得 ………………………… 316
切勿因小失大 ……………………………… 318

第七章　能屈能伸——玩转职场的秘诀

把目标埋在心底，看准时机再行动 ……… 321
遇事和上司商量，不自作主张 …………… 322
不同的上司，不同的应对战术 …………… 324
留一点空间给你的上司 …………………… 327
方法总比借口多 …………………………… 329
在工作中展示创造力 ……………………… 330
遵守办公室里的潜规则 …………………… 332

目录

第八章 赢得信赖——让他人主动帮忙

记住对方的姓名 ································ 335
不必事事都求胜 ································ 337
不妨说点善意的谎言 ···························· 338
以请教的方式提建议 ···························· 340
塑造权威的表象 ································ 341
运用皮格马利翁效应 ···························· 342
利用对比心提出大要求 ·························· 344
"红脸"、"白脸"都要唱 ······················ 345
巧用禁果吸引对方注意 ·························· 346

第九章 告别拖拉——我的时间我做主

你为什么会拖拉 ································ 349
拖拉的代价 ···································· 350
告别拖拉时代 ·································· 351
终生管理时间和精力 ···························· 352
时间管理的十八条原则 ·························· 353
节约时间的十六个方法 ·························· 355

第十章 学会变通——灵活机动易成事

出奇制胜好办事 ································ 359
因地制宜把事办 ································ 360
因事制宜把事办 ································ 361
因人制宜把事办 ································ 362
办事要权衡利弊 ································ 363
办事要兼顾得失 ································ 364
有时办事要顺势而行 ···························· 365
有时办事要逆势而行 ···························· 366
有时办事要因势利导 ···························· 367

附录一 犹太人办事策略 ························ 369
附录二 办事能力测试 ·························· 379

会做人

"做人"对人的成长和成功起着决定性的作用。人是"做"出来的,做人是一种修养。人活一天就得做一天人,尽一份天责,就得讲一天修养。只要一息尚存,做人就一刻也不能放松。做人不但是大难事,也是大艺术。从普通平凡成为不普通、不平凡;从不普通不平凡上升到超凡脱俗;再从超凡脱俗,提升到鹤立鸡群,独创独造,这就达到了"做人"的最高标准。

第一章　看透人性
——做人要懂心理学

有一对夫妻去看房子。"千万不要让销售员知道你喜欢游泳池，不然我们不好砍价。"先生对太太说。然而，一到现场，太太就掩饰不住自己对游泳池的喜爱之情。业务员看在眼里，记在心里。

"你瞧，这房子漏水。"先生看着看着尖叫起来。销售员仿佛没有听见，他对那位太太说："太太，我带您去看看后面的游泳池吧。"

"这个房子质量太差，要整修啊！"先生继续说道。销售员依然好像没有听见，他只对太太说："太太，您从这个角度看后面的游泳池，它是多么的漂亮。"

销售员不断地说游泳池的事，太太始终想着游泳池的事，根本无暇顾及房子的质量问题。结果，销售员不费吹灰之力，便高价出售了这栋房子。

这位销售员成功的关键是什么？答案是：看透人性、擅长攻心。

中国古代兵法强调:"用兵之道,攻城为下,攻心为上。"在现代生活中,这一兵法也大有用武之地。做人犹如打仗,也要懂点心理学。

心理学是一门照亮人类自身的学问,是一门让人变得更聪明的学问。比如,心理学认为每个人都有自尊需要,如果你懂得这一点,就不会在公开场合乱叫他人的绰号,作出不尊重他人的行为。又比如,心理学认为每个人都有独特的个性,所以你需要用不同的方式来处理好与每个人的关系。相反,许多人际关系中的矛盾、烦恼,都是从人们互相不了解对方的"心"开始的。因此,做人应该懂点心理学。

通过对方的交际圈来了解对方

有个人要买驴,但不知那头驴的品性,就先牵来试用两天。

他把驴牵到自家牲口棚,和已有的三头驴系在一起。这三头驴,一头勤快,一头懒惰,一头善于讨好主人,买驴人对此了解得一清二楚。

这新买的驴子被牵回家后,不和别的驴子站在一起,却走到那头好吃懒做的驴子旁边。买驴人见状,二话没说,马上又牵着这头驴子回到市场上去。

"你还没有好好试试呢。"卖驴的人说。

"不必再试了。"买驴的人回答说,"现在我知道它是什么样的驴了。"

有一句俗话"近朱者赤,近墨者黑",意思是接近朱砂(红色的物质)的会变红,接近墨(黑色的物质)的会变黑。在心理学上,这种现象被称为链状效应,它是指人在成长中的相互影响作用。

我们每个人都生活在同一个世界里,居住在同一个地球上。人与人之间总是会存在某种程度上的交往,或在不同的环境中,或在不同的时间、空间下。

我们从出生到死亡,都在不停地与人接触,与人打交道,与人交往。总有自己的朋友,有些是兴趣相投,有些是个性相合,有些是性格互补,有些是利益共生,有些是酒肉之交,有些是心灵相犀,有些是性欲需求……

很多时候,我们可以从对方的交际圈中看出对方的为人、品性、身份地位、层次背景甚或是其内心世界。他经常与什么人交往,与哪些人打交道,与哪类人接触,往往能反映出他是个什么样的人。

一个整天和街头地痞小混混为伍、吃喝玩乐、酗酒打架、收保护费的人,通常情况下,会是个恶习满身的小痞子,除非有颗坚硬的心,否则经常处在这种不良环境中很可能会丧失本来具有的各种好品性、习惯,成为人见人恶的小恶霸。

不是人人都像《无间道》里梁朝伟扮演的角色,在黑道和地痞、流氓、毒贩、走私贩混在一起多年,打架、酗酒、抽烟、赌博,还能保持自己的真心,告诫自己："我是一名警察"。他经常失眠，因为他正义的心和他的日常生活的环境、所作所为有着重大的冲突。因为经常打架，他已经有了暴力伤人的习惯或者说内心欲望，不能自控。可见，经常接触什么人，做什么事，对一个人的影响有多大。

我们所见到的更多的情况是，很多人在不良环境的渲染下，在不良朋友的带动下，慢慢沉沦，走上歧途。吸毒的朋友迟早要让你染上毒瘾，嫖娼的朋友终会诱使你嫖妓，打架斗殴的朋友渐渐会让你习惯于打架，巧取豪夺、奸诈的朋友会让你变得更阴险、不择手段。而一个长时间生活在良好正统环境下的人，受过良好教育，有着温暖家庭，整天和良善的、有涵养、有品位的人打交道的人，他本身就处在一个秩序井然、明朗阳光的小环境中，他和他的朋友之间相互的熏染，他会是一个善良、忠厚、有素养、有爱心的人（当然我们也不排除有些人因为某些特殊因素受到特别的打击或者诱惑，而改变成为面善心毒的小人、伪君子）。

《无间道》中刘德华扮演的角色由一个黑道卧底渐渐变成一个警察，尽管他的某些手段还有些不正当，但是他从内心里想当"一个好人"。日常接触的朋友圈子，真是影响人，它不仅改变一个人的习性，也改变一个人的内心。

经常和单纯善良的人在一起，你也会变得单纯而善良。经常和阴险狡诈的人在一起，你也会变得心怀鬼胎、不择手段。经常和有文化的人在一起，你也会受到感染，不知不觉中提升自己的知识素养。

古代孟母为了让孟子有一个好的生长学习环境，经常接触到有文化、有涵养的温文尔雅之士，而三次搬家。今天我们是否也应该多和有能力、有魄力、有文化、有品性的人结交共处呢？

随着岁月的磨砺，每个人逐渐形成了自己的交际圈，在这个圈里，大家都共生在一条链子上，总是相互连接。

人以类聚，物以群分，"道不同，不相为谋"，从一个人结交的朋友中，可以折射出这是一个什么样的人。如果他经常和善良正直纯真的人在一起，那他应该是一个善良正义的人。如果他经常和狡诈阴险的人在一起，那他应该也是一个恶毒的小人。如果他经常和爱拍马屁的人在一起，他就应该是一个爱慕虚荣的人。如果他经常和处事果断、有魄力的强人在一起，那他应该是一个头脑清醒、有远见同时又有点依赖心的人。

看他身边的朋友，看他经常接触的人，通常情况下，我们就能判断出他是什么样的人，他的秉性风格、趣味爱好、身份地位、受教育程度、素养……

摘掉光环，警惕晕轮效应

你是不是喜欢听某个明星唱歌，就喜欢他，觉得他样样好，越看越喜欢？
你是不是会因为喜欢某个电影或电视剧里面的某个角色，而喜欢扮演者的一切，不管他参加什么节目，你都喜欢？喜欢他的一切所作所为？

这就是心理学上的晕轮效应，也叫光环效应。晕轮效应是指人们对他人的认知，像日晕一样，由一个中心点逐步向外扩散成越来越大的圆圈，是一种在某一突出特征的影响下所产生的以点带面、以偏概全的社会心理效应。

一个人如果被标明是好的，他就会被一种积极肯定的光环所笼罩，并且被赋予其他一切好的品质；如果一个人被标明是坏的，他就会被一种消极否定的光环所笼罩，并且被认为具有其他一切坏的品质。

这就是所谓的"一好百好，一差百差"、"情人眼里出西施"、"看你顺眼越看越顺眼，看你不顺眼越看越不顺眼"。

对于晕轮效应，心理学家戴恩做过一个这样的实验：让被试者看一些照片，照片上的人有的很有魅力，有的是一般魅力，有的则没有魅力。然后让被试者在与魅力无关的特点方面评定这些人。结果表明，被试人对有魅力的人比对无魅力的人赋予了更多积极的人格特征，如友善、和蔼、沉着和好交际等。

这种晕轮效应不但表现在以貌取人上，还常常表现在初次与人交往时，以他人的穿着打扮、言谈举止、气度风格等来推断他的身份地位、才能、品德、性格等。在对不太熟悉的人进行评价时，这种效应体现得尤为明显。

我们在日常的人际交往中，可能会因为个人的喜好而对他人有所偏见或偏爱，但是我们一定要提醒自己全面观察对方，决不能看见靓丽的外表就晕了头，须知人在表皮下，还有更深奥的东西在涌动。

一位影星、歌星，他的可爱之处在于他戏演得好、歌唱得好，或在于他的勤奋、坚强、沉稳、勇敢、执着、孝心和爱心等一些个人品质魅力，甚或在于他的帅气、靓丽。而"粉丝"们却把明星当成是无所不能，没有缺点的完人来崇拜。他们在演唱会上尖声叫喊，如醉如痴，为获得一个签名排几个小时的队，可以理解，甚至可以支持，因为这些体现了年轻人的激情。他们喜欢什么，爱什么，就去大胆地做什么，都无可厚非。

有些人看起来慈眉善目，温文尔雅，彬彬有礼，待人和善。我们常常会喜欢这样的人，认为这样的人必定善良、友好、有涵养、有层次、有水平，是一个值得结交的好朋友，一个优秀的合作伙伴。然而事实未必如此，一些伪君子，骗子，表面一套背地一套的小人常常最具伪装性和迷惑性。我们往往会因为他们的一些表面的突出的"优点"而忽略或者看不到他们的真实缺点，导致上当受骗，最终捶胸顿足，大发感叹：我怎么会相信这个混蛋！

为克服晕轮效应，我们应该养成客观、全面看待他人的习惯。

要知道没有完美无缺的事物，有优点并不意味着就是完人，有缺点也不意味着一无是处。可爱的优点和讨厌的缺点，很可能在一个人身上并存。不要被光环所迷惑，它下面也是一个普通人。

利用投射心理，洞悉他的心境

一天晚上，在漆黑偏僻的公路上，一个年轻人的汽车抛了锚——汽车轮胎爆炸了。年轻人翻遍了工具箱，也没有找到千斤顶。怎么办？这条路半天都不会有车子经过。他远远望见一座亮灯的房子，决定去那个人家借千斤顶。可是他又有许多担心，在路上，他不停地想："要是没有人来开门怎么办？""要是没有千斤顶怎么办？""要是那家伙有千斤顶，却不肯借给我，该怎么办？"

顺着这种思路想下去，他越想越生气。当走到那间房子前，敲开门，主人一出来，他冲着人家劈头就是一句："你那千斤顶有什么稀罕的！"主人一下子被弄得丈二和尚摸不着头脑，以为来的是个精神病人，就"砰"的一声把门关上了。

把自己的想法投射到他人身上，是多么可笑，人家未必像你想象的那样。在心理学上，这种把自己的某些心理特点加给对方的现象，叫做"投射"，也就是"以己之心，度人之腹"。

庄子和惠子在濠水桥上游玩。庄子说："鱼儿自由自在地游来游去，这是鱼的快乐呀。"

惠子说："你不是鱼，怎么知道鱼的快乐？"

庄子说："你不是我，怎么知道我不知道鱼的快乐？"

惠子说："我不是你，固然不知道你知道不知道鱼的快乐，但是你也不是鱼，你不知道鱼的快乐，却是可以确定的。"

正是由于投射心理的存在，我们就可以从一个人对别人的看法中，推测出这个人的真实意图和心境。

宋代著名词人苏东坡和得道高僧佛印是多年好友。一天，苏东坡去拜访佛印，两人相对而坐，谈论佛法诗词，甚是欢畅。席间，苏东坡对佛印开玩笑说："我看见你是一堆狗屎。"佛印笑道："我看你是一尊金佛。"

苏东坡非常得意，以为自己这次终于占了佛印的便宜。于是回家后就迫不及待地向妹妹炫耀此事。苏小妹说："哥哥，你错了。佛家说'佛心自现'，你看别人是什么，就表明你看自己是什么。"

每个人都是一面镜子，你从镜子中看到的是一朵花，说明你是一朵花，你看别人是一堆屎，表明你就是一堆屎。如果一个人经常疑心别人打他小报告，我们就可以推断出此人心里有鬼，很大可能，他就是个背地里打小报告的人。如果一个人总觉得别人在骗他，别人心怀不轨，居心不良，我们就可以推断出他是个心地阴暗，撒谎骗人的人。如果一个人看别人都是好人，什么事都往好处想，那他就是个好心乐观善良的人。

《吕氏春秋》中有这样一则故事：宋国有一个农夫，在自己的田地里拾到了一块宝玉，如获至宝。就赶紧把这宝玉呈送给当时的大贤——子罕，请他赏光笑纳。

子罕看了后，并不收这份厚礼，并说："在你眼里，这个宝玉是至宝，但是在我眼里，不收取非分的财物才是至宝。"

宋国的父老乡亲很不理解子罕的这种做法，于是就有人去请教一位智者，智者答："人各有志，每个人都是不同的。如果你拿面饼和金钱让小孩子选择，他会选择面饼；如果你拿和氏璧和金银让俗人选择，俗人会选金银；如果你拿和氏璧与至理名言让贤人子罕选择，则他会选做人做事的至理名言。"

正如智者所说，我们可以从他的选择中，推测出他的真诚心意和心境。如果他选择金银，我们就知道他爱好钱财，与他交往，只要让他有钱财的收益，他就乐意为你做事，与你成为朋友。如果他喜欢美女，我们就知道他是个好色之人，与之交往，让他享受到美色的快乐，就能让他欢心成为你的朋友。

每个人的成长背景、生活环境、受教育程度、人生经历都各不相同，人生观、价值观、对事物的看法、处理问题的方法、看待世间万物的角度都是独特的。别人永远不是自己的克隆，不是自己的完全复制，不可能和自己的所思所想完全一样。正因为此，世界才是五颜六色，多姿多彩，充满碰撞因子的奇异花园，也是创造的王国。

我们在日常要看到这些差异，尊重这些不同，利用人普遍存在的投射心理，揣测出他的真诚意图和心境。

跳出心理定势，用新眼光看待对方

两个小矮人哼哼和唧唧在迷宫中生活。每天一大早，他们就起床，穿上运动鞋，跑出家门在迷宫里寻找可口的奶酪。迷宫中的路线非常复杂，经常让人迷路，有时他们能找到一些美味，有时却什么也找不到。可是他们还是快乐而勤劳地在迷宫中寻找好吃的奶酪。

直到有一天，他们发现了一个特大奶酪站，里面堆满了各式各样的新鲜奶酪。自此以后，哼哼和唧唧就沿着特定路线来这里大吃。每天如此，开心快乐。然而，突然有一天，当他们再次来到这里时，所有的奶酪都没影了。他们吃惊，愤怒，苦恼。

哼哼认为奶酪就在这里的某个地方，迟早会出现的，他还是每天都来这里等着奶酪的出现，饿得虚弱不堪；而唧唧在经过了一番害怕和犹豫之后，决定作出改变，重新出发，寻找新的奶酪，一路探索，辛苦尝试，最终他找到了另一个堆满奶酪的大站。

这个故事的结局，体现出心理定势和超越心理定势的不同。心理定势是指人们按照已有的经验和认识去处理现在的问题。它会束缚我们的思维，让我们墨守成规。一旦条件改变，而我们不能作出改变，就要像哼哼一样饿肚子。

定的反义词是变，定势的反面，就是改变，作出改变，改变自己，突破自己，超越自己。因为变化总是在发生，我们必须尽快适应变化，越早放弃旧的奶酪，就会越早享用新的奶酪。享受变化，尝试去冒险，去享受新奶酪的美味。

现在我们来做个试验。把四只苍蝇和四只蜜蜂装进一个玻璃瓶中，然后将瓶子平放，使瓶底朝着窗户。结果：蜜蜂不停地往瓶底飞，试图找到出口，直到力竭而亡；而苍蝇则在不到三分钟的时间里，从另一端的瓶颈逃脱。

蜜蜂基于出口就在光亮处的定式，不停地重复这个合乎逻辑的错误。而苍蝇则没有这种知识经验的束缚，不断尝试新的方向，终于走出囚室。

在人生中，心理定势就是指人们在认知活动中用"老眼光"——已有的知识经验来看待当前问题的一种心理反应倾向，也叫思维定式或心向。

须知士别三日，当刮目相看。永远不要以老眼光去看待别人。每个人都在不断变化中，甚至变化很大，而自己很可能是"逆水行舟，不进则退"。

一个曾经犯过盗窃罪的小偷，不管出狱后做什么，你看他都觉得他是个小偷，一旦丢了东西，首先想到肯定是他偷的。一个大学英语四级考了三遍才过，六级总也考不过的人，多年以后你仍然认为他是个英语学不好的人。

我们每个人都要不断努力，不断进步，提升自己。你这样做，别人也一样会如此做。打开心门，用新眼光去看待身边的每一个人，你会发现很多让人意想不到的美丽。正如赫拉克利特斯所说："所有事物都是流动的。"每一件事物都在不停地变化、移动，没有任何事物是静止不变的，因此我们不可能"在同一条河流中涉水两次"。当我们第二次涉水时，不论是我们还是河流都已经与以前不同了。人也是如此，每个人都在不断变化中，只要有时间和空间的存在，不论是你、我还是他都与以前不同。

一个"坏孩子"、"问题少年"、"不良少年"不会总是往坏的、不良的、有问题的方向发展。一个曾经一事无成的人，也许会干出一番大事业来。一个曾经学习不好的学生，很可能在下次考试中就考出好成绩。

有一家公司决定任用一个曾被劳教过的工人当分厂的厂长。这事在公司内掀起轩然大波。原来，公司经理在调查这个分厂时发现，这个分厂的工人平均每人每天组装电镀表10~16只，而在这个曾被劳教过的工人任组长的小组平均组装水平却是40~50只。公司经理顶住压力，任用了这个曾有劣迹的人。他走马上任后，整个分厂的平均组装水平很快达到每人每天40只。有的人不服气。"劳改犯也能当厂长，别人都可以当厂长了。"公司经理理直气壮地反驳："你能把组装水平从10只提高到40只吗？不要用一成不变的眼光看人！"

我们要尊重每一个人，不因他的富贵权势而卑躬屈膝、阿谀奉承，也不因他的卑微穷困而歧视他、瞧不起他，甚至给人难堪。须知富豪也会变成乞丐，小人物也终有出头日。

我们要平心对待身边的每一个人，不断发现他们的改变，及时嗅到他们的变化，用新眼光去看待他们。

领悟刻板效应，用心看待每个人

我们常听说："天上九头鸟，地下湖北佬"；"湖南妹子不可交，面如桃花心似刀"；"重庆辣妹"等等俗语，这些俗语都是在不进行具体分析的情况下，以偏概全，人云亦云，加上媒体的炒作，在头脑中形成的刻板印象。

刻板印象是指人们头脑中存在的，关于某一类人的固定形象。比如，我们总认为老年人是保守的，年轻人是易冲动的；80后是不懂做人做事、没有责任感的，90后是不用正经语言说话、自私、不爱国的；商人是尖酸刻薄、狡诈精明的；学者是虚伪、无能的，等等。

人们运用这些刻板印象去判断别人的现象，在心理学上称为刻板效应。刻板效应，指的是人们用刻印在自己头脑中的关于某一类人的固定形象，来判断和评价人的心理现象。俗话说："一棍子打死一群人"，就是它的典型表现。

前苏联心理学家曾做过这样一个经典的实验：将一个人的照片分别给两组人试看，照片的特征是眼睛深陷，下巴外翘。分别向两组实验人群介绍照片上这个人的情况。对甲组说，这是一个罪犯，对乙组说，这是一位著名学者。然后让两组分别对此人的照片特征进行评价。

结果显示，甲组人认为：深陷的双眼表明他凶狠、狡诈，内心充满仇恨，下巴外翘证明他顽固不化的性格；乙组人认为：深陷的双眼表明此人思想的深度，下巴外翘表明此人具有探索真理的顽强精神。

对同一个照片的面部特征所作出的评价为何有如此大的差异？我们在认知一个人的时候，很容易根据自己头脑中已经存在的与此人相联系的某一类人的固定印象来对其进行判断。把他当罪犯来看时，自然就把他眼睛和下巴的特征归类为凶狠、狡猾、顽固不化，而把他当成学者来看时，就会认为那是思想的深邃和意志的坚韧。

我们的眼睛和头脑的联合作用往往导致我们出现错误的认知判断。我们总是习惯于把人进行机械的归类，把某个具体的人看成是某类人的典型代表，把对某类人的评价看作是对某个人的评价，甚至会根据一些不是十分真实的间接资料来对并未接触过的人进行刻板评价，因而影响了正确的判断。这是一种非常普遍的偏见。

实际上，北方人不见得都豪爽，南方人也不见得都精明。河南人不都是骗子；湖北人也不都是九头鸟；湖南人不都是飞车党；东北人更不都是头脑简单的野蛮汉；山西人并不见得都喜欢吃醋；山东人不见得都喜欢吃大葱；重庆女孩并不都很泼辣；湖南妹也不见得就是面如桃花心似刀；内蒙古人不见得都善于骑马；天津人也不都是爱"逗你玩儿"。

"物以类聚，人以群分"，居住在同一地区、从事同一种职业、从属于同一种族或同一年龄层的人总会有一些共同的特征，从某种程度上来看刻板效应有一定的道理。但是，它毕竟是一种概括、抽象而笼统的看法，不能代替每一个活生生的个体，容易导致以偏概全，以一斑窥全豹的失误，进而导致人际交往的失败。它通常不是以直接经验或者事实材料为依据，而仅仅单纯地凭借一时的偏见或者道听途说、人云亦云而形成，通常与事实并不相符，甚至有时候是完全错误的。它常常造成我们的认知偏差和偏见，影响我们的判断，欺骗我们的思维，导致我们不能客观公正地评价具体的个人。

恩莫德·巴尔克曾警告人类："以少数几个不受欢迎的人为例来看待一个种族，这种以偏概全的做法是极其危险的。"在今天，对人采取以偏概全的做法，一棍子打死一群人，同样也是极具危险的，我们应该避免这种做法。

每一个人都是一个完整的生命体，都是独一无二的。世界上不会有两个完全相同的人，我们每一个人都是与众不同的，有着独特的人生经历、相异的个性特征和独立玄妙的内心世界。

别让刻板效应蒙蔽了我们的眼睛，要用心看待每一个具体的人。

慧眼识英雄，看出对方的闪光点

奥托·瓦拉赫是诺贝尔化学奖获得者，他的成才之路非常曲折，却又如此精彩，真是一部人生传奇。

瓦拉赫在开始读中学时，父母为他选择的是一条文学之路，希望他能成为文学巨匠。不料一个学期下来，文学老师为他写下了这样的评语："瓦拉赫很用功，但过分拘泥。这样的人即使有着完美的品德，也绝不可能在文字上发挥出来。"

后来，瓦拉赫爱上了画画，于是，在父母的支持下，他改学油画。可是瓦拉赫既不善于构图，又不善于调色，对艺术的理解力也不强，在班上的成绩是让人极度伤心而又无奈、失落的倒数第一，学校的评语更是难以令人接受："你是绘画艺术方面的不可造就之才。"

面对如此"笨拙"的学生，绝大多数老师都认为他已经是成才无望，朽木不可雕也。其父母也是忧心忡忡、不知如何是好，看到小瓦拉赫，他（她）们疑惑的是，美好的愿望和现实总是有差距，有时差距还很大。

只有化学老师认为他做事一丝不苟，具备做好化学实验应有的各项优秀品质，极力建议他试学化学，父母接受了化学老师的建议。这次，瓦拉赫智慧的火花被彻底点燃，一发不可收拾，文学艺术的"不可造就之才"一下子变成了公认的化学方面"前程远大的高才生"。经过努力和天分潜能的发挥，最终成为举世瞩目的化学家。

这就是著名的瓦拉赫效应。每个人的天赋优势、智能发展都是不均衡的，都有优势和弱势，一旦发现他们的最佳点，使之得到充分的发挥，就可以获得惊人的发展。

在人际交往中，瓦拉赫效应告诉我们，每个人都有自身的优点和缺点，在个人成长的过程中，或许有一些明亮的光点和灰色的污点。我们要多用心观察，真心体会，尊重、信任、关爱他人，发现他身上的闪光点、优秀品质，真诚地和他交往。

不能只看到他暂时的平庸或困境，而忽视其未来的发展潜能，瞧不起、歧视他。不能心存偏见，因为一些性情上的瑕疵就全面否定他，甚至给他打上坏人的标签。

有时候眼睛会欺骗我们，让我们一叶障目，只看到他的平凡，看不到他被平凡包裹着的光芒四射的潜能。就像山谷中的一颗石头，外表普通，石中或许就包着宝石。而我们大多数人却永远也看不见。

千里马尚需伯乐来识。一个现在没有钱的穷小子，也有可能经过努力和某些天赐的机遇，而成为富豪。他身上所具备的那份潜能，那份品质、执着、勇敢、乐观、雄心、宽容和爱，你是否能看见？一个丑小鸭的美丽动人，你又能否看得见？

在与人交往中，我们要善于发现他人身上的可取之处、可学之处、可用之处。

我们可以从学识渊博的学者、教授身上学到丰富的知识、独特的思维方式、科学的研究方法和实用的解决问题方法。

可以从商人身上学到精湛的经商之道、做人之法。

可以从一个普通的青年身上感受到对国家的热爱和忠诚。

可以在一个卖饼老人身上看到善良、忠厚和真诚。

更可以在一个赌徒、酒鬼或者嫖客身上发现卓越的文学才能、治国能力或者经济、军事才干（丘吉尔首相曾经酷爱喝酒和赌博，罗斯福总统曾经嫖娼）。

刘邦的岳父吕太公，在刘邦还是个小亭长的时候，就断言他将来能有大作为、大富贵，非要把女儿嫁给他。后来，刘邦果然成就一番帝业，吕太公的女儿也成了皇后，也就是历史上有名的吕后。这位吕太公真可谓是慧眼识英雄。

在我们的人生中，重要的是能够有一只心眼，透过平静的湖面，看到下面的波涛汹涌，透过凝结的火山口，看到内藏的烈焰涌动。

看穿脸面，辨析对方的内心

心理学家说"眼睛比嘴巴更会说话"，单凭眼睛的动态就可大致推测一个人的心理。但是，想要抓住一个人性格的主要特征，那就必须以眼睛为中心，仔细观察全面的表情才行。

据美国心理学家保尔·埃克曼的研究，面部表情可分为最基本的六种：惊奇、高兴、愤怒、悲伤、藐视和害怕。他发现不管生活在世界上哪个角落的人，表达这最基本的六种感情的面部表情都是相同的。

埃克曼曾把一些白人的照片拿到新几内亚一个处于石器时代的部落中，那里的岛民与世隔绝，以前从未见过白人，但他们都能正确无误地说出照片上白人的各种表情是什么意思。

他还发现，生来就双目失明的人，虽然从未见过别人的面部表情，却能以同样的面部表情来表情达意。科学证明，面部表情是由7 000多块肌肉控制的。这些肌肉的不同组合，甚至能使人同时表达两种感情，如生气和藐视，愤怒加厌恶等。

通过一个人的面部表情可以看穿一个人的心理，看透他是什么样的人。因为每个人的表情后面都是他的生活经历、学识修养、心态人格。

在高明的观察者看来，每个人的脸上都挂着一张反映自己生理和精神状况的"海报"。狄德罗在他的《绘画论》一书中说过："一个人，他心灵的每一个活动都表现在他的脸上，刻画得很清晰，很明显。"

1912年诺贝尔奖获得者、法国生理学家科瑞尔在他的《人，神秘莫测者》一书中论述道："我们会见到许多陌生的面孔，这些面孔反映出了人们的心理状态，而且随着年龄的增长，反映得将越来越清楚。脸就像一台展示我们人的感情、欲望、希望等一切内心活动的显示器。"

我们所说的脸面不仅是指静态的人的长相，主要是指动态的面部表情。面部很容易表现出柔情、胆怯、微笑、憎恨等诸多感情谱系，它是"观察内心世界的几何图"，也是艺术最具有审美特性的地方。它是一种丰富的人生姿态、交际艺术，是一种风情、一种身份、一种教养、一种气质特征和一种表现能力。

如下这些"脸语"是比较容易读懂的：

脸上泛红晕，一般是羞涩或激动的表示；脸色发青发白是生气、愤怒或受了惊吓而异常紧张的表示。

皱眉一般表示不同意、烦恼，甚至是盛怒；扬眉一般表示兴奋、惊奇等多种感情；眉毛闪动一般表示欢迎或加强语气；耸眉的动作比闪动慢，眉毛扬起后短暂停留再降下，表示惊讶或悲伤。

嘴唇闭拢，表示和谐宁静、端庄自然；嘴唇半开，表示疑问、奇怪、有点惊讶，如果全开就表示惊骇；嘴唇向上，表示善意、礼貌、喜悦；嘴唇向下，表示痛苦悲伤、无可奈何；嘴唇撅着，表示生气、不满意；嘴唇绷紧，表示愤怒、对抗或决心已定。

愉快的表情在日常生活中很容易被捕捉到，它的特点是：嘴角拉向后方；面颊往上展；眉毛平舒，眼睛变小。不愉快的表情，它的特点是：嘴角下垂；面颊往下拉，变得细长；眉毛深锁，皱成"倒八"字。

从表情的动作上，能够一眼洞察别人的内心动机，春秋时期的淳于髡就是这样一位高手。

梁惠王雄心勃勃，广召天下高人名士。有人多次向梁惠王推荐淳于髡，因此，梁惠王连连召见他，每一次都屏退左右与他倾心密谈。但前两次淳于髡都沉默不语，弄得梁惠王很难堪。事后梁惠王责问推荐人："你说淳于髡有管仲、晏婴的才能，哪里是这样，要不就是我在他眼里是一个不足与言的人。"

推荐人听后也很纳闷，就去质问淳于髡，他笑笑回答道："确实如此，我也很想与梁惠王倾心交谈。但第一次，梁惠王脸上有驱驰之色，想着驱驰奔跑一类的娱乐之事，所以我就没说话。第二次，我见他脸上有享乐之色，是想着声色一类的娱乐之事，所以我也就没有说话。"那人将此话告诉梁惠王，梁惠王一回忆，果然如淳于髡所言，他非常叹服淳于髡的识人之能。

从这个故事可看出，面部表情能够传达多么复杂而微妙的信息，让你洞穿对方心理。

现实中，不是每个人都能从脸部看人，这种能力是要通过努力的学习和长期的实践才能得到的，它不是雕虫小技，而是一种极其重要的看人、做人、结交人的本领，发现并掌握它，能帮助你做一个左右逢源、受人喜欢的人。

透过衣着，看破对方的心理

在平时与别人的交往中，你是否因为无法了解对方的内心而困扰？这时，你不妨从对方的衣着上来判断。

衣服本是人类用来遮体御寒的，但是人们却很难想到，为了要穿上自己喜爱的衣服，反而会把自己毫无掩饰地暴露出来。因为每个人所选购的衣服，包括颜色、质地等都无一例外地把自己的心理状态尽数袒露。

1. 衣着华丽者

在茫茫人海中，你可以发现某些人总是穿着引人注目的华美服饰，这种人大体上有强烈的自我表现欲，爱出风头。此外，这种人多数对于金钱的欲望特别迫切。

所以，当你与这类身着华服的人交往时，你就能洞察到他（她）们的这种心理，多夸奖他（她）们的服饰，满足其膨胀的表现欲是一个好办法，这种人不仅不会与你为敌，反而会轻易地答应你所提出的条件。

2. 衣着朴素者

有一种人穿着非常朴素，不爱穿华美的衣服，这种人大多缺乏主体性格，对自己缺乏信心。希望对别人施加威严，以弥补自己的自卑心理。

和这种人交往时，千万注意别与他争执不休，因为越是自卑的人，越想掩饰自己的自卑，越会与人喋喋不休地争吵，保护自己残存的一点点面子，争吵绝对不利于和他保持良好的人际关系。

这时候，你可以大大方方承认他的观点，他反而会觉得你宽容大度，在对方心平气和的时候，再提出自己的观点，可能会取得意想不到的效果。

3. 喜欢时髦服装者

有一种人，完全不理会自己的嗜好和别人的看法，甚至不知道自己真正喜欢什么，他们只以流行为嗜好，向流行看齐。实际上，这种人在内心深处常有一种孤独感，情绪也经常会波动不安。

与此类人打交道，可以采取"以迂为直"的策略，你不妨也来点"时髦"，并尽量从时下最流行的事和物谈起，从而使对方对你这个人感兴趣，然后再逐步切入交往的正题。

4. 不理时尚者

有一种人对于流行的东西丝毫不为所动，这种人的个性可以说是十分强硬，但也有一些人是不敢面对外面的花花世界，而一味地把自己关在小屋子里。这种人认为，如果事事跟别人趋同，岂不是等于失去了自我？这种人常常以自我为中心，经常弄得大家索然无味。

和这种人交往时，要采取"顺毛摸"的办法哄着、顺着，让他在他兴高采烈之中，不知不觉地喜欢你、信任你、为你做事。

常突然改变服装嗜好者——也许你某一天发现经常打交道的朋友突然改变了习惯的穿戴，你千万不要惊慌，这种常会突然改变自己服装嗜好的人，大多是想改变生活方式，也有逃避现实的成分。

你若想与他保持良好的关系，应当显得不当一回事儿；或者说些赞美他穿什么都很不错之类的话，相信他的心灵大门一定会向你敞开。

5. 冷静对待时尚者

有一类人对流行既不狂热，也不会置之不理，改变穿衣也是渐渐实行。这一类人处事中庸，情绪稳定，一般不会做什么出格的事。他们多有理性，不过于顺从欲望，也不盲从大众时尚。此种人比较可靠，值得结交。与他们交往应以诚为本，因为他们既是你可以信赖的朋友，也可能成为你终生的知己。

此外，衣饰颜色是一种会说话的色彩语言，它能帮助你初步判断他是什么样的人，该怎样和他交往。比如蓝色是永恒的象征，是最冷的色彩。经常采用蓝色衣着的人，往往沉稳、理智、坚毅并富有韧性，凡事都会缜密思考，比较容易成就事业。相对喜欢安静，善于控制感情，责任心、判断力强，富有见识。个性也比较固执，不达目的决不罢休。

他们不擅长交际，通常只和志同道合的朋友组成一个小团体，或者自立门户，独自享受心灵的宁静。也因其能力强，更容易固执己见，常常坚持自己的看法，没有充分绝对的理由难以劝说动他们。

和这样的人交往时，应该顺其自然，理性对待，真心相处，心灵的碰撞、知趣的相投更为重要，整天粘着他们，反而会让他们不舒服、唯恐躲避不及。他们崇尚理性、冷静和智慧，如果你和他们交往，一定要在这些方面下番功夫。

掌握衣着色彩语言将会为你更加准确地看透对方、有针对性地与之结交增加一个更大的砝码。

◆◆做人的智慧◆◆

做人能否得心应手，说话只是技巧，攻心才是根本。清代中兴名臣曾国藩说："欲成天下之大事，须夺天下人之心。"当代管理大师曾仕强说："中国企业在于经营人心。"人心，就是每个人内心的需求与自身的弱点，这些需求与弱点，就是攻心的目标。做人如果看不透人心，即使你口若悬河、煞费周章，也可能南辕北辙、毫无效果；如果懂点心理学，可能只需付出一点点，便能打动对方、化敌为友，迎来柳暗花明又一村的美好结局。

第二章　用点手腕
——做人不要太老实

有一个爱说老实话的人，什么事情他都照实说，所以，他不管到哪儿，总是被人赶走。这样，他变得一贫如洗，简直无处栖身。最后，他来到一座修道院，指望着能被收容。修道院长见过他问明了原因以后，自觉"热爱真理，并且尊重那些说实话的人"。于是，把他留在修道院里安顿下来。

修道院里有几头已经不顶用的牲口，修道院长想把它们卖掉，可是他不敢派手下的什么人到集市去，怕他们把卖牲口的钱私藏腰包。于是，他就叫这个老实人把两头驴和一头骡子牵到集市上去卖。老实人在买主面前只讲实话说："尾巴断了的这头驴很懒，喜欢躺在稀泥里。有一次，长工们想把它从泥里拉起来，一用劲，拉断了尾巴；这头秃驴特别倔，一步路也不想走，他们就抽它，因为抽得太多，毛都秃了；这头骡子呢，是又老又瘸。""如果干得了活儿，修道院长干吗要把它们卖掉啊？"结果买主们听了这些话就走了。这些话在集市上一传开，谁也不来买这些牲口了。于是，老实人到晚上又把它们赶回了修道院。听完老实人讲述集市上发生的事，修道院长发火说："朋友，那些把你赶走的人是对的。不应该留你这样的人！我虽然喜欢听实话，可是，我却不喜欢那些跟我的腰包作对的实话！所以，老兄，你滚开吧！你爱上哪儿就上哪儿去吧！"

就这样，老实人又从修道院里被赶走了。

"老实",本来应该是一个优良的品质,但是如果老实成了懦弱、迂腐、不知变通、不能进取的代名词的话,自然不应当受到我们的欢迎。因此,在现实生活中,我们应当全面分析自己的处境,认识清楚在哪些方面我们应当保持老实的优良品质,而在哪些方面我们又不应当太老实,这是随着社会的发展,作为社会个人的我们的必然选择。

原则性结合灵活性

现实生活中做人老实的人多坚持原则,但容易走极端,把原则抬高到一个不适当的位置,结果造成许多不良的后果。究其根本原因乃在于并没有真正理解这些原则的本质内涵。启蒙老实人的重要任务之一,就是要使他们从以原则为纲转向以结果为本。

许多老实人,特别是那些性格比较耿直者往往给人以一种不近情理的感觉。他们冷面无情又一片公心,他们顽固不化又能以身作则。从社会发展的角度说,我们的确需要一部分这样的人坚守住某些信念的堡垒,但是同样出于这一角度,我们更希望他们能以更加灵活和务实的态度把这些原则变成使众人受益的现实。

显而易见,老实人片面坚持原则的做法有一定不良的后果。从社会来讲,它事实上阻碍了创新和尝试,因为任何新生事物总是以异于传统的面目出现的,不能学会宽容和权变,就很可能会成为一种妨碍进步的力量。从个人角度来讲,片面坚持原则使自己应该做成的事没有做成,自身利益反而受到损害,整个事业也因人际关系僵化而陷入孤立无援的状态,空有大志而无从实现,最终想坚持原则亦不得,更不要说影响社会了。

老实人为何对原则看得这般重要而近乎神圣?归根结底乃在于缺乏对原则本质的真正理解,其坚持原则的行为在很多情况下只是一种情绪化的盲动。

原则不是绝对化的。无疑,坚持原则、遵守规则会给我们的社会带来秩序,但如果将原则绝对化,那么这个社会就会变成一潭死水,不再有热情、冲动和生命力;可以说,一个社会需要某种程度的非原则的、反原则的行为,这些行为的存在有利于我们社会的完善和进步,这就好比是生物界里狼群的存在会使鹿群更加健康、强壮一样。有些时候,我们为了达成一个更高的目标很可能就要短暂地牺牲一些其他的原则,这不可避免。老实人由于不懂社会运行的两套法则,不知道社会运行既有其原则性的一面,又有其非原则性的一面,更不明白非原则的东西有时更能促成某种理想的实现,他们只是一味地排斥现实法则,一味地抱住死原则不放,结果给自己带来了许多悲剧性的后果。比如,善良是一种美好的品德,但对谁都善良岂不是自讨苦吃，农夫和蛇的故事不就是一个很好的例证吗？

原则不是绝对的，还因为它不是一成不变的。随着时间、地点、对象的变化，原则就会自然而然地发生变化。从时间角度来看，现在我们身边发生的一些事情在几十年前是不可想象的，那时候人们认为只要有电灯电话就是社会主义了，而现在家电一应俱全也只能叫社会主义初级阶段的小康水平，以地点角度来看，"淮南为橘，淮北为枳"的故事也告诉我们，同样的东西在不同的领域将会产生大不相同的结果；以对象角度来看，同样是"爱"，对父母就意味着孝敬，而对孩子就很可能成为引导其正确成长的要素。老实人不理解这一点，他们坚持原则往往是千篇一律的，不分对象，不看具体情况，硬要把活生生的现实套入同一个框子里，做事怎么能够成功？又怎么会不引发与他人的矛盾呢？

原则不是绝对的，还在于原则自己并不能证明自己，原则是好是坏必须要用实践去检验，要看结果怎样，效果如何。如果效果不好，那这个原则有可能就是假原则、坏原则、有缺陷的原则、别有用心的原则。一些老实人所认定正确的那些原则是传统教化的结果，是别人告诉他的而不是他自己经验的总结。在这些情况下，老实人的"老实"很可能就会成为一些人达成不可告人目的的工具。而老实人不关心效果的习惯更加重了其对原则的模糊认识，反过来，不辨真伪地、抽象地、教条地坚持原则又会使老实人一次次地碰壁、吃亏。

老实人的出路何在呢？

首先，应该把原则性与灵活性结合起来。在大原则保持的情况下，在具体问题上则可灵活掌握，在某些情况下，还要敢于突破原则。讲究灵活性，就是要掌握方式方法，要学会用多种手段去达成同一目标。

其次，应注意关心结果。在行事之前多考虑一下效果如何。毕竟我们做事是为了成功，只有成功了，我们才有可能增强自己的实力，才谈得上进一步地坚持原则。在解放战争时期，毛泽东就曾指出，打仗要以消灭对方有生力量为目标，而非为争夺一城一地之得失，为了消灭敌人，我们还可以主动让出一些地盘，使敌人背上包袱。一旦敌人的有生力量受到重创，那些地区迟早还是我们的。毛泽东对战争艺术的这种高超领悟在今天仍是颇有启发价值的，老实人应该学会理解其中的精髓，并运用到自己的工作和生活中去。

懂得争取自己的利益

在我们的工作和生活中，老实人往往是指那些本本分分、规规矩矩的人，他们在工作上任劳任怨，在生活上严谨自好，各个方面都达到了社会规范的基本要求，在领导眼里往往也算是很听话的人，在群众中形象也是公认的好。然而，就是这样的人却总是吃亏。也就是说，遵守规则的人并没有得到奖励，而违背规则者却获利甚丰。这种现象看似不正常，但却很普遍地发生在我们的身边，久而久之，反倒成为正常现象。为什么老实人总是吃亏？这与其羞于争取自己分内利益的行为有着直接的联系。

老实人极端重视道德和规则，认为自己去争取利益这件事本身不符合以道德为核心的道德标准。而对道德标准的遵从，使他误以为有好的用心、好的行为就必然会有好的结果，也就是说，只要自己做了工作，有了成绩，群体（包括组织和领导）自然就会安排自己的利益，因此没有必要去争取利益。

而且，老实人还总有一种认识上的误区，认为"争"便是不道德，因为道德的行为是讲究无私奉献，只讲付出、不求索取。但事实上，争取自己的分内利益是一个与道德无关的问题，按劳分配、等价交换乃天经地义。而老实人看不到这一点，他们以道德感来评判一切事物，并以此来决定自己的行为取向，因此，在他们眼里，争取利益就变成了一件不具道德优势的事。

还有些老实人，也认识到了应该去争取一下自己的正当利益，但是却苦于无计可施。因为在争利的过程当中，为了在竞争中获胜，势必要运用一些超出群体规范的技巧和手段，而这一点乃是老实人最不能接受的。于是乎，在某种程度上，老实人把争利的过程与小人行为等同起来，这样，争取自己的分内利益，就不仅是不必要、不具道德优势的举动了，而且更成为可耻、可恨的事。

然而，老实人的这种"不争"的道德之举，却带来了一系列不良的后果，这些后果从一个客观的立场上来评价的话，甚至还有很不道德的因素在内，这大概是老实人所始料不及的。

就个人而言，不去争取应得之利益，往往会有以下后果：

第一，使自己的生存能力显得不足。我们都是生活在世俗社会中的平凡人，我们要活下去，就必须要有一定的物质基础作保障，没有这些东西或者获取不足，生活就会出现困难。这是一个非常现实的问题，道德正义感并不能一劳永逸地解决肚皮咕咕叫的问题。如果你羞于争利，使应涨的工资未涨，应升的级别未升，势必会使自己的生活质量受到影响，并且，这种影响往往并不单单涉及一个人，其小集体的其他成员，特别是家庭成员也将跟着受害。

第二，对自己事业的长期发展不利。老实人有理想、有抱负，有公正心和正义感，这很值得提倡，但千里之行始于足下，万丈楼台平地起，通往理想的路就像是登山的石径，必须要一个台阶一个台阶地攀登，必须要有一定的实力作积淀。如果你羞于争利，就等于是少登了一个台阶，而有些时候，少登一个台阶就会错过一系列的机遇，这样少登一个台阶事实上很可能就相当于少登了十个、甚至是上百个台阶。无疑，这对老实人事业的长期发展是极为不利的。

第三，自己该得之利未得到，会影响情绪和心情。人非草木，孰能无情？自己受到不公正的待遇，自然会感到恼火、窝心、生气、烦闷自是不可避免，这当然会影响自己的工作和生活，对身体健康也颇为不利。可见，羞于争利，失去的不仅仅是一种利益，它会有一系列的负面后果，对此我们应有足够的认识。

不争应得之利，反使不应得者从中获益。实际上，老实人只讲独善其身，不争取正当利益的行为，这是对恶的一种纵容，客观上造成了助长不正之风的结果。

不争应得之利，会使不公平的行为逐渐演化为不公平的规则。世界上并无绝对的、天生的规则，一切有关人类行为的规则都是从人们的相互交往中演化出来的。也就是说，当同一种行为一而再、再而三地发生以后，它就会变成一种具有约束力的行为模式，这种行为模式再经过长期的、大范围的实行，就会成为一种新的社会规则，对人产生外在的强制力。老实人不去争取自己的应得之利，而不应得者却大得其便，获利甚丰，这就构成了一种行为模式。在以后的类似行为中，老实人可能仍旧不能获得自己的那部分正当利益，而不应得者再次从中获益，久而久之，不正常就成了正常，不公平的东西则固化为社会规则的一部分。这样，老实人的忍让和退缩，就不仅仅是一种不利于己的行为，而成了阻碍社会进步的行为。自然，在这其中，老实人将成为更大的受害者。

这就需要我们对我们社会运行的真实现状有一个客观的审视。可以说，现实并不理想，因为人本身都有各种各样的缺陷。无论在什么时代，在什么地点，社会上总存在着大量超出正常状况的争取私利的情况，并且他们往往又能取得成功。这些现象，从短期来看是不道德的、反进步的，而从长期来看又为我们社会的发展和创新提供了动力，因此是难以根绝的。现在，世界上还不存在这样一个组织或群体，它可以彻底贯彻某种公正的原则。

面对如此无情的现实，老实人该怎么办？是忍气吞声呢，还是奋起一搏呢？笔者认为，当然是要扼腕而起，坚决捍卫，绝不无原则地放弃自己的正当权益。老实人应该冲破自己的那种僵化静态的道德观，真正认识到，确保自己的分内利益，是每个人都应承担的责任，它不但有利于老实人自己的生存和发展，同时对社会公正法则也是一种切实有力的支持和维护。只是盯在一事一行的道德上，那只是小道德，而使自己行为的后果做到有利于整个社会的发展和进步，那方是大道德、真道德。如果我们每个人都不做弱者，不做牺牲品，敢于去争取自己应得的利益，那么，坏人就会无利可争、无食可夺、无机可乘、无利可图，也不会有那么多人假公济私了。也只有这样，我们的天下才会更加太平，社会才会更有秩序，老百姓才会活得更加心情舒畅。可以说，确保自我正当利益的实现，也是对社会的一种奉献。

要勇于赚取钱财

很可能在童年时代，老实人就被灌输过这样的思想："金钱买不来真正的友谊。"在一定意义上，此话不假。但金钱能够使你有条件、有机会参加各种有趣的娱乐活动，住在想住的地方，从而给你提供更大的活动空间和机会，开辟结交新朋友的天地。

孤独困扰着许多人，尤其是老年人，如果有充裕的钱，他们就可以参加各种活动，和他们的同龄人广泛接触。年轻人似乎没有那么孤独，但金钱为他们提供参加各种活动的机会，也会使他们结识中意的朋友。

金钱能增加人的自信。再没有比腰包膨胀更能使人放心的了，或者银行里有存款，或者保险柜里放着热门的股票。无论那些对富人持批评态度的人如何辩解，金钱的确能增强人的自信心。实际生活中的许多事情告诉我们，随着一个人财富的增长，他的自信心随之增强，此所谓"财大气粗"是也。有人曾评价说："钱好比人的第六感官，缺了它，你就不能更充分地利用其他的五个感官。"这句话虽然有些夸张，但形象地道出了金钱对消除贫乏感觉的某种作用。

口袋里有钱，银行里有存款，会使你更加轻松自在，你不必为别人怎样看你而过多忧虑。如果有人不喜欢你，没有关系，你可以很快找到新的朋友。

你不必为几百块钱的开销而操心，你可以潇洒地逛精品市场，自由地出入大酒店。

一些知名的富翁，如著名侨商陈嘉庚、香港船王包玉刚等人，都曾投入巨资修建学校等公益事业，从帮助缺乏资金的事业和穷人中得到满足。把你辛辛苦苦赚到的钱拱手送人似乎是愚蠢之举，但当为一项公益事业做贡献时，你得到的是莫大的快乐。

为有益的事业捐款，你永远不会为此懊悔。给予可以弥补你内心对某些事的负罪感。有人或许会批评这种用金钱换取人生平和的做法，但这种慷慨给予行为的实际结果是有益于社会的。

许多老实人常常批评金钱的追求者，说他们是自私。然而，不能否认，金钱是世界前进的原动力之一。不要忘记，正是美国巨富洛克菲勒先生捐出了一块地，使之后来成为联合国的所在地。没有巨大的财富，很难以想象会成就这样一件流芳百世的大事。那些为自己创造财富的人，只要手段是正当的，无论其财富多少，都是无可指责的。

所以，不要去理会那些批评者，去追求财富吧！去创造财富吧！请永远记住：在你创造财富的同时，你也帮助了周围的人；在赚钱的过程中，你也为别人提供了有价值的服务；在你花钱时，你给别人提供了工作的机会。因此，不要为赚钱或花钱而感到害羞。君子爱财，取之有道，是永远充满生命力的真理。

不要随便讨厌别人

老实人特别容易讨厌别人，觉得别人虚伪、矫情、功利、庸俗，是道德不好的人，而且他们还常常觉得自己受到了不公正的对待，别人总是跟他们有意作对。所以，老实人的情绪比较低落，态度比较悲观，好生怒气、怨气、不平之气。

难道生活就真的那么不公平吗？绝对不是，问题往往出在一个人的主观态度上。生活就像一面镜子，你对它哭，它就会对你哭，你对它笑，它也会对你笑。老实人容易讨厌别人，跟他的思想观念和行为方式有很大关系。

道德是我们社会和人生中不可或缺的重要组成部分，但也仅仅是其中一部分而已，而老实人的问题就在于把道德看作是社会和人生的全部。他们总是戴着道德的有色眼镜去看人看事,而现实中的人又总是不免有这样那样的缺点和瑕疵,于是老实人就觉得接受不了,觉得别人都太庸俗、太势利,心中产生排斥情绪。事实上,在老实人的潜意识中,他是把自己看成是道德的化身了。这样一来,凡是自己看不上、合不来的人就被打上不道德的烙印,极端的道德感会使人变得褊狭和冷酷,这种心态转化为行动,就会使人开始厌恶别人,离群索居,不愿与人交往。

另外,老实人比较脆弱。老实人比较自尊,好面子,由于过分敏感,因此很容易受到伤害,常常觉得别人是在故意与他作对,所有人都对他不友好。老实人不合群,不善于与人交往,在各种场合都受到冷落,不能够分享到团体的快乐;这时,他们就容易产生其他人有意在孤立自己的想法。此外,做事由于不讲究方式方法,原则性太强,往往是好心没有好报。他们不愿意从自己的方面寻找原因,而是把原因一股脑儿地归结为其他人的道德不好,这样,他们就更容易讨厌别人了。此外,老实人往往属于弱势群体,而他们又总是希望人与人之间绝对的平等,一旦不能实现,就容易对别人产生失望、怨恨的情绪。所有的这些心理感受,在很大程度上是由于神经过敏、过于脆弱所致,如果他们的心胸能够再宽广一些,他们就会发现:并不是所有的人都带着敌意,也不是所有的人都让人讨厌,生活中还是到处充满阳光的。

掌握各种人生的技巧

老实人以一种教条化的方式坚持和贯彻道德标准,对人生的技巧和手段持激烈的否定态度。他们往往不能认识到这样的事实:适当的方法和手段是人生成功必不可少的因素。

老实人坚持原则,认为道德是至高无上、不可违背的,这在一般意义上是正确的。但是,我们也应该看到,道德的目标和长远的利益并不会自动实现,它需要我们付出代价、经历曲折才能够企及。在这一过程中,我们必须要学会保存自己,学会融入现实,学会以一种策略的方式来实现对客观世界的改造。换句话说,我们必须要运用一系列的手段和技巧才有可能达到我们的目的。而这些手段和技巧,往往要不可避免地与道德标准相背离,老实人也正是因此而对技巧和手段持一种激烈的否定态度。

这是老实人的一个认识误区。他们其实是在以一种机械的、教条的方式来坚持道德标准,他们不懂得以一种辩证的、历史的眼光来对待我们所处的这个世界。

在老实人看来,世界非黑即白,是截然对立的,他们往往不能看到黑中有白、白中有黑,两者是可以相互转化、相互促进的。手段和技巧,虽然从一定时间和一定角度来看有悖于道德准则,但却是实现道德目标所不可少的条件。

这个道理听起来有些怪,不道德的手段怎么可能产生道德的结果呢?我们不妨分析一下"战争"这个人类现象:大家都知道,战争残害生命、毁灭家园,给社会的生产发展带来了极大的损害，避免战争、维护和平是所有善良的人们的共同要求。但是，当邪恶势力肆虐，威胁人类的生存和发展，而和平的手段又无法取得成效时，我们只能采取战争这一恶的手段来维护和实现大多数人的利益，你能否认战争有时具有合理的价值吗？

　　道德标准是一种抽象的东西，要想实现它，必须首先要将之落实为一系列具体的目标。而要达到这些具体的目标，又必须扎根于客观的现实当中。而现实是不完美的，我们要做成某些事情，就必须要学会容忍这种不完美，而且还要学会适应现实中种种不合理的运作法则，因为如果我们不能融入现实，那么也就无从谈起改造现实，这正是"不入虎穴，焉得虎子"的道理。

　　理想是美好的，但要把这种"美好"转化为现实，在现实中生根、开花、结果，就必须要首先遵守社会的运作法则，理解并掌握其基本的生存手段和处世技巧。老实人往往从道德上的合理性而不是实际中的有效性出发来评判这些手段和技巧，采取一棒子打死的态度，自然不会在事业上有什么成就。结果，他们所经常谈论的群体规范，不过成了"空中楼阁""水中明月"。一分实干抵得上十万句的清谈，一个有用的技巧要比十个无用的原则更有价值，老实人用道德捆住了自己的手脚，使自己变成了对现实无能为力的人。他们往往是最想对社会作出贡献，而事实上又常常是贡献甚微的一群人，这是很可悲的。奉劝老实人一句，社会最需要的是"实干家"而不是"清谈家"或"道德家"。

要启发对现状的不满

　　这里所说的不满，是从积极心态出发而产生的不满。一个人应该永远不满足于现状，不仅仅对自己，而且对周围的世界都是这样。

　　几乎每个人都会有某种心灵上的"蜘蛛网"，这张网将你绑住，即使最聪慧的人也不能逃脱。心灵上的"蜘蛛网"是由消极心态编织而成的，我们常常被它缠绕不清。例如惰性、消极、情欲、习惯和成见等，其中惰性是最具有破坏作用的一种"蜘蛛网"。惰性使你安于现状，一事无成，或者朝着错误的方向前进，使你不能停下来，一直错误下去。

　　老实人为什么贫穷？就是因为他们安于贫穷，已经习惯于现状，从来不去启发心灵，试图改变现在的处境，创造富裕的生活。

　　老实人能够改变贫穷的困境吗？当然能。只要我们启发自己对现状的不满，并激发起创造财富的动力，然后，克服心灵的惰性，把它变成积极的态度，那么，美好的未来就会展现在眼前。

1. 要反省自己

　　人人都想做一个生机勃勃的人，那么，就请你经常检查自己是不是被迟钝、有害的心理困扰着。要时刻提醒自己，多做自我检查和反省，祛除病态心理，消除疑虑与自卑。

一位在逆境中崛起的运动员在自传中写道:"我得到了一个深刻的教训,我体会到我必须去做一件了不起的事情,那就是改造自己,唤起对生活、对每一件与自己有关联的事情的热情。学会对每个人都具有热心的态度,并热心地去做每一件事,让热情贯穿自己的生活,这样,才不至于让沮丧、烦恼占据自己的心。终于,我重新又得到了充实的生活。而我也会珍惜并永远保持那份热忱。"

2. 积极的行动最容易激发生活热情

一旦有了目标,就要马上付诸行动。只要你对自己所从事的工作产生兴趣,你就会变得积极起来,并对生活更加热情。

3. 要始终给自己以新的希望

希望具有激发人努力工作的魔力,希望就是对未来目标的渴望。

一个心中充满希望的人,就是一个跃跃欲试的人。因为他想方设法要实现它,从而驱使自己永不停歇地工作。

4. 要有破釜沉舟的勇气

想要在最恶劣、最不利的情况下生存,并进而取得胜利,必须自己将后路断掉,背水一战。只有这样才能保持高涨的士气,不被逆境吓倒。

而做事总给自己留后路的人,却很少有成功的可能。因为他们对成功的态度是三心二意的,而成功绝不会钟情于三心二意的人。

改变观念,顺应时代潮流

中国是一个农业化的文明古国,生活在这种文化背景下的老实人身上都有浓重的儒家思想和传统痕迹。再加上老实人自身的不善变通,使得他们在现代化的商业社会中,以这种社会现实作为参照时,在生存观念上显出了些许的陈腐。

在所有这些观念中下列五点尤其值得我们警惕:

做人与处人——我们为伦理而活,情义至上。

做事与处事——我们都是为他人而做事,依据精神原则解决利益问题。

工作与荣誉——在国家单位上班才算工作,传统认可的才算荣誉。

生存与生活——安全至上,以和为贵。

礼义与金钱——礼义可贵,金钱万恶。

这些古老的生存观念当然有其优秀之处,但现在是商业社会,是利益时代,如果我们还继续对利益、个性和冒险存有偏见,我们怎么在现代社会生存?

有的人想借远离现代生活方式的办法来保持自己的传统观念,维护道德的纯洁性。事实证明这是行不通的,世界已经改变,想作孤立的个人或团体是不可能的,所有人都被无情地抛入现代社会进步的洪流中,偏安一隅、抱守残缺的结果只会是被社会淘汰,原本应该对社会作出的贡献无法实现,反而有可能成为社会的包袱,这才是最大的不道德。

所以，老实人应当从如下几方面调整自己的心理。

1. 做人与处人

我们首先得做一个自主的人、功利的人。而且，与人相处，不仅是情义的交流，也是利益的联合。在市场经济时代，我们用契约原则解决任何人际关系，不是更简洁，更能保护大家的情与利吗？

2. 做事与处事

在讲责任感的同时，我们应当为自己做点什么，这是生命对每个人的呼唤。另外，处事的本质是解决利益问题，如果依照精神的原则去处理，只会纠缠不清。

3. 工作与荣誉

就像一个长大的孩子，我们不能继续依靠国家，就像农民依靠土地，孩子依赖父母。在国家单位就职当然是一份很有价值的工作，但依靠自己的能力在社会上谋生，也许是更合适的选择。只要我们创造出了美好的生活，我们就是值得尊敬的人。而且，从世界的情形来看，一个国家的人民总是依靠国家生存，那是不正常的现象；而自己对自己的生存负责，才是人类生存的正常状态。

4. 生存与生活

追求生存的安全和安定，当然是无可非议的，也是我们生存的重要目的。但冒险精神往往是我们摆脱某种困境的力量和达到富有与成功彼岸的伙伴，我们应当学会做生存的勇士。

5. 礼仪与金钱

我们永远不能丢掉中国传统的美德，并且要永远引以为豪。但是，我们不能让传统的礼仪捆住我们的手脚，尤其不能用陈腐的眼光把金钱看成洪水猛兽。为什么要仇视金钱？金钱真能瓦解我们的精神世界吗？我们需要金钱，金钱本来就是人创造的，是人的仆役，面对金钱我们不应当那么脆弱。

掌握与人交际的方法

"感谢周围的人对我的帮助"，这是多数成功者常常挂在嘴边的话。周围的人即人缘。是否有人缘，大大地左右着事业的成功与否。所以老实人要想改变，就必须从现在起建立人缘，建立高层次的人际关系。

说到人缘，也许首先想到的是朋友吧。学生时代的同班同学、前辈、晚辈、同乡朋友、朋友介绍的朋友等等。当然，这些故交也是一种人缘。

立志做创业者的人，不应该过分地依靠旧友，要不断地建立新的人缘。重要的是通过新的人缘扩大自己的世界，扩大视野。比起相同立场的人，不同行业、不同职业的人，或者不同年代的人更好。年轻的时候与长辈，年长以后与年轻人交往最好。

怎样才能建立起新的人缘呢？为此，要有具体的行动。一言以蔽之，即积极地走出去，扩大与人交往的机会。

各种各样的聚会要率先出席。不仅是公司，其他聚会也要参加，不要嫌麻烦。如果有不同行业的交流会之类，也要主动地参与筹划。加入有关兴趣的圈子也是极好的机会。

老实人因为性格内向特别回避这种聚会，其实这里是鞭策自己的场合，必须以坚强的意志克服自己的厌倦情绪，积极地参加。要有坚强的意志，具备"要当创业者"、"要更加富有"的愿望。但只在内心包裹着这样的愿望是做不了创业者的，不会富有的。因此，必须克服厌倦情绪。有人自认为属于人缘广的人，但实际上性格很内向。由于内向，回避与人的交往，做不了创业者，所以要努力强迫着创造善于社交的自己。试着搞社交活动，会发现人生实际上是很快乐的。想把内心封闭起来的躯壳，一经行动便会被打破。一经打破，其后自会容易得多。

老实人参加各种聚会时，要注意以下几点，才能真正起到改善交际的作用。

1. 互相"舔伤口"那样的聚会不要参加

那种一边声称学习、交流，一边喝酒互诉牢骚，以求互相安慰的聚会，有百害而无一利。知道后要赶快溜走。

2. 努力做聚会的领导者

如果只是满足于做一般成员，很难建立起人缘。当然，有发言的机会时要常常积极地发言，提出各种方案。第二次聚会自己要首先邀约。总之，要使自己的存在得到好评，在聚会中获得实质上的领导人地位。

3. 给予胜过获取

只求获取，没有给予的人会使人厌恶。给予了自然就会有获取的机会。比如各种学习聚会，与其去受教育，不如抱着去教导的心情参加，结果不是能获得更大的益处吗？

走出人际交往的误区

针对老实人在人际交往中的某些偏误，以下几条建议值得老实人借鉴参考。

1. 多些宽容

"海纳百川，有容乃大；壁立千仞，无欲则刚。"老实人应该学会容纳别人，特别是容纳那些与自己意见相左的人，不要苛求于人，要设身处地地去理解人。我们这个世界之所以丰富多彩、生机盎然，不是因为彼此一致，而恰恰是因为相互不同。宽容会显示你的气度，也会为你赢得朋友。

2. 努力去发现别人的优点

每人都有缺点，也同样都具有优点，去寻找他们身上的闪光点就是要用积极的态度看待人生。只看别人的缺点，难免觉得厌恶，而多关注一下他们的优点，你就会发现，他们是多么值得交往。关注别人的优点，学习别人的优点，是克服自己的缺点，不断发展壮大、走向成熟的一个重要途径。作为普通人，能发现别人的优点，会使你有一个好人缘；作为领导，能发现下属的优点，将会极大地鼓舞士气，赢得支持和帮助。

3. 多一点实际

讲求实际并不可耻，因为它符合人的一些基本天性。英国政治学家霍布斯就曾指出，人一生所追求的东西，无非就是财富、权力和名声。正因为大家都有所追求，人才有上进心，世界才变得生机勃勃。如果大家都甘于清贫平庸，淡泊于名利，社会也就谈不上什么发展了。这里提出的多一点功利，并不是要诱导老实人学着自私，而是要使他们在头脑中多一根利益的弦，从小处说是要能保护好自己的正当利益，从大处讲就是要不断壮大自己的实力，以积极的姿态去参与社会的改造和建设。在人际交往中多一点儿功利，可以减少我们交际的盲目性和片面性，增强我们的活动能力和活动空间，更好地实现我们的人生设计和远大理想。

◆◆做人的智慧◆◆

> 我们要创造美丽的人生，拥有令人羡慕的事业，就必须懂得做人的艺术。每个人都要逐渐挖掘那个不断趋于完美、不断成长的自己，让我们抛开老实的做人思维和方式方法，凭着你本性中具有的超人魄力和胆识，尽情地展现出自己最绚丽的一生。

第三章　学会感恩
——对别人表达感激之情

在一个"与成功者对话"的论坛上，一位听众请教台上的企业家："您觉得一个人成功的秘诀在什么地方？"

企业家没有讲一番大道理，而是告诉在座的各位："保持一颗感恩的心。只要你对人对事对物保持一颗感恩的心，你一定会成功。"

这段话赢得了阵阵掌声。

你是否已淡忘，是否仍感恩：曾经跌倒时，是一只陌生而又温暖的手将你拉起；曾经寒冷时，是你慈祥苍老的母亲为你轻披外衣；曾经迷茫时，是朋友坚定的眼神与默默的鼓励伴你走出凄风苦雨……做人，应始终怀着一颗感恩的心。幸福时，感恩朋友；快乐时，感恩苦痛；坚强时，感恩泪水；成功时，感恩失败；即使生命临终，依然感恩上苍赐予生命！

培养感恩的心

许多人从未真正感觉到感恩，因为我们只注意我们需要什么，很少注意这些东西是从哪来的。如果你想要拥有美好的生活，就应培养感恩的心。

一次，古罗马众神决定举行联欢会，邀请全体美德神参加。真、善、美、诚以及各位小美德神都应邀出席。他们和睦相处，友好地谈论着，玩得很痛快。

但是主神朱庇特注意到有两位客人互相回避，不肯接近。主神向信使神墨丘利述说了这一情况，要他去看看有什么问题。信使神将这两位客人带到一起，并给他们介绍起来。

"你们两位以前从未见过面吗？"信使神说。

"没有，从来没有。"一位客人说，"我叫慷慨。"

"久仰，久仰！"另一位客人说，"我叫感恩。"

正如这个故事揭示的：生活中慷慨的行为总是可以得到真诚的感恩。事实上，我们每个人每天的生活都在仰赖着他人的奉献，只是很少有人会想到这一点。

成功人士提醒我们，不知感恩可能会导致以下两点：

第一，不能享受既有的事物。我们并不是时时刻刻都能感觉到我们的财富，对自己没有感觉，我们怎么会为它而感激？

第二，不知感恩，使我们无法得到更多我们想要的东西。你比较喜欢把东西给哪种人：不肯承认你给了他东西的人，还是表达了由衷感谢的人？老天爷的反应也无二致。吱吱叫的轮子可能最先得到润滑，却也会最先被换掉。

不知感恩妨碍我们成功——越不知感恩，妨碍越大。所以，做人要感恩。

有些人对恩义感觉迟钝，对怨恨却十分敏感。这类不知感恩喜欢怨天尤人的人，必定会走厄运，而且感觉人生充满不幸。这类人对别人的要求特别高，喜欢用自己的思考模式来规范他人，整天抱怨他人，却不知好好检讨自己，结果往往成为不受欢迎的人物。这种人有时会因有人撑腰、有人保护而威风一时，不过由于此类人多半专横、自私，只知从别人身上得到好处，却不知回馈，而不受欢迎。短视近利的后果，往往令帮助他的人感到失望，不再给予支持。这类人多半自以为是，从不考虑自己的责任，老是认为别人在算计他，对他不怀好意，想要陷害他。

消极的心态会使这类人离开对他有利的人，而和同类型的人在一起，然后逐渐深陷其中而无法自拔。

对于曾经帮助过我们的人表达感激是一种习惯，很遗憾，许多人对这样的方式长久以来都是不太习惯的。凡事开头难，尤其是习惯的养成，但是尝试做一两次，你会发现其实并不太难，难的是你是否愿意付诸行动，让人生不再遗憾。

感谢生活的赐予

在人生的长河里，每个人都活得很辛苦，每个人都有着这样的失意、那样的挫折：要活，要吃，要穿，要去找工作，去挣钱，去养活自己和家人；要等着评职称，晋级，长工资，分房子；要去面对生活中的种种琐事；还要应对高考落榜、下岗失业，病痛折磨等等不测。然而这一切并不可怕，因为终有一天这些都将成为过去，我们会迎来新的生活。可怕的是，也许有那么一天，我们对生活失去了热情，那样我们的日子就会忧伤，生活就会没有亮点，一切就会索然无味。

生活本身是五味俱全、丰富多彩的，但做人的情操和理念却是自己可以牢牢把握的，要平和地对待生活中的每一件事，要善意地对待你周围的每一个人，要永远保持一种真诚、友爱、宽容、健康的心态，用心去感受生活对我们的恩赐。

哈佛大学曾做过一个有趣的心理调查。调查人员给调查的对象打了个电话，问道："你现在在干吗？""上班。""上班感觉怎样？""没劲极了，枯燥乏味。""那你希望干点什么？""还等两个小时下班就好了，我可以和同事一起去酒吧。"

两个小时后，调查人员又打了他的电话。"你现在在干吗？""和同事在酒吧。""感觉该好些了吧。""还是没劲，都是些无聊的话题，我正打算去找女朋友。"

过了一小时，调查人员再次拨通了他的电话，"和女朋友在一起快乐吗？""别说了，烦死了。说话时，有个女同事打来电话，询问工作上的事情，女朋友硬是要我交代是不是有外遇了。你说这能不烦吗，我还是回家得了。"

到了晚上，调查人员的电话刚拨通，这个被调查者就先开口了："别问了，很没劲，杂志翻完了，光盘看完了，有点儿寂寞。""那你想怎样？""还是上班好，明天工作努力点儿，好让薪水多增加点儿。"

有时候，有工作可做也是一种幸福。每一份工作其实都有它的乐趣，对工作我们也应该学着珍惜。

当我们埋头工作了很长时间，终于在某一时刻圆满地完成了任务，我们站起身来，推开窗，恰好外面又是蓝天白云，花香草也香，那么，不要忽略了这一刻，就是幸福。慢慢品味它，享受它，并且收藏它吧。

人的一生，是一个不断感动的过程，也是一个不断寻找自我的过程。我们只有在真切面对自我的时候，才会由衷地感动。起床、吃饭、工作、游戏、休息、交友、恋爱、结婚，最后安眠……这些扎实的环节让我们领略生活的乐趣，缺少哪一样都不行。琐屑表现我们生存的安妥，生活的乐趣应从微小事物中去寻求：美味的食物，真诚的友谊，和煦的阳光，欢愉的微笑。除非获得你的允许，否则没有人能够令你苦恼。

有一天，俄国作家索洛古勒对列夫·托尔斯泰说："您真幸福，您所爱的一切您都有了。"托尔斯泰说："不，我并不具有我所爱的一切，只是我所有的一切都是我所爱的。"

也许是生活的压力太大，有些人说："活着，真累。"也许是遇到不顺的事太多，有些人说："活着，真烦。"也许是对柴米油盐的平凡生活厌倦了，有些人说："活着，真没劲。"这里，有一个如何认识生活的问题，也有一个如何调整自己心态的问题。生活是真实而粗糙的，它不会总是一帆风顺，也不会总是充满着戏剧性的高潮，更多的时候它是平凡琐碎的，甚至显得沉闷，我们不可能指望它天天都如狂欢节一般，而我们能够做的就是拥有良好的心态。不对生活抱有不切实际的幻想，就不会太痛苦和失望。

生活中，我们都或多或少得到过恩惠，接受过他人的帮助，可我们是不是都用心记住了这些，并因此多了一份感恩之心呢？如果你有一颗感恩之心，生活便会在你的眼里变得越来越美好。如果你带着感恩的心情去工作而不以挣钱为目的，你带着感恩的心情去爱而忘记别人对你的伤害，那么你就会觉得生活着的这个世界是多么美好。

感谢自己拥有的一切

你的生活因为充斥了各种各样的矛盾而使你烦躁不堪，你的心也正受到愤怒和不平的酷刑，各种各样的坏情绪包围着本已疲惫不堪的你，你似乎就要把一切都耗费在低落、抑郁、不平的情绪里，不断地自我折磨。

学会感激吧，它是让你心情好转的良药。当我们发现周围所有的事物都值得我们感激时，那些坏情绪也就不见了。当你的心里一片灰色，脑中一片空白，气愤让你不禁发抖时，你可以走到小河边，看头上的天空怎样在水里倒映得蓝盈盈；看河边嫩绿的小草，怎样新鲜得可以挤出水来；看水中的石头，怎样有灵气得仿佛在讲述一个故事。想想，你的一生注定了要永远痛苦、永远愤怒、永远错过这样的天与地、水与石吗？再想想，上天赐予我们生命，赐予我们优美的环境，赐予我们亲情、友情、爱情，赐予我们勤劳和智慧，是想让我们这样记恨别人而生活在烦恼里吗？感激上天赐予我们的自然、生命和智慧，它将使你变成一个拥有好情绪的人。

我们应该感激自己能拥有的一切。心灵是一块磁石，我们对什么事想得最多，它就会降临在我们身上，那我们为什么不想想美好的未来呢？有人说，感恩也是一种习惯，也需要培养和发现。曾几何时，我们浮躁了安分的心，膨胀了私己的欲望，却忽略了至美的情感；在呼唤世界充满爱的同时，却忽视身边最真切的感情；在寻找友情的同时，却冷漠了至爱的亲情。生活中不是缺少美，而是缺少发现。学会发现，你会感受到平凡中的美丽；学会感恩，你会理解幸福中的点点滴滴。

这是刊登在《读者》上的一篇文章。

洛杉矶的一家旅馆。早晨，三个黑人孩子，在餐桌上埋头写着感恩信。这是他们每天必做的功课。老大在纸上写了八九行字，妹妹写了五六行，小弟弟只写了两三行。再细看其中的内容，却是诸如"路边的野花开得真漂亮"、"昨天吃的比萨饼很香"、"昨天妈妈给我讲了一个很有意思的故事"之类的简单语句。原来他们写给妈妈的感谢信不是专门感谢妈妈给他们帮了多大的忙，而是记录下他们幼小心灵中感觉很幸福的一点一滴。

他们还不知道什么叫大恩大德，只知道对于每一件美好的事物都应心存感激。他们感谢母亲辛勤的工作，感谢同伴热心的帮助，感谢兄弟姐妹之间的相互理解……他们对许多我们认为是理所当然的事都怀有一颗"感恩的心"。

一直以来，感恩在人们心中是感谢"恩人"的意思。其实，"感恩"不一定要感谢大恩大德，"感恩"其实是一种生活态度，一种善于发现美并欣赏美的道德情操。

感恩的态度可以使我们把注意力集中在我们想要的东西上。我们如果满足自己的生活，并对上天充满感恩之心，那么好东西就会源源不绝，就会越来越占据生活的天时、地利、人和，会越来越接近自己梦想。同时，我们会施予别人更多的爱心，我们也会生活得越来越幸福，你会发现一切都在良性循环着。

感激不是不请自来的，它需要不断地培养和造就。感激上天给你阳光，给你空气，也给你好运，让你在茫茫人海中遇见了生命中的知己；感激他人给你帮助，给你友情，给你智慧，也给你温暖，就算你面临着巨大的压力，也要先看到这世界美好的一面，你的心里经常阳光明媚，经常晴朗，经常有花的清香，经常涌动着和平和满足，而那些压力，那些烦恼和忧伤呢？不知什么时候已经烟消云散了。

感谢别人为你付出

许多人奉行的做人原则是"你满足我的需要，然后我才满足你的需要"。这种方式很少能发挥效果。一个人渴望别人付出感激之情，他会努力希望获取别人的接受和赞同。但是这个过程中，这个人难免会痛苦、悔恨、甚至变得没有自信。也许你几句感激的话或一点感激的行动，就能使一个人活得快乐、自在，你何乐而不为呢？

有这样一位妇人，她辛苦地支撑着一个家，却从未得到家人的任何感激。

有一天晚上，她问她的先生："彼得，我在想，万一我有一天死了，你会不会花一笔钱买花向我哀悼,你会吗?"

"当然会啊!玛莎,你干吗问这个?"

"我只是在想,其实到那时候,二十块钱的鲜花对我已经一点意义也没有了。但是我还活着的时候,有时候只要一枝鲜花,对我都很有意义。"

玛莎的感叹,不也正是你周围每个人内心深处呐喊的心声吗?"有时只要一枝鲜花",便能带给别人活下去的希望和喜悦。

你还等什么呢?你还要等到你的心无法再爱,眼睛永远无法再睁开,耳朵也永远听不到,才肯行动吗?

为什么人类总是隐藏他们感激的心情呢?或许是人与人之间的摩擦,摧毁了他们感恩的心,或相互的伤害抹杀了彼此的和气,也可能是他们习惯了没有感激的日子,自己也不懂得。这是本末倒置的做法,不是吗?

仔细想想别人曾经为你所做的——爱的表示、友善的动作、信心的鼓励、友好的示意。我们每个人都应该明白,生命的个体是相互依存的,每一样东西都依赖其他的东西。无论是父母的养育、师长的教诲、配偶的关爱、他人的服务、大自然的慷慨赐予……人自从有了自己的生命开始,便沉浸在恩惠的海洋里。一个人真正明白了这个道理,就会感激大自然的福佑,感激父母的养育,感激社会的安定,感激食之香甜,感激衣之温暖,感激花草鱼虫,感激苦难逆境。

"上帝赐给我南希,我每天都在感谢他。"里根对朋友说。

生活赐给我们健康、宁静、爱和欢乐。所以我们拥有一颗知足感恩的心。心存感激,因为山是绿的,海是蓝的,雪是白的,太阳是红的。心存感激,因为日子就像洋葱,只要自己一片片地剥开,就会有一片让你感动到流泪不止。心存感激,因为爱是圆的,美是甜的。

一位在生活中不很顺利的姑娘写信向一位杂志社的编辑倾诉她生活中的不幸。她在信上说她至今也没曾穿过一双新鞋子。收到信的编辑也是一位女青年,而且是一位残疾人。在回信中女编辑说:"没有鞋穿的人总觉得自己很不幸,因没有鞋子,可当她有一天看到没有脚的人的时候,才真正感觉到什么是真正的不幸。"这位编辑在信中还向这位姑娘推荐一位已经病逝的少年诗人。信上说:这位诗人死的时候很年轻,还不到16岁,他的死源于败血症。他是那样地热爱生活,即使在他弥留之际还在用诗来表达那颗热爱生活的心。编辑在信上说:"虽然天空中没有出现翅膀的痕迹,但我确信少年已经飞过了。"

所谓滴水之恩当涌泉相报,这其实就是心存感激。如果一个人心存感激,那么就会少一些烦恼,少一些牢骚,少一些抱怨,少一些不必要的仇恨。心胸就会变得宽阔,心情就会变得舒畅,进而生活也会变得美好。心存感激,是一种德行,是一种处世之道。因此我们对亲人的每一次呵护要心存感激;对同事的每一次关心和问候要心存感激;对我们生命中的每一个早晨要心存感激。

感恩的人容易得到快乐

有很多这样的人，他们这也看不惯，那也不如意，怨气冲天，牢骚满腹，总觉得别人欠他的，社会欠他的，从来感觉不到别人和社会对他的生活所做的一切。这种人心里只会抱怨，不会感恩。某位哲人说过，世界上最大的悲剧和不幸就是一个人大言不惭地说："没人给我任何东西。"

两个行走在沙漠的旅人，已行走多日，在他们口渴难忍的时候，碰见一个牵骆驼的老人，老人给了他们每人半瓷碗水。

两个人面对同样的半碗水，一个抱怨水太少，不足以消解他身体的饥渴，抱怨之下竟将半碗水泼掉了；另一个也知道这半碗水不能完全解除身体的饥渴，但他却拥有一种发自心底的感谢，并且怀着这份感恩的心情，喝下了这半碗水。

结果，前者因为拒绝这半碗水渴死在沙漠之中，后者因为喝了这半碗水，终于走出了沙漠。

对生活怀有一颗感恩之心的人，即使遇上再大的灾难，也能熬过去。感恩者遇上祸，祸也能变成福。

不要笑那些在饭前必定祈祷的人，那不是迷信。一粥一饭，当思来之不易；谁知盘中餐，粒粒皆辛苦。心中常存感恩，自会知足，也就容易得到快乐。

幸福和快乐的感觉是很微妙的。衣罗穿锦，食前方丈，未必使人感到快乐。一个和睦的家庭，一个奋斗的目标，往往使人感到幸福已在身边。

早起可以听见清脆的鸟鸣，黄昏时可以看见玫瑰色的晚霞。春天百花争艳，秋日天高气爽。这个世界岂不美妙？岂不可爱？

感恩的生命会得到滋润

有的女孩总是不满意自己的容貌，也许是因为太希望自己十全十美了，以致格外在意自己外形上不太理想的地方。在我们的生命之中，快乐的源泉很多。如果一位女子有得天独厚的美丽姿容，固然值得快乐，可是除此之外，我们可以从诗文、绘画等精神活动中找到快乐，我们可以从帮助别人、服务社会上找到快乐。一位平凡诚朴的朋友，一个温暖朴素的家，也是一种快乐。只要我们对人对己，都不苛求，在内心修养上多去磨炼，就可以摆脱一些围绕自己的平庸、肤浅的看法，对人生的乐趣去寻求更深一层的了解，那时，外观的漂亮或不漂亮的影响都不太重要了。

我们生活在科学技术日新月异的今天，毫无疑问，只要我们有钱，任何有关我们衣食住行等的物质我们都可以随心所欲地买到，并把它们搬运回家，尽情地享受。也许正是因为如此，人们对这些东西的感恩之情才变得日益淡薄，认为获得它们是理所当然的，因而也就不爱惜它们。正如德国大诗人海涅所说，太容易得到的东西便不是珍贵的东西。试想：如果我们生活中的各种东西全部消失，我们还能生存吗？

　　一个人的本事极其有限。那种对一切东西都怀有感恩之心的人是有人性的人。请不要对自己目前的境遇抱怨，不要对自己所拥有的感到不满意。人呀，总是这样，得不到的就是最好的，得到的往往又不肯去珍惜，任由手中握着的像沙子一样从指缝间滑过。当你懂得珍惜的时候，你已失去了它。

　　不重视现在的人，就不会有可以期待的未来。感谢生活的馈赠吧！当你有了感恩之情，生命会时时得到滋润。若你没得到什么，那是因为你本没有付出什么；若你觉得自己所得太少，其实你本可以付出更多！

◆◆做人的智慧◆◆

> 每个人每一天的生命，都无时无刻不在接受着父母的养育，师长的教导和社会的扶植。我们要如何回馈我们的父母、师长、社会大众呢？要懂得感恩，有了感恩的心，就会发愤图强、追求成功。

第四章　懂得珍惜
——做人身在福中要知福

有一次，一位妈妈跟心理医生说起自己的不幸遭遇："我的婚姻生活触礁，先生另有新欢，我活得很痛苦。"她说着就哭起来了，诉说心中的恨事。最后心理医生告诉她说："你的婚姻生活已经够惨了，为什么还要这样折磨践踏自己呢？要惜福！除了先生有外遇这件事，你各方面都还好，有子女、有工作、有住处、有体力、有理想。为什么不把眼光投在现在有的事物上，去珍惜它、赞美它、拓展它，而要一头栽进那点缺陷，做缺陷世界的囚犯呢？"

这位妈妈与心理医生谈了半个小时后，终于拭干了自己的眼泪，告诉心理医生："我愿意珍惜自己现有的一切。"

就生命的有限性而言，能活着就是一种幸福，一种令人赞叹的喜悦。但有许多人不懂得珍惜它，一天到晚挑剔东挑剔西，不满这不满那。他们失去欢笑，也失去生活的勇气。他们把生活变成了烦恼，把人生变成了受尽煎熬的历程。

具有睿智的老师，总是举起他们的教鞭，敲醒学生们的昏沉说："别再傻了！虽然穷，但谁也阻止不了你苦中作乐。为什么不唱一首歌，额手称庆说'今天我活得很开心，精神生活很富裕'呢？"

做人要懂得惜福，你自己有许多福气却不自知。你能说话、能看报、能工作思考、能爱护他人，这都是你的大福报。你有你的生活和工作，心可以安排得充实，把握它、运用它，小小的一棵树苗，都可以长成参天大树。一些挫折会成为你心智德行的沃土，要懂得珍惜自己的一切。

只看自己所拥有的，不看自己所没有的

你之所以不能成功，是因为如果你在某个方面不具备特别的天赋，你通常就认为不值得全力以赴。

不要因为你不是个天生的领导者，就认为自己是个天生的依赖者。没有杰出的领导天赋并不能成为理由，因为你完全可以慢慢培养。如果我们不对自己的能力进行考验，我们永远不会知道自己到底有多大的潜力。很多看似没有领导天赋的人最终证明了自己是伟大的领导者——他们一开始很少显示出自立的能力。

爱默生在散文《自恃》中写道：

每个人在受教育的过程当中，都会有段时间确信：物欲是愚昧的根苗，模仿只会毁了自己；每个人的好坏，都是自身的一部分；纵使宇宙充满了好东西，不努力你什么也得不到；你内在的力量是独一无二的，只有你知道自己能做什么，但是除非你真的去做，否则你也不知道自己真的有这种勇气。

有一个叫黄美廉的女子，自小就患上脑性麻痹症。此病状十分惊人，因肢体失去平衡感，手足会时常乱动，口里念叨着模糊不清的词语，模样十分怪异。这样的人在常人看来，已失去了语言表达能力与正常生活条件，更别谈什么前途与幸福。

但黄美廉硬是靠她顽强的意志和毅力，考上了美国著名的加州大学，并获得了艺术博士学位，她靠手中的画笔，还有很好的听力，抒发着自己的情感。

在一次演讲会上，一个中学生竟然这样提问："黄博士，你从小就长成这个样子，请问你怎么看你自己？"

在场的人都责怪这个学生不敬，但黄美廉却十分坦然地在黑板上写下了这么几行字："一、我好可爱；二、我的腿很长很美；三、爸爸妈妈那么爱我；四、我会

画画,我会写稿;五、我有一只可爱的猫,六、……"

最后,她以一句话作结论:"我只看我所有的,不看我所没有的!"

要想成功,必须要接受和肯定自己。在这个世上,每个人都有着不同的缺陷,并非只有你是最不幸的。无须抱怨命运的不济,不要看自己没有的,要多看看自己拥有的,就会接受和肯定自己。

重视有形和无形的价值

从哲学的意义上讲,世界上的价值大致可以分为两类。一类就是因为它的存在让别人感到它的价值,比如说一些产品、商品、科技发明以及金钱、地位都归于这一类。这一类东西,能让你过得更好。另一类是你丧失它之后,才感到它的价值,比如说空气、自由、健康、时间、青春等,这一类价值体现的是你生存的必要条件。这两类价值相比,因为其存在而显示其价值的东西一般是从无到有的,由于来之不易且不能人人均等,你会倍加珍惜,比如说地位、金钱等。但那些因失去才显示它的价值的东西一般是从有到无的,这种价值,由于它是自然存在和普遍拥有,很容易让人忽视。

但与生俱来、从有到无的这种价值对人来讲更重要。有的人在拼命地获取和享受从无到有的价值的时候,忘了更重要的从有到无的价值,只有当他已经失去后一类价值的时候,才知道它的可贵,但已悔之晚矣。牺牲后一类价值去追求前一类价值,他所付出的代价更大。

"老之将至,才觉得时光的可贵;病卧在床,才知道健康最重要;进了牢房,才知道自由是无价的。"

因为失去才显示其价值的东西,更值得人们去珍惜、去维护,因为人一旦失去了这一类价值,就连追求另一类价值的基础条件都没有了。

史密斯是小镇上一家五金店的老板,他从事这一行已有20多年,生意一直很好。但他对会计业务不在行,不习惯用账簿。

有一天,他那个在华盛顿当会计师的儿子回家探望他,并对他说:"爸爸,我实在搞不清你是怎么记账的,你根本无法核算成本和利润。我替你设计一套现代化会计系统好吗?"

史密斯说:"不必了,孩子,我心里有数。你爷爷是个农民,他去世时,只有一条工装裤和一双鞋。后来我离开农村,跑到城里,辛勤工作,终于有了家五金店。

"后来我和你妈妈结婚了,生下了你们兄妹三人,你哥哥当了律师,你妹妹当了记者,你是个会计师。我和你妈住在一所很不错的房子里,还有两辆汽车。我是这家五金店的老板,而且不欠人家一分钱。"

史密斯抽了一口雪茄,接着又说:"我的会计方法很简单,把这一切加起来,扣除那条工装裤和那双鞋，余下的都是利润。"

每个人都少了一样东西

在一个讲究包装的社会里，我们常忍不住羡慕别人光鲜华丽的外表，而对自己的欠缺耿耿于怀。其实没有一个人的生命是完整无缺的，每个人都会缺少一些东西。

有人家财万贯，却是子孙不孝；

有人看似好命，却是一辈子脑袋空空；

有人夫妻恩爱、月入数十万，却有严重的不孕症；

有人才貌双全、能干多金，情路上却是坎坷难行……

每个人的生命，都被上苍划开了一道缺口，你不想要它，它却如影随形。你要宽心接受，体会到生命中的缺口就像我们背上的一根刺，时时提醒我们要谦卑，要懂得怜恤。

若没有苦难，我们会骄傲；没有沧桑，我们不会用心去安慰不幸的人。

人生不要太圆满，有个缺口让福气流向别人是很美的一件事。你不需拥有全部的东西，若你样样俱全，别人吃什么呢？另外，你如果能体会到每个生命都有欠缺，就不会再去与人作无谓的比较了，反而更能珍惜自己所拥有的一切。

有位著名企业家说："这辈子所结交的达官显贵不知多少，他们的外表实在都令人羡慕。但深究其里，每个人都有一本难念的经，甚至苦不堪言。"所以，不要再去羡慕别人如何如何，好好算算上苍给你的恩典，你会发现你所拥有的绝对比没有的要多出许多，而缺失的那一部分，虽不可爱，却也是你生命的一部分，接受它且善待它、珍惜它，你的人生会快乐豁达许多。

珍惜你的婚姻

如果你想生活得幸福丰足，安心在事业上发展，你一定要有一个美好的家庭。

创建美好的家庭，它的前提是要有一个美好的婚姻。婚姻美满，带来家庭的和谐，父母、子女也能得到温暖的气氛和安全的保障。一个人早年是否过得幸福，视父母婚姻美满程度而定，至于家庭是贫是富，其影响并不很大。长大成家是否感到幸福，则与自己的婚姻情况有关。婚姻不但影响一个人的心理生活，甚至影响事业前途。汉朝司马迁研究历史，更发现婚姻与个人的成败密切相关。因而司马迁先生在《史记·外戚世家》中说："夫妇之间的和睦关系是道德规范的根本准则。礼制的用处，唯独在婚姻上最为谨慎。"

许多人都知道婚姻的重要，刻意注重选择对象，但很少讲求如何培养美满的婚姻，如何缓和彼此间的紧张情绪，如何挽救琴瑟失谐的婚姻现状。这也许是现代社会离婚率逐渐增高，而离婚家庭的子女失去了应有温暖的原因。

导致夫妻发生冲突主要有这样几个因素：

第一，性格问题。有的夫妻，丈夫是"小钢炮"，妻子是"金刚钻"，一对火爆性子的人稍遇不顺心的事就暴跳如雷，各不相让，致使争吵迭起，战斗不息。

第二，经济问题。夫妻双方工资多少？经济大权由谁掌握？在处理这些问题上稍有不当，即会引起双方的不满，出现矛盾。

第三，性生活。表现为一方有外遇，一方有生理缺陷，或是夫妻双方缺乏性知识，导致性生活的失调。

第四，辐射关系。如双方父母、兄弟姐妹、姑嫂妯娌，以及同事、朋友、邻居等关系的相处。

第五，家务。随男女双方一起来到小家庭的是炉子、篮子、孩子的矛盾。有些丈夫对家务不管不问，家务重担推给妻子一人承担；有些妻子对家务事能推则推，对方看不惯容不下，引发冲突。

第六，孩子。爱子是人的天性，但怎么去爱，什么是真爱，夫妻双方应有统一的认识和标准。如果丈夫对孩子要求严些，而妻子一味溺爱孩子，偏袒孩子，就会产生矛盾。

以上种种，是导致夫妻婚姻冲突常见的原因。婚姻中的冲突是正常现象，理智的夫妻能正视现实，缓解冲突，不断调适双方的关系。

为了培养美满的婚姻，使婚姻持久地维持下去，先生应有好的礼貌和态度，过正常生活，尊重和关心妻小；太太也要在生活上尊敬先生，有礼貌，言辞谦和。这些原则如果加以引申，我们可以发现几个培养美满婚姻之道。

1. 关心自己的婚姻

美好的婚姻和家庭不单是从选择伴侣中得来，更重要的是经过一段时间的学习和培养而获得。许多人常怀着错误的观念，等待配偶顺从自己，而从未想过自己也有调适的责任。另外一种错误的态度是：漠不关心，抱着"合不来就离婚"的观念。这两种心态，都缺乏积极争取圆满婚姻的信念，所以多少要影响其婚姻幸福。一个人要想和自己的配偶圆满好合，一定要对自己的婚姻和家庭关心。有意去改善它、培养它，才可能获得好的婚姻生活。

2. 情意交流

夫妇间的情意必须交流。许多琴瑟失调的夫妇，都是由于不能沟通情意而引起的。沟通必须是和谐的、双向的、互相接受、互相尊敬的。沟通不只透过语言来沟通，也透过表情、行动、姿势等来沟通。就其重要性而言，有时表情、行动及姿势等非语言沟通，比语言沟通更重要。夫妻间的沟通必须是真诚的交谈，是和气的对话；可以在茶余饭后聊天中沟通，也可以在散步中倾谈。在情意交流中，最重要的是倾听对方的意见，真诚地表示自己的看法。倾听别人说话，就表示自己能接受对方的意见，能和气地表示意见，也容易被对方接受。

3. 消除纠纷

夫妻两人对事物免不了有不同的意见，但是如果为了不同的意见或一时的急躁，而吵得面红耳赤，对彼此都有损无益。它不但影响心情，还会引发疾病，如高血压、头痛、失眠等。因此，夫妇之间必须有一个共同的信念：如果发生争吵，彼此都有消弭它的责任。

以下介绍几种避免争吵的原则：

要注意谁也不可能时时刻刻都了解你，明白这一点，你就不会因为对方不了解你而生气争吵；不要把对方的事当做自己的事，避免唠叨，重要的事予以重视，小事最好一笑置之；对方没有理由不分青红皂白地接受你的意见，接受的过程是了解，了解需要时间作冷静的讨论；对方坚持己见时多说自己的感受，少作责备与批评，引起争吵时，应及时停止，立即控制；暂时放下不谈，可以防止争吵的爆发；你正想发脾气时，记着靠近对方，握着对方的手，放低声调，自然会使气氛改变，恢复平静；快动肝火的时候，要告诉自己："明天我再好好地臭骂你！"这样容易把一时的气愤忍住，明天时过境迁，自然重归于好，那时很难再大动肝火。

4. 放下不合理的欲求

人是不会餍足的，某些欲求得到满足，新的欲求就进一步出现。婚姻关系中，对配偶的要求也是一样。有的人把自己的婚姻，拿来跟别人比较，在配偶面前赞美别人的美满恩爱，羡慕别人的成就或温柔体贴，到头来只是伤了彼此的自尊，破坏自家的和气。羡慕别人的恩爱，埋怨自己的福薄，并不能提升自己婚姻的幸福感。事实上，每一对夫妻都有自己的特质，这是不能相互比较的。别人家的优点抄袭不得，更不可能勉强模仿。美满婚姻的唯一之道是相互尊重与鼓励，从不断适应与改进中，学会互相欣赏优点，互相体谅与包容缺点。

婚姻甘苦在人为，真的关心自己的婚姻，就得主动改正和适应。使婚姻真正快乐的是彼此欣赏和爱护对方的特质。弗洛斯特曾说："我们对万物之爱，是爱其本来面目。"如果我们不把对方变为自己的从属，期待他成为自己心目中的人物，而是彼此接受，那才是真爱。

珍惜你的家庭

幸福的家庭往往都是一样的，而不幸的家庭却各有各的不幸。

有关家庭的名言警句太多了，无法一一列举。

1. 家庭是事业的基础和核心

大多数成功人士在谈及自己的成功秘诀时都不忘提及自己的家庭。很多人都认为人一生最终最大的幸福、归宿、成就感和精神动力就是家庭幸福。不善经营家庭的人，往往不善经营事业。家庭是你必须回去，也必定会接纳你的地方。没有一个地方像家那么具有奉献性。我们在很多旅馆里都会看到"给你家的感觉"这样的广告。

马志尼曾说过"家庭是心的国度"，也有人说"在家中感到快乐是所有野心的终极结束"。

很多人都以家庭和事业相冲突为借口来否定婚姻。他们总是说先立业后成家,好像这是两个完全无法同时进行的事情。他们完全没看到两者相互促进的一面。

2. 把企业和家庭都装在心中

在IT行业的新贵奚祖强的办公桌上摆着两幅彩色照片——他的两个儿子。在谈到人生目标时,他一再强调"我的家庭才是第一位的,再怎么忙,我也会顾家。"他日常工作特别忙,应酬很多,但即使工作很多,也是每天在家吃晚饭,和家人聊天。他认为没有家庭的幸福,事业的成功也是不圆满的。

3. 让家庭成为你永久的港湾

信息产业的宠儿黄培才30出头就已经当了CEO,学了企业管理,有10多年的软件企业工作经验和5年的管理经验。他在谈及婚姻的时候一脸的幸福,很郑重地说自己很重视家庭,把家作为休息的港湾,不仅是身体上的,更是心灵上的。

一个在社会上顶天立地的男儿,没有美满的婚姻,他的成功也少了一丝亮色;

一个巾帼英雄,没有一个知心的爱人,不能不说是一种遗憾。

一个温馨浪漫、尽享天伦之乐的家庭里,诚实是家庭的建筑师,整洁是家庭的装饰工,情爱是家庭的温暖器,欢乐是家庭的照明灯,勤奋是家庭的通风口。珍惜你的家庭吧!

珍惜你的工作

你在这个世界上选择什么样的工作?如何对待工作?从根本上说,这不是一个关于做什么事和得到多少报酬的问题,而是一个关于生命的意义的问题。

鲁迅先生曾经严肃地指出:"我觉得,那么躺着过日子,是会无聊得使自己不像活着的。我总这样想,与其不工作而多活几年,倒不如赶快工作少活几年的好,因为结果还是一样,多活几年也是浪费时间。"

在工作时,最重要的是充满珍惜感而不是环境。毫无疑问,工作环境要让人适应才行,然而如果在那里工作的人没有意愿,环境再好也是白搭。

有珍惜眼前工作的心态,人的工作意愿自会产生,上进心自会更旺盛,也会更脚踏实地,注意力也会更集中。有一位焦庄老先生,他原来在一家监理公司工作,退休后在家待不住,经朋友介绍后,到总后工程总队当质检顾问,亲戚朋友都担心他的体力、精力是否能吃得消。令人兴奋的是,焦老先生每天都按时骑车上下班,神采奕奕,大有"返老还童"之感。有晚辈跟他开玩笑,问他有何灵丹妙药使自己青春焕发。老先生笑着说:"是工作,当顾问就得接受无休止的挑战,使命感让我发现自己居然有这样的天赋。"在人的生命中,抛弃一切,只专心去追求某一个机会是很重要的,在追求的过程中,会使自己的工作观更加坚固。

高尔基曾说过:

工作如果是快乐的，那么人生就是乐园；

工作如果是强制的，那么人生就是地狱。

一个热爱工作的人，是一个具有高度责任感和创造力的人，他充分享受着工作的乐趣和荣誉；同时，因为努力工作，工作也给了他足够的尊严和实现自我的满足感。他真正体味到了工作的乐趣，他才是最优秀的员工，才是社会最需要的人。

张小五有一阵子待业在家，早上10点多还赖在床上，可仍不时地叫头疼，那么健壮的他，稍不注意就会生小病。现在他找到一份在出版社搞发行的工作，一天从早到晚忙个不停，却精力充沛，无病无痛。他对此深有感触地说："只有工作才是治疗年轻人所有疾病和痛苦的灵丹妙药。"

工作的质量往往决定生活的质量，一个人所做的工作是他人生态度的表现，一生的职业，就是他志向的展示、理想的所在。所以，了解一个人的工作态度，在某种程度上就是了解那个人。因此，美国前教育部部长、著名教育家威廉·贝内特说："工作是我们要用生命去做的事。"

你不能决定自己的寿命，但你可以保证生命的质量；你不能预知明天，但你知道自己没有辜负今天，因为你还工作着。工作是人类拯救自己的希望，工作使自己的热情变成现实。从这个意义上说，工作是人生的一半，而人生的另一半也是工作。

珍惜你的福分

《唐语林》中有两则吃饼的故事。

唐太宗大宴群臣，宇文士及割肉，割完之后，用面饼揩手上的肉汁，太宗不做声，眼睛斜视着他。不知是这位宇文士及有节俭的习惯还是因为感觉到芒刺在背，总之是不动声色地用饼揩好手，然后从容地把这块饼吃下去了。在一边太宗也松了一口气。到了唐玄宗这一辈，国家已经很富裕，宠妃还享用万里飞骑送来的荔枝，但他本人却也很舍不得一块饼。有一回割肉的是太子李亨，他也用饼擦手上的肉汁，玄宗一直盯着他看，大不高兴。太子慢慢地举起大饼，大口大口地吃起来，玄宗非常高兴，对太子说："福当如是爱惜。"

"福"在古代是指祭神的酒肉，也泛指食物。中国语言中有"惜福"一词，就是从爱惜粮食这个意思上来的。

为人处世，应有勤劳节俭、冰清玉洁的操行。也只有勤俭，才能永保廉洁；只有冰清玉洁的操行，才能长久处世。守住节俭并依此修持，贫穷时可以独善其身，富贵时可以兼济天下。守住了勤俭，就足以为万世师表。勤就不缺乏财物，俭就能有节余；劳就能进益，节就能知足，这是古代人惜福的方法。在勤、劳、节、俭中，俭是首要的。

宋史记载：宋代的永宁公主，曾经以一身豪华的高贵打扮来拜见皇上，皇上说："从今以后不要这样打扮了。"公主笑着说："这又能花费多少钱？"皇上说："作为皇帝的女儿都如此奢华，宫廷里必然效仿起来。宫里人人都绫罗绸缎，京城市面上的高档服装价格就会抬高。京城里的高档服装价格太高了，百姓们必然追求利益。你生长在富贵的家庭里，应该知道珍惜福分，不能生出不好的念头来。"

人生福禄，都有定数。珍惜福分的人，福常有余；暴殄天物的人，福常不足。所以老子以俭为宝贝。不只是生活中应该懂得节俭的道理，而是在所有的事情上都应该懂得节俭，这样将会收到意想不到的效果。比如，在吃喝上节俭，可以养护脾胃；在嗜好上节俭，可以集中精力；在语言上节俭，可以调养气息；在应酬上节俭，可以养身安神；在思虑上节俭，可以少生烦恼；在欲望上节俭，可以清心养德。凡事省省一分，便增益一分。这虽然是持身之道，也不失为处世之道。

身在福中要知福。知道自己现在过着一种不愁衣食的生活，是一种难得的福分。不要小看这福分，不要浪费这福分。一方面要知足，一方面仍要尽量节俭。这样才不会养成奢靡颓放的习惯，日后才有足够的准备去应付各种不同等级的困难。

俗话说："多在有日思无日，别到无时思有时。"对经历过艰苦的人来说，尽管现在生活富裕，但仍应念念不忘过去的艰苦困难的日子。这样，做人才可以知足，才可以安分，才可以不敢松懈地继续努力，也才可以保住既有的财富。

旧时，许多长辈告诫子女们说："老天爷给每个人安排了一定的福分。如果你小时候把福分享用光了，老的时候就会穷苦。"这句教诲对今天的每个人都适用。人应该珍惜自己的福分，慢慢享用，不要挥霍。"宁吃少来苦，不受老来贫"。年轻时候苦一点，年纪大的时候，就多一点享福的可能。至低限度，俭朴的生活习惯，可以帮助人有多一点力量去适应各种环境。

◆◆做人的智慧◆◆

> 人生的幸福不是一味追求得来的。虽然说没有努力就没有幸福，但不懂得惜福，到手的福气也是会流逝的。不懂得珍惜自己，不愿活出自己生活意义的人，即使有了偌大的财富，也是空虚不实的。

第五章　主动适应
——不把自己的意志强加于人

一个年轻人的妻子近来变得忧郁、沮丧，常为一些小事对他吵吵嚷嚷，甚至打骂孩子。他无可奈何之下只好躲到办公室，不想回家。

有位经验丰富的长者，见他这样，就问他最近是否与妻子争吵过，年轻人回答说："为装饰房间争吵过。我爱好艺术，远比妻子更懂得色彩，我们特别为卧室的颜色大吵了一架，我想漆的颜色，她就是不同意，我也不肯让步。"

长者又问："如果她说你的办公室布置得不好，把它重新布置一遍，你又如何想呢？""我绝不能容忍这样的事。"年轻人回答说。

长者却解释说："办公室是你的权力范围，而家庭以及家里的东西则是你妻子的权力范围，若按照你的想法去布置'她的'厨房，那她就会和你刚才一样感觉受到侵犯似的。在布置住房上，双方意见一致最好，不能用苛刻的标准去要求她，要商量，妻子应该有否决权。"

年轻人恍然大悟，回家对妻子说："一位长者开导了我，我百分之百地错了，我不该把我的意志强加于你。现在我想通了，你喜欢怎样布置房间就怎样布置吧，这是你的权力，随你喜欢吧。"妻子听后非常感动，两人言归于好。

会做人

一个人不可能总是生活在同一个环境中，即使是生活在同一个环境中，环境也会时常发生变化，如果不会适应变化的环境，只能归于失败。

举个浅显的例子。假如你想去东北开个菜馆，你可以不全卖东北菜，但最起码的东北四大炖菜你要保留，并且一定要请当地人做菜，假如你想靠什么徽菜或粤菜以及川菜在东北站稳脚跟，那你就此打住吧。因为东北人最爱吃的就是炖菜，哪怕是东北乱炖也比你那精工细做更符合当地人的口味。另外，再加上东北人炖菜实惠，而南方菜系讲究味道，分量较少，自然难以被东北人接受。再比如，因为东北人豪爽、讲义气，所以你只要服务态度好，他下次肯定还会光顾你的菜馆，而假若你态度太差，即使给予他一定的折扣，他也未必再来，因为他会认为你不够义气。

同样道理，你要想在四川开菜馆，假若川菜不十分拿手的话，你一定会亏得血本无归。由此可见，适应环境和适应别人多么重要。

所以，无论在家里还是在社会上，我们不能只关注自己而忽视其他人。很多时候，我们应该积极主动地适应对方。

适应不是牵就

牵就，也作"迁就"和"适应"，是我们说话和行文时常用的两个词语，含义颇有些类似之处；但是，仔细琢磨，两者间实有差别，而且是原则性的差别。

根据词典的解释，《现代汉语词典》注"牵就"为"迁就"和"牵强附会"。注"迁就"为"将就别人"，举的例子是："坚持原则，不能迁就。"注"将就"为"勉强适应不很满意的事物或环境"，举的例子是"衣服稍微小一点，你将就着穿吧！"注"适应"为"适合（客观条件或需要）"，举的例子是"适应环境"。"迁就"这个词，古书上也有，《辞源》注为"舍此取彼，委曲求合"。

"将就"、"适应"两者含义有类似之处，《现代汉语词典》注"将就"一词时就使用了"适应"一词。

词典的解释，虽然头绪颇有点乱，但是归纳起来，"牵就（迁就）"和"适应"这两个词的含义还是清楚的。"牵就"的宾语是不很令人愉快、令人满意的事情。在平常的情况下，这种事情本来是不能或者不想去做的。极而言之，有些事情甚至是违反原则的，违反做人的道德的，当然完全是不能去做的。但是，迫于自己无法掌握的形势，或者出于利己的私心，或者由于其他的什么原因，非做不可，有时候甚至昧着自己的良心，自己也会感到痛苦。

从某种意义上说，"适应"与"牵就"是不相同的。我们每一个人都会经常使用"适应"这个词。不过在大多数情况下，我们都是习而不察。沈从文先生写过一本叫《花花朵朵坛坛罐罐》的书，汪曾祺先生在"代序：沈从文转业之谜"中有一段话说："一切终得变，沈先生是竭力想适应这种'变'的。"这种"变"，指的是解放。沈先生写信给人说："对于过去种种，得决心放弃，从新起始来学习。这个新的起始，并不一定即能配合当前需要，惟必能把握住一个进步原则来肯定，来完成，来促进。"沈从文先生这个"适应"，是以"进步原则"来适应新社会的。这个"适应"是困难的，但是是正确的。很多人在解放初期都有类似的经验。

再拿来同"牵就"一比较，两个词语的不同之处立即可见。"适应"的宾语，同"牵就"不一样，它是好的事物，进步的事物；即使开始时有点困难，也必能心悦诚服地予以克服。在我们的一生中，我们会经常不断地遇到必须"适应"的事务，"适应"成功，我们就有了"进步"。

一句话，做人须"适应"，但不能"牵就"。

与人融洽相处

社交是每个人都无法回避的生活内容。善于社交的人在社会上广受欢迎，所承受的社会压力也比别人小得多，成功的概率也相对地提高。正如美国著名成人教育专家戴尔·卡耐基所说："一个人的成功，只有15%是由于他的专业技术，而85%则要靠人际关系和他的为人处世能力。"可见，一个人的社交能力是多么重要。在这个讲究人际关系的时代里，却有许多人不懂得怎样更好地与人相处。

一位老太太坐在小镇郊外的马路边纳凉。有个年轻人来到老人面前问道："请问老人家，住在这个小镇上的人怎么样？我正打算搬来住呢！"

老太太看了一下年轻人，反问道："你要离开的那个地方的人怎么样？"

年轻人回答："不好，都是些不三不四的人。我住在那里没快乐可言，因此我打算到这儿来住。"

老太太叹口气，说："小伙子，恐怕你要失望了，因为这个镇上的人，也和你那儿差不多。"

年轻人走了，继续去寻找他理想的居住地。

过了一会儿，一位姑娘来到老太太面前，询问同样的问题。老人也同样反问她。

这位姑娘说："哦！住在那里的都是非常好的人。我在那里度过了一段美好的时光，但我正在寻找一个更有利于我的工作发展的小镇，我舍不得离开那个地方，但是我不得不寻找更好的发展前途。"

老太太面露笑容，说："姑娘，你很幸运。居住在这里的人都是跟你原来住的地方一样好的人，你将会喜欢他们，他们也会喜欢你的。"

这个故事告诉我们，你想寻找敌人，你就会找到敌人；你想寻找朋友，你也就会找到朋友。不善于与人相处的人，到了哪里，都会认为别人难以相处；善于与人相处的人，见到任何人，都会融洽相处。

能够与人融洽相处的人是一个快乐的人，一个大度的人，一个与人为善的人。即使赚钱不多，也很满足，因为他能从融洽的人际关系中获得报酬。

以下是与人友好相处的几个方法：

1. 要注意把握和控制自己

放下自己清高的架子，这样才能和别人融合到一起。心理学家的研究表明，人与人之间的情感总是在"主动"中才能深化的。所谓主动，就是你主动接近别人，别人才会愿意接近你；你自恃清高，孤芳自赏，别人也不愿意接近你，甚至会对你产生反感。

2. 不要过于封闭自己

要和别人多进行一些思想上、学习上的交流，把自己对一些问题的观点、意见告诉别人，进行探讨。你要知道，知心是相互的，只要你对别人敞开心扉，别人也会对你敞开心扉，才会互相了解，才会发展友谊。

3. 要多一些宽容

你在宽容别人身上缺点的同时，应看到别人身上的优点，这样才能赢得别人，同时也要清楚地认识自己身上的缺点和不足。古人说得好，水至清则无鱼，人至察则无徒。明白了这个道理，你就会多一些宽容，多一些真诚，多一些友谊。

4. 要发展自己的爱好，丰富自己的生活情趣

对别人所共同关心的话题留心注意，并提出自己的真知灼见，你会得到别人的赞誉。

多说"您想呢"

每个人都重视自己，喜欢谈论自己，即使你的好朋友也一样，他们可不愿意听你在那儿唠唠叨叨地自吹自擂。

威森为一家专门替服装设计师和纺织品制造商设计花样的画室推销草图，他每个礼拜都去拜访纽约一位著名的服装设计家。"他从不拒绝接见我，"威森先生说："但他也从来不买我的东西。他总是很仔细地看看我的草图，然后说：'不行，威森，我想我们今天谈不拢了'"。

经过多次的失败，威森终于明白自己过于墨守成规，于是他下定决心，每个星期抽出一个晚上去研究做人处世的哲学，更新观念，提高生活热情。

不久，他就急于尝试一项新方法。他随手抓起6张画家们未完成的草图，冲入买主的办公室，对买主说："这是一些尚未完成的草图，请问，我们应该如何修改才能使您满意？"

买主默默看了那些草图一会儿，然后说："把这些图留在我这儿几天，过几天再来取。"

3天以后威森又去了，得到了他的一些建议，取了草图回到画室，按照买主的意思把它们修饰完成。事情的发展出乎威森意料——6张图全部被接受了。

从那时起,买主开始订购许多其他的图案,这些图全是根据买主自己的想法画成的,而威森却净赚了1 600多元的佣金。他深有感慨地说:"我现在才明白,这么多年来,为什么我一直无法和那些买主做成买卖,我以前只是催促他们买下我认为他们应该买的东西。我现在的做法正好完全相反。我鼓励他们把他们的想法告诉我。他们现在觉得这些图案是他创造的,确实也是那样。我现在用不着去向他们推销,他们自动会来买。"

世界上没有多少人喜欢被迫购买或遵照命令行事。如果你想赢得他人的合作,就要征询他的愿望、需要及想法,让他觉得是出于自愿。

有人曾经作过调查,发现人们每天最常用的一个字就是"我"字。为何人们对"我"字特别关心呢?就是因为大多数人喜欢被人称赞,也喜爱称赞自己。

因此,你若想得到你所希望得到的,就要避免与对方一争高低,并维护他人的自尊心。为了使对方的面子不受伤害,我们千万不要常把"我"字挂在嘴上,别说"我想",而说"您想呢?"

例如:把"我认为……"改为"您是否认为……"、"我相信您已经认识到……"比"您可能还没有考虑……"效果好。

避免无谓的争论

罗斯福总统对于他的反对者,往往会和颜悦色地说:"亲爱的朋友,妙哉妙哉,你到这里来和我争执这个问题,真是一个妙人!但在这一点上,我们两个的见解自然不同,让我们来讲些别的话题吧!"于是他会施出一种诱惑的手段,使对方放弃自己的意见,而去接受他的观点。

这是一个好方法,无论那些成功的人采用什么方式去驾驭别人,我们可以注意到的是,他们第一步是"避免争论",他们的策略是以"迎合别人的意志"及"免除反对意见"来打动人的。

巴特尔与一位政府稽查员因为一项1万元的账单引发的问题争辩了一个小时之久。巴特尔声称这笔1万元的款项确实是一笔死账,永远收不回来,当然不应该纳税。"死账?胡说!"稽查员反对说,"那也必须纳税。"

看着稽查员冷淡、傲慢而且固执的神态,巴特尔意识到争辩得越久、越激烈,这位稽查员可能越顽固,他决定避免争论,改变话题,给他一些赞赏。

于是,巴特尔真诚地对这位稽查员说:"我想这件事情与你必须作出的决定相比,应该算是一件很小的事情。我也曾经研究过税收的问题,但我只是从书本中得到的知识,而你是从你的工作经验中得到的,我有时愿意从事像你这样的工作,这种工作可以教会我很多书本上学不到的东西。"

听完巴特尔的话,那位稽查员从椅子上挺起身来,讲了很多关于他的工作的话,以及他所发现的巧妙舞弊的方法。他的声调渐渐地变为友善,片刻之后他又讲起他的孩子来。当他走的时候,他告诉巴特尔要再考虑那个问题,在几天之内,给他答复。3天之后,他到巴特尔的办公室里告诉他,他已经决定按照所填报的税目办理。

当你碰到了任何一种反对意见,你应当先自己打算着:"关于这一点,我能不能在无关大局的范围中让步呢?"为使人家顺从你的意见,应当尽量作出"小的让步"。有时,为了避免这种反对,甚至还可以将你的主见暂时收回一下。如果你碰到了对于你的主要意见十分反对的人,那么最聪明的方法还是把这问题延缓下去,不必立求解决,这一方面使对方得到重新考虑的机会,一方面使你自己也有重新决策的机会。

喜欢争论的人,表示他自尊自大。避免跟人争论最聪明的方法,就是同意对方的主张,不管他的意见是如何可笑,如何愚笨,如何浅薄,你都礼貌地回答他,无条件地赞成他的意见,佩服他的见识和聪明。你要获得胜利,唯一的方法是避免争论。你的心中只需记住:用爱心解仇,仇可立即解除;以恨止怨,怨必更深。

改变你自己

人与人之间要互相体谅和适应。人和人之间的关系是一个从不适应到适应,从矛盾到和谐的过程,痛苦过后,你会获得进步。

必要的修养是做人所必需的。举例来说,你为了让别人能够听到你的声音,刻意提高说话的音调。这时候为了避免对方的误会,以为你在生他们的气,你可以先简单地说明这么大声吼的原因,并为此事先道歉。人们可能因为你不适当的举止而迁怒于你,但会因为你彬彬有礼的态度而原谅你。

一只公鸡早晨起来报晓,天亮,被主人捉住杀了。第二天,又一只公鸡起来报晓,天亮,又被主人捉住杀了。这样的情形,一连持续了五天,这个人连续杀了五只公鸡。

邻居不解,问:"这些公鸡每天报晓都挺准时的,你杀它们干什么?"

那人说:"早晨我有晚起的习惯,它们却叫得很早。"

邻居说:"这不是它们的过错,报晓是公鸡的天职。"

那人说:"这个我不管,我需要的是和母鸡交配的公鸡,而不是报晓的公鸡。"

邻居说:"可公鸡是不能不报晓的,你难道不能用另外一种方式来解决问题吗?"

"这个很难,"那人说,"我曾想割掉它们的嗓子,后来又想扎上它们的嘴,可是这样太麻烦,而杀它们却很省事。"

"那你为什么不改变一下睡觉的习惯呢?"邻居疑惑地问。

"改变我的生活习惯,这怎么可能呢!"那人说,"我有这个习惯已几十年了,怎么会为几只公鸡而去改变呢？再说我是主人，它们应该符合我的需求，它们的行为与我发生矛盾时，受损伤的只能是它们，怎么会是我呢？"

于是那人一直保持杀鸡的习惯。

原本只要作出一点点让步就可解决的矛盾，却要在将来付出巨大的牺牲乃至生命值得吗？在人生旅途中，总会遇到这样或那样的矛盾，是你去适应别人还是别人适应你呢，这实在是一个值得深思的问题。

先天的缺陷，可以在后天通过自我修养补回来。只要你愿意改变自己，你就一定做得到。

第一，不要太执著，执著于一点往往失去全部。要把眼光放大、放远、放开，要能放得下，才能提得起。

第二，做人要谦虚，所谓"满招损，谦受益"。太自满、太傲慢，让人看不起，谦虚的人才会受尊敬。

第三，不能只为自己而活，不要处处只为自己着想。常想想别人，才能为人所接纳。

第四，人生苦短，不要让生命充塞太多的忧郁、伤感。要让欢乐、喜悦长驻心头，并且影响他人。

◆◆做人的智慧◆◆

> 你改变不了环境，但你可以改变自己；你改变不了事实，但你可以改变态度；你改变不了过去，但你可以改变现在；你不能控制他人，但你可以掌握自己；你不能预知明天，但你可以把握今天；你不可以样样顺利，但你可以事事尽心；你不能延长生命的长度，但你可以决定生命的宽度；你不能左右天气，但你可以改变心情……

第六章　放低姿态
——做人该低头时就低头

被称为美国人之父的富兰克林，年轻时曾去拜访一位德高望重的老前辈。那时他年轻气盛，挺胸抬头迈着大步，一进门，他的头就狠狠地撞在门框上，疼得他一边不停地揉搓，一边看着比他的身子还要矮一大截的门。

出来迎接他的前辈看他这副样子，笑笑说："很疼吧！可是，这将是你今天访问我的最大收获。一个人要想平安无事地活在世上，就必须时刻记住：该低头时就低头。这也是我要教你的事情。"

智者善屈尊，愚人强伸头，商人总是隐藏其宝物，君子品德高尚，而外貌却显得呆愚。必要时要藏其锋芒，收其锐气，不要不分场合地将自己的才能让人一览无遗，你的长处短处被别人看透，就容易被别人操纵。相反，采取低姿态能得到信任。屈尊、低头是一种守弱用柔、一种权衡，更是一种智慧。

低头的好处

顺风好行船，逆境难为生；位高好成事，位卑难做人。但历数中外得大成之人，无不是善处逆境和善待位卑的智者。他们能屈能伸、能俯能仰，从不把自己看得比别人更高贵、更显赫。特别是在屈尊和低就于人的时候，更能显示出低姿态做人的风范。

俗话说："人在屋檐下，不得不低头"。在做人姿态方面来说，人在屋檐下，有时要低头。

所谓的"屋檐"，说明白些，就是别人的势力和范围。只要你在这势力范围之中，并且靠这势力生存，那么你就在别人的"屋檐"下了。这"屋檐"都是低的！进入别人的势力范围时，你会受到很多有意无意地排斥。这种情形在所有人的一生当中几乎都出现过，除非你有自己的一片天空，是个强人，不用靠别人来过日子。可是你能保证一辈子都可以如此自由自在，不用在别人"屋檐"下避风遮雨吗？在别人屋檐下，心态就有必要好好做些调整了。

人在屋檐下，有时要低头的好处有这样几条：

第一，不会因为不情愿低头而碰破了头。

第二，不会因为自尊自大而招嫉恨以致成为被人打击的目标。

第三，不会因为沉不住气而执意要把"屋檐"拆了。要知道，不管拆得掉拆不掉，你总是要付出代价的。

第四，为不忍屈就而离开"屋檐"下。离开不是不可以，但是要去哪里必须考虑，而且离开后想再回来就不容易了。

第五，在"屋檐"下待久了，甚至有可能成为屋内的人。

总而言之，"低头"的目的是为了让自己与现实环境有一种和谐的关系，把两者的抵触和摩擦降至最低；是为了保存自己的能量，好走更长远的路；是为了把不利环境转化成有利环境。

低头不是逆来顺受

该低头时就低头,不是逆来顺受和甘受屈辱与压迫,而是你具有对世态炎凉的感知所采取的自我保护的生存策略。

在历史上,各种斗争,极其复杂,忍受暂时的屈辱,低头磨炼自己的意志,寻找合适的机会,是一个必不可少的心理素质。

三国初,曹操想请司马懿出来帮他,司马懿见形势还不明朗,便推说自己病了。曹操派人前去打探,见司马懿整天卧床不起,只好作罢。后来曹操势力大了,司马懿还是出来做了官。曹操死后,传位给曹丕,曹丕死后,又传给曹睿,曹睿死后又传给8岁的曹芒,由曹爽和司马懿共同辅佐他。曹爽独断专行,司马懿失去了实权。这时候司马懿意识到了危险,便又称病在家,什么事也不管了。曹爽听说司马懿病重,自然高兴,但也不无怀疑,便派了一个叫李胜的人去察看。李胜来到司马懿家里,只见一个婢女正在给司马懿喂粥,司马懿的胡子、衣襟上洒满了粥。看见李胜,他装聋作哑,唠唠叨叨地说了一通废话。

李胜果然被骗住了,回去告诉曹爽,说司马懿那老头子只剩一口气了。曹爽放下了一块心病,更加独断专行。但司马懿的夺权计划却在秘密进行。魏嘉平元年,司马懿集结几千名精兵,迅速占领了都城,假借皇太后命令,罢免了曹爽的兵权。曹爽交出兵权后被软禁起来,不久又以谋反罪被诛杀。至此,曹魏政权落到司马懿的手里。

成大事者,无一不是善于低头的人。司马懿想夺取天下,但他绝不贸然行事,第一次装病是伺机而动,第二次装病是"示弱"以保护自己。两次低头,终于取得司马氏的西晋政权。

低头不是消极避世

该低头时就低头,是对利益的权衡所作出的选择,而不是消极避世,也不是不去抗争,是你知晓这现实世界里充斥着辩证的法则,还需讲究一些为人的技巧。有道是"鸷鸟将击,卑飞敛翼;猛兽将捕,弭弭俯伏;圣人将动,必有愚色"。有时候,退一步方能海阔天空;不与人一般见识,方显你大度宽容。况且,低头方能奋力前行,比如顶风爬坡,比如逆水行舟。该低头时肯低头,是"绵里藏针",到头来还是会"仰首向天笑"的。

隋朝的时候,隋炀帝十分残暴,各地农民起义风起云涌,隋朝的许多官员也纷纷倒戈,转投农民起义军。隋炀帝的疑心很重,对朝中大臣,尤其是外藩重臣,更是易起疑心。唐国公李渊(即唐太祖)曾多次担任中央和地方官,所到之处,有目的地结纳当地的英雄豪杰,多方树立恩德,因而声望很高,许多人都来归附。这样，大家都替他担心，怕遭到隋炀帝的猜忌。正在这时，隋炀帝下诏让李渊到他的行宫去晋见。李渊因病未能前往，隋炀帝很不高兴，当时李渊的外甥女王氏是隋炀帝的妃子，隋炀帝向她问起李渊未来朝见的原因，王氏回答说是因为病了，隋炀帝又问道："会死吗？"

王氏把这消息传给了李渊，李渊更加谨慎起来，他知道隋炀帝对自己起疑心了，但过早起事又力量不足，只好低头隐忍，等待时机。于是，他故意广纳贿赂，败坏自己的名声，整天沉湎于声色犬马之中，而且大肆张扬。隋炀帝听到这些，果然放松了对他的警惕。

试想，如果当初李渊不主动低头，或者头低得稍微有点勉强，很可能就被正猜疑的隋炀帝杨广除掉了，哪里还会有后来的太原起兵和大唐帝国的建立。

低头是对现实的积极反应

人们对现实的适应性，多半有三种表现：一是"不懂"，可能生出闹剧；二是"不去"，可能演出悲剧；三是"该低头时就低头"，有可能变出话剧。人的一生没有纯粹的喜剧。尤其在市场经济社会，纵然人的"自我"更加被承认，但各链环之间的咬合也更加奥妙，该低头时不低头，怎能不损伤人际关系、破坏生存环境？一只硌牙的青苹果到哪里去找寻市场？要是你我硬要充当最后的骑士，那么就"人在屋檐下，永远别低头"；如果你我要学会生存，那么就"人在屋檐下，该低头时就低头"。

许振超曾是青岛港一名普通的桥吊司机，他凭借苦学、苦练、苦钻，成为数万人的港口里响当当的技术"大师"，进而成为闻名全国的英雄人物。许振超的"无声响操作"是一门"绝活"，偌大的集装箱放入铁做的船上或车中，居然能做到铁碰铁不出响声。其实他所以创造了这种操作方法，是因为它可以最大限度地降低集装箱、船舶的磨损，尤其是降低桥吊吊具的故障率，提高工作效率。实践证明，它是最科学也是最合理的。

有一年，青岛港老港区承运了一批经青岛港卸船，由新疆阿拉山口出境的化工剧毒危险品，这个货种特别怕碰撞，稍有碰撞可能引发恶性事故。当时，铁道部有关领导和船东、货主都赶到了码头。为确保安全，码头、铁路专线都派了武警和消防员。泰然自若的许振超和他的队友们，在关键时候把"绝活"亮出来了，只用了一个半小时，40个集装箱被悄然无声地从船上卸下，又一声不响地装上火车。面对这轻松如"行云流水"般的作业，紧张许久的船主、货主们迸发出了欢呼。

许振超是位创新的探索者，他的认识很朴素：我当不了科学家，但可以有一身的"绝活儿"。这些"绝活"可以使我成为一名能工巧匠，这是时代和港口所需要的。就是凭借这样的一种信念，许振超手里的绝活愈来愈多了。

在企业改制过程中，不少人下岗，其中不乏大专、大学学历者，而许振超以一个初中生的学历，硬是靠关键时刻能打硬仗的绝活儿成为一个大型企业员工的楷模。

所以，做人必须勤学苦练，培养自己的才能，壮大自己的实力，只有这样，你才能获得别人的重视和肯定。

低头是为了抬头

许多有抱负的人都忽略了积少成多的道理，一心只想一鸣惊人，而不去做埋头耕耘的工作。等到忽然有一天，他看见比他开始晚的、比他天资差的，都已经有了可观的收获，他才惊觉自己这片园地上还是一无所有。这时他才明白，不是上天没有给他理想或志愿，而是他一心只等待丰收，可是忘了播种。

有一个人学的是法律，却热衷于戏剧，常想有机会跃登银幕，成为大明星。可是，他的朋友从没有看见他去尝试进入影剧界。于是朋友问他："为什么不去试试看呢？"

那个人说："我不愿去和那些初出茅庐的小孩子们竞争。我已经快三十岁了，即使考进去之后，也不过是做个小小的配角，有什么意思？我要等什么时候有大公司找某一部影片的主角和我的性格戏路合适的，我一去，就会录用，那才可以一鸣惊人。"

可是，像这样幸运的人能有几个？于是，他只好任岁月蹉跎，年华老去，而他的愿望仍止于是个愿望。只因他不肯从头做起，所以永远接触不到他理想的天堂。

单是对自己那无法实现的愿望焦急慨叹是没有用的。要想达到目的，必须从头开始，低头拉车，抬头看路。所谓"登高必自卑，行远必自迩"；正如爬山，你只好低着头，认真耐性地去攀登。到你付出相当的辛劳努力之后，登高下望，你才可以看见你已经克服了多少困难，走过来多少险路。这样一次次的小成功，慢慢才会累积成大的、更接近理想目标的成功。最终的目标不是转眼之间就可以达到，在未付出辛劳艰苦和屈就的代价之前，空望着那遥远的目标着急是没有用的。而唯有从基本做起，按部就班地朝着目标进行才会慢慢地接近它、达到它。

古人云："唯有低头，乃能出头。"种子如不经过在坚硬的泥土中挣扎奋斗的过程，它将止于是一粒干瘪的种子，而永远不能发芽滋长成一株大树。

◆◆做人的智慧◆◆

> 深圳街头矗立着许多雕塑，在这些雕塑中有一头牛，它的显著特征就是低着头。创作这座雕塑的艺术家其用意大概是：面对喧嚣的尘世、纷扰的人群，我们没必要表现出傲慢、怪异和过分张扬的样子，而应把自己的言行举止融入人群当中，并始终把自己看做是社会上普普通通、实实在在的一员。

第七章　留有余地
——把握做人的尺度

　　清朝名将曾国藩位高权重，趋炎附势的人很多。曾国藩对此一直淡然处之，既不因被人拍马而喜，也不因拍马过火而恼。他的一个手下对那些趋炎附势溜须拍马的人非常反感，总想找机会教训他们一下，于是就在一次批阅文件时，将其中一位拍马的官员狠狠讽刺一番。曾国藩看过后对手下说，那些人本来就是靠这些来生存的，你这样做无疑是夺了他们的生存之道，他们必然会想尽办法刁难你、报复你、置你于死地。

　　曾国藩的一番话让手下恍然大悟，进而冷汗淋漓！事物的作用力都是相互的，你若给予对方的作用力大，对方反馈给你的反作用力也大！这个道理对做人也适用。我们不去惹事，是非就会少很多。如果经常处在主动的状态去指责人，那么一定备受关注，并因此成为众人指责的焦点。

会做人

人生下来就有其个性，后因家庭背景、社会关系、个人知识、处世教养等诸因素影响，有时难免表现出与他人的对立。对立双方，各执己见，问题就难以解决了。这时，最好的办法就是把问题"挂起来"，暂不解决，等时机成熟时，再着手解决，这就是所谓的"余地"术。会做人的人，总能营造回旋的余地。

可方可圆，不偏不倚

人生就像大海，处处有风浪，时时有阻力。船头之所以造成尖形或圆形，是为了乘风破浪，更快地驶向彼岸。那我们是与所有的阻力正面较量，拼个你死我活呢？还是积极地排除万难，去夺取最后的胜利？

生活告诫我们：处处摩擦、事事计较者，哪怕壮志凌云，即使聪明绝顶，也落得壮志未酬泪满襟的后果。为了绚丽的人生，我们需要许多痛苦的妥协。

在复杂多变的旧中国，许多正直而又明智的知识分子，为了维护人格的独立，他们不是锋芒毕露，义无反顾，而是有张有弛，掌握分寸，逐渐形成了"外圆内方"的性格。

蔡尚思写作《中国社会科学革命史》时，欧阳予倩就告诫这位青年文学家："秉笔的态度自然要严正，不过万不宜有火气。……可否寓批评于叙述中呢？"他建议书名宜改为《中国社会思想史》。最后，欧阳前辈感叹地说："蔡先生，我佩服你的努力，可思想界的悲哀，谁也逃不掉呵。"这些知识分子在当时就是这样在事关大是大非、人格问题的原则立场上毫不含糊，旗帜鲜明，在方式方法和局部问题上委婉圆融，有所妥协。

然而，只圆不方，是一个八面玲珑、滚来滚去的圆，那就沦为圆滑了。方，是人格的自立，自我价值的体现，是对人类文明的孜孜以求，是对美好理想的坚定追求。

"取象于钱，外圆内方"是近代职业教育家、中国民主同盟领袖黄炎培为自己书写的处世立身的座右铭。他在1946年调解国共冲突时，未尝不委曲求全，"不偏不倚"，从未与蒋介石拉下脸，而当蒋介石以"教育部部长"一职许愿企图将他诱入伪"国大"泥淖时，黄炎培却不为所动，回绝道："我不能自毁人格！"维护了政治气节。

可方可圆，能够把圆和方的智慧结合起来，做到该方就方，该圆就圆，方到什么程度，圆到什么程度，都恰到好处，左右逢源，就是古人说的"中和"、"中庸"。

恪守中庸之道

"中庸"是儒家思想的精华，《中庸》也是千年国学的经典。中庸之道更是做人的超级智慧。遗憾的是，现在有不少人将中庸视为贬义词，说它是"温吞水"、"和稀泥"，并攻击它腐朽没落。这是对中庸的误解、曲解。古希腊哲学家亚里士多德和中国的孔子都发现了道德的两种错误倾向，一是偏激，一是退缩，而又同时认为在上述两种错误倾向之外，唯一正确的行为是中庸。

中庸，说通俗一点，就是中道，就是不偏不倚。用《中庸》这本书里的话来说，中庸就是要在复杂、多变的环境中，审慎而冷静地选择最好的解决方案；中庸就是要在诸多对立统一的因素中，敏锐而智慧地寻找最佳的均衡状态。

为了更好地理解"中庸"的含义，我们可以用一种最能体现中国人整体和谐艺术的东西——围棋来加以说明。围棋的棋盘纵横各19道，共有361个交叉点。棋子分黑、白两种颜色，黑子共181个，白子共180个。按规定，执黑子者先行，轮流将棋子下在交叉点上，以占领多于所规定的交叉点的一方获胜。

围棋仿佛我们的人生，每一步都充满了矛盾冲突。然而，围棋界重量级大师吴清源先生却说："与其说围棋是竞争和胜负，不如说围棋是和谐。"这句话有其深刻的内涵。日本围棋评论家江崎诚致对此解释道："围棋若是黑白双方保持和谐进行，那么先出手的一方就占有优势，只要中途不贪得无厌，不畏首畏尾，不是不合情理，那么一定是黑棋获胜。因此围棋的本质与其说是竞争更应该说是一种自然、和谐的破坏，形势的动摇，人们不可能企求完美。也正因此不一定都是黑棋获胜。而人呢，只不过是把这种结果定名为胜负罢了。"由这段话可知，能够在对弈的过程中超越胜负，而去追求棋局本身和谐的人，才算是最高段位的弈手，自然也是胜率最高的棋士。人们常说，"世事如棋局局新"，根据"和谐相依，方成棋局"的认识，处世的艺术除了"中庸"之外还有什么呢？

庄子在《南华经·外篇·在宥章》中，叙述了以"中一"为主体，以礼法仁义为枝干，以民物为根本，以无为为实用的经世治国的无上经典。庄子说："低贱然而不可不任凭的，是万物；卑下然而不可不依随的，是人民；隐藏然而不可不做的，是事情；粗略然而不可不陈述的，是可效法的言论；相距很远然而不可不增多的，是礼仪；顺依其性然而不可不敬重的，是道德；本于一统然而不可不变化的，是大道；玄妙莫测然而不可不顺应的，是自然。所以圣人观察自然的玄妙但不予协助，成就了品格的修养但无拘无束，行为出自道但不是事先的思考，符合仁义的要求但不依靠，靠拢了道义但不积不留，应合礼但不回避，接触琐事但不推辞，成功于法度但不任意妄为，依靠人民但不轻率地役使，遵从事物发展的规律但不偏离。不懂得自然界的规律，也就不会有纯正的品格；不通晓道的人，则无事可成。不通晓道的人，真可悲啊！什么叫做道呢？道有天道，也有人道。无所作为而处在崇高地位的，叫做天道；有作为并且劳绩卓著的，叫做人道。君王，是天道；臣下，是人道。天道与人道相较，相差太远，必须觉察。"庄子这里的意思是说，天道与人道表面上虽然有所不同，但实质上仍是"道"。道就是一，一也就是道。一生于中，却得到了"中一"之道，这样就能顺应万物的天性，顺应人的天性，所以说"道"是无为的，仁义礼法都要措施适当。所以庄子又说："君子如果不放纵情欲，不炫耀聪明，寂然不动而灵活如龙，深沉静默而震动如雷，行动如神而合乎自然，从容无为而万物如风吹尘土一样自然运动，又何须我来治理天下呢！"

下面可以通过一则故事来认识"中庸"在历史上的影响。

元朝蒙古族入主中原后，贤相耶律楚材有一句常挂在嘴边的名言，即"兴一利不如除一害，生一事不如省一事"。耶律楚材政绩卓越，他任过元太祖成吉思汗、太宗窝阔台的宰相，为使元的专制政治适应于中国的统治，维护各民族的生命财产，加强民族融和等，他确实费过苦心。从他上面的这句话，就可想见他当时的治国之术的高明。在当时特殊的历史背景下，中央集权统治下的各种矛盾非常尖锐，可谓危机四伏。为此，为了加强统治，就必须采取怀柔政策，行中庸之道。一方面加强民族团结，一方面休养生息，尽量以经济建设带动政治的展开。为求得政治统治的平衡，耶律楚材将自己的治国方针浓缩为上面的那句话了，这是非常贤明的做法。中国人甘心情愿地受平衡感的支配，不管工作上或日常生活态度上，都极力避免走极端，总希望四平八稳，这种希望有它独特的可贵之处。

兴一利不如除一害，生一事不如省一事，体现出中国人的中庸心态。虽然我们有"三十年河东，三十年河西"及"东方不亮西方亮"等充满睿智、哲理性的通俗民谚，但自有文字记载以来，中国人就追求持续的、永恒的平衡。中国人不怕失落，不怕一时一地的损失。曾几何时，我们的国土遭受着列强铁骑的践踏，我们的肉体遭受着坚船利炮的摧残，但是我们在与侵略者的搏击中练就了坚强的民族意志和坚忍不拔的民族性格，使我们巍巍如长城而屹立不倒。这是一种"失而复得"的平衡。我们深知"落后就要挨打"的残酷生存法则，因而"天行健，君子以自强不息"也就落实到了每位中国人的行为之中。吸引与排斥、正流与异化、割裂与归流、改良与保守、激进与稳健、功利与平淡、盲目与清醒、堕落与升华、停滞与跳跃，等等，都将在这种"行动"中走向中庸。因而，我们的生活不只是现在中庸，在未来更要中庸。

一定不要走极端

有个自称专治驼背的医生，招牌上写着：无论你的背驼得像弓、像虾、像饭锅那样，我都能医治好！

有个驼背信以为真，就请他医治。他拿了两块木板，不给驼背开药方，也不给他吃药，把一块木板放在地上，叫驼背趴在上面，将另一块木板压在驼背的身上，然后用绳索绑紧，接着，便自己跳上板去，拼命乱踩一番。驼背连声呼叫求救，他也不理会。结果，驼背算是给弄直了，人也死了。驼背的儿子找这医生评理，这医生反而说："我只管把他的驼背弄直，哪管他的死活！"

人们有时候以极端的方式表现出负面的情绪，是想要造成破坏，伤害别人，以达到惩罚别人的目的。例如父母会殴打小孩，让小孩感觉到身体的疼痛，以补偿大人心理的痛苦。他们同时也想要强迫小孩对他们的权威和控制有即时而明显的反应，改变不当的行为。

但是，殴打小孩会造成孩子身体的痛苦和心里的怨恨，特别是如果父母只是为了发泄自己的怒气和挫败感，而不是为了使小孩受教育时。随着小孩渐渐长大，父母有时必须改用其他方式控制他们的小孩子。正如一个海洋动物学家所说的，"我们不能让一只12 000吨的杀人鲸躺在我们的膝上殴打它，在它们做得不对时，我们必须寻求适当的方式训练它们。"

同样，人们极端的宣泄行为通常只会增加双方的紧张压力和彼此的憎恨，把更大的反作用力加到自己身上。

我们不能走极端。即使你再生气，再仇恨，也要有底线。

少说绝话多留余地

有一个人，因在单位里与同事之间产生了一点摩擦，很不愉快。一怒之下，他就对那位同事说："从今以后，我们之间一刀两断，彼此毫无瓜葛！"

这句话说完不到三个月，他的同事成了上司。因他讲了过重的话所以很尴尬，只好辞职另谋他就。

这就是把话说得太满，而给自己造成窘迫的典型例子。把话说得太满就像杯子倒满了水，再也滴不进一滴水，再滴就溢出来了；也像把气球打满了气，再也打不进一丝的空气，再打就要爆炸了。当然，也有人话说得很满，而且也做得到。不过凡事总有意外，使得事情产生变化，而这些意外并不是人能预料的，话不要说得太满，就是为了容纳这个"意外"！

杯子留有空间就不会因加进液体而溢出来，气球留有空间便不会因再打一些空气而爆炸，人说话留有空间，便不会因为"意外"出现而下不了台，因而可以从容转身。

有经验的人在面对记者的询问时，都偏爱用这些字眼，诸如："可能、尽量、或许、研究、考虑、评估、征询各方意见……"这些都不是肯定的字眼，他们之所以如此，就是为了留一点空间好容纳"意外"，否则一下子把话说死了，结果事与愿违，那不是很难堪吗？

以下两点是应该注意的。

1. 做事方面

对别人的请托可以接受,但不要"保证",应代以"我尽量,我试试看"的字眼。

上级交办的事当然要接受,但不要说"保证没问题",应代以"应该没问题,我全力以赴"之类的字眼。这是为了万一自己做不到所留的后路,而这样说事实上也无损你的诚意,反而显出你的谨慎,别人会因此更信赖你,即便事没做好,也不会责怪你!

2. 在做人方面

与人交恶,不要口出恶言,更不要说出"势不两立"之类的话,不管谁对谁错,最好是闭口不言,以便他日需要携手合作时还有"面子"!

对人不要太早评断,像"这个人完蛋了"、"这个人一辈子没出息"之类盖棺定论的话最好不要说。人一辈子很长,变化很多!也不要一下子评断"这个人前途无量"或"这个人能力高强"。足球名宿贝利对世界杯的预言被各大媒体当作笑话,他也因此背上了"乌鸦嘴"的恶名,以至于2002年世界杯巴西队有望夺冠之时,他三缄其口,生怕自己大嘴一张说跑了巴西队的好运气。

少对人说绝话,多给人留余地,这样做不是仅仅为对方考虑,对对方有益,更是为自己考虑、对自己有益。这是对双方都有好处的。

谚语说:"三十年河东,三十年河西。"今天有的事很可能用不了"三十年"就发生此消彼长的变化,人们相互间更是"抬头不见低头见"。如果把话说得太满,把事做得过绝,将来一旦发生了不利于自己的变化,就难有回旋的余地了。

掌握立身行事的度

洪应明在《菜根谭》中写道:"清能有容,仁能善断,明不伤察,直不过矫。是谓蜜饯不甜,海味不咸,才是懿德。"这句话的意思是说,清廉纯洁而有容忍的雅量,心地仁慈而又能当机立断,精明而又不失之于苛求,性情刚直而又不矫枉过正。这种道理就像蜜饯虽然浸在糖里却不过分的甜,海产的鱼虾虽然腌在缸里却不过分的咸,一个人要把持住这种不偏不倚的尺度才算是做人的平衡。

世间无论哪一种事物都有度,都要适度。过度便成稀罕,便成怪物,过度便不成其为它该是的东西,便不成体统。比如草就是草,即使是肥沃而无人践踏的荒地上的茅草,任其往高里长,大约也不过就是高过两米吧。而且无论如何,它的茎也仍然是纤细的,是可以随风倒伏的草茎。如果有一种草长得高可参天,粗可盈尺,那它大约是不该被叫做草,而该叫做别的什么的。

再比如常见的家鼠,就该是那么小模小样,再大也总不该大过一只壮猫去。正因为如此,家鼠虽是可恶,却也并不能使人害怕,除非这人本身就胆小如鼠。假使家鼠超常过度生长,壮大如一头小猪,那情形又该如何呢?恐怕见到的人多半会如见怪物，扭头便逃，甚至目瞪口呆，连逃跑都忘记了。

度是个很重要的东西。度使万物有序，使万物各有其实，各安其位，使世界成其为世界。它使我们居住于其中的这个地球上的一切有生命和无生命的东西，都能各得其所，生生不息，变动不居而不失其本。这也正如因为鼠小而使猫成为它的天敌，草盖不过树而使草和树能各自相安无事一样。

人事之中也无处不有度。人事之度调节了人伦关系，形成了社会的正常秩序，也保护了我们自己。所以，对于每个人来说，立身行事，都要想到这个度，都要有一个度，要做到适度。

从前宋国有一个人，担心禾苗不长，便去一根一根往高里拔，回家还喜滋滋地对家人说："今天可把我累坏了，我帮助禾苗生长了。"可是等到第二天再到地里一看，禾苗都已经蔫死了。天下种田人没有不希望禾苗尽快生长的，这个宋国人希望禾苗长得快些自然是不错的，但他的做法却违背了禾苗的自然生长规律，因此他的做法不仅没有任何助益，还适得其反。

俗话说，有毒的不吃，犯法的不做。有毒的不吃，是因为吃了要死人；犯法的不做，是因为做了就要受制裁。这就是常理，违背了常理，就会失度，就会坏事，甚至好心做坏事，好事也变成了坏事。

同拦路抢劫或入室偷窃的坏人搏斗，保护自己或他人免受侵害，这是好事。可是，如果你已经制服了对方，使他失去了继续反抗和侵害的能力，还要在他致命的地方来两下，将其置于死地，这就是过分，法律上讲，叫"防卫过当"。因为按常理，只要制服了对方，也就算达到了目的，剩下的就是执法机关的事了。法律规定防卫过当，也是要负法律责任的。

所以，聪明的人总是行止有度。行，行于其所当行；止，止于其所当止。对自己，不放纵，不任意；对别人，不挑剔，不苛求；对外物，不耽恋，不沉溺。得享受时便享受，得付出时便付出，依理而行，循序而动。如果必须，做得天下，若非合理，毫末不取。

◆◆做人的智慧◆◆

> 做人不要做绝，说话不要说尽。廉颇做人太绝，不得不肉袒负荆，登门向蔺相如谢罪。郑伯说话太尽，无奈何掘地及泉，遂而见母。所以俗话说："凡事留一线，日后好见面。"凡事都能留有余地，方可避免走向极端。

第八章　换位思考
——做人要有同理心

　　鲍勃是位有名的试飞驾驶员，时常表演空中特技。一次，他从圣地亚哥表演完后，准备飞回洛杉矶。当飞机飞行到距地面3百尺高的地方时，刚好有两个引擎同时出现故障。幸亏鲍勃反应灵敏，控制得当，飞机才得以降落。虽然无人伤亡，飞机却已面目全非。

　　在紧急降落之后，鲍勃第一个工作是检查飞机用油。不出所料，那架第二次世界大战时的螺旋飞机，装的是喷射机用油。

　　回到机场，鲍勃求见那位负责保养的机械工。年轻的机械工早为自己犯下的错误痛苦不堪，一见到鲍勃眼泪便沿着面颊流下。他不但毁了一架昂贵的飞机，甚至差点导致三人死亡。你可以想象鲍勃当时的愤怒。这位自负、严格的飞行员，显然要对不慎的修护工作大发雷霆，痛责一番。但是，鲍勃并没有责备那位机械工人，只是伸出手臂，围住工人的肩膀说："为了证明你不会再犯错，我要你明天帮我修护我的飞机。"

肯尼斯·古地说："如果你站在别人的角度多想想，你就不难找到妥善处理问题的方法，因为你和别人的思想沟通了，有了彼此理解的基础。"人就像一块磁铁，吸引思想相近、志同道合的，排斥其他不同类的。如果你想结交仁慈、慷慨的人，自己也必须先成为这样的人。种什么因，结什么果。你所有的思想，最后都会回到自己的身上。

了解对方的立场

许多著名心理学家在论述做人的方法时，都会特别强调"同理心"这个词。有人甚至说："没有同理心，就不可能知道什么是成功，什么是领导力。"那么，到底什么是同理心呢？

同理心是一个心理学概念，最早由人本主义大师卡尔·罗杰斯提出。学者们通常是这样来定义和描述的：同理心是在人际交往过程中，能够体会他人的情绪和想法，理解他人的立场和感受并站在他人的角度思考和处理问题的能力。

可见，同理心就是人们在日常生活中经常提到的设身处地、将心比心的做法。无论在人际交往中面临什么样的问题，只要设身处地、将心比心地尽量了解并重视他人的想法，就能更容易地找到解决方案。尤其是在发生冲突或误解时，当事人如果能把自己放在对方的处境中想一想，也许就可以了解到对方的立场和初衷，进而求同存异、消除误解了。

同理心本身并不是什么新的想法。早在2 500年前，孔子就说过："己所不欲，勿施于人。"

己所不欲勿施于人就是同理心，就是用自己的心推及别人：自己希望怎样生活，就想到别人也会希望这样生活；自己不愿意别人怎样对待自己，就不要那样对待别人；自己希望在社会上能站得住，能通达，就也帮助别人站得住，帮别人通达。总之，从自己的内心出发，推及他人，去理解他人，对待他人，就是同理心的直接解释。

你有权利非公平地对待其他人，但你这种非公平的态度，将会使你"自食其果"。而且，进一步说，你所释放出来的每一种思想的后果，都会回报到你身上。因为你对其他人的所有行为，以及你对其他人的思想，都经由自我暗示的原则，而全部记录在你的潜意识中。这些行为和思想的性质会修正你自己的个性，而你的个性相当于一个磁场，把和你个性相同的人或情况吸引到你身边。

黄跃是一位留学生，曾经在美国的一家快餐店打工。有一天，他错把一小包糖当做咖啡伴侣给了一位女顾客。女顾客非常恼火，因为她正在减肥，必须禁食糖和一切甜点心。她大声嚷嚷，简直把那包糖当成了毒药，"哼，你竟然给我糖！难道你还嫌我不够胖吗？"当时黄跃完全不知道减肥对美国人来说有多么重要，他一下子愣在那里，不知所措。

这时，黑人女经理闻声而来，她在黄跃耳边轻轻地说："如果我是你，马上道歉，把她要的快给她，并且把钱退还给她。"黄跃照着经理的话做了，再三道歉，那女顾客哼哼了几下就不出声了。这件事是快餐店的一次小事故，黄跃等着经理来批评或辞退自己。可是，经理只是过来对黄跃说："如果我是你，下班后我大概会把这些东西认认真真熟悉一下，以后就不会拿错了。"

不知为什么，这一句"如果我是你"，竟令黄跃感动不已。后来，他无论在学校上课，还是在其他地方打工，才发现是老师也好、老板也好，明明是对你提出不同意见，明明是批评你，他们很少有人会直截了当地说"你怎么做成这样？你以后不能这么干！"而是常常委婉地说："如果我是你，我大概会这样做……"这句话使人不感到难堪，不感到沮丧，反而会感到有那么点温暖，那么点鼓励。

仔细分析，这些人说的话只是多了那么几个字，"如果我是你……"就一下子站到了对方的立场。大家一平等，情绪自然不会对立，沟通更容易进行。

"人同此心，心同此理"强调的也是同理心。无论是在工作还是在日常生活中，凡是有同理心的人，都善于体察他人的意愿，乐于理解和帮助他人，这样的人最容易受到大家的欢迎，也最值得大家信任。

没有同理心就没有信任

同理心是人际交往的基础，是个人发展与成功的基石。

同理心对于个人发展的重要性主要体现在：一旦具备了同理心，就更容易获得他人的信任，而所有人际关系都是建立在信任的基础上的。

这里所谈的"信任"不是指对个人能力方面的信任（例如，让别人相信我能把某项工作做好），而是指对人格、态度或价值观方面的信任（例如，让别人信任我的出发点是好的，相信在我面前不必刻意设防或遮掩自己的缺点和错误）。从这个意义上说：没有同理心就没有彼此之间的信任，没有信任就没有顺利的人际交往，也就不可能在分工协作的现代社会中取得成功。

理解同理心的含义后，你将会懂得为什么你不能怨恨嫉妒其他人；你也将懂得，为什么你不能报复那些伤害你的人；你也将彻悟"以德报怨"这句格言真实所指。

理解同理心的含义后，你将不会怀疑，你正不断地为你所犯的每一个错误而惩罚你自己，同时也为你的每一次正确的行为在奖励你自己。

不理解同理心含义的人，可能会反驳说，将心比心是行不通的，因为人们一贯主张"以牙还牙，以眼还眼"、"一报还一报"的报复法则。只要他们能进一步研究自己所提出的原因，他们将会明白，他们所看到的只是这项法则消极的一面，这项法则其实也能产生积极的效果。

对别人采取一项友好的行为，或是提供有益的服务，那么，经由这相同报复法则的运用，别人也将对你提供类似的友好服务，培养好的人缘。人与人之间的交往就可以非常顺利了。

为别人着想，进入"文明"的层次

有一个企业讨论什么是"文明"的标准，员工们的回答是，时时想到他人就是文明。这个回答通俗而又生动地反映了文明的本质。

精神文明是人类社会生活的需要。有了社会生活，就需要有一定的规范来维持社会秩序的稳定，也要求人们自觉遵守这些规范，使自己的行为有利于而不是妨碍社会生活的发展。换句话说，就是要求人们时时想到他人、想到社会，这也是文明的要求。

当然，同理心不仅是为了理解别人，也是为了让别人理解自己。同理心并不是要你迎合别人的感情，而是希望你能够理解和尊重别人的感情，希望你在处理问题或作出决定时，充分考虑到别人的感情以及这种感情可能引发的影响和后果。

确切地说，培养好人缘就是要树立爱心，就是讲道理，一句话，就是：文明。一个人真正成为文明人，并不是一件容易的事。正因为这是很高很难做到的，所以我们目前的社会总是在反复提倡"精神文明建设"。

人能像考虑自己、为自己着想那样来考虑别人、为别人着想，就可以进入"文明"层次了，就真正有点精神文明了。

把自己放到社会之中去，将心比心

我不愿做别人加到我身上的事，我也不加事到别人的身上。一个人能做到这一点绝非易事。

有时，我们发现，那些经历过贫贱、困难、挫折、痛苦的人，因为自己对这些东西有体会，所以为别人着想还容易一点。一帆风顺的人、条件优越的人、有名望有地位、才高力大的人，办起事来碰钉子时少，走起路来抬轿子的多，自己达到目的很容易，为别人着想就不那么容易了。甚至，只要有一点点权力的人，在运用这点权力时，为别人着想都不太容易做到。坐办公室的人，想不到前来办事的人的困难；超市站柜台的人，不愿体会购物者的心情；医院做医生的人，总忘记体贴病人……当然，相反的情况也有，不过前者更普遍些罢了。

邻街有两家餐馆的汤做得都很好，但是第一家的生意冷冷清清，第二家的生意则红红火火。有一个客人想看看这其中的奥妙。他首先来到第一家餐馆，要了一份他感兴趣的汤。入座不久，服务生将一大盆汤放在他面前。他一愣，问道："我怎么能喝得了这么一大盆的汤？"服务生理直气壮地回答："你只说要一碗，没说要一小碗呀！"客人无奈，喝汤的心情也没有了，匆匆喝了几口，便按一大盆汤的价格付了钱后拂袖而去。

过了几天，这位客人又去另外一家餐馆喝汤。他要了一份自己感兴趣的汤，不一会儿，服务员端上来一小碗汤，并说："如果不够，可再来一碗。"他只喝了一小碗，当然只付了一小碗汤的钱。

这位客人终于弄清楚了这两家餐馆生意反差如此之大的原因。后来，只要想喝汤，他就去第二家餐馆。

只有切实为顾客着想，而不是想方设法算计顾客的商家，才能长久地赚钱。

有人说："替别人着想是一切道德，特别是公共道德的基础，如果人们心中都只有自己，完全不顾他人，那也就不会有公共道德"。这一点是任何民族、任何社会、任何时代所普遍适用的，也是人类社会生活中应该普遍遵行的基本的公共生活准则。

社会生活愈发展，人与人的关系愈密切，对文明的要求也就愈高，就愈要求人们自觉地把自己放到社会中，想到自己言行的社会影响，想到社会和他人。在现代世界已经愈来愈成为地球村的情况下，人们的一举一动都与社会、与他人有着密切的联系。

从这一点上看，将心比心的做人准则在生活中也就有了越来越重要的意义。

你怎样对别人，别人就怎样对你

就像照镜子一样，你自己的表情和态度，可以从他人对你的表情和态度上看得清清楚楚。你若以诚待人，别人也会以诚待你；你若敌视别人，别人也会敌视你。最真挚的友情和最难解的仇恨都是由这"反射"原理逐步积累而成的。

有位同学曾经问著名的李开复博士："为什么我不受欢迎，同学看到我都不打招呼，不对我笑呢？"李博士反问他："你跟他们打招呼吗？对他们笑吗？"你对别人冷淡，别人也会回以冷漠；想要得到他人的友善，不妨先对他们表达自己的友善。

又有同学问李博士："为什么我总是认为同学对我不怀好意，想和我竞争？"李博士同样反问他："你对他们的态度又如何呢？你想和他们竞争吗？"

想消除他人对自己的敌意，不妨先消除自己对他人的敌意。所以有人说："给别人的，其实就是给自己的。"让别人经历什么，有一天自己也将经历，就像你怎么对待父母，将来你的孩子也会怎么对待你。因此，若想被人爱，就要先去爱人；希望被人关心，就要先去关心别人；想要别人善待你，就要先善待别人——这是一个可以适用于任何时间、任何地点的定律。

耶稣说:"爱他人就像爱自己。"又说:"你想要人们怎样对待你,你也就要怎样对待人。"可见东方、西方圣人关于这一点的见解都是相同的。

善待别人,就是善待自己

战国时,孟子告诉齐宣王说:"君主把臣子看做是自己的手脚,臣子就会把君主看做是自己的心腹;君主把臣子看做是犬马,臣子就会把君主看做是普通人;君主把臣子看做是草芥,臣子就会把君主看做是仇敌。"所以要想人们为我付出,我必须先付出;我不想人们施加给我的,我也就不能施加给别人。

孔子极力强调"先施",他说到君子之道时说:"君子之道有四个方面,我一个方面都没有达到:要求做儿子服侍父母,我不能做到;要求大臣服侍君主,我不能做到;要求弟弟善待兄长,我不能做到;交朋友时,先好好对待朋友,我也不能做到。"这个"先施"实在是事业成功之宝典。所以老子说:"要想夺取它,必须先给予它,先培养它。"

做人也是这样,只有爱人的人,人们才永远爱他;敬重人的人,别人才敬重他;施德于人的人,人们才以德来回报他;帮助人的人,人们才帮助他。付出的越多,回报就越丰厚;施予的越广博,成就就越宏大。因此说,善待别人,就是善待自己。

楚汉相争时,蒯通劝说韩信背叛刘邦,与项羽结盟,从而双利俱存,三分天下,鼎立而居,分封诸侯,做天下盟主。韩信不听劝告,他说,他不忍心背叛刘邦。他回想自己当年在项羽手下只是一个小小的郎中,位不过执戟之士,自己向项羽进献计谋时,项羽从不采纳。而刘邦不同,刘邦不但授他上将军之职,让他统率大军,而且极力改善他的衣食住行,对他家庭的关照也是无微不至。所以韩信回答蒯通说:"汉王待我十分厚恩,把他的车给我乘,把他的衣给我穿,把他的食物给我吃。我听古人说:乘过人家车子的人,要给人家分担患难;穿人家衣服的人,也该给人家分担忧虑;吃人家饭的人,就得为人家卖命。我怎么可以图谋私利而违背道义呢!"

商汤王三到有莘,终于使伊尹答应做他的相国;周文王因为敬老尊贤,所以吕尚、太颠、闳夭、散宜生、鬻子这些有才能的人都听从他的指挥;刘备三顾茅庐,所以诸葛亮出山献计三分天下。这就是礼一所以获十,罪一所以去百,获人所以尊己,助人所以成己的明证。

宋朝的法演禅师曾给世人留下四诫说:
势不可使尽,使尽则祸必至;
福不可受尽,受尽则缘必孤;
话不可说尽,说尽则人必易;

规矩不可行尽，行尽则人必繁。

福乐是每个人都想享有的，如果你处处只想到自己的利益，就会众叛亲离；若过于孤立，则成功的缘分就渐渐疏离；不该得的财富你处心积虑想拥有它，到头来你会失去更多的福报和机会。善待别人，需要的只是一点点的理解与大度，却能赢来意想不到的收获。善待别人，是一种最有力量的方式，也是一条最好的路。这样做的结果，会比仅仅追求财富上的成功，或是个人的成就感，要来得更有意义。

理解别人，不要逼迫别人

理解别人是我们每个人应有的做人品德。婴儿很少注意到别人是否舒适和便利，他想要什么就要什么。但是，他在成长时，终会逐渐认识到还有别的人活着，自己必须在某种程度上顾及到他们的存在，将心比心，替别人想一想。

一般人都有自私的特点，只有通过成长，才能逐渐减少自私。当我们长大到足以了解自私是一种不良品行时，如果我们只顾及个人利益，就会感到一阵内疚的刺痛。这是好的，因为当这种情况发生时，或当我们能在使自己愉快和使别人愉快之间进行选择时，内疚能使我们思考两次。

有一位牧师和一位屠夫的交情很不错，他们有空就一起聊天钓鱼。屠夫是个酒鬼，但牧师在他面前从不谈饮酒方面的事。亲友们多次规劝屠夫戒酒，有的说："再这样下去，会喝烂你的心肺！"还有的说："嗜酒如命，定会自毙！"然而无论怎样劝说都没有用。于是便请牧师帮忙，可是牧师不肯，他只是和屠夫继续往来。

有一天，屠夫到牧师那里去，流着泪说："我儿子刚才对我说，他有两样东西不喜欢——一是落水狗，二是酒鬼，因为都有一身的臭味。你肯帮助烂酒鬼吗？"

牧师等待这一天已经很久了，于是牧师请一位医生共同协助。"15年来他滴酒未沾。"牧师说，"有一次我问他：'你为什么不要别人帮助而来求助于我？'他说：'因为只有你从来没有逼过我。'"

将心比心，要求我们做人有一种站在别人的立场上想问题的自觉。站在别人的角度设身处地，从而对对方的利害得失与困难有较为深切的了解，由此再作出自己的决策，使自己的决策不仅有利于自己，也使对方容易接受，有效地避免自己的决策在实际运作中损害到对方利益。如此一来，我们就不难理解为什么牧师不轻易地规劝屠夫戒酒了。

记住，别人也许错了，但他本人并不一定意识到这一点。不要去责备他，那样做太愚蠢了。应该试着去了解别人，这样的人才是聪明的人。

别人之所以那么想，一定有他的原因。找出那个隐藏着的原因，那你就拥有了解释他行为或者个性的钥匙。试试看，真诚地使自己置身于别人的处境里。如果你总能对自己说："我要是处在他的情况下，会有什么感觉？会有什么反应？"那你就能节约不少时间，免去许多苦恼。因为"若对原因感兴趣，我们就不大会讨厌结果"。而除此以外，你还将大大提高做人的技巧。

◆◆做人的智慧◆◆

> 我们每个人都应该树立正确的利益观。在遇事时，想想别人，想想大局。不要只顾自身的利益，从自身利益出发去处理问题，这样不但得不到利益，反而会失去利益。

第九章　尊重对方
——所有人都是平等的

现在，人们大都对商店售货员的服务态度感到不满，认为这些售货员不是冷淡，就是粗暴。可有一位老太太却说："我不抱怨那些可怜的售货员，他们有时也碰到很糟的顾客。可是，我总能得到很好的服务，他们对我都很友好，不过我是有意使他们这样做的。"接着，她谈到了自己的方法："我走到一位售货员面前，微笑着说：'您能帮助我吗？'从来没人拒绝过我。"她脸上闪出顽皮的微笑。她接下去解释自己的第二步骤："接着我马上说我对要买的商品一窍不通，我很需要售货员的帮助。无论我买一只纽扣还是一台冰箱我都这样说。每位售货员都乐意帮助我，并且我挑多久都没关系。"

这位老太太成功的关键，就在于尊重人，使人觉得自己在对方心目中是有分量的，你既然尊重我，我也就不能怠慢你。

生理需求只是人们最基本、最单纯的需要，但我们不会永远安于最低级的需求。在生理需求被满足后，就会追求社会认同、他人认同和自身心理上的一些其他较高级的要求。当这一切获得满足后，我们尤其渴望获得尊重，希望人格与自身价值被承认，这也是人类共同的特质。

每个人都很重要

每个人都觉得自己很重要，每个人也都希望被别人认为很重要。如果对方感觉到他在你心目中很重要，他会对你产生好感。

有些人自视甚高，他们觉得自己很重要，却忘了别人也需要这种感觉。他们在不经意间流露出对别人的轻视，于是往往受到大家的疏远。只有使别人产生重要的感觉，你才会受到他们的欢迎。

如何使对方产生重要的感觉呢？首先，礼貌上的尊重是毫无疑问的，关键是你要把他放在心上，同时还可以采用一些让人产生好感的方法，比如：关心对方关心的事。他关心自己的利益，关心自己的健康，关心自己的家人，你只要对他的利益、他的健康、他的家人表现出足够的关心，他就会把你当成自己人。其次，欣赏对方欣赏的事。他欣赏自己的成就，欣赏自己的能力，欣赏自己的风度，你只要对他的成就、他的能力、他的风度表现你真诚的欣赏，他会把你当成难得的知音。再次，请教对方擅长的事。自己不懂的问题、不清楚的事情，不妨向对方求教，既可增长见识，又能得到对方好感，何乐而不为？

成功学家拿破仑·希尔认为：你轻视一个人，你就不会把他放在心上，对他的一切都漠不关心。你重视一个人，你就会关心他的感受，关心他所处的状况。当他感受到你的轻视或重视后，也会报以同样的态度。当你想改善和巩固跟某个人的关系时，把他放在心上，无疑是一条捷径。

美国前国务卿奥尔布赖特曾是某电影公司的公关部经理。她面临着巨大的职业挑战，同时又必须面对许多现实的东西，像人际关系的处理、家庭生活的和谐等，但她巧妙地使这些烦琐的事情顺畅起来。

比如，她的下属总会在某一个繁忙的下午突然收到一张上面写着诸如"你辛苦啦"、"你干得非常出色"之类的小卡片，或一张精致典雅的卡片。而在她丈夫生日的那一天，她总会精心举办一个家庭小舞会，而且是一个人事先布置好。就这样，在繁忙工作的间隙，她并没有花太多的时间，却给他人送去了一份又一份快乐。

她对这一做法，饶有兴趣地解释说："大家的节奏都那么快，大部分人都忘了一些最基本的问候，都认为这些是无足轻重的小细节。其实正是这些细小的方面使人与人之间的情感变得不那么紧张，那我就想：为什么我不能做得更好些呢？"

她又说："一份小小的问候就能体现出一个人的真挚和诚意，使他人感到温暖。人与人之间渴望沟通和交流，而这些细小的方面是最能体现出你的那一份心意的。这是对我个人形象、风度的一个最佳传播。当她们看那张卡片的时候，就一定会想起我。而且在她们心中隐含着对我的那一份谢意，会使她们更认为我是一个完美无缺的人，她们总会想到我好的地方，不会注意我的缺陷。"

奥尔布赖特的这一番言论有许多值得借鉴的地方，人与人的关系不一定非要在大事中才能体现出来，在琐碎事之中更能体现你的友善。

维也纳著名心理学家亚佛·亚德勒写过一本叫做《人生对你的意识》的书。在那本书中，他说："不对别人感兴趣的人，他一生中的困难最多，对别人的伤害也最大。所有人类的失败，都出自于这种人。"亚德勒这句话真是意味深长。

生活中很多问题，就是因为一方不把另一方放在心上或者双方互相不把对方放在心上引起的。种种仇视和敌意，也因此而生，并带来数不清的麻烦。如果每个人都对别人多一份关注，多一份重视，这个世界将变得更加温馨和谐。

放下你的身段

拿破仑滑铁卢战败后，被流放到地中海的圣赫勒拿岛。有一天，他与夫人约瑟芬一起到海港散步，正好遇到一群水手在卸货，水手们抬着沉重的东西嚷着："没看见我们正在卸货吗？让开！让开！"拿破仑躲避不及被重重地撞了一下。夫人几乎没有考虑，就脱口斥骂道："没长眼的东西，你们撞到的是法国皇帝！该当何罪？"

拿破仑马上拦住夫人，在她耳边说道："这些水手很辛苦，不要这样对待他们，再说我也并没有被撞得很痛。"

接着，拿破仑又吩咐随去的仆从，去帮助水手卸货。拿破仑放下皇帝的身段，不计较水手的过失并热情帮助他们。这种举动获得了水手们的好感和爱戴，在他们的大力支持帮助下，几年后拿破仑偷偷潜回法国又重新执掌了政权。

过分看重"身段"，故意摆谱，只会让路越走越窄；如果在非常时刻也放不下身段，那更会无路可走。比如说博士找不到合适满意的白领工作，又不愿意当业务员，那就只有挨饿了。

放下身段的人比放不下身段的人，在生存竞争中至少可以增强两方面的优势：一方面，能放下身段的人，思考富有高度的弹性，不会固守刻板的观念，能及时吸收各种新颖的观念和信息，形成一个庞大而多样的信息库，从而积累起竞争的资本；另一方面，能放下身段的人能比别人早一步抓到好机会，也能比别人抓到更多的机会，因为他们没有身段的顾虑。

你如果想在社会上闯出一条路来,那么就必须要放下自己的身段,不要乱摆谱,也就是要放下你的学历,放下你的家庭背景,放下你的身份,让自己回归到"普通人"队伍。不要在乎别人的眼光和议论,做你认为值得做的事,走你认为应该走的路,人生之路才会越走越宽。

努力使人赢得尊严

有一条十分重要的为人准则,如果你足够重视这条准则,它能帮助你赢得大家的喜爱,它能帮助你摆脱困难的境地。能成大事的人往往十分重视这条准则。这条准则就是:努力使他人赢得尊严。

如何实行这条准则呢?其要点是:肯定他人的存在,尊重他人的意见,承认他人的优点。

你想得到他人的赞扬,你想让别人承认你的优点,你想闯出自己的一片天吗?通常你遇到的每一个人,都会有一种高人一等的优越感。所以有必要让他明白,你承认他的优势并肯定他的存在,并且真诚地承认和肯定——这是打开对方心扉的钥匙。

爱默生说:"我遇到的每一个人都在某方面超过了我。我努力在这方面向他学习。"但也有这样一些人,他们毫无根据地以为自己是杰出的人,还凭空狂妄自大。

如果你想让你的事业走向辉煌,就在任何时候都不要批评你妻子不太会做家务,更不要把她是否擅长做某项家务同你的母亲作对比。记得要夸奖妻子,并为自己娶了这样的妻子而感到骄傲。甚至肉煮得过火、面包烤焦了也不要唠叨,只需要说一声,这次做得不如往常香。这样,她将努力做好一切,使你保持以往对她的看法。但是,你不要突然这样做,不然会引起她的怀疑。今天或明天你给她买一束鲜花或一盒糖果,不能只在口头上说"对,我应这样做",而是付诸行动。对妻子要时常微笑,要温柔地对待她。如果夫妻双方都这样做,就不会有这么多人离婚。

一位成功的男人背后往往有一位贤惠的女人,当然更要有一个温馨的家庭,你从家庭方面入手能做到很好,外界的人际关系自然也就不难解决。

如果你想让人们高兴,不妨照下面的要求做。

1. 不在争论中抢占上风

成大事的人是很少与人争吵的。本杰明·富兰克林说:"如果你与人争论和提出异议,有时也可取胜,但这是毫无意义的胜利,因为你永远也不能争得发怒的对手对你的友善态度。"请好好思考思考,你更想得到什么呢?是想得到表面的胜利还是别人的支持?两者兼得的事是很罕见的。在争论中你的意见可能是正确的,但要改变一个人的看法,却并不容易。

2. 不坐满整张椅子

假如你正在很认真地向一个人解说某件事,对方却坐在沙发上,并且还把上半身也深深地嵌入沙发中,你会有什么感受?如果对方是上司,那没什么话说;如果是同事，你可能就会生气地对他说："你能不能认真地听我说？"为什么生气呢？因为将身体深深地嵌入沙发这一姿势，在别人的眼中看来就是一种极不认真的态度。特别是连上半身也深深地嵌入沙发中，给人的印象将会更为恶劣。

相反的，只取椅面的前三分之一部分来坐，给人的印象会较好。尤其是采用这种坐姿时，身体的上半身会自然地前倾，可能会给对方聚精会神的感觉，因此会留下积极的印象。好好利用这一效果，可以更有效地表现自我，给对方留下好印象。

尊重所有人，包括你不喜欢的人

在现代社会，已经没有比尊重个人更普通和重要的价值观了。尊重他人的人格，承认他们的付出，它要求我们尊重所有人，包括那些不喜欢你的人。

古时候，有一位国王在带领大臣们狩猎的途中，遇到了一位年轻的乞丐。国王见乞丐眉宇间透着一股英气，虽然衣衫褴褛，但掩饰不住他身上的一种独特的气质。于是，国王下马道："年轻人，你愿意跟随我，做我的侍卫吗？我保证你衣食无忧。"乞丐一听大喜，忙跪下磕头谢恩。

于是，国王把他带回王宫。这个乞丐经过一番梳洗并换上侍卫的衣服后，果然显得英气逼人，而且他还具备一般人所不具有的智慧。两个月后，国王便升他为卫队长。

年轻人为了报答国王的知遇之恩，他不仅带领士兵们尽心尽力地保护国王和维护王宫的安全，还积极地为国王出谋划策，向他建议极具价值的治国方针。然而，围绕在国王身边的一些小人却对这位年轻人的受宠感到极为不满。他们在国王耳边说："那小子不过是一个乞丐，您没有必要赐给他锦衣玉食"，"让他滚得远远的吧，我看他现在骄傲得很，准是没安好心。"

国王在众人的挑拨下，慢慢地不再信任和重用这位年轻人了。有时，国王甚至在宴会上当着文武百官的面说："喂！小乞丐，如果没有本王，你现在肯定还是一个又臭又脏的乞丐。不！或者早已饿死，被野狗们分吃了。"或者是："小乞丐，过来学两声狗叫，让本王开开心。"每每此时，那些大臣便附和着国王的笑声，肆意地朝年轻人吐唾沫，或者是更为恶劣地嘲笑。

一天，那位年轻人不辞而别了。国王很是不解，心想："难道他不习惯王宫里的锦衣玉食，又回去做乞丐了？"

那位年轻人现在又是一个又脏又臭的乞丐了，但他离开王宫的原因不是不习惯那里的生活，而是无法忍受国王对自己人格的侮辱。因此，他宁愿放弃优厚的物质生活，去当一个自由自在的乞丐。

尊重每一个人，是人性化的直观体现。无论对方的地位是高贵还是卑微，我们都应该百分之百地尊重对方。

虽然人有富贵、贫穷之分，但在人格上，所有人都是平等的，不管你是国王还是乞丐。因此，与人交往时，我们要做的第一件事就是给予对方足够的尊重。否则，即使你是国王，你也无法获得一个乞丐的真心爱戴。

和大家一起分享荣耀

会做人的人，不会独享荣耀，因为自己的荣耀会令别人变得暗淡，甚至令人产生一种不安全感，而你的感谢、分享、谦卑，却能让他们吃下一颗定心丸。

有位编辑很有才气，他编辑的杂志很受欢迎。有一年他获得了大奖，一开始他还很快乐，但过了个把月，就失去了笑容。他说，社里的同事，包括他的上司，都在有意无意间和他作对。这是为什么呢？原来是他犯了"独享荣耀"的错误。事情经过是这样的：他得了大奖，老板还另外给了他一个红包，并且当众表扬他的工作成绩。但是，他并没有感谢上司和属下们的协助，更没有把奖金拿出一部分请客，所以大家虽然表面上不便说什么，但心里却感到不舒服，和他产生了隔阂，所以就和他作对了。

就事论事，这份杂志之所以能得奖，这位编辑贡献最大，但是当有"好处"时，别人并不会认为哪一个人才是唯一的功臣，总是认为自己"没有功劳也有苦劳"。所以他"独享荣耀"，就会引起别人的不舒服。尤其是他的上司，更因此而产生不安全感，害怕失去权力，为了巩固自己的领导地位，这位先生自然就没有好日子过了。由于上司的白眼，同事间关系的冷漠，两个月后这位编辑就因为待不下去而辞职了。

这位编辑造成最后这种局面的根源在于他自己。谁让他忽略了别人的感受呢？其实每个人都认为别人的成功总有自己的一份功劳和苦劳，而他却傻乎乎地独自抱着荣耀不放，别人当然会为他如此自私的做法而感到不舒服了。

岳飞是我国宋朝时一名军事家和谋略家，他不仅在战场上是一位运筹帷幄的大将，而且在平时十分低调和谦虚。

岳飞治军极严，平素注重操练和校阅，与士兵们同甘共苦。打仗时，他冲锋在前，自己担任"旗头"，成千上万兵将的动止进退，唯"旗头"是瞻，勇往直前。每次朝廷封赏，他总是说，"全军将士出力，功劳是大家的，我没有什么功劳。"军队每次驻扎休整，都会训练将士从斜坡上骑马急驰而下跳跃壕沟，并且穿着厚重的铠甲练习这些项目。有一次儿子岳云练习从斜坡上骑马急驰而下，马被绊倒，岳飞生气而鞭打了他。一名士兵拿了百姓的一缕麻去捆喂牲口的草，岳飞立即将他斩首以警告他人。士兵夜间宿营，老百姓都打开屋门愿意让他们进屋休息，但没有一名士兵敢进民屋。岳飞军队号称"冻死不拆屋，饿死不抢掠"。士兵有病，岳飞亲自为他们调药；将领们远征，岳飞的妻子自己询问并慰劳他们的家庭，将士战死，岳飞伤心哭泣，而且养育他们的孤儿，或者让儿子娶阵亡将士的女儿为妻。凡是朝廷有封赏犒劳，岳飞都平均分给部下军吏，个人不私拿一丝一毫。

正是岳飞的这种赏罚分明、待人以诚的作风感动了部属，所以岳家军的全体官兵，在平时都严守纪律，在战时都乐于效命，具有极强的战斗力。金兵的铁骑，多次以排山倒海的密集队形，企图冲垮岳家军的阵容，结果都没有成功。金兵喟叹说："撼山易，撼岳家军难！"

　　当你的工作和事业有了成就时，千万记得不要独自享受荣耀，要和大家一起分享。你能主动分享，就能让别人有被尊重的感觉。人心换人心，你能尊重他们，他们反过来也会尊重你。

◆◆**做人的智慧**◆◆

> 　　学会尊重每一个人，无论一个人的身份和工作多么卑微，我们都应尊重他，这是我们应该具备的品质。要知道，尊重没有高低贵贱之分，而且尊重别人就是在尊重自己，敬人者人恒敬之。

第十章　欣赏对手
——把对手变成朋友

　　2001年8月22日在北京举行的"大运会"开幕式，当法国体育代表团走到主席台前时，人们意外地发现，法国运动员高高举起一条横幅，上面用中文写着一行字："法国代表团祝贺北京2008年奥运会申办成功！"巴黎申办奥运会败给北京，但法国人仍能大度地为竞争对手喝彩，他们赢得了全场观众最热烈的掌声。

在日常的生活中，我们是否能时时都以欣赏的情怀和心态去发现、审视、对待所遇的人和事呢？人人都有欣赏的眼光，也都有需要他人欣赏的心态。但由于人性的弱点，欣赏物容易，欣赏人较难；欣赏远离自己的人易，欣赏近处的人难；欣赏家人和自己容易，欣赏他人和同事则较难；欣赏异性容易，欣赏同性的人较难。人们往往会认为自己的，是最好的，对他人的所长所优会不屑一顾甚至嗤之以鼻。用欣赏的眼光审视，我们会发现大自然和生活原本是这样的美好；用欣赏的心态对待亲人和同事，我们会由衷地感激在这只有一次的人生，我们得以牵手结缘相聚同行；在欣赏的目光和氛围中工作生活，我们会更加愉悦自信地去做好我们该做的一切，尽我们应尽的责任和义务。

人生不是战场

在欣赏对手之前，我们应该明白什么是对手，谁是你的对手。有人简单地认为对手就是对方。这种说法只说对了一半，因为对手是和你竞争中的对方，可对方不一定是你的竞争对手。换句话说就是所有的对手都能称之为对方，但对方中不能个个都是你的对手。

对手在实力上应当是旗鼓相当的，否则就不能称为对手！

有一个寓言故事：

野狼和狮子同时发现了羚羊，它们商量好一起追捕那只羚羊。它们合作良好，当野狼把羚羊扑倒，狮子便上前一口把羚羊咬死。但这时狮子起了贪心，不想和野狼平分这份猎物，于是想把野狼也咬死。可是野狼拼命抵抗，后来虽然被狮子咬死，但狮子也深受重伤，无法享受美味。

试想一下，如果狮子不如此贪心，而与野狼共同分享那只羚羊，岂不皆大欢喜？这个故事讲的就是"你死我活"或"你活我死"的游戏规则。

我们常说，人生如战场，但人生到底还不是战场。战场上敌对双方不消灭敌人就会被敌人消灭。而人生赛场不一定如此，为什么非得争个鱼死网破、两败俱伤呢？

大自然中弱肉强食的现象较为普遍，这是出于它们生存的需要。但人类社会不是动物界，个人和个人之间，团体和个体之间的依存关系相当紧密。除了竞赛之外，任何"你死我活"或"你活我死"的游戏对自己都是不利的。

你喜欢逞强斗狠吗？你总是心有不平吗？要知道，敌人、仇人和对手，都可以激发你的潜能，成为你的贵人。许多仇、怨、不平，问题可能出在你自己。这世间最值得推崇的做法，就是运用那股不平之气，使自己迈向成功，以那成功和"成功之后的胸怀"，对待当年的敌人，且把敌人变成朋友。

欣赏就是不诽谤

恶意诽谤他人的人，无不以害人的目的开始，以害己的结果告终。毁人自毁，是人世间的一条规律。

从古至今，奸佞小人都有一大特征：善于诽谤他人。这种人，摇唇鼓舌，兴风作浪，无中生有，搬弄是非，致使一些正义之士蒙受冤屈，身陷囹圄，乃至家破人亡。历史充满了辩证法，毁人自毁，损人自损，污人自污，玩火自焚。翻开史书便可看到：诽谤他人者，常常是搬起石头砸自己的脚。

南宋的秦桧，明代的严嵩，都惯于栽赃陷害、诽谤忠良。他们生前遭千夫所指，万人唾弃，死后又作为奸臣的代表而被人们口诛笔伐，可谓遗臭万年。

南宋末年的权臣贾似道，也是一个不择手段陷害正直朝臣的丑类。《宋季三朝政要》中记载，他为了中伤诬陷宰相吴潜，竟然唆使人编造《福华编》，歌颂贾似道的所谓鄂州战功，排挤左相吴潜出朝，到处散布吴潜兄弟有野心。宋理宗闻知大惊，忙罢吴潜相位，让贾似道取而代之。

贾似道专权15年，被他诬害的人难以计数，"一时正义端士，为似道破坏殆尽"。但多行不义必自毙，由于朝野万众的痛恨，贾似道最终被贬往循州。一路上，轿夫们撤去轿盖，让他暴晒在烈日之下。轿夫们行路时还唱着民歌数落他的罪状。恶贯满盈的贾似道，在去循州的途中便死了。

毁人者总是先毁于被毁者，因为在诽谤他人之前，先毁掉了自身的人品；在给他人抹黑之前，自己的手先黑了。其卑劣行径一经暴露，其人格在人们心目中便失去了光彩，乃至变得一文不值。皮日休说得好："毁人者，自毁之。"意思也是欲毁他人之时，便埋下了毁灭自己的祸根；毁害他人之时，便毁灭了自己的人格。

欣赏就是不嫉妒

人总有一种要求成功的愿望，有一种超过别人的冲动，这正是社会所希望的。但是，有些人在成功不了和超过不了别人的时候，产生了一种由羞愧、愤怒、怨恨等组成的复杂情感，这就是嫉妒。嫉妒一经产生，它便成了纷扰的源泉：看到别人成功了，就生气、难过、闹别扭；听说别人强于自己，就四处散布谣言，诋毁别人的成绩；发现几个人亲如家人，就想方设法去施"离间计"，等等。这样的嫉妒不仅妨碍了他人的生活，而且将自食其果，给自己带来极大的心理痛苦。

一家法院曾经审理过一桩民事案件。一所大学心理学系的女研究生将同宿舍的一位同学推上了被告席。原告与被告以前关系不错，两人的成绩不相上下，彼此在暗中较劲。快毕业的时候，两人都参加了托福和GRE考试。原告成绩较优秀，遂向美国一所著名大学提出申请，不久被告知每年可获得全额硕士奖学金。原告十分高兴，便一天天等着对方的正式录取通知。被告考砸了，心情本不快，又看到原告的模样，心中更加嫉恨，决心治一治对方。原告左等右等，迟迟不见正式通知的到来，就托在美国的同学去该校打听。校方说曾经收到原告发来的一份电子邮件表示拒绝来该校，因此校方只好将名额转给别人。原告闻此消息，一下子便懵了，冥思苦想这到底是怎么回事。后来，她多方调查，才发现是被告盗用了她的名义向美国发了一封拒绝函。原告怀着愤怒的心情，将此事诉诸法庭。在法庭上，尽管被告声泪俱下地向原告道歉，说自己是一时嫉妒昏了头，法院最终还是判被告赔偿原告的损失。由于此事影响颇大，被告遭学校开除学籍的处分。

"是什么害了上述案件中的两位同学？答案就是：嫉妒！

人除了希望自己幸福之外，还喜欢看到别人不幸"，这句话不仅道出人类容易嫉妒的心理，对人类幸灾乐祸的想法更是一针见血。荀子说："君子以公理克服私欲。"孔子说："君子明于道义，小人明于势利。"义，是天理所应实行的；利，是人情所应思索的。君子根据天理行事，便没有人欲的私心，所以能泛爱人；小人放纵私欲，不明天理，所以嫉恶别人。

对于那些嫉妒他人才能的人来说，这嫉妒也大可不必。"尺有所短，寸有所长"。每个人都有自己的长处，也有自己的短处，为何非拿自己的短处与他人的长处相比较，自添一份悲愤？

有一个画家，他的作品有一定的影响，同时也给自己带来不菲的收入。但他从不看重这些，也不嫉妒他人。他的座右铭是"我永远是个小学徒"，他追求艺术的理想还像童年那样执著单纯，他追求成功但绝不嫉妒比他更成功的人。也许他成功的奥秘正在于此。

如果本人无意加以比较，或认为自己无法达到那么一个高度，或两者生活在不同环境，或嫉妒的对象不在自己身边，又或者是通过艰苦努力得到的结果，嫉妒将不再产生。

欣赏就是为人喝彩

做人需要喝彩，为自己喝彩，为别人喝彩。喝彩，可以如洁白的羽翼，载着智慧的精灵，飞跃大千世界，饱览风光旖旎；喝彩，可以像肥沃的土地，把思想和个性孕育，让生命的绿树，结满创造的果实；喝彩，胜过坚实的阶梯，支撑奋斗的步履，宛如锐利的刀锋，斩除前程的荆棘；喝彩，恰似秋日火红的叶片，覆盖晦暗的记忆，犹如挚友的心扉，奉献真切的情意。

一位在巴黎旅游的外国人，在车站附近遇到一位街头卖艺者，其琴声悠扬，令人感伤，吸引了不少行人。拉完一曲，周围的人纷纷向钱罐里丢钱，有的面额还不小。转眼工夫，钱已装满了罐子。但卖艺者脸上并没有一丝欣喜的表情。

"已赚到不少钱了，他为什么还不快乐？"旅游者望着卖艺人那依旧忧郁的面孔，疑惑地问。"也许他需要掌声吧。"她的朋友淡淡地说了一句。旅游者的心被触动了，她缓缓抬起手来，为之鼓掌。果然，卖艺人那张黯淡瘦削的脸慢慢绽开了笑容，眼睛里还溢出了感激的泪水。

不错，卖艺者心底的最终期待是掌声！钱只不过是别人因可怜他而给予的一种恩赐，而掌声则是对他人生经历的赞许和鼓励，是真正发自内心的认可。

人生险峻崎岖，布满荆棘，不幸、灾难随时都可能降在头上，人为了生活不得不与之斗争。在斗争的过程中，难免会坠入危难的境地。此时，最好的帮助就是给予一点掌声，为之喝彩，因为这喝彩能给人以生之动力和生之信心。

为对手鼓掌叫好

生活处处有竞争，那么对竞争中的对手你该怎样看待他们呢？对于你的对手，切不可嘲笑、贬低，更不可诅咒。因为所有的敌人都可能是你的对手，但对手不一定就是你的敌人。他们有可能是你的动力、朋友乃至知音。

2008年11月4日，美国共和党总统候选人麦凯恩在其家乡亚利桑那州菲尼克斯市承认自己在本次选举中失败，并向在选举中获胜的民主党总统候选人奥巴马表示祝贺，他呼吁全体美国人一起支持奥巴马。

当地时间晚9时18分，麦凯恩在妻子及其竞选伙伴佩林夫妇的陪同下来到菲尼克斯市比尔特莫尔饭店的一个大草坪上，对聚集在那里的支持者发表讲话。麦凯恩说，美国人民作出了选择，奥巴马当选是件"了不起的事情"，这不仅是奥巴马个人取得的胜利，也是美国人民取得的胜利。他呼吁全体美国人抛弃政见分歧，共同支持在选举中获胜的奥巴马。他说，作为总统，奥巴马将在今后几年里面临许多挑战。

数千名共和党支持者当天下午从菲尼克斯市各处汇聚到比尔特莫尔饭店等候选举结果，在得知麦凯恩获胜无望后，他们的脸上显露出难以掩饰的失望，许多女性支持者眼中甚至含着泪水。面对这些神情落寞的支持者，麦凯恩说："今晚感到有些失望是自然的，虽然我们没有获胜，但失败属于我，而不是你们。"

竞选的失败，对于麦凯恩来说，悲哀是不言而喻的。但在现实面前，他保持了高度的理智，对于奥巴马的成绩表现了超然的风度。

为自己叫好容易，为别人叫好困难，为对手叫好更困难。生活中有许多人只知为自己取得的进步和成功欢呼，对别人尤其是对对手取得的进步和成功无动于衷，他们很少真诚地为别人和对手叫好。

可是你知道吗？为别人和对手叫好并不代表你就是弱者或失败者。因为为别人和对手叫好是一种美德，你付出了赞美，这非但不会损伤你的自尊，相反还会收获友谊与合作；为别人和对手叫好是一种智慧，因为你在欣赏他们的同时，也在不断提升和完善自我；为别人和对手叫好是一种修养，对别人和对手赞赏的过程，也是自己矫正自私与妒忌心理，从而培养大家风范的过程。美德、智慧、修养，是我们做人的资本。

给对手以适当的赞美

人都有一种强烈的愿望——被人赞美，赞美就是发现价值或提高价值。我们每个人总是在寻找那些能发现和提高我们价值的人。

一家成功的保险公司经理在谈到成功的秘诀时说，很重要的一条是：我们赞美我们的代理人，也赞美我们的竞争对手。

赞美别人是一种美德，赞美对手却是一种高素质的表现。

英格丽·褒曼在获得了两届奥斯卡最佳女主角金奖后，又因在《东方快车谋杀案》中的精湛演技获得最佳女配角奖。然而，她领奖时，一再称赞与她角逐最佳女配角奖的对手弗沦汀娜·克蒂斯，认为真正获奖的应该是这位落选者，并由衷地说："原谅我，费沦汀娜，我事先并没有打算获奖。"

褒曼作为获奖者，没有喋喋不休地叙述自己的成就与辉煌，而是对自己的对手推崇备至，极力维护了落选对手的面子。无论谁是这位对手，都会感激褒曼，会认定她是值得倾心的朋友。

一个人能在获得荣誉的时刻，如此善待竞争对手，如此与伙伴贴心，实在是一种文明典雅的风度。

为了维护良好的人际关系，你的一言一行都要为对方——不论是朋友还是对手——的感受着想，学会安抚对方的心灵，不可以使对方产生相形见绌的感觉。与此同时，自己的心灵也会因此安然自得，有一个极好的心情。

挪威著名的剧作家亨利·易卜生把自己的对手瑞典剧作家斯特林堡的画像放在桌子上，一边写作，一边看着画像，从而激励自己。易卜生说："他是我的死对头，但我不去伤害他，把他放在桌子上，让他看着我写作。"据说，易卜生在对手斯特林堡的目光关注下，完成了《社会支柱》、《玩偶之家》等世界戏剧文化中的经典之作。

有了欣赏对手的心情，人与人、人与自然、人与社会也会变得更加和谐，更加亲切。我们自身也会因为这种心理的存在而变得愉快和健康起来。

当你树立了一个敌人的时候，你所得的将不只是一个敌人，你在精神上所受到的威胁将十倍百倍于他实际上给你的威胁。

而你用高尚的人格感动了一个敌人使他成为你的朋友的时候，你所得到的也将不只是一个朋友，你在精神上所感受的欢乐和轻松也将十倍百倍于他实际上所给你的。

◆◆做人的智慧◆◆

生命需要欣赏。欣赏是一种修养，一种沉稳洒脱严于律己尊重他人的风度；欣赏是一种胸襟，容得下他人的才华和长处，同时作为自己不懈地学习和进取的动力；欣赏是一种滤尽了所有利欲渣滓的从容情怀，面对缤纷繁华不会眩晕，面对荣衰恩怨平静超然；欣赏更是一种哲学，观一花可观一世界，于小草可见大精神。

第十一章　赠人玫瑰
——做一个肯帮助别人的人

　　战争年代，一支部队奉命去攻夺敌人的高地。枪林弹雨中，一位连长无意间瞥见一枚手榴弹落在一名小战士身边。他不顾一切地冲过去，把小战士压在身下。轰隆一声巨响，连长抬头再看时，惊出一身冷汗。就在他起身后的片刻工夫，一颗炮弹落在了他刚刚匍匐过的位置上，把那里炸出了一个大坑。而那颗手榴弹，敌人在将它扔出来时，不知什么原因，竟没有拧开盖子。

　　善心只在一念间，而善心所结下的善果，芬芳馥郁，香泽万里，令人垂涎欲滴。谁说前人栽树只有后人乘凉？一颗种子落地，播种人总能在秋天的阳光里品尝到果实的甜美滋味。就像书中所说的：赠人玫瑰，手有余香。

生命犹如在荒原上行走，过于专注于既定的终点，行程往往单调、枯燥。打开心窗，看看周围的风景，扶一把路边的小草，挽一下倚斜的小花，一路播撒，一路温馨……"赠人玫瑰，手留余香"。做人是什么？答案很简单。做人是奉献，做人是分享。一句温暖的问候，一个关切的眼神，一句真诚的祝福，一杯袅袅的清茶……举手之劳，换来彼此的温暖、澄澈。

你是好人还是坏人

不知道你是否发现这样一个有趣的现象：小孩子看完影视剧或故事书，常喜欢谈论说"我们好人……他们坏人……"，无形中把他自己放进好人的行列，把好人的胜利作为他自己的胜利。

从这种自然流露的喜欢做好人的心理看起来，我们倒可以相信"人之初"的确是"性本善"的。孩子们都愿意当好人，都维护好人，同时也厌恶坏人，希望自己站在好人的行列，帮他们伸张正义，打倒坏人。

于是，这里就产生了一个问题，即什么是好人，什么是坏人，好人和坏人的分界点在哪儿。

好人通常被人们称之为高尚的人。就高尚而言，主要表现在思想品德方面，而思想品德又主要体现在他们做的一些事情上。一个道德高尚之人，根据他们做事的原则可分为舍己为人型、舍生取义型、互惠互利型，等等。相反，道德败坏之人也可根据他们的原则，而将之分为损人利己型、损人又不利己型，等等。

好人与坏人在品质上有着天壤之别，好人受欢迎，坏人惹人厌。你想做一个什么样的人呢？你可能会说，我准备做一个虚心好学、态度诚恳、乐于助人的人，不说急他人之所急，想他人之所想，最起码在别人需要帮助的时候，我能毫不犹豫地伸出援助之手。这也在好人的范畴之内，相信你能够做到。

做人的差距

某一个雨天的下午，有位老妇人走进匹兹堡的一家百货公司，漫无目的地在公司内闲逛，很显然是一副不打算买东西的样子。大多数的售货员只对她瞧上一眼，然后就自顾自地忙着整理货架上的商品，以避免这位老太太去麻烦他们。

其中一位年轻的男店员看到了这位老太太，立刻主动地向她打招呼，很有礼貌地问她，是否有需要他服务的地方。这位老太太对他说，她只是进来躲雨罢了，并不打算买任何东西。这位年轻人安慰她说，即使如此，她仍然很受欢迎，随后搬了把椅子请她坐下休息，并且主动和她聊天，以显示他确实欢迎她。当她离去时，这名年轻人还陪她到街上，替她把伞撑开。这位老太太向这名年轻人要了一张名片，然后径自走开了。

后来，这位年轻人完全忘了这件事情。但是有一天，他突然被公司老板召到办公室去。老板向他出示一封信，是位老太太写来的。这位老太太要求这家百货公司派一名销售员前往苏格兰，代表该公司接下装潢一所豪华住宅的工作。

这位老太太就是美国钢铁大王卡内基的母亲，也就是这位年轻店员在几个月前很有礼貌地护送到街上的那位老太太。

在这封信中，卡内基夫人特别指定这名年轻人代表公司去接受这项工作。这项工作的交易金额数目巨大。这名年轻人如果不是好心地招待这位不想买东西的老太太，那么，他将永远不会获得这个极佳的晋升机会了。

奇迹就发生在你不经意的言行之间，一句亲切的话语，一个友善的致意或一项小小的援助计划，都能让对方体会到你的爱心和真诚。这个故事只讲述了那位年轻人的一个小小的举动——搬一把椅子让老妇人坐着避雨而已。可是，为什么其他人就做不到这一点呢？这可能就是做人的差距吧！

然而，就是这么微不足道的差距，却决定了一个人品质的高尚与否。一个人的思想品德并不是非得在大是大非中才能体现，往往一些让人不屑一顾的小事，更能表现一个人的道德修养。

对于一个身陷绝境的穷人来说，一块铜板的帮助，可能会使他免于极度的饥饿，或许还能干一番事业，开创自己富有的天下。

对于一个迷途难返的浪子来说，一次促膝交心的帮助，可能会使他重建做人的尊严和自信，或许在悬崖勒马之后，闯出自己美好的天地。

没有比帮助这一善举更能体现你宽广的胸怀和慷慨的气度了。不要小看对失意者随口说的一句温馨的话语，对将倒者从旁轻轻伸出的扶助的双手，对无望者寄予的一个真挚的信任。也许自己什么都没失去，而对一个需要帮助的人来说，就是醒悟、支持和宽慰。

别做一毛不拔的铁公鸡

所谓一毛不拔的铁公鸡，就是指一个人为人处世吝啬、小气。吝啬是一种不正常的心态和行为。《三国志·魏志·曹洪传》曰："始洪家富而性吝啬。"《颜氏家训·治家》曰："吝者，穷急不恤之谓也。"可见吝啬是一种有能力资助或帮助他人，却不肯付诸行动的行为。

吝啬之人都非常计较个人的得失，遇事总怕自己吃亏。他可以大慷公家之慨，对个人利益却丝毫不能让步。这种人总是高估人家低估自己，永不知足，因而也具有贪婪之心。吝啬之人非常看重自己的财富与利益,为了既得利益,可以六亲不认,甚至"老死不相往来"。对别人的苦楚显得冷漠无情,毫无怜悯之心,甚至落井下石。吝啬之人很少参与社会活动,也不关心周围的事物,"事不关己,高高挂起;明知不对,少说为佳"。他们不愿意帮助别人,因此很少有知心朋友,有了困难也就很难得到他人的帮助。

传说一只铁公鸡死后要求面见上帝。它愤懑地说:"下辈子我一定要做人。"

上帝笑着说:"你这个要求也不为过。"

随着上帝的一声吩咐,一群可爱的天使向铁公鸡走来,他们手中都拿着一把小镊子,接着就抓住铁公鸡,飞快地拔起它身上的毛来。一时间,铁公鸡痛得嗷嗷直叫,它不满地问上帝:"你刚才不是说我的要求不过分吗?为什么要这么折磨我?"

上帝仍然温和地笑着说:"你要变成人自然要先拔掉身上的毛!只有这样才能变成一个人,你要一毛不拔怎么能做人呢?"

做人不能成为一毛不拔的铁公鸡,应该大方一点,慷慨一点,该出手时就出手。

有一天,辛格和一个旅伴穿越高高的喜马拉雅山脉的某个山口,他们在雪地里艰难地走着。忽然,辛格看到前面雪地里有一个人躺在那里,看样子像是被冻僵了。辛格想停下来帮助那个人,但他的旅伴说:"我们现在想过这座雪山都已经很困难,如果再带上他这个累赘,我们就会丢掉自己的命。"听到这话以后,辛格觉得有点失望,但他不能丢下这个人,让他死在冰天雪地之中,于是他决定带这个人一起走。

当他的旅伴跟他告别时,辛格把那个人抱起来,放在自己背上。他使尽力气背着这个人往前走。渐渐地,辛格的体温使这个冻僵的身躯温暖起来——那人活过来了。

过了不久,那个人恢复了行动能力,于是两个人并肩前进。当他们赶上那个旅伴时,却发现他死了——是被冻死的。原来,辛格背着人走路加大了运动量,保持了自身的体温,和那个人一起抵御了寒冷。而他们的旅伴却冻死了。

帮助别人的同时,就是在帮助你自己。

帮助别人有技巧

有一种说法,叫做生活不需要技巧,讲的是人与人之间要以诚相待,不要怀着某种个人目的。因为一旦对方发现自己是被你利用的工具,即使你对他再好,也只能引起他对你的敌意,并拒绝和你继续保持关系。要获得真诚的友谊,就只能用爱心去和别人推心置腹地打交道。

帮助别人也离不开技巧。在具体的情景下,当你想帮助某个人时,你要注意具体方法,如何帮助他,才能使他真正得到你的帮助。一位残疾人坐在三轮车上上坡,但因坡度较大,他费了很大的劲也没上去。好心的你走上前,想帮助他,告诉他该怎样用力。你不知道,他此时最需要的,是你从后面推他一把,让他顺利通过这段道路。

　　帮助别人,要坚持不懈,不能一时风,一时雨,凭自己的兴致来做。也不要这也帮那也帮,不高兴的时候谁都不帮。做一件好事并不难,难的是一辈子做好事,不做坏事。这种境界,是很难达到的。现代社会,在金钱的冲击下,很多人的一举一动都在考虑着自己的利益,偶尔帮助别人都很难,坚持不懈地帮助别人更是侈谈,这也是社会呼唤雷锋精神的真正原因。

　　人不是刺猬,难以合群。人是情感动物,需要彼此的互爱互助,切不可像自由市场做生意那样赤裸裸地一口一个"有事吗"、"你帮了我的忙,下次我一定帮你"。忽视了感情的交流,会让人兴味索然,彼此的交情也维持不了多长时间。

勿以善小而不为

　　在我们身边,有人之所以生活得快乐、有意义、有满足感,是因为他懂得奉献,而不是处心积虑地想要占有。奉献给人一个实现自我的空间,因为他知道要努力工作,为社会服务,他知道要肩负一个帮助和安慰大众的使命。在那努力的目标之中,他发现了生活实现的空间。

　　一个人只要肯为别人奉献自我,他就会生活在快乐之中。如果一个人能够用爱心无偿地给予别人服务和帮助,他的生命一定闪烁着光彩,充满着喜悦和快乐。

　　有个国王,非常宠爱他的儿子。这位年轻的王子,过着衣来伸手、饭来张口的日子,要什么有什么。可是,他从来没有开心地笑过一回,常常愁眉紧锁,郁郁寡欢。

　　有一天,一位魔术师走进王宫对国王说,他能让王子快乐起来。国王兴奋地说:"如果你能办成这件事,宫里的金银财宝随便你拿。"

　　魔术师带着王子进了一间密室,他用白色的东西在一张纸上涂了些笔画,然后交给王子,并嘱咐他点亮蜡烛,看纸上会出现什么。说完,魔术师走开了。

　　年轻的王子在烛光的映照下,看见那些白色的字迹化做美丽的绿色,变成这样几个字:"每天为别人做一件善事。"王子依此去做,不久,他果然成为一个快乐的少年。

　　曾获诺贝尔和平奖,受全世界敬仰的德兰修女,由于和英国平民王妃戴安娜的死期相近,所以有人将她们两人相提并论,但她们却是两个截然不同的类型。

　　德兰没有戴妃的风华绝代,她个子瘦小,相貌普通,却有一颗美丽的爱心。戴妃在医院里和艾滋病人握手,会有记者拍下照片刊登在报纸杂志上,让人歌颂她的爱心;可德兰却不知多少次在污秽、肮脏的街道拥抱那些患皮肤病、传染病,甚至周身流脓的垂死病人,把他们带回自己的住处,照顾他们,安葬他们,让人们享受她的奉献。

　　许多人一谈到德兰修女,都说她是个伟大的人,和她相比,自己实在太渺小了。可德兰修女却说:"我们都不是伟大的人,但我们可以用伟大的爱来做生活中每一件平凡的事。"

德兰修女一生没有做什么惊天动地的大事,她所做的,是每一个普普通通的人都有能力做到的事:照顾垂死的病人,为他们洗脚、抹身;当他们被别人践踏如尘的时候,还给他们做人的尊严,仅此而已。

《三国演义》中记载,刘备曾教导儿子刘禅说:"勿以善小而不为,勿以恶小而为之。"善良是一种巨大的力量,任何力量都不如善良的力量大。有的人能从钱包里掏钱出来送给别人,但他的心却冰冷漠然。用钱财表现出来的好心不仅不可靠,而且往往带来负面影响。

或许,我们做人的境界还没有达到德兰修女那样的高度,但是我们如果常存乐善好施、成人之美的好心,这个世界又会减少多少忧伤和怨叹。

莫做自私的人

一个只知道向别人索取的人,其内心自私透顶。自私这个词语在我们的做人词典中不太受欢迎,经常被人们批判、谴责。

点燃别人的房子,煮熟自己的一个鸡蛋。这句英国俗语形象地刻画出自私者的丑态。

培根在《论自私》这篇文章中以蚂蚁喻人,对自私者进行了无情的讽刺和嘲弄。他说:"蚂蚁这种小动物替自己打算是很精明的,但对于一座花园,它却是一种很有害的生物。自私的人也如同蚂蚁,不过他们所危害的是社会。"

自私之心是万恶之源,贪婪、嫉妒、报复、吝啬、虚荣等不良心理从根本上讲都是自私的表现。自私之心,自古就有。战国时期,齐国有一美男子邹忌。一天另一美男子徐公来访,徐公走后,邹忌便分别问妻子、小妾和客人他与徐公哪个长得更英俊。三人异口同声说邹忌长得更好看。邹忌是一个有自知之明的人。他认为他们不讲真话,是因为都有私心杂念,妻子是偏爱他,小妾是害怕他,客人是有求于他。所以《周书·周官》就提出"以公灭私",孙中山先生也提出"天下为公"的主张。

自私的心理有其深层次性。首先,自私自利的人都是鼠目寸光者。他们所关心的永远是眼前的利益,他们所患的是利益上的近视症。因而当他们处理与他人的关系时,永远是斤斤计较的,永远是争先恐后的,总是担心自己吃亏。而且还有这样一种奇怪的变态心理:若是争不上利益,那么就等于自己利益的失去,其内心将在相当长的一段时间中难以平衡。正因为有这样一种心态,所以自己无法享受的事,也绝不(甚至阻止)让他人享受。所以自私自利的人永远处理不好与他人的关系,永远将责任归之于他人,而自己一点问题都没有。

其次,自私的人一般都很"小气",都很吝啬,将自己的东西看得很重,你要是让这些人捐献一点东西去帮助他人,就像挖他心头之肉那样痛苦,而且,即便是作出了一些"义举",也会赤裸裸地提出要他人回报的要求。他们希望自己"得到的"要大大多于自己"失去的",人们经常将这些人称为"一毛不拔的铁公鸡"。

再次,自私的人一般都缺乏良心、同情心,缺乏一颗利他心。这类人永远是"只扫自己门前雪,不管他人瓦上霜",永远只知道爱己,不知道爱人,不热衷于公益活动,路遇不平,虽然自己长得膀大腰圆,也不会拔刀相助。他人受难,这种人或变成铁石心肠,躲得远远的,一副爱莫能助的样子。所以自私自利者并没有真正的精神生活,有的自私自利者,尽管财产很富有,却是一名精神的贫困儿。

如果人人都变成彻头彻尾的自私者,这个世界会变成什么样?诚如吕坤所说:"人人好公,则天下太平;人人营私,则天下大乱。"人人都利己,人人都自私,那么,人与人之间不是相爱,不是互助,而是充满了你争我夺,尔虞我诈,充满了相互损害,充满了猜疑、怨恨,人和人之间关系将会变成狼与狼的关系,人群和人群之间必将矛盾激化,社会与社会之间必将冲突扩张,国家与国家之间必将是战争,最后的必然结果是人类自身的毁灭。

决定之前先想想别人

萨克雷在《名利场》中这样形容自私的危害:"在一切使人格堕落的不道德的行为之中,自私是最可恨的、最可耻的。"私心盛者,可以灭公,可以灭天理,因而使人粗俗,使人卑鄙,使人缺乏同情心,使人充满物欲,使人道德低下,使人……所以做人不能做自私的人。

这是关于越战结束后一个美国士兵的故事。

参加越战时的一个士兵,打完仗回到国内,在旧金山给父母打了一个电话:"爸爸,妈妈,我要回家了。但我有个小小的请求,希望你们能够答应。"

"你说,是什么?只要不过分我们就一定答应。"父亲在电话里说道。

"这样,我有一个战友,在越战时,我们很要好,我想把他带回家跟我们一起生活。"

"当然可以。"父亲回答道,"我们见到他会很高兴的。"

"但有件事我必须提前告诉您,就是我们在一次执行上级交给我们任务的时候,他不小心被地雷给炸伤了,他只剩下了一只胳膊和一条腿!"儿子又说道。

"听到这件事我感到很遗憾,孩子,也许我们可以帮他另找一个地方住下。"父亲用比较含蓄的口吻说道。

"不,我希望他和我们住在一起。"儿子坚持。

"孩子,"父亲说,"你不知道你在说些什么,这样一个残疾人将会给我们带来沉重的负担,我们不能让这种事干扰我们的生活。我想你还是快点回家来,把这个人给忘掉,他自己会找到活路的……"没等父亲说完,儿子就挂断了电话。

过了几天,他们接到旧金山警察局打来的一个电话,被告知,他们的儿子从高楼上坠地而死，警察局认为是自杀。悲痛欲绝的父母飞往旧金山，在停尸间里，他们惊愕地发现，他们的儿子只有一只胳膊和一条腿。

不要等到失去的时候才去后悔，那样的后悔有什么用呢？法国文学家雨果说："最高的圣德便是为别人着想。"决定做什么事情之前先替他人想一想：对他人会产生什么样的后果，带来什么样的不幸和痛苦，这样想得多了，自然能减少自己的自私行为，也将减少不少遗憾。

对方需要什么就给予什么

你一定有过这样的经验：当你顺手给予别人一点小帮助时，就会发现彼此之间即刻流露出友爱和喜悦，感到心灵上的安慰和满足。这些情感似乎是在你对他给予帮助后，才引起的回流。虽然有些帮助只是举手之劳，自己也绝无任何居心，但是对方感激的笑容和会心的眼神，却深深地触及人性的光明层面。

给予，并不限于帮助，它包括思想与情感的共鸣，体谅和宽恕。给予别人某些帮助固然不容易，但给予心灵的共鸣，体谅和宽恕，则更为珍贵。给予分为两大类：一种是有形的帮助，包括金钱、劳动力和物质的无私奉献；一种是无形的帮助，包括协助别人成长，给予体恤和宽容。在两者相比之下，后者比前者难得。毕竟授人以鱼，不如授人以渔。

任何给予都必须是主动的心理状态。在公共汽车上，你给老幼病残孕让座，是你主动地引发恻隐之心，把关心投注于人，然后才产生给予的行为。越能主动帮助别人，就越能建立好的人际关系。主动地给予，表示一个人的热心，它容易化解人与人之间的寂寞与隔阂。

给予是没有条件的，有条件的给予就会变得丑态百出。为了讨好别人而表示笑容，固然也在表达亲切，但因为缺乏真诚，而变得生硬、勉强、令人厌恶。同样的，心中有所要求，才给予对方好处，这对于真正的人际关系，没有实质益处，因为它可能带来更多的渴求，变成贪婪的操纵。

给予透过行为而实现，无论给予的内容是什么，不外乎使用语言、姿势和表情等手段。因此给予的行为态度，会影响给予的内容和品质。古人云：不食嗟来之食。不礼貌、不尊重的赏赐，对方即使接受，也不会感激。因此，要注意平常的言行态度，因为它也是我们给予的一部分。

给予，不能只对人类，而应遍及大自然中各种生命现象。现代人谈保护动物，维护生态，古人称之为"众生平等"。大自然是人类的老师，但是在人类自强以后开始征服自然并以征服者自居。殊不知人类在征服自然的同时却让自然惩罚了自己，真可谓玩火自焚。人类能善待大自然的一草一木，能够对大自然的生命现象给予维护，大自然也一样会给予回报。

任何事都有一定的收支。你付出了多少，才会收获多少，付出时不一定痛苦，收获时却一定快乐。付出、给予,这是我们立身成人之本。我们懂得付出,就永远有可以付出的资本;我们贪图索取,就永远有必须索取的企求。付出越多,收获越大;索取越多,收获越小。

给人方便,自己方便

一个人价值的实现,不能只顾及个人生命和利益的存在,并且,它也不由自己对自己的生存意义给予评判。个人不能离开他赖以生存的群体,不能离开由这么多群体所构成的社会;个人的生命价值是由他人、社会给予评判的。只有在一定的社会条件下,个人的人生价值才能得以体现。因此,一个人在自己的人生征途中时刻不能脱离集体、社会;个人必须为大众、为社会承担责任,作出贡献,奉献自我。一个人只有超越自己生命狭小的圈子,而热心投入到社会之中,才有可能发挥自己的人生价值。

一年冬天,年轻的哈默随一群同伴来到美国南加州一个名叫沃尔逊的小镇,在那里,他认识了善良的镇长杰克逊。正是这位镇长,对哈默后来的成功影响巨大。

那天,下着小雨,镇长门前花圃旁边的小路成了一片泥淖。于是行人就从花圃里穿过,弄得花圃一片狼藉。哈默不禁替镇长痛惜,于是不顾寒雨淋身,独自站在雨中看护花圃,让行人从泥淖中穿行。

这时外出半天的镇长满面微笑地挑回一担煤渣,从容地把它铺在泥淖里。结果,再也没有人从花圃里穿过了。镇长意味深长地对哈默说:"你看,给人方便,就是给自己方便。我们这样做有什么不好?"

每个人的心都是一个花圃,每个人的人生之旅就好比花圃旁边的小路,而生活的天空不仅有风和日丽,也有风霜雪雨。那些在雨中前行的人们如果能有一条可以顺利通过的路,谁还愿意去践踏美丽的花圃,伤害善良的心灵呢?

后来,哈默通过艰苦奋斗成为美国石油大王。一天深夜,他在一家大酒店门口被黑人记者杰西克拦住,杰西克问了他一个最敏感的话题:"为什么前一阵子阁下对东欧国家的石油输出量减少了,而你最大对手的石油输出量却略有增加?这似乎与阁下现在的石油大王身份不符。"

哈默听了记者这个尖锐的问题,没有立即反驳他,而是平静地回答道:"给人方便就是给自己方便。那些想在竞争中出人头地的人如果知道,关照别人的需要只要一点点的理解与大度,却能赢来意想不到的收获,那他一定会后悔不迭。给人方便,是一种最有力量的方式,也是一条最好的路。"

有一篇叫《慷慨的农夫》的短文,说美国南部有个州,每年都举办南瓜品种大赛。一位经常获得头奖的农夫,获奖之后,毫不吝惜地将得奖的种子分送给街坊邻居。有人不解,问他为何如此慷慨,不怕别人的南瓜品种超过他吗?农夫回答:"我将种子分送给大家,方便大家,其实也就是方便我自己!"原来,邻居们种上了良种南瓜，就可以避免蜜蜂在传递花粉过程中，将邻近的较差的品种的花粉带给农夫的南瓜。这样，农夫就能专心致力于品种的改良。否则，他就要在防范外来花粉方面大费周折而疲于奔命。

农夫的这个回答是对"与人方便，自己方便"的最好注解。

◆◆做人的智慧◆◆

> 一泓清潭慷慨给予了农田一脉清水，它自己就得到了注入一脉新水的机会，于是这泓清潭不腐，始终荡漾着澄澈和鲜活。一个树根慷慨给予了叶子以养分，而叶子却给了它阳光和氧气，于是这个树根越来越壮，越扎越深。帮助别人，就是帮助自己。你在关键时刻帮人一把，别人也会在重要时刻助你一臂之力！当你把帮助的手热情地伸给别人，别人就给了我们成为天使的机会。

第十二章　自我调节
——做一个快乐的工作达人

一个清晨，汤姆坐在老式火车的卧车厢中，大约有6个男士正挤在洗手间里刮胡子。经过了一夜的疲困，隔日清晨通常会有不少人在这个狭窄的地方做一番漱洗。此时的人们多半神情漠然，而彼此也不交谈。

就在此刻，突然有一个面带微笑的男人走了进来，他愉快地向大家道早安，但是却没有人理会他的招呼，或只是在嘴巴上应付一番罢了。随后，当他准备开始刮胡子时，竟然自若地哼起歌来，看上去显得非常的快乐。他的这番举止令汤姆感到极度不悦。于是汤姆冷冷地、带着讽刺的口吻对这个男人问道："喂！你好像很得意的样子，怎么回事呢？"

"是的，你说得没错。"这个男人如此回答说，"正像你所说的，我是很得意，我真的觉得很快乐。"然后，他又说道："我是把使自己觉得心情愉快这件事当成一种习惯罢了。"

这就是那个男人说话内容的全部。不过我们相信，在洗手间内所有的人，包括汤姆，都已经把"我是把使自己觉得心情愉快这件事，当成一种习惯罢了"这句深富意义的话牢牢地记在心中。

不论是幸运或不幸的事，人们心中习惯性的想法往往占有决定性的影响地位。有一位名人说："穷苦人的日子都是愁苦；心中欢畅者，则常享丰筵。"这段话的意思是告诫世人设法培养愉快之心，学会自我调节，那么，生活将是一连串的欢宴。

给自己种一棵"忘忧草"

生活像个万花筒，有时不免出现一棵忧郁、烦恼的花，破坏你的好心情，使你的生活黯然失色。此时，你不妨学着在心中种一棵"忘忧草"，让它帮你遮挡忧郁，给你的心灵带来芳香与快乐。"忘忧草"可以是一本秘密日记，可以是一次倾情诉说，可以是一曲高山流水，也可以是一次翩翩起舞……

当心情不好时，可以打开日记，把所有的忧郁、烦恼和不快都融入笔端，写入日记，这样一方面可以宣泄心中的不快，另一方面可以理清心绪，平静心情，有时还能"顿悟"和释然。你可以在日记中倾诉生活的烦恼，可以"痛骂"给你带来不快的领导，可以"诉说"失恋给你带来的伤痛。总之，一切的不快乐都可以在日记中宣泄，而宣泄过后，肯定会有如释重负的感觉。

如果说写日记是对自己倾诉，那么写信或谈话便是向知音、朋友、师长等人倾诉，可以从他们那里得到同情、理解和帮助。只要勇于打开心扉，朋友便会尽力帮你减轻心理负担的压力，为你分担坏心情。

此外，在忧郁、烦闷时，你也可以痛哭一场，可以大吼几声，可以放声高唱或打球、跑步、洗澡，借此来忘掉忧愁，但任何宣泄方法都不可过分，更不能伤害别人或自残，应当适时、适度地宣泄。

心情不好时，可以听一段轻松愉快的音乐，让舒缓的旋律来抚慰那纷乱的心绪，让自己陶醉在音乐中，心绪自然会随着高山流水而欢呼雀跃；可以外出漫步散心，让优美的景色、新鲜的空气冲淡内心的不快与烦躁。这种转移情景法有利于帮你从坏心情中超脱，让你时时沉浸在快乐中。

你也可以暂时放下手头的活，离开令你伤心、烦恼的地方，去做一些感兴趣的事来转移你的注意力，忘掉烦恼和不快；也可以参加一些集体活动，在欢乐的气氛中摆脱痛苦的阴影。

生活中如果我们能以乐观的态度去对待一切，好心情就会常伴我们。生活中有的人什么都不缺，就是不快乐；而有的人什么都不如别人，但他却整天乐呵呵的。他们的差别不在于拥有多少，而在于内心知足与否。

一个身材矮小的学生，总感到自己身体条件不如别人，自卑得很。有一天他参观了聋哑学校后，觉得比起那些残疾人来，自己是多么的幸运，于是他不再为自己的身材而烦恼，从此他努力培养自己的特长，力图在成绩、能力上超过别人。

当一个人心情忧郁时，往往感到自己命运不好，不如别人，其实谁都有痛苦的时候，你也有让人羡慕的地方，只不过可能自己还没有发现而已。只要知足常乐，你就会成为一棵"忘忧草"，就能经常拥有好心情。

试着建一本烦恼日记

某厂长因为管理不善，企业经济效益逐年下降，被上级领导点名批评了一顿。厂长认为效益不好，是市场不景气所致，不能全怪自己，上司把责任推到自己身上，心里压了一股子火，越想气越大，总想找个地方出这口气，于是他便通知全厂职工集合开会。会上，厂长拍桌子，瞪眼睛，找着茬把几个职工点名批了一通。

厂长把怒气撒在了职工身上，他自己心里舒坦了，可挨批的职工又受不了了，他们想："自己工作好好的，又没出啥差错，为何好端端挨顿批评啊？"

有个心胸狭窄的职工，心里想不开，下班后把无名之火带回了家。到家后看妻子鼻子不是鼻子，脸不是脸，又找着茬把妻子数落了一通。

受了委屈的妻子最后又找茬让儿子当了回出气筒。故事的结尾是儿子又把自己平时坐的小板凳当了替罪羊，挨了妈妈的骂后，一脚把板凳给踢飞了。凳子没有灵性，如果凳子也会动，或许这个故事还不会完。

这虽是一个笑话，但笑过之后不禁让人深思：生活中，碰到挫折，遇到烦心事难以避免，此时，内心的郁闷、愤怒总想找个地方发泄一下，不然会感到心里憋得慌。找朋友诉说自然是个好方法，但有时有些话不能对朋友说，同时怒气也不能往朋友身上撒。那怎么办呢？此时最好的方法莫过于建一本烦恼日记，把不快融于笔端，在日记中大加倾诉，把怒火化为文字。

心理学家建议病人坚持写"烦恼日记"，每天早起10分钟，把自己的感受写满三页纸，事后不要修改，也不再重读，过一段时间，当你把自己的烦恼表达出来后，发现脑子更清楚了，也能更好地处理这些问题了。这种自我交谈的方式能帮你解决许多问题。

生活中当感到沮丧的时候，不妨把自己的低落情绪写入日记，把心中的不快向日记"诉说"，写完后你会感到精神振奋，自己又重新燃起对生活的热情。你可以在日记里把给你穿小鞋的领导骂个狗血淋头，可以把你的情敌在笔下贬得一无是处，也可以把让你心烦的事大写特写，反正别人也看不到，只要能让自己气顺就行。对心灵来说这是一种净化，可以使人心胸开阔，情绪稳定，心理重新回到良好的状态。

诗人韦苇曾经说过这样一句话："路之值得赞美，在于它不站起来要做纪念碑。"同样，日记之所以值得赞美，在于它不站起来反抗，日记是最忠实的朋友，它甘愿成为你的出气筒，从来不会反抗，还能为你保守秘密。

退一步海阔天空，将日记作为自己宣泄的最好工具，作为知心朋友，会给生活带来极大的帮助。烦恼中的你不妨试试看！

小爱好也有大快乐

一位拉丁作家这样描述过"机会女神"的样子：机会女神的前额上长着头发，但她的后脑没有头发。如果你能够抓住她前额上的头发，你就能够抓住她。然而，如果被她挣脱逃走的话，即使万神之王宙斯也无法将她捉住。所以，要想抓住"机会女神"，必须注意生活中的每一个细节，要从身边的小事做起，特别是自己喜欢的事情，这可能就是"机会女神"的藏身所在。

列宁曾经说过："要成就一件大事业，必须从小事做起。"小事情往往具有大价值，往往能让人成就一番事业，如果对小事情不屑一顾，没有一点自己的小爱好，那碰到大事情又怎能应付得了呢？正所谓："一屋不扫，何以扫天下？"

前美国总统富兰克林·罗斯福即使在战争最艰苦的年代里，仍然坚持抽出时间来从事自己的小爱好——集邮。做自己喜欢做的事，可以让你忘记周围的一切烦心事，让心情彻底放松，让大脑重新清醒起来。

小爱好不但可以愉悦身心，放松心情，而且还有延年益寿之功。有人做过这样的研究，他们试图找到长寿老人的共同特点。他们研究了食物、运动、观念等多方面因素对健康的影响，结果令人惊讶，长寿老人们在饮食和运动方面几乎没有完全共同的特点，但有一点却是共同的，即他们都有自己的小爱好，并且把这作为自己的人生目标而为之奋斗，这是他们的精神寄托。

所以，无论你对生活多么不满，一定要有人生目标，要有点爱好，有点精神食粮，因为它能使你看清人生的使命，能让你找到心灵家园，从而使人生更有意义。

在美国长岛，有一位名叫莱伯曼的百岁老人，他头发花白，但精神矍铄，看上去最多不超过80岁。据老人讲，他根本没想到自己能活这么大年纪，因为在他80岁的时候，曾对生命失去了兴趣，以为自己到了寿终正寝的时候，那时他的健康状况很差，看上去像是真的要不行了，可一次偶然的机会，他与绘画结缘，从此，他迎来了自己人生的第二次青春。

莱伯曼是在一家老年人俱乐部里和绘画结下缘分的。那时，老人歇业已多年，他常到城里的俱乐部去下棋，以此消磨时间。一天，女办事员告诉他，往常那位棋友因身体不适，不能前来作陪。看到老人失望的神情，这位热情的办事员就建议他到画室去转一转，还可以试画几下。

"您说什么，让我作画？"老人好奇地问道，"我从来没有摸过画笔。"

"那不要紧，试试看嘛！说不定您会觉得很有意思呢！"

在女办事员的坚持下，莱伯曼到了画室，平生第一次摆弄起画笔和颜料，但他很快就入迷了，周围的人也都认为他简直就是一个天生的画家。81岁那年，老人开始去听绘画课，开始学习绘画知识。从此，老人感到重新找到了生活的乐趣，精神一天天好了起来。

1997年，洛杉矶一家颇有名望的艺术陈列馆专门为莱伯曼举办了一次画展。此时，已年过百岁的莱伯曼笔直地站在入口处，笑容满面，迎接参加开幕仪式的来宾，许多有名的收藏家、评论家和新闻记者全都慕名而来。作品中表现出来的活力，赢得了许多观众的赞赏。

老人在展后接受采访时意兴盎然地说："我不说我有101岁的年纪，而是说有101年的成熟。我要借此机会向那些自认为上了年纪的人表明，这不是生活暮年，不要总去想还能活到哪年，而要想还能做什么，着手做点自己喜欢的事，这才是生活。"

亨利·梭罗曾经说："我从没找到过这样一个伙伴，他能像这一小时那样长期地陪伴着我。"生命的质量是以所做的事而不是以人度过的光阴来衡量，生活中每天抽出一点时间来做自己喜欢做的事，能使心灵更美，生活更有情趣，生命也更有意义。

做自己喜欢做的事

励志大师卡耐基曾经说："对自己的工作感兴趣，可以将你的思想从忧虑中移开，最后，还可能带来晋升和加薪。即使不能这样，也可以把疲乏减至最低，并帮助你享受自己的闲暇时光。"兴趣是最好的老师，快乐的秘诀，就是要做自己喜欢做的事。做自己喜欢做的事，能够让自己充满热情，使自己更加充实，增进生命整体的品质。只有饱含热情、心情愉快地工作，才不会有疲惫感，才会乐此不疲。愉快、欢笑可以解除紧张与疲劳。

有人说工作实在是很辛苦，但当你全神贯注于自己喜欢的工作时，你会感到那是在享受，而不是在受苦。如果能够对工作保持热忱的态度，能够微笑面对自己从事的一切，那工作和休闲还有什么区别呢？爱迪生整天没日没夜地在实验室工作，有人问他天天这样工作累不累，谁知他颇为惊讶地说："我这辈子一天都没有工作过！""压力之父"塞叶博士曾经说，尽管他每天从早晨五点工作到深夜，但他认为自己这辈子从未做过一件工作，自己整天都在"游玩"。因为对他而言，从事自己喜欢的研究就是游戏。布洛斯说："大部分人甚至无法想象，做自己真正喜爱的工作会有多快乐。一个人如果有一份投合兴趣的工作，有可以让他全心投入的职业，他生命中的力量便可找到充分的出口而发挥作用。这样的人是幸福的。"

兴趣不仅可以让人感到工作的快乐，减轻疲惫感，兴趣也是事业成功的助推剂。人生快乐莫过于在工作上取得成就，而最大的快乐莫过于在自己喜欢的工作上取得成就。当一个人为自己感兴趣的事情而付出，而不顾一切时，他获得成功的机会更大。从来没有听说过一个人在自己不喜欢的领域作出什么惊天动地的成绩来。正如华德·迪士尼所说："一个人除非做自己喜欢的事，否则就很难有所成就，要想快乐也就更难。"

美国内华达州的一所中学曾经在入学考试时出过这样一道题目：比尔·盖茨的办公桌上有五只带锁的抽屉，里面分别装着财富、兴趣、幸福、荣誉、成功。比尔·盖茨总是只带一把钥匙，而把其他的四把锁在抽屉里，请问他每次只带哪一把钥匙？其他的四把锁在哪一只或哪几只抽屉里面？有一位聪明的同学在美国麦迪逊中学的网页上面看到了比尔·盖茨给该校的回信，信上写着这样一句话："在你最感兴趣的事物上，隐藏着你人生的秘密"。无疑，这便是问题的正确答案。

做自己喜欢做的事，能使人忘却悲哀和劳累，获得平和充实的幸福感；做自己喜欢做的事，是迈入成功殿堂的捷径，是疲劳的减压阀。

会休闲才有好心情

生活在都市里的人们，要学会利用假期去放松自己，去消除一身的疲劳，恢复体力和精神，以应对上班以后新一轮的工作压力。

心理学家说：摆脱眼前的一切，挣脱例行公事的羁绊，能使你远离旧有的困境，带给你新的希望，让你的心理产生正面的前瞻，甚至让熄灭的热情重新点燃，也会让你对自己的认识更深一层。于是，等你返家的时候，会变得更快乐一些，更健康一些，应付压力时也更有效率一些。美国心理学家希柯斯博士说："你去度假的时候，就逃离了日常生活的单调性。把烦恼抛在脑后。即使你所做的，只是坐在河边看着溪水流动而已，但这却是一种极为可贵的步调变化，能让你重新充电。于是，等你回去的时候便会觉得精神更为饱满，有活力。"

有的人认为，休闲不就是去玩吗？那没有什么可学的。其实不然，王阳明曾经说过："世事洞明皆学问。"休闲也有学问，要想玩出个花样来，玩出个痛快来，就得去学。

先说休闲方式吧，现在的休闲方式五花八门，你应该耐心思考一下，自己适合哪一种，如果你是个急性子，偏去钓鱼，那岂不是自找没趣？在都市人的休闲活动中，有以下几项休闲活动最受到青睐。

钓鱼是一项培养个人耐性的休闲活动。普通的装备很简单，一根钓竿、一些鱼饵和一个水桶就可以出发了。但真要是老钓客对装备要求就高了。

学画自古就是修身养性的绝佳方式，是一种既高雅又怡情养性的活动。当今工作学习生活节奏紧张的条件下，抽出一点时间来学画写字也是一种很好的休闲活动，对心灵无疑是一种清涤。

跳舞可以陶冶性情、愉悦身心，而且也比较容易学习，适合中老年人。跳舞除了可以增强心肺功能外，还有助于健美减肥。

登山对于年轻人来讲，无疑是既理想又时尚的运动，既放松压力，又可以锻炼一个人的意志和体魄。当然，现在的老年人体格越来越棒，也有许多登山爱好者。登山时，不仅山光水色令人大饱眼福，而且清新的空气可以涤荡都市浊气，实在是妙不可言。

网球运动是深受人们喜爱而极富乐趣的一项体育活动。它既是一种消遣，一种增进健康的方式，也是一种艺术追求和享受，当然它还是一种扣人心弦的竞赛项目。打网球，文明，高雅，动作优美，每打出一次好球，都会使人感觉兴奋异常，愉快无比。

打高尔夫球也逐渐受到都市人的青睐，但由于消费过于高昂，被人们称为贵族运动。

到农村去度假也很受欢迎。这项活动不仅轻松愉悦，而且经济便宜，一般人都能承受得起，在空气污染严重、生活节奏紧张的都市待久了，不妨到乡村去体验一下。

会休闲的人其实往往都是很出色的人，不仅仅是工作上，更重要的是他们的生活愉快度和幸福感会更大，因此，心累了，我们为什么不学会休闲呢？

保持一颗平常心

人人希望成功，但总免不了会有失败，正确对待成功与失败是一个人能够保持良好的心态、拥有幸福生活，甚至是成功的重要保证。因此，我们应当学会让自己时刻保持一颗平常心。

所谓平常之心，就是不能只要成功，而拒绝失败，害怕失败。平常之心就是要把成功、失败看得平平常常。简单讲，就是要正确对待成功与失败。成功了，不要骄傲，不要狂妄自大。失败了，也应该平静地接受。

失败也是生活的必需内容，没有失败的生活是不可能的。有失败，才说明生活是有奋斗目标的，人生才是有意义的。接受失败应该成为人们生活中一项必不可少的内容。因此，人们应该学习接受失败的训练，因为这是生活自身必备的内容，如果不接受生活中的失败，那么，就歪曲了生活的本来面目，将会受到生活的惩罚。世界上没有常胜将军，应该平静地接受生活所给予的各种困难、挫折和失败。

在45届世乒赛女子单打决赛中，王楠在先输两局的情况下，凭借自己过人的心理素质——一颗平常的心，最后三局出色地发挥了自己的战术水平，连胜三局，取得女子单打世界冠军。这充分说明心态在成功中的重要性。

有一颗平常之心，并不是不要进取之心、成功之心，而是通过平常之心，使进取之心、成功之心得到升华，得到更充分的发挥。

用一杯茶来品尝心灵的淡泊

中国人喜欢喝茶,茶是中国人的第一饮料。在明朝郑和下西洋时就把茶叶当作礼物送给途经的各国。茶叶与咖啡,是世界两大饮料。咖啡,初时尚甜,一会儿变淡、涩,甚而苦,而且还须有牛奶与糖做伴。茶则相反,无须陪衬,先涩,继而甘、醇。东西方文化之异同,也在此吧?

年轻人喜欢喝茶,因为茶比任何饮料都解渴。烈日当头,口渴难耐时,端起一碗凉茶,一饮而尽,是何等的惬意,何等的痛快!老年人喜欢喝茶,因为他们能从中品出人生的滋味,茶能让他们回忆起往昔的酸甜苦辣。

茶如人生,闻之则香味扑鼻,入口则是苦的,但仔细品味,却又有一股香甜之气从口至舌,至喉,至嗓,久久萦绕。

茶有红茶、绿茶、花茶之分。绿茶消热解暑,适宜夏季饮用;红茶清香浓郁,养气清肺,适宜冬季饮用;花茶爽心,适宜于春秋天饮用。此外,中国名茶如云,知名的有西湖龙井、信阳毛尖、碧罗春等。

巴利说:"人生像一杯茶,若一饮而尽,会提早见到杯底。"所以喝茶重在品,如能品出茶的种类便高出一般,如能品出茶的出处更是不凡,最是不凡者能从茶的轻淡厚重中品出茶出自何人之手,是年轻的小姑娘,还是年过半百的长者。饮茶重在那份情趣。泡一壶淡茶,静坐看山,或独步寻芳,慢慢揭开悠长的寂静。喝着茶,对着山,对着树,对着雾,春去也,秋去也,冬去也,连太阳的血色也褪尽了,品着苦涩后的香醇,蓦然抬头,似乎从中体味出了人生的真正内涵。

喝茶又不能太过于讲究。日本人喝茶讲究茶道,据说完整的茶会有三段十八步,什么"沐淋瓯杯",什么"茶海慈航",什么"杯里观色",等等,不一而足。中国人喝茶不太讲究,紫砂壶也可,瓷壶也行,玻璃杯可以,大粗碗照样,中国才是真正懂得茶的国家。喝茶不能为茶所困,太过讲究,反而被束缚。

一部《茶经》,洋洋洒洒:什么茶用什么水,什么水用什么壶,什么壶用什么火……详细得让日本人叫绝,但只有饱食终日的士大夫之流,才能斯斯文文参照实施,一般平民百姓,谁能去讲"扬子江中水,云峰顶上茶"?

茶是一缕清风,令人安静悠闲;茶是一种情调,一种欲语还休的沉默,一种欲笑还颦的忧伤;茶是一眼清泉,能洗去生活中的烦恼与悲苦。喝茶,喝的是一种心境,感觉身心被净化,喝下去的是清苦,沉淀下的是深思;喝茶,重在品味,但又不要太过拘泥,人人心中有菩提,只要能够喝出"采菊东篱下,悠然见南山",便是得到了茶的真味。

会做人

让每一天都充满书的影子

记不清哪位先贤说过:"人生善读书,享世间清福。"书是人类的良师益友,是人类心灵空间的展现,是人类进步的阶梯。

书籍是人类知识的记载。书最基本、最重要的作用自然是能让人增加智慧与才干,让人学会改造自然、改造自己的本领。

古人认为"万般皆下品,唯有读书高",他们读书大多为了应仕,而现代人除了从书中获取知识外,还把读书当做一种消遣和休闲方式。因为书可以让人陶冶情操,又可以让人忘掉一切烦恼与不快。古人云:"古今世家无非积德,天下第一人品还是读书",又说"为善最乐,读书最佳",可见读书是人生乐趣的最高境界。

书籍是人类的精神食粮,是人类的航标灯,在我们困惑糊涂时指点迷津,在我们迷茫危急时解除烦恼,在我们空虚无聊时充实大脑。孟德斯鸠说:"爱好读书,就能把无聊的时刻变成喜悦的时刻。"

笛卡尔曾经说过:"读好书就像是和过去最优秀的人交谈一样。"工作中当我们遇到不顺心的事时,不妨找本自己喜欢的书,专心去读,去和书中的主人公对话,向他们诉说你的苦楚与无奈;生活中当我们寂寞难耐时,不妨伴着雨声,打开一本书。

喜好读书是好习惯,然而喜读书还要善读书,善读书还要善用书。读书要有所选择,漫无目标,无书不读的人,他们的知识很难精湛。读书无选择,便只能当一个书架,你放上什么书,它便容纳什么书。读书即使是抱着欣赏的态度,总也有喜欢和不喜欢的书吧!就像交友一样,有的人可以成为无所不谈的知己,而有的人则只能是泛泛之交,有的人则需敬而远之。

此外,读书贵有疑,不能完全相信书中所讲,正所谓"尽信书则不如无书"。古人有言:"读书贵能疑,疑乃可以启主。读书在有渐,渐乃克底有成。"读书既要有所获,又要有所思,有所疑,这才符合认知的过程。

善于读书的人,任何一本书对他而言就都如同一条帮他渡河的小船,既然渡过了河,就该舍弃小船,有谁会在登岸之后还拖着小船过日子啊?毕竟读书的最终目的是学会更好地做人,把生活过得更好,而不能死读书,读死书。

世间最为渊博的书籍莫过于人生,读书的最高境界便是能参悟出人生的真谛。读有字书可以让人增长学问,而读懂人生这本无字书,则可以增长智慧,可以让人快乐富有过一生。

让音乐奏响人生崛起的旋律

音乐是一门听觉艺术,是一种人类共有的语言。它来源于生活,为我们的情感服务。科学研究证明：听适合的音乐，可以优化人的性格，平稳人的情绪，提高人的修养品位，甚至有养生保健、延年益寿的神奇功效。

医学专家通过大量的研究证明，人类需要通过音乐来抒发自己的感情，并从中受益。音乐可以调节人体大脑皮层的生理机能。提高体内生物的活性，调节血液循环和活化神经细胞。另外，音乐会使人体的胃蠕动更有规律，能够促进机体新陈代谢，增强抗病能力。

在医学上有一个著名的"莫扎特效应"：当你听完一曲莫扎特之后，你的大脑活力将会增强，思维更敏捷，运动更有效，它甚至可缓解癫痫病人等患神经障碍的病人的病情。研究者证明，在IQ测试中，听莫扎特的受试者得分比其他人更高。

1975年，美国音乐界的知名人士金太尔夫人因乳腺癌缠身，身体状况每况愈下，濒临死亡的边缘。这时候，金太尔夫人的父亲不顾年迈体弱，天天坚持用钢琴为爱女弹奏乐曲。或许是充满爱心的旋律感动了上苍，两年之后奇迹出现了，金太尔夫人胜利地战胜了乳腺癌。重新康复后，她热情似火地投身于音乐疗法的活动，出任美国某癌症治疗中心音乐治疗队主任。金太尔夫人弹奏吉他，自谱、自奏、自唱，引吭高歌，帮助癌症病人振奋精神，与绝症进行顽强的拼搏。

德国科学家马泰松致力于音乐疗法几十年，在对爱好音乐的家庭进行调查后注意到，常常聆听舒缓音乐的家庭成员，大都举止文雅，性情温柔；与低沉古典音乐特别有缘的家庭成员，相互之间能够做到和睦谦让，彬彬有礼；对浪漫音乐特别钟情的家庭成员，性格表现为思想活跃，热情开朗。他由此得出结论说："旋律具有主要的意义，并且是音乐完美的最高峰。音乐之所以能给人以艺术的享受，并有益于健康，正是因为音乐有动人的旋律。"

音乐是起源于自然界中的声音，人与自然息息相关，所以音乐对人的精神、脏腑必然会产生相应的影响。音乐主要是通过乐曲本身的节奏、旋律，其次是速度、音量、音调等的不同而产生疗效的各异。在进行音乐治疗时，应根据病情诊断，在辩证配曲的原则下，选择适当的乐曲组成音疗处方。

烦恼时听听音乐，能重新燃起对生活的热情，唤起人们对美好生活的回忆和憧憬，使人心理趋于平静，心绪得到改善，精神受到陶冶。圣人孔子就非常爱听音乐，他自称是"余音绕梁，三月不知肉味"。

既然音乐有这么多用处，不妨在工作之余，茶余饭后，戴上耳机，听一曲柔美舒缓的音乐，让身心在优美动听的节奏中彻底放松。

水墨丹青蕴藏着快乐的源泉

生活中不如意者常十之八九，人生道路上碰上点障碍在所难免，忧郁、彷徨、烦恼、悲愤可能每个人都体验过。如果你喜欢，可以寄情于水墨丹青，让这些充满灵性的艺术瑰宝去抚慰你那伤痛的心。

"琴书诗画，达士以之养性灵"，寄情于水墨丹青之中，沉浸于那洒满墨香的氛围之中，笔走神龙，气韵畅通，你的心胸会顿觉舒畅，感受艺术的同时也是更好地感受生命。

世界织布业巨头之一威尔福莱特·康，尽管事业非常忙碌，在他为事业奋斗了大半辈子时，他总感觉到自己生活中缺了点什么东西，于是他选择了绘画，每天从百忙中抽出一个小时来安心画画，不仅事业取得了辉煌的成就，而且在绘画上也得到了不菲的回报——多次成功举办个人画展。威尔福莱特·康在谈起自己的成功时说："过去我很想画画，但从未学过油画，我从不敢相信自己花了力气会有很大的收获。可我还是决定学油画，无论作多大的牺牲，每天一定要抽出一小时来画画。"

威尔福莱特·康为了保证这一小时不受干扰，唯一的办法就是每天早晨五点前就起床，一直画到吃早饭。威尔福莱特·康后来回忆说："其实那并不算苦，一旦我决定每天在这一小时里学画，每天清晨这个时候，怎么也不想再睡了。"他把楼顶改为画室，几年来他从未放过早晨的这一小时，而时间给他的报酬也是惊人的。他的油画大量在画展上出现，还多次举办了个人画展，其中有几百幅画被人以高价买走了。他把这一小时作画所得的全部收入作为奖学金，专供给那些搞艺术的优秀学生。"捐赠这点钱算不了什么，那只是我的一半收获。从画画中我所获得的启迪和愉悦才是我最大的收获！"

绘画不仅可以愉悦人心，陶冶性情，还可以治病疗伤。

美国有一位画家做过这样一个实验：他特地为一位癌症患者画了一幅《天上飞来的希望》的画。每当患者凝视这幅画时，那只正在波涛汹涌的大海上展翅高飞的海鸥便会使他心中升起信心和希望。医生曾断言说他活不过两年，可自从他试着每天去欣赏这幅画后，他的病竟然慢慢好转。

无独有偶。另一个以画治病的故事更有趣。据传南北朝时鄱阳郡王爷被齐明帝所杀后，其王妃悲痛欲绝，整日茶饭不思，终于一病不起。试过了各种妙方，尝遍了天下良药，仍不见好转，最后，其兄请来一位画师为鄱阳郡王爷作了一幅画像。画师深知王妃之病为相思病，经过一番冥想之后，便作好一幅画密封后转交给王妃，并让人转告她说，有人曾偷画王爷像，要王妃派亲信以高价赎取。亲信取回后，王妃展开一看，当即勃然大怒，从病床上一跃而起，大声骂道："这个老色鬼，早该千刀万剐！"

原来，画上画的是郡王爷生前和一宠妾在镜前调情的丑态。可说也奇怪，王妃的病竟然从此日渐好转，最后竟然奇迹般康复。

作画可以让人沉浸，抛烦恼于脑后，观画可以让人宠辱皆忘，愉悦身心，获得一个美好心境。

在现代快节奏的生活中，不妨在家中挂上几幅清丽典雅的字画，在闲暇之余细细品味，可让人赏心悦目，获得一份清净，于身心健康十分有利。

人生低谷借酒解忧又何妨

酒，在中国，有很长的历史。酒，始终和人生有不解之缘。曹操最有名的一首诗就跟酒和人生有关："对酒当歌，人生几何；譬如朝露，去日苦多！"

在古代，酒最大的用途就是浇愁。古时战乱不断，人们整日为生存颠沛流离，生活的忙碌，使人们越发感觉到生命的短暂和不可确定；这种感觉在平时是无法宣泄出来的，只有在酒酣之后，才会在高歌中流露。所以说，酒，实际是开启人心灵之门的一把钥匙，这在千古都是一样的。

没有酒，便没有李白怒骂权贵的狂傲诗篇，没有酒，便没有杜甫那"慨当以慷，忧思难忘；何以解忧，唯有杜康！"的千古绝唱。其实现代人比古人更是忙碌，只不过现代人更懂得压抑，懂得控制自己的感情，不会像曹操一样挥洒着对人生的感慨罢了。

此外，古人还以酒会友，"竹林七贤"个个都是酒鬼，也是酒友。最疯狂的大约要数刘伶。他出去，常携一壶酒，乘一鹿车，鹿车上放着锹，如果他醉死，人们便可以就地把他埋了。七贤的时代，人生的志向无法得以实现，外在的压力把每个人都封锁起来。平庸的人无奈地认可了人生，平淡地生活下去，直至萎靡死亡；超俗的人把郁闷宣泄成为任诞，成了"狂"，然而他们也不知道这"狂"的尽头会是什么。

刘伶的境界折射出压力下人生的不可把握："结果"是无法预料的，人们能做的只是尽享眼前的欢乐！这，大约也正是"原野人"的心情吧！宣泄，其实并没有什么原因，只是生命的压力太重；宣泄，其实也不为什么结果，因为狂放的背后，常常是更大的无奈。

任何的痛苦都会有一个根源：平凡的人想拥有不平凡的未来，不凡的人又怀念平凡的过去，这种"围城"式的期待，也许便是人生一切苦恼的症结所在。理想与现实，永远不可能真正地统一。

这种苦恼，缠绕着古往今来的每一个人，这也正是从古至今，人们都借酒浇愁的原因。

当你为某事而烦恼的时候，不妨热上一壶小酒，或是来上一瓶啤酒，或独酌，或对饮，让酒来浇灭心中的怒气，排解心中的不快。有人说借酒浇愁愁更愁，其实不然，喝酒以后的愁，是一种释放，是淤积于心的苦闷的宣泄，而宣泄以后则会大彻大悟。

任何事情都讲究个度，喝酒也不例外，要适可而止，不能贪杯，更不能喝后寻衅滋事，否则便会适得其反，真的是愁上添愁了。

◆◆ 做人的智慧 ◆◆

富兰克林·费尔德说过这么一句话："成功与失败的分水岭可以用这么五个字来表达——我没有时间。"当你面对着沉重的工作任务，感到精神与心情特别压抑的时候，不妨抽一点时间出去散心、休息，直至感到心情已经比较轻松后，再回到工作面前来，这时你会发现自己的工作效率特别高。俗话说"磨刀不误砍柴工"，讲的正是这个道理。

附录一
李嘉诚做人之道

宽人严己始长远

作为华人首富,李嘉诚一直认为做生意和做人是一样的道理,绝不能贪心。李嘉诚说:"绝不同意为了成功而不择手段,即使侥幸略有所得,也必不能长久,正如俗语所说——刻薄成家,理无久享。"

在香港,李嘉诚也许是走路步伐最快的人,在他80岁高龄的时候仍然健步如飞,很多年轻人都赶不上他。他的手表永远比别人调快10分钟。

1981年,李嘉诚当选"香港风云人物"时,电台记者曾问过他这样一个问题:"李先生,你今天的成功,与运气有多大关系?"李嘉诚当时的回答是,"我不能否认时势造英雄……"

运气在成功的因素中到底占有多大的比重呢?这是很多人都关心的问题。运气和机遇,看上去很像是一对孪生兄弟,往往使人分不清彼此,但是,两者是有着本质上不同的。

李嘉诚对这个问题有着清醒的认识,他承认,所谓"时势造英雄"只是一种谦虚的说法。他真正的答案是:"再坦白一点说,我在创业初期,几乎百分之百不靠运气,而是靠工作、靠辛苦、靠能力赚钱。你必须对你的工作、事业有兴趣,要全身心地投入工作。"

李嘉诚表示:"不敢说一定没有命运,但假如一件事在天时、地利、人和等方面皆相背时,那肯定不会成功。若我们贸然去做,至失败时便埋怨命运,这是不对的。"

至今,李嘉诚已工作六十多年了。六十多年间,他从一无所有,发展到拥有3家上市公司,市值数千亿。他的顺与逆,折射着香港的商业史,是香港经济奇迹的见证。

自30岁起,李嘉诚就再也没有细数过自己的财富。

"1957年、1958年初是赚到很多钱,对是否快乐感到迷惘,觉得不一定。后来想明白了,事业上应该多赚钱,有机会便用钱,用到好处,这样赚钱一生才有意义。当初我打工的时候,有很大压力,尤其是最初几年,要求知,要交学费,自己节俭得不得了,还要供弟妹上中小学直至大学,颇为辛苦。做生意头几年,也只有极少的资金,的确要面对很多问题。但我想,只要勤奋,肯去求知,肯去创新,对自己节俭,对别人慷慨,对朋友讲义气,再加上自己的努力,迟早会有所成就,生活无忧。当生意更上一层楼的时候,绝不能贪心,更不能贪得无厌。"

李嘉诚说:"年轻时我表面谦虚,其实内心很骄傲。为什么骄傲呢?因为同事们去玩的时候,我去求学问;他们每天保持原状,而自己的学问日渐提高。"

那时,同事们闲下来就聚在一起打麻将,李嘉诚却捧着一本《辞海》啃,天天如此,翻得厚厚的一本《辞海》都发黑了。李嘉诚形容自己"不是求学问,我是在抢学问"。

对于李嘉诚这样的成功者而言,勤奋无疑是必备的条件。然而,世上刻苦努力的人成千上万,取得巨大成功的却只是极少数。对此,李嘉诚道出了其中的真谛:"除勤奋外,还要节俭(只是对自己,不是对别人吝啬);要建立良好的信誉和人际关系;具有判断力也是成功的重要条件,凡事要充分了解,详细研究,掌握准确资料,自然能作出适当的判断。求知是最重要的环节,今天我仍然继续学习,尽量看新兴科技、财经、政治等有关报道,每天晚上还坚持看英文电视,温习英语。"

作为一位白手起家而获得巨大成功的商人,李嘉诚的传奇一生是一部耐人寻味值得反复探究的教科书。解读李嘉诚,是一个重要的人生课题。更能让人感到魅力无穷的,不是李嘉诚的财富,而是他的成功经验,是他的经商智慧。

李嘉诚的勤勉、节俭、朴实、坦诚以及他的善待他人,为他的事业王国奠定了坚实的基础。

另外,李嘉诚信奉儒家"穷则独善其身,达则兼善天下"的处世哲学,他一贯勤俭诚信。论资财,他虽有亿万之巨,但在生活中,他依然淡泊、俭朴。他清晨喜欢去打高尔夫球,以锻炼身体。他说:"我觉得简单的生活更令人愉快。"为了节约点滴时间,他于上班途中在车上浏览当天的中外文报刊,了解国内外重大新闻,把与公司有关的内容划出记号或作出批示,到办公室及时交予秘书处理,一切工作多数在办公时间办妥。

李嘉诚常说自己是个吝啬之人,他的部下却说他"悭己不悭人"。他一片真诚对待员工,使长江厂具备了稳固的凝聚力。李嘉诚在建厂初期的条件非常艰苦,却基本没有工人跳槽。后来,长江厂遇到困难时,工人们一样同心同德,共渡难关。员工是企业的根本,善待员工,是把事业从小做大的一条基本原则。道理很简单,员工与老板相比,最大的赢家当然是老板。

虽然李嘉诚始终都是大手笔地对社会捐赠,但在日常生活中,他却是十分平淡、克勤克俭、不求奢华。

有人说,李嘉诚是世界上最俭朴的亿万富翁,他却说,"不义而富且贵,于我如浮云。"我们来听一听李嘉诚的理财秘诀吧:20岁以前,所有的钱都是靠双手勤劳换来,20~30岁之间是努力赚钱和存钱的时候,30岁以后,投资理财的重要性逐渐提高，到中年时赚的钱已经不重要，这时候反而是如何管钱比较重要。尽管李嘉诚早已成为华人富商，已是世界上屈指可数的巨富，但他并不骄奢淫逸、大肆挥霍，依然是坚持以俭养德、养廉、养身，淡泊宁静、朴实无华。他的住房仍是30年前的，每次出行仍乘民航班机。而且时刻不忘回报社会，捐助福利事业。从70年代至今，用于资助香港和内地的教育事业，兴建医院和老人院的资金他已捐出了28亿。根据他的贡献，他被评为"世纪企业家"，该荣誉是从15位对社会有巨大贡献的杰出企业家中挑选出来的，李嘉诚夺魁当之无愧，他也是当今最具影响力的国际人物之一。

　　李嘉诚认为，熬了漫长10年，到最后仅能买回一部车，离亿万富翁差远了。理财必须花费长久的时间，短时间是看不出效果的，所以奉劝各位别指望利用理财快速致富。还有必须要说的是：理财者必须清楚，理财活动是"马拉松竞赛"，不是"百米冲刺"。理财靠的不是爆发力而是——耐力。要想投资理财来发家致富，必须经过一段非常漫长的等待时期，才可以看出结果。还有就是先难后易，李嘉诚坦言：赚第二个1 000万要比第一个100万简单容易得多。有人可能会问：他是一个伟大的投资者，还是一个运气总是不错的杰出的人？对于这个问题，喜欢用长远的眼光来看待问题的人，对他的衡量最好应采用更纵深的坐标系，因为几个特定的年代与对应的历史背景已经说明了一切。

附录二
为人处世能力测试

1. 目的与功能
本工具对人们的为人处世能力进行调查,以帮助被调查者发现自己为人处世能力的优势,今后继续发扬下去。同时找出在建立良好的人际关系过程中的不足,不断地加以改进,努力改善目前的交际局面,争取成为一个人人都接受和欢迎的人,把自己融入大众之中。

2. 适用对象
本工具适用于所有想要了解自己为人处世能力的人员。

3. 使用说明
本为人处世能力测验共包括24道题目,请仔细阅读题目,从A、B、C、D四个选项中选择一个最符合自己的实际情况的答案。

4. 测验题目

题号	题目	答案
1	你用了一整天时间把房间打扫得干干净净,爱人下班回家却责备你没做晚饭,你将 A. 带着怒气去烧饭 B. 大骂爱人自私,要爱人自己去做 C. 气得不吃不喝 D. 向爱人耐心解释,提议一起下馆子吃	
2	与同事各方面都合不来,你将 A. 尽量凑合 B. 故意与同事吵架,逼迫领导解决问题 C. 以小报告的形式要求领导调走他 D. 尽量谅解对方,或者向领导说明真实情况,等待机会解决问题	

续表

题号	题　目	答案
3	有朋友向你借你还从未使用过的新网球拍,你将 A.虽然给了他,但心里很不满意 B.脸色变得难看,语气变得难听,逼朋友改口 C.谎称给了别人 D.告诉朋友待自己检查了质量后再借给他	
4	朋友向你借的几十元钱好长时间一直没有还,你将 A.和他断绝来往 B.旁敲侧击提醒他曾借钱一事 C.也向他借几十元,就是不还给他 D.好像没这回事一样	
5	你因公处理某件事的结果,要么得罪好友甲,要么得罪好友乙,你将 A.宁可丢掉工作也不因这件事而得罪他们 B.秘密处理完,不让他们知道 C.事后再告诉被得罪的朋友 D.先向他们解释清楚事情的性质,待他们谅解后再处理	
6	你的合理化建议被领导否定了,你将 A.同领导吵一架后,再调到别的单位去 B.通过消极怠工的方式发泄心中的不满情绪 C.越级反映问题,争取上级领导的支持 D.仍然认真工作,寻找适当时机向领导陈述自己的看法	
7	你和好朋友的意见有严重的分歧,你将 A.与他断交 B.放弃自己的观点,迁就朋友,保持友谊 C.请第三者来裁决谁对谁错 D.求同存异,暂时不谈,以后再说	
8	你与同事产生了矛盾,关系特别紧张,你将 A.他不理我,我也不理他;他若理我,我也理他 B.牢记仇恨,寻机报复 C.请第三者从中调解 D.自己主动去接近对方,达成谅解,争取化解矛盾	

续表

题号	题目	答案
9	售货员向你热情介绍了所有商品,你都不满意,你将 A.买件并不急需的商品 B.指责商品质量不好 C.向售货员表示歉意,说自己拿不定主意,回去让朋友自己来买 D.若无其事地说声"谢谢",然后离去	
10	有个不太熟的人经常麻烦你做一些事情,你又很忙,你将 A.尽量躲着他,让他找不到 B.直接告诉他自己很忙,没有时间帮他的忙 C.表面上敷衍他,实际上心里很着急 D.尽力帮助,实在没时间就向他说明情况	
11	你在无意中知道了别人的隐私,你将 A.虽感好奇,但尽量不传播给其他人听 B.本想忍住,实际上却会很快告诉其他人 C.其他人谈的时候,自己也附和着谈 D.根本没有想过要让其他人知道	
12	自己认为工作干得很好,领导却很不满意,你将 A.默默地听领导埋怨,将委屈埋在心里 B.觉得自己不应受埋怨,愤怒地扬长而去 C.解释客观原因,说明自己已尽了力 D.留意听取自己做得不够的地方,以后改正	
13	聚餐会上,你与同桌的多数人不相识,你将 A.显得特别紧张,左顾右盼 B.听他们谈,自己一言不发 C.与个别相识的人谈话 D.大大方方地与大家谈论	
14	你看不惯爱人特别强的虚荣心,你将 A.百依百顺,以保持亲密关系 B.若不改,就同他(她)断绝关系 C.考虑一下是否与自己有关 D.利用各种机会劝导	

续表

题号	题　目	答案
15	你在餐馆里买的菜味道实在太咸,你将 A.向周围的人大发牢骚 B.大骂厨师技术水平低 C.吃下去,发誓不再来吃第二次 D.态度自然地问服务员能否换一份;如不能,再吃下去	
16	父母老为一些小事争吵不休,你将 A.少回家,省却烦恼 B.自己调查后,觉得谁对就站在谁的一边 C.警告他们:再吵,就和他们断绝关系 D.千方百计调解他们之间的矛盾	
17	朋友来向你倾诉苦恼,而你正专注于某工作,你将 A.停止工作,全心倾听 B.露出很不耐烦的神情 C.一边应酬,一边在想自己的事情 D.向他说明实际情况,另外约定时间	
18	在周末活动的安排上,你同爱人意见很不一致,你将 A.与爱人展开辩论,迫使对方同意自己的意见 B.各度各的周末,互不干涉 C.另外商量折中的办法 D.依顺爱人的主张	
19	单位的两派领导发生对立冲突,夹在中间的你,将 A.谁更有权就倒向谁 B.明哲保身,不介入,不得罪任何一方 C.态度明确,谁正义就站在谁那一边 D.为调解他们之间的矛盾,来回奔走	
20	看电影时,邻座滔滔不绝,口若悬河,令人生厌,你将 A.希望有人出面向他们提意见 B.当场指责他们 C.让工作人员来加以制止 D.有礼貌地请他们静一点	

续表

题号	题目	答案
21	你取得了一定的成绩,别人非常嫉妒,你将 A.为了不被人嫉妒,以后再表现得平庸一些 B.跟他们大吵大闹,让他们害怕 C.不理他们,随他们去说 D.继续努力工作,多反省自己的做法,尽量照顾他人	
22	在某事上你被别人误解,你将 A.把事情强加在对方身上,进行报复 B.马上查明出处并与人对质,对他们大加指责 C.立即要求领导调查清楚事实真相 D.一笑置之,时间会证明自己的清白	
23	在新的小区,邻居都不认识,显得很生疏,你将 A.尽量不与他们交往 B.故意显示自己的身份,让大家有种敬畏感 C.看看他们对自己是什么态度之后再做决定 D.立刻跟邻居打招呼,表现出很友好的姿态	
24	在公共汽车上,你不小心踩了别人一脚,别人骂你,你将 A.只当没听见,随他骂去 B.与他对骂 C.强调踩他的理由,说对方不该怪自己 D.请他原谅,但提醒他骂人是不文明行为	

5. 结果分析

(1) 记分规则

A、B、C、D四个选项对应的分值分别是0、1、2、3分。根据答题情况计算出自己的总分。

(2) 测验分数的解释

你的得分越高,说明你的为人处世能力越强;反之,你的得分越低,说明你的为人处世能力越差。

1) 如果你的分数在54~72分之间,说明你有积极的处世态度:遇事清醒,有较强的克制能力;尊重他人,对人诚恳坦率,不喜欢虚假和装模作样。结果是人们尊重你,愿意和你交往,建立和谐互助的关系。

2）如果你的分数在36~53分之间，说明你有一定的为人处世能力：比较理智和清醒；能把不满情绪隐藏起来；可以处理人与人之间的关系。只是有时为人不够真诚坦率，大家觉得你有些虚伪，所以不能真正理解你。

3）如果你的分数在24~35分之间，说明你为人处世能力比较差：不善于待人接物；往往属于好斗型，遇到不顺心的事容易暴跳如雷，甚至粗鲁地骂人。这样你很难得到他人对你的尊重，人们往往因为厌恶和害怕而躲着你。

4）如果你的分数低于23分，说明你的处世态度非常消极：心中虽不服，但又害怕与人相争，结果是对一些有争议的事情，你都不愿意表态，希望他人去承担责任。最初当人们想了解你的时候，还会同情你，但时间久了，会觉得你很令人反感。

会 说 话

　　能说会道是社会交往的"红娘"。有人在社会上广结广交，"四海皆兄弟"；也有人与他人一见面便"话不投机半句多"，不欢而散，郁郁寡欢。人们把那些不会说话的人比喻成一台发不出声音的收音机，让人干着急。

　　能不能说话关系到事业的成败。一个能说会道的人，能使难成之事心想事成，能在紧要关头化险为夷，能在两军阵前弭息干戈，能在为人处世时左右逢源。

第一章　善于赞美
——多谈对方的得意之事

有一位心理医生在银行排队取款时，看到前面有一位老先生满面愁苦。这位心理医生暗想，我要让他开朗起来。于是他一边排队一边寻找老先生的优点，终于他看到，老先生虽驼背哈腰，却长着一头漂亮的头发，于是当这位老先生办完事情走到心理医生面前时，心理医生衷心地赞道："先生，您的头发真漂亮！"老先生一向以一头漂亮的头发而自豪，听到心理医生的赞美非常高兴，顿时面容开朗起来，挺了挺腰，道谢后哼着歌走开了。一句简单的赞美给别人带来了好处。这是一件多么值得高兴的事情。

每一个人都希望受到周围人的称赞,希望自己的真正价值被认可,尤其是希望得到朋友的认可。虽然处在极小的天地里,仍然认为自己是小天地里的重要人物。对于肉麻的奉承、巴结会感到恶心,然而却渴望对方发自内心的赞扬。鉴于此,我们不妨遵守"黄金原则":"希望朋友对我们如何,我们就对他们如何。"——发自内心地称赞他。

林肯曾经说过:"人人都喜欢受人称赞。"威廉·詹姆士也说过:"人本质中最殷切的需求是渴望被肯定。"爱听赞美的话是人类的天性,人人都喜欢正面刺激,而不喜欢负面刺激。如果在人际交往中人人都乐于赞扬他人,善于夸奖他人的长处,那么,人际间的愉快度将会大大增加。

每个人都渴望被赞美

曹雪芹在《红楼梦》里写了这样一段话:

史湘云、薛宝钗劝贾宝玉去做官,贾宝玉大为反感,对着史湘云和薛宝钗赞美林黛玉说:"林姑娘从来没有说过这些混账话!要是她说这些混账话,我早和她生分了。"

凑巧这时黛玉正来到窗外,无意中听到贾宝玉说自己的好话,不觉又惊又喜,又悲又叹。结果宝、黛两人互诉心声,感情大增。

因为在林黛玉看来,宝玉在湘云、宝钗、自己三人中只赞美自己,而且不知道自己会听到,这种话是难得的。倘若宝玉当着黛玉的面说这番话,好猜疑、好使小性子的林黛玉恐怕还会说宝玉打趣她或想讨好她。

我们平常的谈话实际上有大半是闲聊。那种品质恶劣的人总是以议论人及诽谤人为中心,仿佛这个世界上人人都不行,只有他最行,或者通过指责别人的不是来抬高自己。他没有真本事去表现自己,只有借助于挑别人的短处来提高自己身价,这样的人令人齿冷。

做人做事有这样一条规则:判断别人时你自己也被别人判断。一个经常说别人坏话,挑别人短处,指责别人错误的人,只会让人感到其爱挑剔而难于与其相处,让人感到其品质恶劣而对其厌烦。如果你总是认为这个也不好,那个也不行,人人都有问题,那么只能说明你自己不善于与人相处,自己有问题。别人正是通过你对别人的判断,来判断你的为人。

喜欢听赞美的话是人的一种天性。有位企业家说:"人都是活在掌声中的,当下属被上司肯定、受到奖赏时,他就会更加卖力地工作。"卡耐基也曾说过:"当我们想改变别人时,为什么不用赞美来代替责备呢?纵然下属只有一点点进步,我们也应该赞美他。因为，那才能激励别人不断地改进自己。"

美国历史上第一个年薪过百万的管理人员叫史考伯，他是美国钢铁公司总经理。记者曾问他："你的老板为什么愿意一年付给你超过100万的薪金，你到底有什么本事？"史考伯回答："我对钢铁懂得并不多，我的最大本事是我能使员工鼓舞起来。而鼓舞员工的最好方法，就是赞美和鼓励。"

史考伯就是凭他会赞美人，而年薪超过100万。赞美是说话的艺术，合乎人性的法则。当来自社会、他人的赞美使其自尊心、荣誉感得到满足时，人们便会情不自禁地感到愉悦和鼓舞，并对说话者产生亲切感，这时彼此之间的心理距离就会因一句赞美而缩短、靠近，自然就为交际的成功创造了必要的条件。

多在背后赞美他人

德国历史上的"铁血宰相"俾斯麦为了拉拢一位敌视他的议员，便有计划地在别人面前说那位议员的好话。俾斯麦知道，那些人听了自己对议员说的好话后，一定会把他的话传给那位议员。后来，两人成了无话不说的朋友。

人往往喜欢听好听的话，即使明知对方讲的是奉承话，心里还是免不了会沾沾自喜，这是人性的弱点。一个人听到别人说自己的好话时，绝不会感到厌恶，除非对方说得太离谱了。作为一门学问，说好话的奥妙和魅力无穷，然而，最有效的好话还是在第三者面前说。

设想一下，若有人告诉你，某某在背后说了许多关于你的好话，你能不高兴吗？这种好话，如果是在你的面前说给你听的，或许适得其反，让你感到很虚假，或者疑心对方是否出于真心。为什么间接听来的便会觉得特别悦耳动听呢？那是因为你坚信对方在真心地赞美你。

当你直接赞美对方时，对方极可能以为那是应酬话、恭维话，目的只在于安慰自己。要是通过第三者来传达，效果便会截然不同。此时，当事者必定认为那是认真的赞美，没有半点虚假，从而真诚接受，还会对你感激不尽。

在现实中，我们往往会看到这样的现象：当父母希望孩子用功读书时，采用整天当面教训孩子的方法，还是很难获得一些效果，但是，假如孩子从别人嘴里知道父母对自己的期望和关心，父母在自己身上倾注了很多心血时，便会产生极大的动力。

卡尔上初中后，由于他父亲去世的影响，学习成绩逐渐下降。他的妈妈苏珊想方设法帮助他，但是她越是想帮儿子，儿子离她越远，不愿和她沟通。卡尔学期结束时，成绩单上显示他已经缺课95次，还有6次考试不及格。这样的成绩预示他极有可能连初中都毕不了业。苏珊想了很多办法，比如带他到学校的心理老师那里去咨询、软硬兼施、威胁、苦口婆心地劝他甚至乞求他，但是，这一切都无济于事。卡尔依然我行我素。

一天，正在上班的苏珊接到一个自称是卡尔学校的心理辅导老师的电话。老师说："我想和你谈谈卡尔缺课的情况。"

老师刚说了这一句，不知为什么，苏珊突然有一种想倾诉的冲动。于是她坦率地把自己对卡尔的爱，对他在学校里的表现所产生的无奈，她自己的苦恼和悲哀，毫无保留地统统向这个从未谋面的陌生人一吐为快。苏珊最后说："我爱儿子，我不知道该怎么办。看他那个样子，我知道他还没有长大，他是一个好孩子，只要他努力，他会学出好成绩，我相信他，我的儿子是最棒的。"

苏珊说完以后，电话那头一阵沉默。然后，那位心理辅导老师严肃地说："谢谢你抽时间和我通话。"说完便挂上电话。

卡尔的下一次成绩单出来了，苏珊高兴地看到他学习有了明显的进步。后来卡尔一跃成为班上的头几名。

一年过去了，卡尔升上了高中，在一次家长会上，老师介绍了他怎样从差生向优生的转变过程，还夸奖苏珊教子有方。

回家的路上，卡尔问苏珊："妈妈，还记得一年前那位心理辅导老师给您打的电话吗？"苏珊点了点头。

"那是我。"卡尔承认说，"我本来是想和您开个玩笑的。但是我听见了您的倾诉，心里很难过。我就想，是我伤了您的心。这使我很震惊。那时候我才意识到，爸爸去世了，您多不容易啊！我必须努力，再也不能让您为我操心了，我下定决心，一定要让您为有我这个儿子而骄傲。"

卡尔的一席话，使苏珊的心里顿时充满了温暖。

请多多和孩子沟通与交流，让彼此的心灵不再遥远。如果你对孩子有什么看法和建议，不妨找个机会开诚布公地谈一谈。

又如，当下属的人，平时上司在自己面前说了很多勉励的话，但还是没有多大感触，但当有一天从第三者的口中听到了上司对自己的赞赏后，深受感动，从此更加努力工作，以报答上司对自己的"知遇"之恩。

多在第三者面前说一个人的好话，是使你与那个人关系融洽的最有效的方法。假如有一位陌生人对你说："某某朋友经常对我说，你是位很了不起的人！"相信你感动的心情会油然而生。那么，我们要想让对方感到愉悦，就更应该采取这种在背后说人好话的策略。因为这种赞美比起一个魁梧的男人当面对你说"先生，我是你的崇拜者"更让人舒坦，更容易让人相信它的真实性。这种方法不仅能使对方愉悦，更具有表现出真实感的优点。

赞美他人，照亮自己

在生活的世界里，有很多人和事值得我们去赞美，去讴歌，去为之心动神怡。攀华山绝壁，观泰山日出，踏天山的雪，听东海的涛，使我们忘却千山万水，踏破铁鞋，一睹无恨。即使对于那些平凡的事物，我们也要在"那么一刻"发出惊人的感叹：嫩芽爬出枝头，春天来啦！或者白雪茫茫，不觉吟诵"只识弯弓射大雕"，豪迈的情调也会由此而生。

赞美他人，是一件使人与人之间感情融洽的、于人于己有益无害的事情。真诚地、恰当地赞美他人，则好似增强人与人之间友谊的润滑剂，使自己容易被人接受。如果我们与人交往时易被人接受，易使人亲近，这无疑会给我们增添许多信心，使我们更大胆地说话，更有勇气参加社交活动。所以，从某种意义上说，能够得体、中肯地赞美他人，也会增添我们说话的信心和魅力。

每个人都值得我们花时间去认识、去接受和赞美。环顾你的周围，你就会发现除了某些共有的缺点之外，每个人都拥有一些别人所没有或不能拥有的优点：小王是把钱看重了一点，但他富有正义感；小李文化不高，但言谈比一些大学生还要有礼；小张不会跳舞，但歌唱得非常好……也许在我们的办公室中，我们的同事就有一些我们想学学不到、想模仿模仿不了的优点：他成天快活，我则是一脸苦相；她口齿伶俐，而我呆嘴笨舌。

我们生活在重负的时代里——物质上、生活环境上都决定了我们不可能有太多的享受：想长生不老，不行；想上月球旅行，也只有那么几个人可以。然而我们不要苦了自己，要创造个人的幸福；而要创造幸福，就要求我们用一种赞美的态度去欣赏我们周围的人和事物。当你认为这个人可爱时，大胆一点，说一声："你好漂亮啊！"

"赞美"这种东西，不是出自我们的口，而是出自我们的内心世界。一个对生活绝望，不抱理想的人，对周围人和事物的态度不可能持乐观和赞美的观点，有的只是冷酷和愤世嫉俗。

当然，我们也不要忘记了一种例外。这就是那些对生活持消极态度和愤世嫉俗的人，在某种场合，也会说一些赞美的话。《老山羊和狼》的故事，相信大家都读过；为了达成一笔大交易，那些守财奴也会把你拉到歌舞厅，拍着你的肩膀夸你"真有本事"。

对于一些有经验的人，颇能分辨出真假赞美之词，因为他们具有洞悉心灵的本领。而对于那些缺乏经验的人，便不具备这种才能，这也使他们因为听了不实的赞美之词而昏昏然，铸成大错。

但是一个靠以口头赞美别人为生的人，在这个社会是难以被大家接受的。经常性地把说赞美之词当饭吃的人，到头来学无长进，亲友疏远，夫妻反目，还是要害自己的。因此，在赞美人家的时候，别忘了你的内心一定要真诚。

赞美既然是发自内心，那么作为赞美者，自己的内心必然要受到震撼，人格得到升华，对美的体验也便强烈一些；而作为被赞美者，便知道自己的长处，并继而追求至善至美。

特别是在丑恶、争斗和不正之风盛行的环境里，对美的人、物的赞美便构成了一种支持、一种无形的力量。它使我们更易于发现真善美。

在实际生活中，赞美帮助我们赢得了朋友。我们所拥有的众多朋友，都是因为我们在内心深处赞美他们、接受他们而获得的，因为这些朋友都在这方面或那方面拥有我们没有的优点。我们赞美他们，他们也赞美我们，彼此之间的距离也就缩短了。我们并不要求他们与我们有相同的文化、相同的成长背景、相同的专业爱好。我们只求他们其中的一点，或诚实可靠、或处事稳健、或富于幽默感，就足以"使我惭愧、促我自新"了。

赞美别人照亮了我们的生活，也创造了我们和谐的工作环境。在很多人眼里，持"同事是敌人"的观点的恐怕不少，因而对于周围的人取得的成绩，爱嫉妒、爱贬低或喜欢从侧面去找岔子。有位大学生在刚参加工作的时候也是这样：某一年评"先进工作者"没有他的名，虽然他从业务素质到实干精神自己都认为不错。第一天他为此而伤脑筋睡不着觉，甚至想起了被评上的那位同事的几个不足：备课笔记是用了好几年的，在上课时与学生乱开玩笑。他真想破门而出，让大家都知道要评他该多好！可是他转而想了一下自己的不足，又认为采取另一种方式会更好：大家都是同事，共事的时间还很长，不要为这种小事而破坏了关系。第二天他便向被评上者表示祝贺。他对别人给以赞美的态度使他一下子解脱了出来，而且他们的友情也从此开始了。其实，在很多同事或朋友之间，这种和谐的气氛就是通过互相赞美而产生的。

赞美可以缩短人与人之间的距离，为我们赢得友情和坚强的团体；然而赞美的最大好处还在于使被赞美者获得提高。你赞美一个人勇敢的时候，这个人会变得更加勇敢；你赞美一个人正直的时候，这个人会变得更加正直。

赞美的六个前提条件

赞美是一门艺术，合理的赞美有六个前提条件。

1. 要有根有据，不能言不由衷或言过其实

赞美要有根有据，如果言不由衷或言过其实，对方就会怀疑赞美者的真实目的。

清代的左宗棠平素喜欢牛，认为牛能任重道远，他甚至把自己看做是牵牛星降世。他曾经在自己的后花园开凿水池，左右各列着一个石人，一个似牛郎，一个似织女，并且在旁边立着石牛，隐喻自负之意。

左宗棠身体肥胖，大腹便便。他曾经在茶余饭后捧着自己的肚子说："将军不负腹，腹亦不负将军。"一天，他捧着自己的肚子问手下人："你们知道我这腹中装的是什么东西吗？"有的说是满腹文章，有的说是满腹经纶，有的说腹中有十万甲兵，有的干脆说腹中包罗万象。左宗棠听了后连说："否，否！"忽然有位小校出来大声说："将军之腹，装满了马绊筋。"左宗棠听了拍案大加赞赏说："是，是！"小校因此而受到提拔。

湖南人叫牛吃的草为"马绊筋"。小校的回答正是抓住了左宗棠的心境，与他的夙志相符，所以受到左宗棠的赞赏。

2. 要雪中送炭，不要锦上添花

最有效的赞美不是"锦上添花"，而是"雪中送炭"。最需要赞美的不是那些早已扬名天下的人，而是那些自卑感很强的人，尤其是那些被压抑、自信心不足或总受批评的人。他们一旦被人真诚地赞美，就有可能使尊严复苏，自尊心、自信心倍增，精神面貌从此焕然一新。

在19世纪初期，伦敦有位年轻人想当一名作家。他好像什么事都不顺利。他几乎有4年的时间没上学。他的父亲因无法偿还债务，被迫入狱，而这位年轻人还时常遭受饥饿之苦。最后，他找到一份工作，在一个老鼠横行的货仓里贴鞋油底的标签，晚上在一间阴森寂静的房子里，和另外两个男孩一起睡。就在这个货仓里，他写稿寄出去，可是一个接一个的稿件被退回，最后有一位编辑承认并夸奖了他，由于这句夸奖，使他受到了极大的激励，眼泪流到了他的双颊。这个男孩的名字叫查尔斯·狄更斯。

假如不是那位编辑的夸奖，狄更斯很可能永远成不了作家，更不用说成为世界著名作家。这就是妙语激励的神奇效果。

3. 内容要具体，不能含糊其辞

赞美要具体，不能含糊其辞。含糊其辞的赞美可能会使对方混乱、窘迫，甚至紧张。赞美越具体，说明你对他越了解，从而拉近人际关系。

克莱斯勒公司为罗斯福总统制造了一辆汽车，因为他下肢瘫痪，不能使用普通的小汽车。工程师把汽车送到了白宫，总统立刻对它表示了极大的兴趣。他说："我觉得不可思议，你只要按按钮，车子就开起来，驾驶毫不费力，真妙。"他的朋友和同事们也在一旁欣赏汽车。总统当着大家的面夸奖："我真感谢你们花费时间和精力研制了这辆车，这是件了不起的事。"总统接着欣赏了散热器、特制后视镜、钟、车灯等，换句话说，他注意并提到了每一个细节，他知道工人为这些细节花费了不少心思。总统坚持让他的夫人、劳工部长和他的秘书注意这些装置。

这种具体化的赞美让人感觉到真心实意。

4. 要恰如其分，不能掺一点水分

恰如其分就是避免空泛、含混、夸大，而要具体、确切。赞美不一定非得是大事，即使是别人一个很小的优点或长处，只要能给予恰如其分的赞美，同样能收到好的效果。

一次会议上，何处长在总结工作中提到发表文章比较多的小杨时表扬道："小杨同志肯动脑子，好钻研，近来成果很多，发表了7篇文章，其他年轻同志要向他学习，搞些成果出来。"话音未落，就有一位年轻的部下插话说："水平不能以文章来定，文章的好坏不能以发表的多少来定。发表文章多并不一定说水平高，可能是文字垃圾多。有的人一辈子就发表一篇或几篇文章，影响却很大，难道说水平低吗？"处长被问了个瞠目结舌，结果弄得谁都很扫兴。

这位处长的尴尬不在于他没有根据，而是有据却无理。他的表扬经不起推敲，有水分，太夸张，所以其他人心里不痛快，把他的赞美给堵了回去。

5. 要把握时机，不要拖延

赞美别人要善于把握时机，因为赏不逾时。一旦发现别人有值得赞美的地方，马上要发掘出表扬的道理当众表扬他，不要拖拉，也不必要积累到一起再找时机表扬。因为当其他人看到某人的成绩或优点时，嫉妒心可能萌发，为寻求心理平衡可能会找到攻击其的理由，所以赞美"留到以后再说"，难度可能更大。

有一次，曾国藩召集诸将议论军务，他先发言道："诸位都知道，洪秀全是从长江上游东下而占据江宁的，现湖北、江西均为我收复，江宁之上，仅存皖省，若皖省克复，江宁则早晚必成孤城。"此时，一向沉默寡言的李续宾从曾国藩的话中意识到了下一步的用兵重点，就试探着插话问道："大帅的意思是要进兵安徽？""对！"曾国藩见李续宾听出了自己话中的真意，便以赏识的口气说："续宾说得不错，看来你平日对此已有思考。为将者，踏营攻寨算路程等尚在其次，重要的是胸有全局，规划宏远，这才是大将之才。续宾在这点上，比诸位要略胜一筹。"其他将领也连连点头，认为曾国藩说得不错。

曾国藩是很善于赞扬别人的，他听完李续宾的发问后，立即抓住时机，准确及时地给予大力赞扬。这在李续宾听来无疑是增强了自信心；在其他人听来，也仿佛接受了一次教导。一次准确及时的赞扬，产生了两个好的结果。

6. 要真心诚意，不能虚伪

有的人在赞扬别人时，只想着树立自己个人的威信，收买人心，实际上并没有表现出欣赏的诚意，无论是被表扬者，还是其他人都像被猴耍一般，这样的赞美根本不起作用。所以赞美要表示出真心诚意。

北魏太武帝拓跋焘欣赏崔浩的才能，聘他为顾问，并鼓励他集思广益、敢于进谏。在一次宫廷酒宴上，太武帝对着群臣发自内心地称赞身边的崔浩说："你们看他纤瘦懦弱，手不弯弓持矛，但他胸中所怀的却远远超过甲兵之勇。朕开始时虽有征讨之意，但思虑犹豫不能决断，最后克敌制胜，都是他引导我走到今天这一步的。"话中充满诚意。

富兰克林说："诚实是最好的政策。"聪明的领导在表扬下属时，最好的方法就是要真诚。太武帝对崔浩的赞美没有半点虚伪，坦诚之情历历可见。

赞美的四大方式

赞美是欣赏，是感谢，给人的喜悦是无可比拟的。一副冷漠的面孔和一张缺乏热情的嘴是最使人失望的。怎样赞美呢？主要有以下四种方式。

1. 直接式赞美

赞美他人最常见的方式就是直接赞美。特别是上级对下级、老师对学生、长辈对晚辈。它的特点是及时、直接。

被誉为"近代物理学之父"的爱因斯坦平日酷爱音乐，喜欢弹钢琴，擅长拉小提琴。有一年,他应邀对比利时访问,比利时国王和王后都是他的朋友,王后也是一个音乐迷,会拉小提琴。他和王后在一起合奏弦乐四重奏,合作得非常成功。爱因斯坦对王后说:"您演奏得太好了!说真的,您完全可以不要'王后'这个职业。"听了爱因斯坦的赞美,王后为此兴奋了好一阵。

2. 间接式赞美

在日常生活中,如果我们想赞美一个人,不便对他当面说出或没有机会向他说出时,可以在他的朋友或同事面前,适时地赞美一番。这样收到的效果会更好。

南北战争开始时,北方联军连吃败仗。后来林肯大胆启用了一位将军——格兰特。他出身平民,衣着不整,言语粗俗,行为莽撞,有人还说他是个酒鬼。林肯心里明白,所有对他的传言都是夸大之辞……后来,竟然有人要求林肯撤掉格兰特的军职,其理由是说他喝酒太多。林肯则不以为然,他赞扬格兰特说:"格兰特总是打胜仗,要是我知道他喝的是哪种酒,我一定要把那种酒送给别的将军喝。"格兰特没有辜负林肯的信任,为结束南北战争立下了赫赫战功,证明他的确是一位能力卓越的将军。后来,他竟成为美国第十八任总统。

3. 意外式赞美

出乎意料的赞美,会令人惊喜。

丈夫工作一天后回家,见妻子已摆好了饭菜,称赞妻子几句;老师见学生把教室打扫得干干净净,夸奖一番。在妻子与学生看来是应该的,却得到赞美,心情是无比愉悦的。

有时,赞美的内容出乎对方意料,也会引起对方的好感。卡耐基在《人性的弱点》中写了一个他曾经历过的故事:一天,他去邮局寄挂号信,办事员服务态度很差。当卡耐基把信件递给她称重时,他说:"真希望我也有你这样美丽的头发。"闻听此言,办事员惊讶地看看卡耐基,接着脸上露出微笑,服务变得热情多了。

4. 激情式赞美

人,总是喜欢被赞美的,无论是咿呀学语的孩子,还是白发苍苍的老翁。因为人任何时候都有一种被人肯定、被人赞美的强烈愿望。恋人之间尤其需要赞美。赞美既是获取爱情的催熟剂,又是缓和矛盾的润滑剂,还是保持感情的稳定剂。

情人眼里出西施。在拿破仑眼中,他的妻子约瑟芬是天下最有魅力的女人,他用尽了一切华美的、无与伦比的词语去赞美她。拿破仑在行军中给约瑟芬写信说:"我从没想到过任何别的女人,在我看来,她们都没有风度,不美,不机敏!你,只有你能够吸引我,你占有了我整个心灵。"他有一次甚至在约瑟芬耳边以哀求的语气说:"啊!我祈求你,让我看看你的缺点;请不要那么漂亮、那么优雅、那么温柔和那么善良吧;尤其是再不要哭泣;你的泪水卷走了我的理智,点燃了我的血液。"

对于心爱的人,拿破仑无法掩饰自己的赞美之情,这种激情式赞美使约瑟芬十分的受用和满足。

赞美的五种效果

赞美的效果表现在以下五个方面。

1. 能缓和矛盾

人与人相处，产生矛盾在所难免，夫妻也不例外。对此，一旦有了纷争，即使认为自己一方在理，也要避免过分的数落、指责。这时候，最好的方式是使用调侃、幽默的言语，浇灭对方的怒气，达到释疑解纷的效果。

有一位妻子虚荣心重，当夫妻商量出席友人婚礼时，她缠着丈夫要买一顶昂贵的花帽。此时正值这对夫妻闹经济危机，丈夫自然不肯答应花这笔钱。争吵中，妻子赌气说："人家小方和小刘的爱人多大方，早就给自己的夫人买了这种花帽，哪像你，小气鬼！"丈夫不愿争论，只是故意夸张地说："可是，她俩有你这样漂亮吗？我敢说，她们若有你这样美，根本就不用买帽子打扮了，是吗？"妻子一听丈夫的赞语，不觉转怒为笑，一场争吵也随之平息了。

2. 能催人奋进

人得到赞美，其喜悦心情固然无可比拟，但更重要的是赞美所产生的力量总是巨大的。它能够激发人的积极性和创造性，增添人们克服困难的勇气，甚至使人创造出种种奇迹来。

有甲乙两猎人，各猎得两只野兔。甲的女人看见冷冷地说："只打到了两只吗？"甲猎人心中不悦，"你以为很容易打到吗？"他心里如此埋怨着。第二天他故意空手回家，让她知道打猎是不容易的事情。乙猎人所遇则恰好相反。他的女人看见他带回了两只野兔，就欢天喜地地说："你竟打了两只吗？"乙听了心中喜悦，"两只算得什么！"他高兴得有点骄傲地回答他的女人。第二天，他打回了四只！

从一天打回两只野兔，到一天打回四只野兔，这种效果就体现出赞美的魅力。

3. 能给人力量

一位女孩迷上了小提琴，每晚在家拉个不停，家里人不堪这种"锯床腿"的干扰，每每向小女孩求饶。女孩一气之下跑到一处幽静的树林，独自演奏。奏完一曲，突然听到一位老妇的赞许声，老人继而说："我的耳朵聋了，什么也听不见，只是感觉你拉得不错！"于是，女孩每天清晨来这里为老人拉琴。每奏完一曲，老人都连声赞叹："谢谢，拉得真不错！"终于有一天，女孩的家人发现，女孩拉琴早已不是"锯床腿"了，便惊奇地问她是否有什么名师指点。这时，女孩才知道，树林中那位老妇是著名的器乐教授，而她的耳朵竟然从未聋过！一位优秀的小提琴手就这样诞生了，是赞美给了她力量！

4. 能遂己心愿

有一位美国的老妇人向史蒂夫·哈维推销保险。她带来了一份全年的哈维主编的杂志《希尔的黄金定律》，滔滔不绝地向他谈她读杂志的感受，赞誉他"所从事的，是当今世界上任何人都比不上的最美好的工作"。她的迷人的谈话将主编迷惑了75分钟，直到访问的最后5分钟，才巧妙地介绍自己所推销的保险的长处。就这样，老妇人成交了指定购买的保险金额5倍的保险业务。

5. 能摆脱纠缠

有一位白领女性，相貌出众，在某家公司负责产品销售策划。一次下班后，公司经理主动邀请她："小姐，晚上陪我吃夜宵好吗？"她不得不按时赴约。见面后，经理喜出望外，情意绵绵。两人边吃边谈，女子竭力向经理劝酒，滔滔不绝地向他介绍公司的发展计划，并不时赞美经理，称他是一位有修养、有气质、讲信用、受人尊敬的现代企业家。经理颇为得意，故作谦虚道："你过奖了。"最后两人共舞一曲而告终。临别时经理握住女子的手，郑重地说："你是个自尊自爱的女子！我心里会永远记得你这完美的女孩形象。"

多谈对方的得意之事

人总是喜欢被赞美的。现实生活中，无论是与朋友还是客户交谈，不妨多谈谈对方的得意之事，这样容易赢得对方的认同。如果赞美的恰到好处，他肯定会高兴，并对你有好感。

美国著名的柯达公司创始人伊斯曼，捐赠巨款在罗彻斯特建造一座音乐堂、一座纪念馆和一座戏院。为承接这批建筑物内的坐椅，许多制造商展开了激烈的竞争。但是，找伊斯曼谈生意的商人无不乘兴而来，败兴而归，一无所获。正是在这样的情况下，"优美座位公司"的经理亚当森，前来会见伊斯曼，希望能够得到这笔价值9万美元的生意。

伊斯曼的秘书在引见亚当森前，就对亚当森说："我知道您急于想得到这批订货，但我现在可以告诉您，如果您占用了伊斯曼先生5分钟以上的时间，您就完了。他是一位很严厉的大忙人，所以您进去后要快快地讲。"亚当森微笑着点头称是。

亚当森被引进伊斯曼的办公室后，看见伊斯曼正埋头于桌上的一堆文件，于是静静地站在那里仔细地打量起这间办公室来。

过了一会儿，伊斯曼抬起头来，发现了亚当森，便问道："先生有何见教？"

秘书把亚当森作了简单的介绍后，便退了出去。这时，亚当森没有谈生意，而是说："伊斯曼先生，在我等您的时候，我仔细地观察了您这间办公室。我本人长期从事室内的木工装修，但从来没见过装修得这么精致的办公室。"

伊斯曼回答说："哎呀！您提醒了我差不多忘记了的事情。这间办公室是我亲自设计的，当初刚建好的时候，我喜欢极了。但是后来一忙，一连几个星期我都没有机会仔细欣赏一下这个房间。"

亚当森走到墙边，用手在木板上一擦，说："我想这是英国橡木，是不是？意大利的橡木质地不是这样的。"

"是的",伊斯曼高兴得站起身来回答说:"那是从英国进口的橡木,是我的一位专门研究室内橡木的朋友专程去英国为我订的货。"

伊斯曼心情极好,便带着亚当森仔细地参观起办公室来了。

他把办公室内所有的装饰一件件向亚当森作介绍,从木质谈到比例,又从比例扯到颜色,从手艺谈到价格,然后又详细介绍了他设计的经过。

此时,亚当森微笑着聆听,饶有兴致。他看到伊斯曼谈兴正浓,便好奇地询问起他的经历。伊斯曼便向他讲述了自己苦难的青少年时代的生活,母子俩如何在贫困中挣扎的情景,自己发明柯达相机的经过,以及自己打算为社会所作的巨额的捐赠……

亚当森由衷地赞扬他的功德心。

本来秘书警告过亚当森,谈话不要超过5分钟。结果,亚当森和伊斯曼谈了一个小时,又一个小时,一直谈到中午。

最后伊斯曼对亚当森说:"上次我在日本买了几张椅子,放在我家的走廊里,由于日晒,都脱了漆。昨天我上街买了油漆,打算由我自己把它们重新漆好。您有兴趣看看我的油漆表演吗?好了,到我家里和我一起吃午饭,再看看我的手艺。"

午饭以后,伊斯曼便动手,把椅子一一漆好,并深感自豪。直到亚当森告别的时候,两人都未谈及生意。

最后,亚当森不但得到了大批的订单,而且和伊斯曼结下了终身的友谊。

为什么伊斯曼把这笔大生意给了亚当森,而没给别人?这与亚当森的口才很有关系。如果他一进办公室就谈生意,十有八九要被赶出来。亚当森成功的诀窍,就在于他了解谈判对象。他从伊斯曼的办公室入手,巧妙地赞扬了伊斯曼的成就,谈得更多的是伊斯曼的得意之事,这样,就使伊斯曼的自尊心得到了极大的满足,把他视为知己。这笔生意当然非亚当森莫属了。

不要胡乱恭维对方

凡说赞美的话,一定要切合实际,而且要言之有物。比如到别人家里做客,与其不切实际地乱捧主人一场,不如赞美主人房间布置得别出心裁、壁上的一幅上乘之作或盆栽的精巧。若要取得他人的喜欢,我们就要尽量发现他人的兴趣并加以发挥。若主人爱狗,不妨赞美他的狗;若主人爱金鱼,则不妨说说自己如何欣赏那些鱼的美丽。赞美别人最近的工作成绩、最心爱的宠物、最费心血的设计,是比说上许多无谓虚浮的客气话更为明智。特别关心别人的某一种事物,必使人在欣喜之外还觉感激。

如果我们对别人没有清楚地研究过,就不可盲目地恭维对方。只有发自内心由衷的敬佩别人的话,才能打动别人,引起别人的好感。比如,赞美一位有名望、有地位的人,我们首先要想到,他能够成为名人,一定是在自己的工作中有特殊的贡献，而在他成名之后，恭维他工作成绩的人一定很多，积久当然也就会生厌了，若我们仍然依葫芦画瓢地用别人所用过的话来恭维他，是不会使他觉得高兴的。所以，我们的恭维若不能别出心裁，则无济于事。对这种人，最好拣工作以外的其他事情去赞美他。譬如某歌唱家喜欢在闲时写写诗，那么我们与其赞美他歌声悦耳动听，不如说他诗写得好，因为对方成名的工作，无须我们再多恭维，而其诗写得好却无人加以注意，我们若特别提及，一定会博得他无限喜悦。所以，赞美一个普通的人，可以赞美他努力了许多而无人注意的工作，尤其是他足以自慰的工作或本领。但对于一位名人，我们却要欣赏他那些不大为别人所知的，而是他自己所得意的事情。

说话要谨慎，恭维他人的话尤其如此。我们若以为恭维的话不会得罪人，可以乱说，那就大错特错了。不切实际的恭维话、言不由衷的恭维话，都很容易闹出是非。正如我们不能随便见到妇人就赞美她漂亮一样——倘若这个女人明知自己实在称不上漂亮时，心里会觉得我们是在笑话她，定会生气。女人，我们可以赞美她漂亮，或说她活泼，或说她苗条，或说她健美，或赞美她有才智，或说她幽默，或恭维她处理家务井井有条、教子有方，等等。同是女人，各有所长，虽是赞美，也要加以选择。

总之，恭维他人的话，一不能乱说，二不能不分对象用同一的说法，三不能多说。

"大家都这么认为"

不管女人多么聪明，和男人比较起来，抽象能力总是薄弱了些，这就是说，女人对于实际的东西总是比较容易理解。而所谓的"漂亮"、"可爱"，都是抽象词语，因此非但不能打动她们的心，反而会使她们提高警觉。

为了使女人易于接受你对她的赞美，不妨改以具体的言语表现，譬如："你乌黑的头发很有光泽"、"你的眼睛真是迷人"等。

一般的女性不管多美，总对自己的面貌或身材，拥有或多或少的自卑感，甚至某些就男人看来根本微不足道的问题，女人也会耿耿于怀，自卑不已。

所以，男人若以抽象的言语赞美对方，反而可能让对方误以为是在讥讽她，对你再也不予信任。同样的，对方若是个美女，你不妨直接用"你长得真像刘亦菲"来赞美她。

人们对背后的言语是敏感的，尤其是女性，背后的话，对她们的影响力更大。

如果你对一位初相识的女人说恭维话，相信她是不会认为自己真的那么好，这个时候你千万别太主观地对她说："你真漂亮哟！"而应该说："听朋友说过你很美丽可爱，今日一见果真名不虚传。"或者："早就听人说你们单位今年招了一位非常美丽的女孩，原来就是你啊！而且比想象的更美丽。"

像这样从客观的角度对她说，她反而更容易接受。而且，她会因此对你的印象特别深刻。

如果你仅仅是强调个人的看法，她是不会相信的。要使对方认为你说的是真实的，那必须在客观中包含着主观，如此，才不会怀疑你是在假恭维。

女人，与其把你对她的赞美之词说上一百次，还不如加上一句"大家都这么认为"更为有用，因为她们天生就有让别人也认同的愿望。

夸人减龄，遇货添钱

有句俗话说："夸人减龄，遇货添钱。"也是一种赞美。

1. 夸人减龄

芸芸众生每一个人都希望自己永远年轻。因此成年人对自己的年龄非常敏感。

由于成年人普遍存在怕老心理，所以"夸人减龄"就成了讨人喜欢的说话技巧。这种技巧在于把对方的年龄尽量往小处说，从而使对方觉得自己年轻，养生有术等，产生一种心理上的满足。

比如一个三十多岁的人，你说他看上去只有二十多岁，一个六十多岁的人，你说他看上去只有四五十岁，这种说法对方是不会认为你缺乏眼力，对你反感的，相反，他会对你产生好感，形成心理相容。

"夸人减龄"这种方法只适用于成年人（特别是中老年人），相反，对于幼儿、少年，用"逢人长命"（年龄往大处说）的方法效果较好，因为他们有一种渴望成长的心理。

2. 遇货添钱

货，就是购买物品。买东西是再平常不过的日常行为。在我们的心中，能用"廉价"购得"美物"，那是善于购物者所具有的特质，那是精明人的一种象征，虽然我们不会，也不可能都是精明购物者，但我们还是希望我们的购物能力得到别人的认可。

因此，当我们买了一件物品之后，如果花了50元，别人认为只需30元时，我们就会有一种失落感，觉得自己不会买东西。但当我们花了30元，别人认为需要50元时，我们则有一种兴奋感，觉得自己很会买东西。由于这种购物心态的存在，"遇货添钱"这种说话方式也就能打动人心。

比如，甲买了一套款式不错的西服，乙知道市场行情，这种衣服两三百元完全可以买下。于是乙在品评时说："这套西服不错，恐怕得六七百元吧？"甲一听笑了，高兴地说："老兄说错了，我160元就买下啦！"

这里乙的说法就很有技巧性，在他不知道甲花了多少钱买下这套衣服的情况下故意说高衣服的价格，使对方产生成就感，当然也就使得对方高兴。

遇货添钱法能讨得对方欢心，操作起来也简单，对其价格高估就行了。当然"价格高估"也需要注意，一要对物价心里有底，二不能过分高估，否则收不到好的效果。

◆◆**说话的智慧**◆◆

你要知道，每个人都喜欢来自别人的赞美。只要赞美适时、适度，不仅可以消除人与人之间的隔阂，增进彼此的情意，更重要的是能让你在交际场上大受欢迎。

要记住：不要吝惜你的赞美，要及时地把赞美送给别人。

第二章 幽默风趣
——寓庄于谐的语言酵母

1965年9月25日下午，中外记者云集北京人民大会堂。因为我国打破过去不举行记者招待会的先例，首次举行了大规模的记者招待会。陈毅面带笑容，步履轻快地走进会场，记者们全体起立，热烈鼓掌。

提问开始了。日本记者问及国共合作，陈毅意味深长地说："我们欢迎李宗仁参加这个合作。我们也欢迎蒋介石、蒋经国能像李先生这样参加这个合作，欢迎台湾的任何人和集团回到祖国怀抱，参加这个合作。"

有记者打听我国发展核武器的情况，企望陈毅能有所披露。陈毅笑答："中国已经爆炸了两颗原子弹，我知道，你也知道。第三颗原子弹可能也要爆炸，何时爆炸，你们等着看公报好了。"

记者们大笑，他们钦佩陈毅的机智严密、妙语谐趣。

在另一次中外记者招待会上，一位西方国家的新闻记者提出这样一个问题："最近，中国打下了美制U-2型高空侦察机，请问，是用的什么武器？是导弹吗？"

对于这个涉及国防机密的问题，陈毅并没有用"无可奉告"顶回去，而是风趣幽默地举起双手在空中做了一个动作，然后有几分俏皮地说："记者先生，我们是用竹竿把它捅下来的呀！"一句话引起一阵哄堂大笑。

林语堂先生说:"幽默是一种人生态度。"在生活中,无论是文人雅士还是寻常百姓,无论是亲朋好友还是邻里夫妻之间,幽默的话语几乎无处不在,它已成为一种健康的文化和艺术,是人际交往的调节剂。

幽默是一个人智慧的外现。在不愉快的气氛笼罩下,幽默的言语可以显露一个人的机智、聪敏。

幽默的四大类型

幽默是人的能力、意志、个性、兴趣的综合体现,它是社交的调料。有了幽默,社交可以让人觉得醇香扑鼻,隽永甜美。它是引力强大的磁石,有了幽默的社交,便会把一颗颗散乱的心吸入它的磁场,让别人脸上绽开欢乐的笑容。它是智慧的火花,是智慧者灵感勃发的光辉;它是高级的逗笑品,有时使你捧腹大笑,有时能引起莞尔微笑。

就品种而言,幽默和笑一样丰富多彩,它有善意的、冷酷的、友好的、悲伤的、感人的、攻击性的、不动声色的、含沙射影的、不怀好意的、嘲弄的、挑逗的、和风细雨的、天真烂漫的、妙趣横生的,等等。这里不论揶揄也好,嘲笑也好,充满同情怜悯也好,纯属荒诞古怪也好,其意趣必须是从内心涌出,更甚于从头脑涌出的。只有这样,它才以一种生动感、生命感,标志出超卓的心智心力,抖展开心灵的温暖与光辉。

不同的人对幽默有各自的欣赏眼光:幽默可以分为以下几种类型。

1. 哲理性幽默

对哲学、宗教等方面有嗜好的人常会如此。他们往往能对自身弱势进行嘲笑。对这类幽默感兴趣的人并不是自虐狂,而是具有一种能坦率地承认并欣赏自己的弱点,并能超越它们的开阔胸怀,是一种令人感到和蔼可亲的谦卑。

请看下面这则妙语:

大学生请一位著名的经济学家给衰退、萧条、恐慌等词下个定义。

"这不难。"专家回答,"'衰退'时人们需要把腰带束紧。'萧条'时就很难买到扎裤子用的皮带。当人们没有裤子时,'恐慌'就开始了。"

2. 荒诞式幽默

这是以一种出乎意料的独特方式摆脱理性而产生的完美的"蠢话"。这种幽默绝不会来自傻瓜的头脑,而是高度智慧的结晶。喜欢这种类型的人理性思维较发达,追求精神的自由奔放。

有一次,英国作家狄更斯正在钓鱼,一个陌生人走到他跟前问:"先生,您钓鱼?"

"是的,"狄更斯毫不迟疑地回答,"今天,我钓了半天,没见一条鱼;可是在昨天,也是在这个地方,却钓起了15条鱼!"

"是吗?"陌生人问,"那您知道我是谁吗?我是专门巡检偷偷钓鱼的,这带湖口禁止钓鱼!"

说着,那陌生人从口袋里掏出一本罚单,要记下名字罚狄更斯的款。见此情景,狄更斯忙反问道:"那么,你知道我是谁吗?"

当那陌生人还在惊讶迷惑之际,狄更斯直言不讳地说:"我是作家狄更斯,你不能罚我的款,因为虚构故事是我的职业。"

3. 社会讽刺小品

这是对社会风气、对人性某些灰暗面的嘲讽。酷爱这类小品的人是在以一种半超然半冷漠的态度对待世界。这种幽默的欣赏者往往以一种更开阔的视野,即所谓"上帝的眼光"来看待自己与人类自身,成为自己与人类命运自由而超然的观察者。

1717年,伏尔泰因为讥讽摄政王奥尔良公爵,被囚禁在巴士底狱11个月之久。出狱后,吃够了苦头的哲学家知道此人冒犯不得,便去请他宽宏大量,不计前嫌。摄政王深知伏尔泰的影响,也急于同他化干戈为玉帛。于是两人都讲了许多恰到好处的抱歉之辞。最后伏尔泰再一次表示感谢说:"陛下,您真是助人为乐,为我解决了这么长时间的食宿问题,我衷心地再次向您表示感谢。可今后,您就不必再为这件事替我操心啦。"

4. 插科打诨式的"胡言乱语"

这是轻松的自我娱乐。对于那些刚开始体会推理之味、对世事涉足不深的年轻人来说,可能对此会兴趣盎然。

马克·吐温一天在美国里士满城抱怨自己的头痛。当地的一个人却对他说:"这可能是你在里士满城吃的食品和呼吸空气的缘故,再也没有比里士满城更卫生的城市了,我们的死亡率现在降低到每天一个人了。"

马克·吐温立即对那人说:"请你马上到报馆去一趟,看看今天该死的那个人死了没有?"

幽默形式和品种异彩纷呈,百花争妍,表明人类的幽默艺术经久不衰,生命力旺盛。当我们为它的奇光异彩所吸引时,应该看到:一如世上绝大多数事物一样,幽默也有不同品格,有的高贵文雅,启人心智;有的低级庸俗,贻害青年。对发挥幽默力量者而言,理性的判断透视是必要的。

幽默的五大作用

英国哲学家培根曾经说过:"善谈者必善幽默。"

幽默风趣的谈吐,无论是在日常生活中,还是在重大的社交场合,都是离不开的。说话的幽默是指我们在谈吐中，利用语言条件，对事物表现诙谐、风趣的情趣。幽默的谈话不仅能吸引听者的注意力，而且还能与听者建立起亲密的关系。要是你的话能使听者情不自禁地笑了起来，就表明听者已完全进入了与你的思想交流之中。所以人们说幽默的谈吐是口才的标志之一。

英国有一位美貌风流的女演员，曾写信向萧伯纳求婚，并表示她不嫌萧伯纳年迈丑陋。她在信里写道："咱们的后代有你的智慧和我的外貌，那一定是十全十美的了。"

萧伯纳给她回了一封信，说她的想象很美妙，"可是，假如生下的孩子外貌像我，而智慧又像你，那又该怎样呢？"

萧伯纳这位大师，把深邃的哲理寓于幽默的谈吐之中。可以这么说，在生活中，谁都喜欢跟那些谈吐幽默、机智风趣的人交谈，而口才好的人，差不多都有这样诙谐的语言，具有极强的幽默感。

英国作家哈兹里特曾把幽默在谈吐中的作用，比作是炒菜中的调味品，这是很恰当的。它说明：幽默在谈话中是绝不可缺少的。尽管你的说话有许多实在的内容，假如没有幽默，就没有味道，也缺少魅力，然而幽默能使听者对你的说话感兴趣，但它并非食物，因此很少能从根本上改变听者的态度。所以，我们对幽默的作用，既不要小看，也不宜估计过高。

幽默在谈吐中的作用是很多的，主要可以分为以下五个方面。

1. 调节气氛，缩短距离

善说者一席幽默的话语，往往既活跃了气氛，又把与听者之间的距离缩短。因此，无数事例可以证明，风趣幽默是说者和听者建立融洽关系的有效途径与手段。

在20世纪50年代的思想改造运动中，曾发生过这样一件事。由于某些基层干部作风粗暴，致使一位老教授投河自杀（由于及时发现，被人救了起来）。陈毅知道后，把有关干部叫去狠狠地进行了批评，要他们主动去赔礼道歉。后来，在一次有这位老教授参加的高级知识分子大会上，陈毅说："我说你呀，真是读书一世，糊涂一时，共产党搞思想改造，难道是为了把你们整死吗？我们不过想帮大家卸下包袱，和工农群众一道前进，你为啥偏要和龙王爷打交道，不肯和我陈毅交朋友呢？你要投河也该打个电话给我，咱们再商量商量嘛！当然啦，这件事主要怪基层干部不懂政策，也怪我陈毅教育不够……"

陈毅这一席话，活跃了气氛，增强了语言的亲切感，使其中所含的批评与自我批评显得那么自然得体，易于被人接受。

2. 摆脱困境，消除尴尬

幽默的谈吐常常能使局促、尴尬的场面变得轻松和缓，使双方摆脱困境，也消除了尴尬。

马克·吐温有一次去某小城。临行前，别人告诉他，那里的蚊子特别厉害。到了那个小城，正当他在旅店登记房间时，一只蚊子正好在马克·吐温面前盘旋。那个职员面露尴尬之色，忙驱赶蚊子。

马克·吐温却满不在乎地对职员说："贵地的蚊子比传说中的不知聪明多少倍。

它竟会预先看好我的房间号码,以便夜晚光顾,饱餐一顿。"

大家听了不禁哈哈大笑。结果这一夜马克·吐温睡得十分香甜。原来,旅馆的职员听了马克·吐温的讲话,全体职工一齐出动,想方设法不让这位博得众人喜爱的作家被"聪明的蚊子"叮咬。

3. 揭露缺点,进行批评教育

幽默采用影射、讽刺的手法,机智、灵活、巧妙地揭露他人的缺点,善意地进行批评,使人难以发怒,在笑声中接受教育。

一次,伟大的生物学家达尔文被邀赴宴。宴会上,他恰好和一位年轻美貌的女士并排坐在一起。

"达尔文先生",坐在旁边的女士带着戏谑的口吻向科学家提出疑问,"听说你断言,人类是由猴子变来的,我也属于您的论断之列吗?"

"那当然!"达尔文彬彬有礼地答道。

"我像猴子吗?"女士带点嘲弄地说。

"不过,您不是由普通的猴子变来的,而是由长得非常漂亮的猴子变来的。"

在这里,达尔文机智、巧妙地揭露了这位美貌女士的无知和自命不凡,善意地进行了批评。

4. 评判是非,领悟哲理

幽默在说话中将人的智慧和语言技巧巧妙地结合起来,揭示出事物的深刻含义,富有哲理,含不尽之意于言外,使人在含笑中评判是非,领悟哲理,增长智慧。

一位年轻的画家拜访德国著名的画家阿道夫·门采尔,向他诉苦说:"我真不明白,为什么我画一幅画只用一会儿工夫,可卖出去却要整整一年。"

"请倒过来试试吧,亲爱的。"门采尔认真地说,"要是你花一年的工夫去画它,那么只用一天,就准能卖掉它。"

门采尔的幽默话语,的确含不尽之意于言外,使人在含笑中评判是非,增长智慧。

5. 宽松精神,感受美感

有人说:"没有幽默的语言是一篇公文,没有幽默感的人是一尊塑像。"这话是很有见地的。当今社会高效率、快节奏、信息量大,这样必然会使人的大脑容易产生疲劳。如果我们的生活多点笑声,多点幽默,就会消除人们的烦躁心理,保持情绪的平衡。说话,在某种程度上,具有一定的娱乐性。它不应该让人感到紧张、费力,而应给人一种舒适轻松之感。

有个大财主定了个规矩:庄稼人遇到他,都得敬礼,否则便要挨鞭子。

一天,阿凡提经过这里,碰上了大财主。

"你为什么不向我敬礼,穷小子!"大财主怒不可遏。

"我为什么要向你敬礼?"

"我最有钱。有钱就有势,穷小子,你得向我敬礼,否则我就抽你。"

阿凡提站着不动。

围观的人越来越多，大财主有点心虚，便压低声对阿凡提说："这样吧，我口袋里有一百块钱。我给你五十块，你就向我敬个礼吧！"

阿凡提慢慢悠悠地把钱装进兜里，说："现在你有五十块钱，我也有五十块钱，凭什么非要向你行礼不可呢？"

周围的人大笑起来，大财主又气又急，一下子把剩下的五十块也抽了出来："听着，如果你听我的，那我就把这五十块钱也送给你！"

阿凡提又把这五十块钱收下，接着严肃地说："好吧，现在我有一百块，你却一分钱也没有了。有钱就有势，向我行礼吧！"

大财主目瞪口呆。

阿凡提的故事虽然带有寓言的色彩，但他的话语的确逗人，给人以美的享受。

幽默的三大力量

与世界上所有的力量一样，幽默的力量也不是万能的，可是，幽默的力量对你的生活确有实实在在的帮助。它帮助你以新的眼光看待周围的环境和个人的生活，帮助你正视并恰当地估计和应付那些困扰你的难题，帮助你同他人的关系充满温暖与和谐，帮助你把许多的不可能变为可能……

1. 帮你取得成功

获得工作上的成就和事业上的成功要具备很多条件，但幽默有助于你改善与他人的关系，促使你成功，则是一个不争的事实。

年轻有为的美国福特汽车公司总裁亨利，通过一系列的变革和创新，使每月亏损900万美元的公司一举扭转了被动的局面。有人针对他在改革过程中也做过一些错事而问他，"如果让你从头做起又将如何？"亨利爽朗地答道："我看不会有什么非同寻常的作为，人们都是在错误和失败中学到成功的，因此要我从头再来的话，我只能犯一些不同的错误。"

亨利幽默的语言，显示出他的坦率和诚恳，这也是他事业成功的重要原因之一。

2. 助你排忧解难

幽默，最重要的是帮助我们解除工作中的紧张状态，帮助解决生活中的难题。

在一个大城市的市郊，有一个颇具规模的化工厂。这个厂终年生产一种化学产品，从烟囱里冒出了大量的烟和灰尘，使临近的几家企业饱受烟和灰尘之苦。在一次化工厂加班生产的时候，隔壁一家工厂的厂长半开玩笑地说："他们生产这么忙，如何处理这些烟和灰尘呢？"化工厂的厂长也半开玩笑地说："我们打算将烟筒加高二分之一，与此同时，我还将向包装厂定制一个特大的塑料袋，并用直升机把袋子吊到烟囱的上空罩下来。"两位厂长各带幽默的话语，使他们互相取得了谅解，一道哈哈大笑起来，紧张的心情便渐渐地舒展开来了。

3. 替你减轻痛苦

以轻松的态度面对自己，以严肃的态度面对人生。如果反其道为之，我们就有烦恼了。不成熟的个性常常在于视自己为人际交往中的核心，而成熟则伴随着视自己和群体有合适的关系。

有一个人患了盲肠炎，医生为之开刀，盲肠被割去了。患者痊愈后，小腹仍时时作痛，经检查，原来是医生把手术剪刀留在里面了，于是重新开刀。事后，病人仍感腹中气胀，经检查，原来是纱布又遗忘在腹中了，遂又开刀。于是，病人对医生说："你还不如在我的肚子上装个拉链更方便！"

要化痛苦为幽默，关键在于进入一种假定的没有痛苦的境界。做到了这一点，一切不相干的东西会因一点相关而突然变得一致了。

笑一笑，十年少

我国有一句谚语"笑一笑，十年少"。可见，笑对于人类有益无害。幽默，作为笑的媒介，会引起人们发笑。

如有一篇名为《挤车的诀窍》的讽刺小品，写得风趣又不浅薄，让我们来欣赏其中精彩的片断：

尽管车辆增加，修建地铁，扩展环行路……可哪里赶得上人生的快！于是，上、下班乘车，就成了一门"学问"。

先说上车，车来时，上策为"抢位"——犹如球场上的"抢点"。精确计算位置，车门停在身边，可收"先据要津"之利，当然，必须顶住！此中诀窍：上身倾向来车方向，稳住下盘，千万莫被随车涌来的人流冲走（好在你身后还有助力之人）。中策则为"贴边"。外行正对车门，拥来晃去，枉费心力。尤其是北京不同于外地，哈尔滨上车是"能者为王"，上海人多少顾及颜面，但动辄大呼小叫，使你无心恋战。北京人又要讲点风格，又要赶紧上车，车门前便非好去处。你是否注意过：售票员洗车，从来无须擦车门两旁——那里全被精明的挤车人蹭得一干二净了！贴住边，扮出一副泰然自若的样子，一点一点把"无根基"者拱开，只要一抓住车门，你就赢了。下策呢，可称"挂搭"。一般人，见车门内外龇牙咧嘴之惨状，早已退避三舍了。司机呢，只要车门关不上，也不敢贸然开车。这时，你将足尖嵌入车门（万勿先进脑袋），而后紧靠门边，往里"鼓拥"，自可奏效……

看到这段话，凡挤过车的人都要捧腹大笑的。作者观察仔细，对各地的风情了解得清清楚楚，使人阅读如入其境，遣词造句既得体又幽默风趣，使人既了解北京挤车之难，又能以轻松的心境对待之，消除忧患，实在是十分巧妙。

多数人都感觉到年龄渐长等问题，也是难以解脱的烦恼，看看应怎样以幽默来对待这个难题：

著名演说家罗伯特说："我争取在最年轻的时候死去。"他不论在私下还是在公共场合，都把年龄看得很轻，以一颗年轻并富有趣味的心而出名。因此，在他70岁生日那天，他还签了一个为期5年的演讲合同。

幽默就是这样，让人心胸开阔，延年益寿。

谁说中国人不懂幽默

中华民族的幽默，是源远流长的。

早在百家争鸣的春秋时期，各国的宫廷已有用优之风，贵族们自养以"滑稽调笑"为业的艺人。如《史记·滑稽列传》所载"优孟谏楚庄王贱人而贵马"，用"归谬法"使楚王觉察了"寡人之过"。优孟还建议楚王以"厚礼""葬"马，送"葬"送进人肚肠。优孟的戏谑之言，是十分诙谐可笑的。关于先秦的这些记载，给后世留下了深远的影响。

1. 《诗经》中的幽默

我国第一部诗歌总集《诗经》，幽默可见于不少讽刺诗和情诗。

例如《邶风·新台》一诗，就是揭露和讽刺当时卫宣公的一桩丑闻的。卫宣公打算为他的儿子娶齐国的一个名叫宣姜的女子为妻。后来，卫宣公听说那女子非常漂亮，便在河上筑了一座华丽的新台，把齐女宣姜中途拦截，占为自己的老婆。卫国人民写诗讽刺这件丑事。全诗分三章，其尾章是这样的：

渔网之设，鸿则离之。燕婉之求，得此戚施。

诗歌假借齐女的口吻，进行讽刺。说张起网本为捕鱼，但哪知却遇到一个癞蛤蟆；本想求得一个如意郎君，谁知竟嫁了一个丑老公。形象的比喻，嬉笑怒骂，剥下了统治者卫宣公的面皮，又达到幽默讽刺的效果。

2. 《笑林》中的幽默

魏晋时期，哲学重新解放，思想非常活跃，幽默再度兴起。我国出现了笑话专集《笑林》，为三国魏人邯郸淳所撰。如：

汉世有人，年老无子，家富，性俭啬。恶衣蔬食，侵晨而起，侵夜而息，管理产业，聚敛无厌，而不敢自用。或人从之求乞者，不得已而入内，取钱十，自堂而出，随步辄减，比至于外，才余半在。闭目以授乞者。寻复嘱云："我倾家赡君，慎勿他说，复相效而来。"老人俄老，田宅没官，货财充于内帑矣。

这一短小的笑话，嘲笑剥削阶级的吝啬，富有民间笑话机智辛辣的风格。这些笑话开后世诙谐文字之先，有的故事具有一定的社会意义。

3. 《世语新说》中的幽默

南朝刘义庆所撰的《世说新语》，内容记录汉魏至东晋名人文士之逸事言谈，全书收录语录一千余则，多为清谈家言谈应对之言语片断。如《雅量》中有这样一则：

顾和始为扬州从事，月旦当朝，未入顷，停车州门外。周侯诣丞相，历和车边,和觅虱夷然不动。周既过,反还,指顾心曰:"此中何所有?"顾搏虱如故,徐应曰:"此中最是难测地。"周侯既入,语丞相曰:"卿州吏有一令仆才。"

《世说新语》用大量的篇幅记载名士们奇特的兴致和玄妙的清谈,是我们研究"魏晋风流"的重要资料。这些名士标榜"雅量"、"豪爽",讲究"容止"、"识鉴",就连"任诞"、"简傲"也成了一种清高的美誉。这种所谓的雅量大度,其实是很可笑的。

到了明代,幽默突破了"礼"制的牢笼和"理"学的束缚,异常蓬勃地生长,造成了中国幽默史上又一个重要的时期。王利器先生辑录《历代笑话集》,其内容是颇为丰富的,由魏至清,共1 850则,可以佐证时代兴趣之浓厚。

4.《西游记》中的幽默

明代吴承恩的《西游记》通过幻想的神话世界,用虚构、夸张的艺术手法,描写了猴王孙悟空大闹天宫地府和协助唐僧取经,荡妖除怪的故事。孙悟空神通广大,具有正义感和反抗斗争精神。玉皇大帝、龙王或阎王,统统不在他的眼里,对"法力无边"的西方佛祖如来,也敢嘲笑一番。悟空保唐僧取经,一路受到无数妖魔阻挡,他不畏惧困难,顽强不屈,勇敢乐观,即使是受到委屈,被唐僧驱逐回花果山时,还是念念不忘唐僧去西天取经是否平安。他的乐观与开朗的性格,使他的语言动作富于幽默感,常常博得人们的笑声。

5.《红楼梦》中的幽默

我国清代古典文学名著《红楼梦》中,不乏闪耀出幽默光彩的故事,至今读来仍令人捧腹。如第四十回"史太君两宴大观园,金鸳鸯三宣牙牌令"中,由刘姥姥的幽默,引出了"群笑图",堪称是"千古之笑"。也可见,曹雪芹是工于幽默的。文中这样描述:

那刘姥姥入了座,拿起箸来,沉甸甸的不伏手……刘姥姥见了,说道:"这个叉巴子,比我们那里的铁锹还沉,哪里拿的动它。"说的众人都笑起来……

贾母这边说声"请",刘姥姥便站起身来,高声说道:"老刘,老刘,食量大如牛,吃一个老母猪,不抬头!"说完,却鼓着腮帮子,两眼直视,一声不语。众人先还发怔,后来一想,上上下下都一齐哈哈大笑起来。湘云撑不住,一口茶都喷出来。黛玉笑岔了气,伏着桌子只叫"嗳哟!"宝玉滚到贾母怀里,贾母笑的搂着叫"心肝",王夫人笑的用手指着凤姐儿,却说不出话来。薛姨妈也撑不住,口里的茶喷了探春一裙子。探春的茶碗都合在迎春身上。惜春离了座位,拉着他奶母,叫"揉揉肠子"。地下无一个不弯腰屈背,也有躲出去蹲着笑去的,也有忍着笑上来替姐妹换衣裳的……刘姥姥拿起箸来,只觉不听使,又道:"这里的鸡儿也俊,下的这蛋也小巧,怪俊的。我且得一个儿!"众人方住了笑,听见这话,又笑起来……

刘姥姥的坦率,她的语言风格,举止言谈,同大观园内的"规范"全然不同,是大观园一帮人见所未见,闻所未闻的,因而在大观园的姐妹们看来是谐趣的、滑稽的,所以会引起他们的兴趣,并博得她们阵阵"捧腹大笑"。

曹雪芹在《红楼梦》中,还用了相反相成的方法刻意描绘了刘姥姥式的幽默。

《红楼梦》第四十回最后，在姐妹们都对完鸳鸯的牙牌令后，便要刘姥姥对答，书中这样写道：

鸳鸯笑道："左边'四四'是个'人'。"刘姥姥听了，想了半日，说道："是个庄稼人罢！"众人哄堂笑了……鸳鸯道："中间'三四'绿配红。"刘姥姥道："大火烧了毛毛虫。"……鸳鸯笑道："右边'幺四'真好看。"刘姥姥道："一个萝卜一头蒜。"众人又笑了。鸳鸯笑道："凑成便是'一枝花'。"刘姥姥两只手比着，也要笑，却又撑住了，说道："花儿落了结了个大倭瓜。"众人听了，由不得大笑起来。

从《红楼梦》的这些精彩的幽默故事中，我们不难看出，到了清代，创造幽默和欣赏幽默的能力已得到了很大的发展。

6. 近代幽默

辛亥革命后，五四运动以科学与民主的大旗，猛烈地扫荡了封建意识形态，西方文化的传入，使东方文化蜕变更新。在这一时期，各种艺术样式都或多或少受到"渗透"和影响。散文中派生出幽默讽刺的体式"杂文"；曲艺中"笑的艺术"——相声已趋成熟；戏剧中的"喜剧"也终于成型。思想文化界也曾对"幽默"与"笑"进行了几次大讨论。以鲁迅、老舍、钱钟书为首的艺术大师们，使幽默艺术发展到了一个崭新的阶段。

例如鲁迅先生的杂文《准风月谈》、《花边文学》及三本《且介亭杂文》（即且介亭杂文》和它的二集、末编），就是在反动势力加紧压制言论自由，一些报社编辑发出呼吁，请求作者少谈政治、多谈风月的情况下，用灵活的战法，从更加广泛的题材中，从许多细小的生活现象中，用嬉笑怒骂皆成文章的笔法，来透视当时的社会生活，达到揭露黑暗的效果。

中华民族的幽默传统虽然源远流长，但同西方比较而言，并不是一个长于幽默的民族，因此，更应发扬传统，"古为今用，洋为中用"，增强我国文化的幽默品格。近年来，幽默的发展是前无古人的，新近出版的"幽默小说集"、"笑语录"等数以百计；专门性的杂志《讽刺与幽默》，报纸《杂文报》等大量发行；相声、小品、喜剧电影、漫画……赢得最广大的听众、观众与读者，更使幽默艺术达到了一个新的高峰。

幽默促推销

每个人无论在怎样的环境中生活，都会经常碰到各种各样的矛盾，有的甚至是相当棘手的难题，需要你去妥善处理。

智者的体验是：不轻松的问题，可以用轻松的方式来解决；严肃之门可以用幽默的钥匙开启。

美国俄亥俄州的著名演说家海耶斯，30年前还是一个初出茅庐、畏首畏尾的实习推销员。一次，一个老练的推销员带着他到某地推销收银机。这位推销员并没有电影明星推销员那种堂堂相貌，他身材矮小、肥胖，红彤彤的脸却充满着幽默感。

当他们走进一家小商店时，老板粗声粗声地说："我对收银机没有兴趣。"

这时，这位推销员就倚靠在柜台上，咯咯地笑了起来，仿佛他刚刚听到了一个世界上最妙的笑话。店老板直愣愣地瞧着他，不知所以。

这时，这位推销员直起身子，微笑着道歉："对不起，我忍不住要笑。你使我想起了另一家商店的老板，他跟你一样地说没有兴趣，后来却成了我们熟识的主顾。"

而后这位老练的推销员一本正经地展示他的样品，历数其优点，每当老板以比较缓和的语气表示不感兴趣时，他就笑哈哈地引出一段幽默的回想，又说某某老板在表示不感兴趣之后，结果还是买了一台新的收银机。

旁边的人都瞧着他们，海耶斯又困窘又紧张，心想他们一定会被当做傻瓜一样赶出去。可是说也奇怪，老板的态度居然转变了，想搞清楚这种收银机是否真有那么好。不一会儿，他们就把一台收银机搬进了商店，那位推销员以行家的口吻向老板说明了具体用法。结果这位推销员运用幽默的力量跨过了严肃之门，取得了成功。

幽默能使你豁达超脱，使你生气勃勃；幽默能使你具有影响力，使你打破僵局，摆脱困境；幽默是润滑剂，也是成功者的禀性。所以无论是朋友相处，还是要成为一个优秀的推销员，都应富有幽默感。

幽默的十大技法

幽默有十大技法。

1. 大词小用法

作家冯骥才访问美国，有非常友好的华人夫妇带着他们的孩子来拜访，双方交谈得投机之时，冯骥才突然发现那孩子穿着皮鞋跳到了床上。这是一件令人很不愉快的事，而孩子的父母竟然浑然不觉。此时，任何不满的言语或行为都可能导致双方的尴尬。怎样让孩子下床呢？

冯骥才很轻松地解决了，凭着他的阅历和应变的能力，他幽默地对孩子的母亲说："请您把孩子带回到地球上来。"主客双方会心一笑，事情得到圆满的解决。

在这里冯骥才只玩了个大词小用的花样，把"地板"换成了"地球"，但整个意义就大不相同了。地板是相对于墙壁、天花板、桌子、床铺而言，而地球则相对于太阳、月亮、星星等而言。"地球"这一概念，把主客双方的心灵空间融入了茫茫宇宙的背景之中。这时，孩子的鞋子和洁白的床单之间的矛盾便被孩子和地球的关系淡化了。

技法要领：所谓"大词小用"法，就是运用一些语义分量重、语义范围大的词语来表达某些细小的、次要的事情，通过所用词的本来意义与所述事物内涵之间的极大差异,造成一种词不符实、对比失调的关系,由此引出令人发笑的幽默来。

2. 戏谑调侃法

有一个人很有幽默感,而且擅长恭维。一天,他请了几位朋友到他家一聚,准备施展一下自己的专长。他临门恭候,等朋友接踵而至的时候,挨个儿问道:"你是怎么来的呀?"

第一位朋友说:"我是坐的士来的。"

"啊,华贵之至!"

第二位朋友听了,打趣道:"我是坐飞机来的!"

"啊,高超之至!"

第三位朋友眼珠一转:"我是坐火箭来的!"

"啊呀,勇敢之至!"

第四位朋友坦白地说:"我是骑自行车来的。"

"很好啊,朴素之至!"

第五位朋友羞怯地说:"我是徒步走来的。"

"太好了,走路可以锻炼身体,健康之至呀!"

第六位朋友故意出难题:"我是爬着来的!"

"哎呀,稳当之至!"

第七位朋友讥讽地说:"我是滚着来的!"

主人并不着急,说:"啊,真是周到之至啊!"

众人齐笑。

主人的戏谑幽默是纯自我保护性的,几乎无攻击性,表现了他触景生情、即兴诙谐的才智。

技法要领:"戏谑幽默"法,就是带有很强的攻击性,或表面攻击性强,其实无攻击性的幽默技巧。越是对亲近的人攻击性越强,越是对疏远的人攻击性越弱。简言之,就是开的玩笑是带有机智、哲理的玩笑,目的是增加你对对方的亲切感。

3. 歪解幽默法

歪解就是歪曲、荒诞的解释。

三位母亲自豪地谈起她们的孩子,第一位说:"我之所以相信我家小明能成为一名工程师,是因为不管我买给他什么玩具,他都把它们拆得七零八散。"

第二位说:"我为我的儿子感到骄傲。他将来一定会成为出色的律师,因为他现在总爱和别人吵架。"

第三位:"我儿子将来一定会成为一名医生,这是毫无疑问的,因为他现在体弱多病。俗话说'久病成良医'。"

读到这儿,我们都会忍俊不禁。这种幽默的力量是从哪里来的呢?很显然,是从这三位母亲滑稽的解释中得来的。如果说儿子能当上工程师是因为喜欢用积木搭桥盖房子,说儿子能当律师是因为喜欢法官的大盖帽,说儿子能当医生是因为他常玩给布娃娃打针的游戏,那就没有多少幽默可言了。这种解释是从生活的常理中来的,人们听来毫不觉得意外,所以并不可笑。而这里的三位母亲却都跳出了这些常理的框框，给这些问题找到了一个似是而非、牛头不对马嘴的解释，结果和原因之间显得那样不相称，那样荒谬，两者之间造成了巨大反差，于是形成了幽默感。

技法要领：俗话说，理儿不歪，笑话不来。"歪解幽默"法就是以一种轻松、调侃的态度，随心所欲地对一个问题进行自由自在的解释，硬将两个毫不沾边的东西捏在一起，以造成一种不和谐、不合情理、出人意料的效果，在这种因果关系的错位和情感与逻辑的矛盾之中，产生幽默的技巧。

4. 借语作桥法

英国作家理查德·萨维奇患了一场大病，幸亏医生医术高明，才使他转危为安。但欠下的医药费他却无法付清。最后医生登门催讨。

医生说："你要知道，你是欠了我一条命的，我希望有价报偿。"

"这个明白。"萨维奇说："为了报答你，我将用我的生命来偿还。"说罢，他给医生递过去两卷本《理查德·萨维奇的一生》。

作家这样说就比向对方表示拒绝或恳求缓期付款要有趣得多。其方法并不复杂，不过是接过对方的词语（生命），然后加以歪解，把"生命"变成"一生"。显然，两者在内涵上并不一致，但在概念上能挂上钩就成。

技法要领："借语作桥"法是指交谈中，一方从另一方的话语中抓住一个词语，以此为过渡的桥梁，并用它组织成自己的一句对方不愿听的话，反击对方。

作为过渡桥梁要有一个特点，那就是两头相通，且要契合自然，一头与本来的话头相通，另一头与所要引出的意思相通，并以天衣无缝为上。"借语作桥"在于接过话头以后，还要展开你想象的翅膀，敢于往脱离现实的地方想，往荒唐的、虚幻的地方想。千万别死心眼、傻乎乎，越是敢于和善于胡说八道，越是逗人喜爱。

5. 推理幽默法

有人请阿凡提去讲道。阿凡提走上讲坛，对大家说："我要跟你们讲什么，你们知道吗？"

"不，阿凡提，我们不知道。"大伙说。

"跟不知道的人我要说什么呢，还说什么呢？"

阿凡提说完，走下讲坛便离开了。

后来，阿凡提又被请来。他站到讲坛上问："喂，乡亲们！我要跟你们说什么，你们知道么？"学乖了的人们马上齐声回答："知道！"

"你们知道了，我还说什么呢？"阿凡提又走了。

当阿凡提第三次登上讲台，又把上两次的问题重复一遍后，那些自作聪明的人一半高喊："不知道！"另一半则喊："知道！"

他们满以为这下可难住阿凡提，哪知道，阿凡提笑了笑说："那么，让知道的那一半人讲给不知道的另一半人听好了！"说着扬长而去。

阿凡提的过人之处就在于他利用"知道"与"不知道"这两个不具体而虚幻的原因，从而推理出与大家希望完全相反的结果，以不变应万变，不管对方怎么变幻情况，理由也跟着变幻，而行为却一点不变。这就是"推理幽默"法使你在社交中能够超凡脱俗、潇洒自如的妙处。

技法要领:"推理幽默"法是借助片面的、偶然的因素,构成歪曲的推理。它主要是利用对方不稳定的前提或自己假定的前提,来推理引申出某种似是而非的结论和判断。它不是常理逻辑上的必然结果,而是走入歧途的带有偶然性和意外性的结果。

6. 反语幽默法

"反语幽默"法是造成含蓄和耐人寻味的幽默意境的重要语言手段之一。简言之,就是故意说反语,或正语反说,或反语正说。

《镀金时代》是美国幽默大师马克·吐温的杰作。它彻底揭露了美国政府的腐败和政客、资本家的卑鄙无耻。当记者在小说发表之后采访他,他答记者问时说:"美国国会中,有些议员是狗娘子养的。"此话一经发表,各地报刊杂志争相刊出,使美国国会议员暴怒,说他是人身攻击,正因不知哪些议员是狗娘子养的,便人人自危。所以群起鼓噪,坚决要马克·吐温澄清事实并公开道歉,否则将以中伤罪起诉,求得法律手段保护。

几天后,在《纽约时报》上,马克·吐温刊登了一则致联邦议员的"道歉启示":"日前鄙人在酒会上答记者问时发言,说'美国国会中有些议员是狗娘子养的',事后有人向我兴师问罪。我考虑再三,觉得此话不恰当,而且不符合事实。故特此登报声明,我的话修改如下:'美国国会中有些议员不是狗娘子养的。'"

这段"道歉启示",只在原话上加上一个"不"字,前边说"有些是",唯其未指出是谁,因此人人自危;后改成"有些不是",议员们都认为自己不是狗……于是,那些吵吵闹闹的议员们不再过问此事。

马克·吐温以他自己超人的智慧平息了这场风波;以反语的手法,使本来对他怀有敌意的人们谅解了他。

技法要领:"反语幽默"法就是用相反的词语表达本意,使反语和本意之间形成交叉。"反语幽默"法的技巧在于以反语语义的相互对立为前提,依靠具体语言环境的正反两种语义的联系,把相对立的双重意义辅以其他手段,如语言符号和语调等衬出,使对方由字面的含义悟及其反面的本意,从而发出会心的微笑。

7. 指鹿为马法

《史记·秦始皇本纪》记载说:

赵高想造反,害怕群臣不听使唤,因此先设法试验,拿着鹿献给二世,说:"这是一匹马。"二世笑着说:"丞相弄错了吧,怎么把鹿当做马?"赵高问众大臣,有的大臣不回答,有的说是马谄谀赵高,有的说就是鹿。赵高就把说是鹿的暗记下来,假借名义送法严办。从此以后,大臣们都畏惧赵高。

依当时的情形看,赵高"指鹿为马",是他为谋权篡位采取的卑劣手段,若站在交际的角度来说,"指鹿为马"则是一种高超的幽默艺术。

某厂,有两个工人在评价他们的厂长。

"厂长看戏怎么总是坐在前排?"

"那叫带领群众。"

"可看电影他怎么又坐中间了?"

"那叫深入群众。"

"来了客人，餐桌上为啥总有我们厂长？"

"那是代表群众。"

"可他天天坐在办公室里，车间里从不见他的身影，又怎么讲！"

"傻瓜，这都不懂，那是相信群众嘛！"

谁都明白这两位工人在心照不宣地指鹿为马，指白说黑地讽刺他们厂长的工作作风。虽然显得名实不符，却有很强的幽默感。这是为什么呢？因为幽默感并不是一种客观的科学的认识，而是一种情感的交流。情感是主观的，不是客观的，情感与科学的理性是矛盾的。科学的生命在于实事求是，而情感则不然，实事求是不一定完全表达情感。幽默的生命常常在名不副实的判断中产生。

技法要领："指鹿为马"在幽默中就是用双方心照不宣的名不符实，把白的说成黑的，从而产生反差，传达另外一层真正要表示的意思，达到幽默交流的目的。

8. 位移真义法

人们总希望自己能言善辩，能够妙语连珠、幽默诙谐地和周围的同事、朋友们交谈。或许，"位移真义"这种巧钻空子的幽默技巧能为你的谈吐增色。

在一次军事考试的面试中，主考的军官问士兵："一个漆黑的夜晚，你在外面执行任务，有人紧紧地抱住你的双臂，你该说什么？"

"亲爱的，请放开我。"报考者幽默地回答。

乍一看，我们也许会莫名其妙，可等你回过神来，恍然大悟时，一定会忍俊不禁的。"亲爱的，请放开我。"一般是情人间亲昵的用语，军官提问是想知道他的士兵怎样对付敌手，而年轻的士兵则理解或者说故意理解为恋人抱住他双臂时，他该说什么。把原心理重点"怎样对付抱住他双臂的敌手"，巧妙地移到另一个主题——"怎样对付抱住他双臂不放的情人"。这就是我们所说的"位移真义"法。

技法要领：人们说的话，往往字面意义与说话人想表达的意义并不完全一致，我们暂且称它们为表义和真义。将人们说的话的真义弃之不顾，而取其表义，是"位移真义"法的根本技巧。

9. 望文生义法

十年动乱中，有位姓张的干部在"批判会"上被诬陷为"两面派"，谁知老张淡淡一笑，答道："刚才有人说我是'两面派'，这使我十分奇怪！请看我的脸：皮肤是这样黑，颧骨是这样高，两颊是这样瘦，鼻梁是这样低，嘴唇是这样厚。双眼无神，两耳招风……"

说着他指着自己的脸，风趣地说："让革命群众一起评一评吧，如果我还有另一张脸，是什么'两面派'的话，我会用这张脸吗？"

一句俏皮话，引得听众哈哈大笑。诬陷老张的打手狼狈不堪，老张因而平安通过"批判"会。

老张这番话中，从"两面派"的表面字义来理解，明知故错地把它解释成"有两张面孔的人"，再郑重其事地"摆事实，讲道理"，证明自己并没有两张面孔。由于这一点是众所周知的事实，老张却煞有其事地去论证，刻意费力，显得滑稽可笑，十分幽默。

技法要领："望文生义"法是一种巧妙的幽默技巧。运用它，一要"望文"，即故作刻板地就字释义；二要"生义"，要使"望文"所生之"义"变异得与这个"文"通常的意义大相径庭，还要把"望文"而生的义，引向一个与原义风马牛不相及的另一个内容上，从而在强烈的不协调中形成幽默感。

10. 随机套用法

"随机套用"法就是预先熟练地掌握一些与本人工作生活有关的幽默范例，然后加以灵活套用的幽默技巧，最好能根据自己所处的环境特点即兴加以发挥。

张大千是我国现代著名的画家。他颔下留长须，讲话诙谐幽默。一天，他与友人共饮，座中谈笑话，都是嘲弄长胡子的。张大千默默不语，等大家讲完，他清了清嗓门，态度安详地也说了一个关于胡子的故事：

三国时候，关羽的儿子关兴和张飞的儿子张苞随刘备率师讨伐吴国。他们两个人为父报仇心切，都想争当先锋，这却使刘备左右为难。没办法，他只好出题说："你们比一比，各自说出自己父亲生前的功绩，谁父功大谁就当先锋。"

张苞一听，不假思索顺口说道："我父亲当年三战吕布，喝断坝桥，夜战马超，鞭打督邮，义释严颜。"

轮到关兴，他心里一急，加上口吃，半天才说了一句："我父五缕长髯……"就再也说不下去。

这时，关羽显圣，立在云端上，听了儿子这句话，气得凤眼圆睁，大声骂道："你这不孝之子，老子生前过五关斩六将之事你不讲，却在老子的胡子上做文章！"

听了这个幽默的故事，在座的无不大笑。

张大千巧妙地套用了关于胡子的幽默故事，不仅使自己摆脱了众矢之的的困境，而且也反击了友人善意的嘲弄。

技法要领：掌握一些现成的幽默的语言、轶事、故事之后，不但要做到不为所制，而且更重要的是灵活自由地套用它来说明自己的观点，解决自己面临的困境。这时，要有一种大加发挥的气魄，切忌拘谨。而在发挥时，就不仅是套用，而是创造幽默了。

◆◆说话的智慧◆◆

> 幽默的话有惠己悦人的神奇功效。在工作中，上司可能因为你的幽默口才对你大加赞赏和提拔；在爱情中，你所追求的异性可能因为你妙语连珠而对你青睐有加；在人际交往中，人们可能因为你大方得体的幽默口才而对你倍加赞赏。

第三章　耐心倾听
——人人都有说话的欲望

刘先生是一位推销员。一天，他一如往常地把芦荟精的功能、效用告诉一位陌生的顾客，对方表现出没有兴趣。当刘先生正准备向对方告辞时，突然看到阳台上摆着一盆美丽的盆栽，上面种着紫色的植物。刘先生于是请教对方说："好漂亮的盆栽啊！平常似乎很少见到。"

"确实很罕见。这种植物叫嘉德里亚，属于兰花的一种。它的美，在于那种优雅的风情。"陌生人从容地解释道。

"的确如此。会不会很贵呢？"刘先生接着问道。

"很昂贵。这盆盆栽就要800元呢？！"陌生人从容地接着说。

"什么？800元……"刘先生故作惊讶地问道。

刘先生心里想："芦荟精也是800元，大概有希望成交。"

于是慢慢把话题转入重点："每天都要浇水吗？"

"是的，每天都要很细心养育。"

"那么，这盆花也算是家中的一份子喽？"这位家庭主妇觉得刘先生真是有心人，于是开始倾囊传授所有关于兰花的学问，而刘先生也聚精会神地听。

过了一会儿，刘先生很自然地把刚才心里所想的事情提出来："太太，您这么喜欢兰花，您一定对植物很有研究，您是一个高雅的人。同时您肯定也知道植物带给人类的种种好处，带给您温馨、健康和喜悦。我们的天然食品正是从植物里提取的精华，是纯粹的绿色食品。太太，今天就当做买一盆兰花把天然食品买下来吧！"

结果对方竟爽快地答应了下来。她一边打开钱包，一边还说道："即使是我丈夫，也不愿听我唠唠叨叨讲这么多；而你却愿意听我说，甚至能够理解我这番话。希望改天再来听我谈兰花，好吗？"

雄辩是银，倾听是金。

在我们身边，经常会有这样的人，他们喜欢多说话，总是喜欢显示自己怎么样怎么样，好像他博古通今似的。这样的人，以为别人会很服他们，其实，只要有点社会阅历的人，都会不以为然。更聪明的人，或者说智慧的人知道说得多错得也就多，所以不到需要时，总是少说或者不说。当然，到了说比不说更有效时，则一定要说。

每个人都有倾诉的欲望

人人皆对自己的经历和所做的事情怀着莫大的兴趣，人们最高兴的也莫过于对他人谈论这些事情。但过分地谈论这些，会使听者失去兴趣。

比如，有的人做了一个十分有趣的梦，觉得是亲临其境，其乐无穷，结果逢人便说，不厌其烦。另外，有的人则喜欢喋喋不休地对人说一些自己以前的经历：上中学时怎样，上大学时怎样，刚参加工作时怎样，后来又怎样……如此等等。但是我们若仔细想一想，自己有兴趣的事情，别人也像我们一样有兴趣吗？那些断续破碎、稀奇古怪的梦境，除了做梦者本人，别人听来是非常沉闷的。如果听者对说话者提到的那些往事、那些人、那些地方一点也不熟悉，一点也不觉有趣，无疑他也不会与说话者产生共鸣。

凡此种种，证明人们往往对自己所经历的事情感兴趣，而对与自己毫无关系的事情觉得索然无味。所以，我们在与他人交谈时，应把握听者的这一心理。

每个人都会做梦，他对别人那种无关大局的梦不会感兴趣；每个人也都有自己的经历，他对别人那种平淡无奇、与己无关的经历也不会关心。这一事实告诉我们，在与人交谈中，尽量少谈一些人家不感兴趣的事，不要喋喋不休地谈论自己的生活、孩子、事业等，除非对方在特殊情形下的确感兴趣的时候，否则，还是以谈别的话题为佳。

同时，既然我们知道每个人最喜欢的是自己熟知的事情，那么在交谈中便可以尽量逗引别人去说他自己的事情。这是使对方高兴的最好的方法。如果我们充满了热忱去听他津津有味的叙述，一定会给对方较佳的印象。

因此，要想多交朋友，要想在交际上取得成功，自己就应该少说别人不感兴趣的话，不要只讲自己、表现自己，而是应该耐心地去听取别人的说话。

在候机大厅里，庞克正在专心读书，忽然邻座传来一位老太太的声音："我敢说芝加哥现在一定很冷。"

"大概是吧。"庞克漫不经心地答道。

"我快三年没去过芝加哥了。"老太太说,"我儿子住在那儿。"

"很好。"庞克头也不抬地说。

"我丈夫的遗体就在这飞机上。我们结婚都有五十三年了。你知道,我不开车。他去世时是一位修女开车把我从医院送出来的。我们甚至还不是教徒呢。葬礼的主持人把我送到机场。"老太太有点忧伤地说。

此时,庞克觉得自己刚才不理老太太的行为多么令人讨厌,他终于明白:身边有一个人正在渴求别人倾听她的诉说。她孤注一掷地求助于一个冷冰冰的陌生人,而这个人更感兴趣的是读书。

她所需要的只是一个听众,不要忠告、教诲、金钱、帮助、评价,甚至不需要同情,仅仅是乞求对方花上一两分钟来听她讲话。

庞克不再读书了,而是用心听老太太说话。老太太一直缓缓地讲着,直到他们上了飞机。

这看起来是那么矛盾:在一个拥有发达的通讯设备的社会里,人们却苦于无法交流,无法找到一个听众。上飞机后,老太太在机舱另一边找到了她的座位,庞克又听见老太太用带着哀愁的音调对着她的邻座说:"我敢说芝加哥现在一定很冷。"

庞克在心里祈祷:"上帝,但愿有人听她讲。"

人都会有一种倾诉的欲望,如果有人在向你喋喋不休时,耐心地倾听就是对他人最大的尊重。

乱插嘴的人令人讨厌

在社交场上,你时常可以看到你的一个朋友和另外一个不认识的人聊得起劲,此时,你可能就会有加进去的想法。

因为你不知道他们的话题是什么,而你突然加入,可能会令他们觉得不自然,也许因此话题接不下去。更糟的是,也许他们正在进行着一项重大的谈判,却由于你的加入使他们无法再集中思想而无意中失去了这笔交易;或许他们正在热烈讨论,苦苦思索解决一个难题,正当这个关键时刻,也许由于你的插话,会导致对他们有利的解决办法告吹,到后来场面气氛就会转为尴尬而无法收拾。此时,大家一定会觉得你没有礼貌,进而人家都厌恶你,导致社交失败。

假设一个人正讲得兴致勃勃时,你突然插嘴:"喂,这是你在昨天看到的事吧?"说话的那个人因为你打断他说话,绝对不会对你有好感,很可能其他人也不会对你有好感。

许多不懂礼貌的人总是在别人谈着某件事的时候,在说到高兴处时,冷不防半路杀进来,让别人猝不及防,不得不偃旗息鼓。这种人不会预先告诉你,说他要插话了。他插话时有时会不管你说的是什么,而将话题转移到他自己感兴趣的方面去,有时是把你的结论代为说出,以此得意洋洋地炫耀自己的口才。无论是哪种情况,都会让说话的人顿生厌恶之感，因为随便打断别人说话的人根本就不知道尊重别人。

培根曾说："打断别人，乱插嘴的人，甚至比发言者更令人讨厌。"打断别人说话是一种最无礼的行为。

有一个老板正与几个客户谈生意，谈得差不多的时候，老板的一位朋友来了。这位朋友插进来了，说："哇，我刚才在大街上看了一个大热闹……"接着就说开了。老板示意他不要说，而他却说得津津有味。客户见谈生意的话题被打乱，就对老板说："你先跟你的朋友谈吧，我们改天再来。"客户说完就走了。

老板的这位朋友乱插话，搅了老板的一笔大生意，让老板很是恼火。随便打断别人说话或中途插话，是有失礼貌的行为，但有些人却存在着这样的陋习，结果往往在不经意之间就破坏了自己的人际关系。

每个人都会有情不自禁想表达自己想法的愿望，但如果不去了解别人的感受，不分场合与时机，随便打断别人说话或抢接别人的话头，这样会扰乱别人的思路，引起对方的不快，有时甚至会产生误会。

要获得好人缘，要想让别人喜欢你，接纳你，就必须根除随便打断别人说话的陋习，在别人说话时千万不要插嘴，做到：

（1）不要用不相关的话题打断别人说话。
（2）不要用无意义的评论打乱别人说话。
（3）不要抢着替别人说话。
（4）不要急于帮助别人讲完事情。
（5）不要为争论鸡毛蒜皮的事情而打断别人的话题。

耐心听别人谈他自己

有一首诗说："九牛一毛莫自夸，骄傲自满必翻车。历览古今多少事，成由谦逊败由奢。"这话是针对那些缺乏自知之明，盲目自满的人所说的，但对于我们正确地对待生活，塑造自己良好的交际形象和性格品质，也有着十分现实的意义。人的学业无止境，无论潜心自学还是向人求学，没有谦虚的态度就不会有长进。人生道路曲曲折折，要在复杂的人际关系里游刃自如，健康发展，没有虚心、诚恳的态度同样是不行的。"成由谦逊败由奢"，有谦逊的态度，才会有自知之明，知道自己的不足，就有了努力的方向。

不少人，为了使别人赞同自己的意见，就唠唠叨叨地说个不停，使别人根本没有说话的余地。尤其是有的推销员最易犯这个毛病，一味地对顾客夸耀自己的货物如何美好，使顾客没有插嘴的余地，其实这是最错误的事。顾客有购买的念头，才挑剔货物，他批评这些货物，不必与之争辩，选定之后，他自然会购买。若是你和他争辩，就如同指责顾客没有眼光，不识好歹。顾客受此侮辱，肯定到别家去了，岂不白白损失了一笔生意？

所以人家说话的时候,自己若有不同意之处,应待别人说完,切不可插进去或阻止人家,阻止人家其实是最大的错误。因为当人家还有许多话没有说完,人家绝不会来接受你的意见,也根本不注意听你的。所以我们应鼓励别人把意见表达出来,耐心地倾听别人讲话。

做一个耐心的倾听者

教人少说废话多做实事,是古今中外哲人学者的共识。它饱含着深刻的辩证法则。真正有学问的人大智若愚,不乱说话,相反那些腹中空空,没有几点文墨的人却喜欢大吹大擂。所以,我们应记住一条原则:在一般场合,最好能少说话。若是到了非说不可时,那你所说的内容,所选用的词句,所伴随的姿势以及说话的声音,都不可不加以注意。在什么场合该说什么话,用什么方式说,都值得注意。无论是在探讨学问、接洽生意,实际应酬或娱乐消遣中,种种从我们口里说出的话,一定要有中心,要能具体、生动,要力求精彩。

在类似座谈会的场合中,大家踊跃发言,而往往不注意听清楚别人的意见。所以,经常产生误会,各抒己见,难求一致。真正有见识的人,会在倾听中把众人的论点加以分析、整理,提出自己的意见,从而使座谈讨论走向正确方向,达到预期目的。

为保证说的每一句话为人所重视,不惹人讨厌,就要少说话,静静地思考,耐心地听别人说话。

做一个耐心的倾听者要注意六个规则。

1. 对讲话的人表示称赞

这样做会造成良好的交往气氛。对方听到你的称赞越多,他就越能准确表达自己的思想。相反,如果你在听话中表现出消极态度,就会引起对方的警惕,对你产生不信任感。

2. 全身注意倾听

你可以这样做:面向说话者,同他保持目光的亲密接触,同时配合标准的姿势和手势。无论你是坐着还是站着,与对方要保持在对于双方都最适宜的距离上。

3. 以相应的行动回答对方的问题

对方和你交谈的目的,是想得到某种可感觉到的信息,或者使你做某件事情,或者使你改变观点,等等。这时,你采取相应的适当行动就是对对方最好的回答方式。

4. 别逃避交谈的责任

作为一个倾听者,不管在什么情况下,如果你不明白对方说出的话是什么意思,你就应该用各种方法使他知道这一点。

比如,你可以向他提出问题,或者积极地表达出你听到了什么,或者让对方纠正你听错之处。如果你什么都不说,谁又能知道你是否听懂了?

5. 对对方表示理解

这包括理解对方的语言和情感。可以使对方感到亲切,受到鼓励。

6. 要观察对方的表情

交谈中很多时候是通过非语言方式进行的,那么,倾听时就不仅要听对方的语言,而且要注意对方的表情,比如看对方如何同你保持目光接触、说话的语气及音调和语速等,同时还要注意对方站着或坐着时与你的距离,从中发现对方的言外之意。

在倾听对方说话的同时,还有几个方面需要努力避免:

第一,别提太多的问题。问题提得太多,容易造成对方思维混乱,谈话精力难以集中。

第二,别走神。有的人听别人说话时,习惯考虑与谈话无关的事情,对方的话其实一句也没有听进去,这样做不利于交往。

第三,别匆忙下结论。不少人喜欢对谈话的主题作出判断和评价,表示赞许和反对。这些判断和评价,容易让对方陷入防御地位,造成交际的障碍。

倾听能帮助你思考

很多人擅长侃侃而谈,并以此为荣。不错,在很多时候,这些人奔放的思想、精彩的言辞烘托了交际氛围,使大家能交融在一起。但由于你说的多,别人说的少,往往得不到对你有用的信息,付出多,收获少。

人的能力毕竟有限,肯定有许多东西是我们个人所无法了解的,通过倾听别人的谈话,我们可以获取许多有用的信息,可以分享他们的知识和经验,为我们的思考提供帮助。

1951年,威尔逊带着母亲、妻子和5个孩子,开车到华盛顿旅行,一路所住的汽车旅馆,房间矮小,设施破烂不堪,有的甚至阴暗潮湿,又脏又乱。几天下来,威尔逊的老母亲抱怨地说:"这样的旅行度假,简直是花钱买罪受。"善于思考问题的威尔逊听到母亲的抱怨,又通过这次旅行的亲身体验,得到了启发。他想:我为什么不能建立一些便利汽车旅行者的旅馆呢?他经过反复琢磨,暗自给汽车旅馆起了一个名字叫"假日酒店"。

想法虽好,但没有资金,这对威尔逊来说,确是最大的难题。他想拉募股份,但别人没搞清楚假日酒店的模式,不敢入股。威尔逊没有退缩,心中只有一个念头,必须想尽办法,首先建造一家假日酒店,让有意入股者看到模式后,放心大胆地参与募股。具有远见卓识且敢想敢干的威尔逊,冒着失败的风险,果断地将自己的住房和准备建旅馆的地皮作为抵押,向银行贷款30万美元。1952年,也就是他举家旅行的第二年,终于在美国田纳西州孟菲斯市夏日大街建起了第一座假日酒店。5年以后,他将假日旅馆开到了国外。

倾听别人说话，是为人处世必不可少的内容。能够耐心听别人说话的人，必定是一个富于思想的人。威尔逊就是一个有思想的人。他的成功，在于他能注意倾听别人的谈话。

我们在吸取他人有益的思想时，必须做的事就是要像威尔逊那样，学会倾听，听别人说什么，从他人的语言中提炼有价值的信息，便于自己思考时使用。

我们的听觉不仅仅是一种感觉，它是由四种不同层面的感觉组成的：生理层、情绪层、智力层和心灵层。眼睛和耳朵是思维的助手，通过它们我们可以感觉到真正的意味。当它们"动作"协调时，我们就能够真正听到并听懂别人在说些什么。

给顾客说话的机会

一位成功的推销员若想拥有大量固定的销售对象，必须要做到以下五点：
（1）争取拉到新的顾客。
（2）逐步增进与客户间的了解，加深彼此间的信任。
（3）及时帮助顾客解决购买商品时出现的问题和遇到的困惑。
（4）征得客户的商品订货单。
（5）向顾客推销新产品。

要做好这五项工作，其中最重要的是推销人员如何做到充当公司与客户间的联系人，以维持与顾客间的人际关系。除此之外，还必须进一步加深本身与顾客的关系。如果推销人员不首先做到这一点，便无法开展工作。

有这样一个例子：

一家机电公司的经理经常向某电子产品厂家订货，有一次某位记者问到这家机电公司为什么偏对那家电子产品厂家感兴趣，因为这家电子厂家的产品并不是该市质量最好的。机电公司经理回答说："我之所以会大量购买他们公司的产品，是因为我很欣赏他们的推销人员，我认为他们的推销人员是我所见到的推销行业中最棒的。他总让我有说话的机会。"

不论是零售店，还是代理商、批发商，或是代理商和批发商的推销员，若要打开该商品的销路，提高商品在该销售点的市场占有率，必须要建立良好的人际关系。

而这种联系人的角色得要有谦逊的态度。给别人说话的机会，一方面是表示你的谦逊，而使别人感到高兴，而另一方面可以借此机会，观察对方的语气神色，给你一个测度的机会，这不是两全其美的方法吗？可是，现在有许多人，总是喜欢抢先，好像自己先说了，便可以压倒对方或者使对方觉得自己不是一个平凡的人；又有好多人，一开始说话，便滔滔不绝，自以为是个长于口才者，殊不知别人早已对他有了一个恶劣的印象。事实上他已经失败，这根本不是在交谈，完全是他说给人听，以后他将不受人欢迎，人们见到他只有退避三舍。

倘若你是一个店员，对上门的顾客滔滔不绝地宣扬自己货物如何的优良，此时，顾客对你如簧之舌、天花乱坠的说话，只不过当做是一种生意经，绝不会轻易相信购买的。反过来，你如果给顾客留有说话的余地，使他对货物有批评的机会，你只是成为与他对此货物互相讨论的人，那么你的生意就可以做成了，因为上门的顾客早存有选择和求疵的心理，不管他把货物批评得多不好，只要他选定了，自然会掏钱出来购买的。而你只知夸耀自己的货物，或是对顾客的批评只知争辩，无异指责顾客没有眼光，不识好货，这不是对顾客一个极大的侮辱吗？他在受了极大的侮辱之后，还会来买你的货物吗？

倾听中的插话技巧

一个倾听高手在倾听过程中如何插话，才有助于达到最佳的倾听效果呢？根据不同对象可采取不同的方法。

1. 当对方在同你谈某事，因担心你可能对此不感兴趣，显露出犹豫、为难的神情时，你可以趁机说一两句安慰的话：

"你能谈谈那件事吗？我不十分了解。"

"请你继续说。"

"我对此也是十分有兴趣的。"

此时你说的话是为了表明一个意思：我很愿意听你的叙说，不论你说得怎样，说的是什么。这样可以消除对方的犹豫，坚定他倾诉的信心。

2. 当对方由于心烦、愤怒等原因，在叙述中不能控制自己的感情时，你可用一两句话来疏导：

"你一定感到很气愤。"

"你似乎有些心烦。"

"你心里很难受吗？"

说这些话后，对方可能会发泄一番，或哭或骂都不足为奇。因为，这些话的目的就是把对方心中郁结的一股异常情感"诱导"出来，当对方发泄一番后，会感到轻松、解脱，从而能够从容地完成对问题的叙述。

值得注意的是，说这些话时不要陷入盲目安慰的误区。不应对他人的话作出判断、评价，说一些诸如"你是对的"、"他不是这样"一类的话。你的责任不过是顺应对方的情绪，为他架设一条"输导管"，而不应该"火上浇油"，强化他的抑郁情绪。

3. 当对方在叙述时急切地想让你理解他的谈话内容时，你可以用一两句话来"综述"对方话中的含意：

"你是说……"

"你的意见是……"

"你想说的是这个意思吧……"

这样的综述既能及时地验证你对对方谈话内容的理解程度,加深对其的印象,又能让对方感到你的诚意,并能帮助你随时纠正理解中的偏差。

以上三种倾听中的谈话方法都有一个共同的特点,即不对对方的谈话内容发表判断、评论,也不对对方的情感作出是与否的表示,始终处于一种中性的态度。切记,有时在非语言传递的信息中你可以流露出你的立场,但在语言中切不可流露,这是最重要的。如果你试图超越这个界限,就有陷入倾听误区的危险,从而使一场谈话失去了方向和意义。

◆◆**说话的智慧**◆◆

> 当别人讲话时,你要耐心地听着,抱着一种开阔的心胸,诚恳地鼓励他说出自己的看法,这样才能使对方感受到你对他的尊敬。

第四章　委婉拒绝
——别不好意思说"不"

　　1972年，基辛格随同尼克松访问莫斯科，途中在维也纳就美苏首脑会谈问题举行了一次记者招待会。会上，《纽约时报》记者提出一个所谓"程序问题"："到时，您是打算点点滴滴地宣布呢，还是来个倾盆大雨，成批地发表协定呢？"

　　从不放过任何有利机会讥讽《纽约时报》的基辛格，一板一眼地说："我明白了，这位记者先生要我们在倾盆大雨和点点滴滴之间任选一种。这很困难，无论怎样，都是很糟糕的。这样吧，我们打算点点滴滴地发表成批声明。"

拒绝别人是件不容易的事。有一位教授说："求人办事固然是一件难事,而当别人求你办事,你又不得不拒绝的时候,也是叫人头痛万分的。因为每一个人都希望得到别人的重视,同时我们也不希望给别人带来不愉快,所以也就很难说出拒绝别人的话。"

简单生硬地说"不",不叫拒绝,拒绝是要讲究技巧的:既要拒绝对方的不适当的要求,又不能伤害对方的自尊,同时又不能损害彼此的正常关系,因此说,拒绝别人并不是件容易的事。

怎样才能既拒绝别人又不得罪他、不恶化相互关系呢?这需要一定的技巧。

在生活中学会拒绝

在生活中,处处需要说"不"。比如,双休日你正在家休息,推销员不期而至,说什么"给您送礼来了",软磨硬缠推不出门;电话铃忽然响了,是某家电器公司的推销人员,向你介绍一种最新产品,是如何的物美价廉;你本来经济就有点紧张,却有朋友告诉您"××要结婚了,我们是否祝贺一下","××刚生了个小孩,我们去看看吗";当你正在办公室聚精会神地工作,来了一位工作刚告一段落的同事对你说:"休息一下,别那么累。"刚送走这位先生,又来一位聊天的同事,如果你对他们都热情地奉陪到底,这半天就泡汤了,什么事都做不成了。对付"聊天客",你可以说:"真抱歉,今天是我近来最忙的一天,再累都不敢休息。"稍微知趣者,会立即退出办公室。所以说,在生活中善于说"不",是摆脱一切干扰的艺术。

"不"字是一个情绪强烈的负面词,当我们对上司、对朋友使用它时,一定要面带微笑,语气亲切。即使是对素不相识的营销人员,也要讲究点方式方法。

在生活中,对来自亲戚朋友的请求更要学会一些拒绝的技巧。假如我们担心老朋友埋怨我们不近人情,怕人们说我们不愿帮助人,怕伤害别人的自尊心或怕给人带来不愉快和麻烦,便轻易答应别人一些事情,结果反而使自己陷于无穷的烦恼和纠缠中不能自拔,这样不只浪费了自己的时间,还浪费了自己的精力,伤害了自己与朋友的感情。

1. 首先为说"不"字而表示歉意

当你要拒绝朋友的求助时,首先态度要温和,尽管说"不"是自己的权利,仍需先说"非常抱歉"或者说"实在对不起",然后再详细陈述自己不能"帮忙"的各种理由。这样,朋友在感情上就能接受,从而避免一些负面影响。

让朋友在感情上体会到,你拒绝的是这件"事",而不是"人"。使朋友感觉这件"事情"虽然被拒绝了,而他和你还是要好的朋友。你可以如此说:"这件事我非常乐意干，只是不巧，我现在手头正做一个急件，下次您再有这样的美差，我一定干。"你还可以这样说："这几天我实在脱不开身，您是否请老张来帮忙，他在这方面业务比我精通，您若是不便于找他，我可以代您向他求助。"

2. 委婉地拒绝朋友

不要生硬地拒绝朋友的求助，应该让朋友意识到你是为了他的"利益"而拒绝的。你可以这样说："我非常同情您，也非常想帮助您，但对这件事我并不在行，一旦干坏了，既耽误了工作，又浪费了财物，影响也不好。您不如找一个更稳妥的人办。"或者说："您的事限定的时间太短了，我若轻易接下来，在这么短的时间内，肯定干不好。您可以先找别人，实在不行了咱俩再商量。"这位朋友即使转了一圈回来再求你，你已有言在先，这时你就可以提出一些诸如推迟完成日期之类的条件。如果这位朋友认为不行，他自己就会另请高明去了。

如果朋友请求帮助的事的确思考不周，你可以耐心地实事求是地给朋友分析这件事办与不办的利弊。让朋友自己得出"暂时不办此事"的结论。

3. 在工作中学会拒绝

工作中每个人都有自己的任务，虽然帮助同事是种好的品质，但若妨碍了自己的工作则应该学会拒绝。

当然，拒绝他人不是件容易的事，需要一些技巧。例如，拒绝接受不善体谅他人而又十分苛刻的上司的要求，通常都被视为不可能的事。但是，有些老练的时间管理者却深谙回绝方法，经常将来自上司的原已过多的工作，按轻重缓急编排办事优先次序表，当上司提出额外的工作要求时，即展示该优先次序表，让上司决定最新的工作要求在该优先次序表中的恰当位置。这种作法具有三个好处：第一，让上司做主裁决，表示对上司的尊重；第二，行事优先次序表既已排满，任何额外的工作要求都可能令原有的一部分工作无法按原定计划完成，因此除非新的工作要求具有高度重要性，否则上司将不得不撤销它或找他人代理，就算新的工作要求具有高度重要性，上司也不得不撤销或延缓一部分原已指派的工作，以使新的工作要求能被办理；第三，部属若采取这种拒绝方式，可避免上司误会他在推卸责任。因此，这是一种极为有效的拒绝方式。

拒绝，但不使人难堪

在你日常的工作和生活中，很可能也会遇到下列的情形：一个素行不良的熟人来找你，非要向你借钱不可，但你知道，如果借给他便是肉包子打狗一去不回头；你的顶头上司在增减人员上向你提出一些建议，但是这些建议又不符合公司现实情况。

诸如此类的事你必定要加以拒绝，可是拒绝之后，就要伤和气，引人恶感，被人误会，甚至积怨。

要避免这种情形发生,唯一方法便是要运用些聪颖的智慧。请看下面的例子:

在德国某电子公司的一次会议上,公司经理拿出一个他设计的商标征求大家意见。

经理说:"这个商标的主题是旭日。这个旭日很像日本的国徽,日本人民见了一定乐于购买我们的产品。"

营业部主任和广告部主任都极力恭维经理的构想,但年轻的销售部主任说:"我不同意这个商标。"经理听了感到很吃惊,全室的人都瞪大眼睛盯住他。

年轻的销售部主任没有同经理争论那个带红圈圈的设计是否雅观,而是说:"我恐怕它太好了。"

经理感到纳闷,脸上却带着笑说:"你的话叫我难以理解,解释来听听。"

"这个设计与日本国徽很相似,日本人喜欢,然而,我们另一个重要市场中国的人民,也会想到这是日本国徽,他们就不会产生好感,就不会买我们的产品,这不同本公司要扩展对华贸易营业计划相抵触吗?这显然是顾此失彼了。"

"天哪!你的话高明极了!"经理叫了起来。

向有权威的人士表示反对或拒绝,你一定要有充分的理由,还要注意技巧。年轻主任用一句"我恐怕它太好了"先抚平了经理的不快,使他不失体面。后来他用更充分的理由,提出反对经理的意见,经理也就不会感到下不了台。

拒绝的六大妙招

怎样才能既拒绝别人又不得罪他,不恶化相互关系呢?这里列举六种既恰到好处,又不失礼节的拒绝妙招。

1. 幽默诙谐式

著名导演希区柯克在执导一部影片时,有位女明星老是向他提出摄影角度问题,她左一次右一次地告诉希区柯克,一定要从她最好的一侧来拍摄。"很抱歉,我做不到!"希区柯克回答:"我们拍不到你最好的一侧,因为你把它放在椅子上了。"他的话,引得在场的人都笑弯了腰。

招式妙诀:通常,幽默的语言可以调节气氛,并且能让对方在笑过之后得到深刻的启示,如果以幽默的方式来拒绝,气氛会马上松弛下来,彼此都感觉不到有压力。

2. 热情友好式

一位青年作家想同某大学的一位教授交朋友,以期今后在文艺创作和理论研究方面携手共进。作家热情地说:"今晚6点,我想请你在海天餐厅共进晚餐,我们好好聚一聚,你愿意吗?"事情很不凑巧,这位教授正在忙于准备下星期学术报告会的讲稿,实在抽不出时间。于是,他亲热地笑了笑,又带着歉意说:"对你的邀请,我感到非常荣幸,可是我正忙于准备讲稿,实在无法脱身,十分抱歉!"他的拒绝是有礼貌而且愉快的，但又是那么干脆。

招式妙诀：如果你想对别人的意见表示不同意，请注意把你对"意见"的态度和对人的态度区分开来，对意见要坚决拒绝，对人则要热情友好。

3. 相互矛盾式

春秋时，鲁国相国公仪休喜欢吃鱼，因此全国各地很多人送鱼给他，但他都一一婉言谢绝了。他的学生劝他说："先生，你这么喜欢吃鱼，别人把鱼送上门来，为何不要了呢？"公仪休回答说："正因为我爱吃鱼，才不能随便收下别人所送的鱼。如果我经常收受别人送的鱼，就会背上徇私受贿之罪，说不定哪一天会免去我相国的职务，到那时，我这个喜欢吃鱼的人就不能常常有鱼吃了。现在我廉洁奉公，不接受别人的贿赂，鲁君就不会随随便便免掉我相国的职务，只要不免掉我的职务，就能常常有鱼吃了。"听了先生这番话，学生若有所悟地点了点头。

招式妙诀：当别人向你提出使你感到为难的要求时，你不妨先承认他的要求可以理解，你也希望满足他的要求，但接着说出不容置疑的客观原因，从而拒绝他的要求。

4. 相反建议式

有这样一则对话：

小李："小张，王经理让我把这些资料整理好，但我怕做不好，你能帮我完成吗？"

小张："我很愿意帮你的忙，不凑巧得很，我自己的那份工作还没干完。其实以你的能力和素质是完全可以做好那件事的。你不妨先干着，也许我干完后能帮你干点。"

小李："那好吧！谢谢你啊！"

招式妙诀：小张的这一番话说的非常妙，如此既有拒绝，又有相反的建议，建议他先干着，对方还有什么话好说呢？相反，如果小张直接回答："你的事我帮不了"。这是很不好的拒绝方法，很容易伤了同事之间的和气。

5. 反弹式

在《帕尔斯警长》这部电视剧中，帕尔斯警长的妻子出于对帕尔斯的前程和人身安全考虑，企图说服帕尔斯中止调查一位大人物虐杀自己妻子的案子。最后她说："帕尔斯，请听我这个做妻子的一次吧。"他却回答说："是的，这话很有道理，尤其是我的妻子这样劝我，我更应该慎重考虑。可是你不要忘记了这个坏蛋亲手杀死了他的妻子！"

招式妙诀：别人以什么样的理由向你提出要求，你就用什么样的理由进行拒绝，让对方无话可说。

6. 寻找出路式

例1：甲：您就帮我把这件事办了吧！

乙：这件事我实在没有时间帮你去办了，你不妨去找××试试。

例2：甲：这份资料，我能借用几天吗？

乙：对不起，这份资料我这几天还要用，不过图书馆里还有一份没有借出去，你赶快去还可以借到。

招式妙诀：当对方确有为难之事求助于你，你又无法承担或不想插手时，你可以用为对方另找其他出路的方法，来弱化可能产生的不愉快。对方有了其他"出路"，就会对你的拒绝不在意了。

说"不"的禁忌

说"不"有以下几个禁忌。

1. 忌拖延说"不"的时机

有些人觉得不便说"不"，便随便找些不值一驳的理由来暂时搪塞对方，以求得一时的解脱。这个方法并不好，因为对方仍可以找理由跟你纠缠下去，直到你答应为止。比如你不想答应帮他做事，推说：

"今天没有时间。"

他就会说：

"没有关系，你明天再帮我做好了，事情就拜托你了。"

又如你不想要对方转让给你的一件衣服，你推说：

"钱不够。"

那么对方会说：

"钱以后再说。"就把你轻易应付过去了。

再如你不愿意跟对方跳舞，推说：

"我跳不好。"

那么他一定会说：

"没关系，我慢慢带着你跳。"

2. 忌与对方套近乎

给人以"敬而远之"的态度，比较容易把"不"说出来，或者说，对方试图与你套近乎，你要保持头脑清醒，以免做了感情俘虏，给对方可乘之机。一般说来，见一次面就能记住别人名字的人，常容易与人接近，故在交谈中不断称呼别人名字，并冠之以"兄"、"先生"等词语，这易产生亲近感，那么，反过来你想说"不"时，便应杜绝这种亲密的表示，即对方的名字一概不提，这样加大与对方的心理距离，容易说"不"。还有，谈话时尽量距离对方远些，使其不容易行使拍、拉等触动性的亲密动作。据心理学家研究，"触动"是很容易产生共同感受的，所以想说"不"时应注意避免。另外，最好也不要触摸对方递过来的东西。东西也和人一样，一经"触摸"也会产生"亲密感"，想要拒绝就不容易了。

因为这些都是推托语言，一经反驳，你的"不"的意志便很难贯彻了。所以处理这种情况，你倒不如直截了当地用较单纯的理由明确地告诉对方：

"你托我办的这件事办不到，请原谅。"

"这件衣服的颜色我不喜欢,很抱歉。"

"我已经另约了舞伴,不能跟你跳,对不起。"

这样虽说显得生硬些,但理由单纯明快,不给对方可乘之机,倒可以免除后患。

3. 忌优柔寡断

拒绝别人时,要坦诚明朗,不要优柔寡断。当然,这并不是主张在任何情况下,对任何人都直来直去地说出这个"不"字。对于那些自尊心较强、反应敏感、"脸皮薄"的人来说,只婉转地表述拒绝的理由,而不说出拒绝的话会更好一些。因为对方会从你的话音中体察到你拒绝的意图,作出相应的反应来。这种拒而不言绝、透而不言推的方式,可以避免使对方感到下不来台、丢面子,避免破坏交往的好气氛。比如,当朋友在你正要出门时来访,你在表示欢迎的同时可以说一句:"你来的真巧,稍晚一会儿定会扑空!"这等于暗示对方,你马上要出门办事。如果对方是知趣的人,便会简短地说明来意后很快告辞,或者另约时间再访。这比由你发出明确的"逐客令"要好得多。需要注意的是,你的暗示必须含义清楚,使对方易于觉察。

说"不"能为你赢得尊重

在人际交往时,大家怎样对你,都取决于你自己。想要别人对你尊重,那就得学习一些说"不"的表达方式。

1. 斩钉截铁地表示你的态度

即使在可能会有些无奈的场所,也将需要态度明确地对某些服务员、售货员、陌生人说话,对蛮横无理的人要以牙还牙。你必须在一段时间内克服自己的胆怯和习惯,坚持一下,你就会发现,事情本该如此!你只要从此中获得一次成功,就一定会鼓起你的勇气。注意,这时你该大声点!当然"君子动口不动手",你只不过为了维护自己的利益,跟他们没仇。

2. 不再说那些引诱别人来欺负你的话

"我是无所谓的"、"你们决定好了"、"我没有这个本事",等等,这类"谦恭"的推托之辞就像为其他人利用你的弱点开绿灯。当卖菜人让你看秤时,如果你告诉他你对这事一窍不通,那你就等于告诉他"多扣点秤",这种事情随时随地都可以发生——如果你不介意的话!

3. 敢于说"不"

干脆地表明自己的否定态度,会使人立刻对你刮目相看。事实上,与那种遮遮掩掩、隐瞒自己真实感受和想法的态度相比,人们更尊重那种毫不含糊的回绝。同时,你也会从这种爽快的回答中,感到自信又回到了自己心中。欲言又止、支支吾吾的态度,只会给人造成"误解"。

4. 对盛气凌人者毫不退让

当碰到随意插嘴、强词夺理、爱吹毛求疵、令人厌烦、多管闲事的人使你难堪时，要勇敢地指明他们的行为之不合理处，并严肃地对他们说："你刚刚打断了我的话"、"你的歪理是根本行不通的"、"以你的逻辑推敲，地球就不是圆的了"，等等。这种策略非常有效。它告诉别人，你对不合情理的行为感到厌恶。你表现得越平静，对那些试探你的人越是直言不讳，你处于软弱可欺地位上的时间就越少。

5. 告诉人们，你有人身自由

不要去听从那些并非命令的命令，休息之余你自己想做什么就做什么，出差办事也大可不必抱住别人的大件行李，而让他悠然自得地在前头漫步。违背自己意愿的事不要去做。自己想做的事，只要不违法违纪，尽管去做，不要怕别人的冷嘲热讽。

生活把你改造成为一个"软弱可欺"的弱者，但是经过你的努力，你一定能够变为强者。

谈判中的拒绝术

在谈判过程中，当你不同意对方观点的时候，一般不应直接用"不"这个具有强烈对抗色彩的字眼，更不能威胁和辱骂对方，应尽量把否定性的陈述以肯定的形式表示出来。

例如，当对方在某件事情上情绪不好，措辞激烈的时候，你应该怎么办呢？一位老练的谈判者在这时候会说一句对方完全料想不到的话："我完全理解你的感受。"这句话巧妙之处在于，婉转地表达了一个信息：不赞成这么做，但使对方听了心悦诚服，并产生好感。

喜剧大师卓别林曾经说过："学会说'不'吧，那样你的生活将会好得多。"

作为谈判者，尤其要学会拒绝，才能赢得真正的交流、理解和尊敬。

1. 尽量说"我"、"我们"

拒绝的技巧有很多，但目的则是一个，就是既要说出"不"字，又使人觉得可以理解，尽可能减少对方因被拒绝而引起的不快。

对于谈判，马基雅维利有一句名言："以我所见，一位老谋深算的人应该对任何人都不说威胁之词或辱骂之言。因为两者都不能削弱敌手的力量。威胁不会使他们更加谨慎，辱骂则会使他们更加恨你，并使他们更加耿耿于怀地设法伤害你。"

因此，谈判出现僵局，需要表明自己的立场时，也不要指责对方。你可以说："在目前的情况下，我们最多只能做到这一步了。"

如果这时你可以就某点作出妥协，你可以这样说："我认为，如果我们能妥善解决这个问题，那么，这个问题就不会有多大的麻烦。"既维护了自己的立场，又暗示变通的可能。在这里用的词都是"我"、"我们"，而少用"你"、"你们"。

2. 寻找一些托词

谈判中，遇到你必须拒绝的事情，而你又不愿伤害对方的感情，这时你可以寻找一些托词。

例如："对不起，我实在决定不了，我必须与其他人商量一下。""待我向领导汇报后再答复你吧。"

"让我们暂且把这个问题放一放，先讨论其他问题吧。"

这种办法，可以摆脱窘境，既可不伤害对方的感情，又可使对方知道你有难处。但是，这种办法有点不干脆。

因为，这样虽一时能敷衍过去，但对方以后还可能再来纠缠你。当有一天他发觉这就是你的拒绝，明白你以前所有的话都是托词，他就会对你产生很坏的印象。所以，有时不如干脆一点，坦白一点，毫不含糊地讲"不"。

比如有一个训练有素的推销员，从敲开门的那一瞬间起，就会使出各种说服的技巧来以把听者的心理导向对自己有利的方向。

所以，你只要在这个诱导效果尚未发挥出来之前，分析其文句的连贯，把每一句话逐句否定下去就可以了。

有一天，一位推销员推开老王家的门，说："能不能给我十分钟的时间，我是来作民间调查的。"

对方是十分认真的，所以，老王如果有时间，陪陪他是无所谓的。不巧，夫人不在家，而且，他正在写期限已到的稿子。

老王正感到为难时，对方很快发现了门边的羽毛球拍。

于是他开口说："你好像对羽毛球……"

老王不得不打断他的话："不，那是我内人偶尔……"

"哦，夫人会打，那真好……"

"不好，她不在家……"

"那么请借用您五分钟……"

"呀，已经超过了吧？"

这样一来一去，那位推销员只好知难而退了。

从推销者而言，他当然想要和对方挂起一条心的输送带。如果在"你好像对羽毛球……"之后接下去的是"是不是从小就喜欢？是否参加过什么比赛"之类的问话，一直引导到他要推销的产品上。

为避免这样的结果，在对方的输送带尚未挂上之前，就将其割断，那对方就无计可施了。

3. 使用一些敬语

在谈判中使用一些敬语，也可以表达你拒绝的愿望，传递你拒绝的信息。

有位常年从事房地产交易的人说，生意能否谈成，可以从客人看过房屋后打来的电话里得知一个大概。

大部分客人在看过房屋之后，会留下一句"我会用电话和你联系"，然后回去。不多久，他们就打来电话了。从电话的语气中，可以明了客人的心意。

若是有希望的回答，那语气一定是亲密感，然而一开始就想拒绝的客人，则多半会使用敬语，说得彬彬有礼。根据多年的经验，这位房地产经营老手一下子就会判断出事情有没有希望。

据说在法院的离婚判决席上出现的夫妻，很多都会连连发出敬语，好像彼此都很陌生似的。这也是想用敬语来设置彼此间的心理距离，互相在拒绝着对方的表现。

所以，当你想拒绝对方时，可以连连发出敬语，使对方产生"可能被拒绝"的预感，形成对方对于"不"的心理准备。

4. 讲究策略

谈判中拒绝对方，一定要讲究策略。婉转地拒绝，对方会心服口服；如果生硬地拒绝，对方则会产生不满，甚至怨恨、仇视你。所以，一定要记住，拒绝对方，尽量不要伤害对方的自尊心。要让对方明白，你的拒绝是出于不得已，并且感到很抱歉，很遗憾。尽量使你的拒绝温柔而缓和。

美国的消费者团体为了避免被迫买下不愿意买的东西，发行了《如何与推销员打交道》之类的手册。里面介绍了如何拒绝来访的推销员的各种办法。

据说，其中以"是的，但是……"法最为有效。

比如，对方说："你闻闻看，很香吧？"你可以说："是的，但是……"

先承认对方的说法，然后，则以"但是"的托词敷衍过去。

倘若开始就断然说一句"不"，推销员一定不会甘心，千方百计要和你磨蹭。可是，"是的，但是……"的话，则是"和布帘掰腕子"，没有什么搞头了。对方再精明，也无可奈何，只好放弃说服你的企图。

谈判也是如此，说"是"总比断然说"不"能给对方以安心感。也就是说，这时的"是"，发挥了把两个人的心联结起来的"心桥"功能。一旦两人之间架上了心桥，即使再听到"不"也不容易起反感。

所以，你想拒绝对方时，应先用"唔，不错"之类的话来肯定对方。或说："是的，您说得一点也不错。不过，请您耐心听听我的理由好吗？……"这样婉转地叙述反对意见，对方较容易接受。

5. 笼统答复

对谈判对方的要求，给予笼统的答复，这也是拒绝对方的方法之一。

有一位广告公司的负责人曾介绍经验说，对那些携带自己的画来应征的年轻人，如果他不满意他们的画，他就会用如下笼统的语言打发他们走：

"唔——我不太看得懂你的画，请画一些我能看得懂的画来吧……"

"我今天很累，也许是昨夜工作得太迟的关系……"

这种拒绝是很笼统的。

"我不太看得懂你的画"，那么"我能看得懂的画"又是什么？对方不清楚他的意图，怎么画？

这样，对方失去了进攻的目标，只好悻悻退下。

这种方法，可以不让人感觉到拒绝，却巧妙地达到了拒绝的效果。

有时在购买东西时,往往要受到卖者的纠缠。许多人不知如何拒绝。

一位太太是这样拒绝卖者的:"不知道这种颜色合不合我先生的意。"还有一位少妇是这样拒绝的:"要是我母亲,我选我喜欢的就行了,但这是送给婆婆的呀,送她这个不知道会不会满意?"

显然,这些拒绝本身都是非常笼统的。用这种笼统的方法拒绝对方,当然要比直接说出对对方货物的不满要好得多。

总之,谈判中,会说"不"字和不会说"不"字,效果是大相径庭的。

你在说"不"字时,必须记住下面几点:

(1) 拒绝的态度要诚恳。
(2) 拒绝的内容要明确。
(3) 尽可能提出建议来代替拒绝。
(4) 讲明处境,说明拒绝是毫无办法的。
(5) 从对方的角度谈清拒绝的利害关系。
(6) 措辞要委婉含蓄。

掌握好这些方法,你就是一个高明的谈判者了。

◆◆说话的智慧◆◆

> 拒绝的语言是有讲究的。不善拒绝的人,一次拒绝就可能得罪多年的深交;善于周旋的人,尽管可能每天都在拒绝,仍然能广结人缘,极少招来非议和埋怨。所以说,如果掌握了拒绝的语言技巧,无论你是委婉还是直接,是找理由推脱还是以情理服人,都能做到不卑不亢,游刃有余。

第五章　因人而言
——注意对方，谨慎开口

有位生性高傲的处长，他那生硬冷漠的面孔常使人望而却步。一位外地来的办事员听说了他的脾气，见面后就微笑着扔了一支烟说："处长，我一进门就有人告诉我，处长是个爽快人，办事认真，富有同情心，特别是对外地人格外关照。我一听，高兴极了。我就爱和这样的领导办事，痛快！"处长的脸上立刻露出一丝笑容，接下去谈正事，果然大见成效。

这位办事员的成功便得益于开头的那几句对处长脾气的话。这样，这位处长就不好意思给人脸色看了，反之会在维护自我形象的心理支配下变得和蔼可亲起来。

俗话说："看菜吃饭，量体裁衣。"这是指办事时要看具体情况，灵活机动，不能拘泥于现成的条文，生搬硬套。说话也是这样，也要看具体情况，灵活机动，因人而异。

《鬼谷子·权篇》将"看人说话"的技巧演绎得淋漓尽致："与智者谈话，要以渊博为原则；与拙者谈话，要以强辩为原则；与善辩的人谈话，要以简要为原则；与高贵的人谈话，要以鼓吹气势为原则；与富人谈话，要以高雅潇洒为原则；与穷人谈话，要以利害为原则；与卑贱者谈话，要以谦恭为原则；与勇敢者谈话，要以果敢为原则；与上进者谈话，要以锐意进取为原则。"

边看边说，边说边看

不同的人爱听不同的谈话内容，这是容易理解的。但困难的是你怎么知道他爱听什么、不爱听什么呢？这就要"看"人说话——边"看"边说，边说边"看"。这"看"，即是观察：在与对方谈话时，要善于一边说一边察言观色。

"看"对方什么呢？

1. 看面部表情

狄德罗曾经说过，一个人的"心灵的每一个活动都表现在他的脸上，刻画得很清晰，很明显"。有时对方口头表示赞同你的意见，但他的眉头却不知不觉地紧皱了起来，或者他的嘴唇突然紧闭，而且嘴角向下撇。这些表情恰恰是内心不愉快的流露。因此他说的赞同的话其实是言不由衷的，或者碍于情面，或者屈于权势，才不得不这样说的。

2. 看体态表情

几乎每一种体态，每一种动作都是一种特殊的语言，都在宣泄着一个人的内心世界。问题在于我们要能看懂这些体态表情，要能领会它们的内在含义。假如与你谈话的人双脚并立，双臂交叉在胸前，这就表明此人对你怀有某种敌意，他在作自我防卫；而当他不仅双臂交叉，而且双拳紧握时，那就是说他不只在自卫，还要向你进攻了。又如，如果谈话者常向你摊开双手，这就表明此人是真诚坦率的，他对你毫无提防之心。

3. 看语言表情

与人交谈时不但要看他说什么，而且还要看他怎么说。这就是要从对方说话声音的高低、强弱、快慢、腔调等等看出他的言外之意，听出他的弦外之音。这是因为说话声音的种种变化不但表现一个人的性格——急性子的人说话节奏快、声音响亮，慢性子的人说话节奏缓慢、声音低沉——而且能够表明一个人的情绪与心境。

例如，人忧伤时语速慢、声音低、节奏平缓，而人兴奋时与之相反，语速快，声音高，节奏强烈。

所谓"看人说话"，主要是"看"上述三种表情。从这些表情变化中，我们便可随时猜度对方的心理态势，透视对方的心理需要，然后也就可以随时调整自己谈话的内容与方式，使之更适应对方的思想线索。这样，说话便可获得预期的良好的效果。

看人说话，将使你在成功的道路上路路绿灯，处处顺畅。

注意对方，谨慎开口

与人交谈要善于观察，尽可能地用眼睛捕捉一些与对方深入谈话的信息与灵感。如果有机会到陌生朋友家里去做客，就要用自己的眼睛去细心观察对方的有关情况，加强对对方的了解。比如，我们从对方家庭的日常生活用品及布置设计中，就可以判断出对方的经济状况、生活情趣、艺术修养格调等；从对方的言谈举止、音容笑貌及衣着表情，就可以窥探出对方的性格、品德以及为人处世与待人接物方面怎样；从对方家中案头放的书籍、墙上挂的艺术作品，就可以了解到对方的个人爱好、学习兴趣、审美情趣等。有了以上这些了解，我们容易轻松自如地与对方进行交谈。

1. 注意对方的心理

了解听者的心理，是掌握说话技巧的基础。我们只有在了解听者心理的基础上，才能正确地选择在某个场合该讲什么，不该讲什么，哪些话能够打动听众的心坎，能使听众产生共鸣，真正使谈话达到水乳交融的境地。

人的心理捉摸不定、较难把握，但是，在有些场合，人内心的东西又常通过各种方式而外露。善于观察听者的一举一动，并能据此加以分析和推测，那么，基本上就可以掌握听众的心理和情感。譬如，在讲话时，听者发出歇声，说明听众不喜欢那些话；如果听者两眼注视，说明说话的内容非常吸引人；如果听者左顾右盼，思想不集中，说明他心里可能很着急，但又出于尊敬而不愿离开……当然，有许多人善于抑制自己的感情，不让它外露，即使这样，也会露出蛛丝马迹。

战国时，魏文侯和一班士大夫在闲谈。文侯问他们："你们看我是怎样的一位国君？"许多人都答道："您是仁厚的国君。"可一位叫翟黄的人却回答说："你不是仁厚的国君。"文侯追问："何以见得？"翟黄有根有据地答道："你攻下了中山之后，不拿来分封给兄弟，却封给了自己的长子，显然出于自私的目的，所以我说你并不仁厚。"一席话说得文侯恼羞成怒，立刻令翟黄滚出去，翟黄若无其事地昂然离去。文侯仍不甘心，他又接着问任痤："我究竟是怎样的一个国君？"任痤答道："您的确是位仁厚之君。"文侯更加疑惑了。任痤说："我听说过，凡是一位仁厚的国君，其臣子一定刚直，敢说真话，刚才翟黄的一番话说得很直，而不是阿谀奉承之词，因此，我知道他的君主是位宽厚的人。"文侯听了，觉得言之有理，连声说："不错，不错。"立即让人把翟黄请了回来，而且拜他为上卿。

在这则故事中，我们不但能看出任痤的人品高尚，救助同事；而且能看出他机巧聪明，善于抓住魏文侯愿意被人尊为仁厚之君这种心理，从同一事件中巧妙地引出了有利的结论，化解了文侯和翟黄之间的矛盾。

2. 注意对方的身份

几乎没有一个人可以在说话的时候不考虑到彼此的身份。不分对象，不看对方的身份，都用一样的口气说话，是一种幼稚无知的表现。虽然身份不同不会妨碍人际交流，比如下级对上级、晚辈对长辈、学生对老师、普通人对于有名气地位的人，等等，不必表现得屈从、逢迎，但在言谈举止上有必要表现得更加尊重一些。在不是十分严肃隆重的场合，身份较高的人对身份较低的人说话越随和风趣越好，而身份较低的人对身份较高的人说话则不宜太过随便，尤其在公众场合，说话要恰如其分地把握好自己与听者的身份差别。

1953年6月28日，毛主席到了北京市郊区鱼池村视察。他走访的第一家，主人名叫张振。走进院里，毛主席就问寒问暖，他摸着院子里晾的一床露棉花的破被套问，冬天盖这样的被子薄不薄？又走进屋里问，冬天烧不烧炕？还问家里几口人，都叫什么名字，多大年纪，小孩子上学没有，庄稼长得好不好……当问到粮食够吃不够吃时，张振如实回答："过去吃野菜，现在有吃的啦，不过还不大好，荒月还要吃些白菜团子。"毛主席点点头，安慰他说："不用急，生活会一天天好起来的。"

与乡亲拉家常，毛主席对不同的人擅长说不同的话，讲究话语的形式与自己和对方的身份相符，既得体又恰当，更把自己与乡亲的距离拉近了。

3. 注意对方的地位

地位，是个人在团体组织中担负的职位和在社会关系中所处的位置。个人的社会地位不同，就会有不同的人生经历、社会职责和交际目的，对口才表达也会产生不同的需求。

美国军队中规定，凡是军人不能蓄长发。而黑格尔将军在担任北约部队的总司令时，却蓄着一头长发。有一名留长发的士兵看到画报上登载着一头长发的黑格尔将军的照片，就把它撕下来，贴在不允许他留长发的连长办公室门上。为了表示抗议，他还画了个箭头，并在旁边配了一行小字："请看他的头发！"连长看了这份别出心裁的抗议书后，并没有立即把这个愤愤不平的士兵叫来训斥，而是将那箭头延长到总司令的肩章处，并也加了一行小字："请看他的军衔！"

这个士兵只想和黑格尔攀比头发，因而愤愤不平，却没考虑到两者的身份和地位的悬殊差异，连长则不失时机地提醒了他。

清朝乾隆皇帝有一次到镇江金山游览。当地的方丈派了一个能说会道的小和尚做向导。当乾隆皇帝上山时，小和尚边走边说："万岁爷步步高升。"乾隆听了很高兴。一会儿，下山了。乾隆皇帝有意试试小和尚的口才，便问："你在上山时说我步步高升，现在你看我怎样？"小和尚不假思索，立即答道："万岁爷后步更比前步高!"——下山时后面的脚当然比前一只脚要高,所以也暗含着"步步高升"的意思。

这个小和尚能注意说话对象的身份地位恰当用语,体现了他随机应变的智慧。

4. 注意对方的性格特征

性格,又称性子或脾气,是对人、对事的态度和行为方式所表现出来的心理特征。一个人的性格特征通过自身的言谈举止、表情等流露出来,如:那些快言快语、举止简捷、眼神锋利、情绪易冲动的人,往往是性格急躁的人;那些直率热情,活泼好动、反应迅速、喜欢交往的人,往往是性格开朗的人;那些表情细腻,眼神稳定,说话慢条斯理,举止注意分寸的人,往往是性格稳重的人;那些口出狂言,自吹自擂,好为人师的人,往往是性格骄傲自负的人;那些懂礼貌、讲信义、实事求是、心平气和、尊重别人的人,往往是性格谦虚谨慎的人。

对于这些不同性格的人,和他们说话时要具体分析,区别对待。如他喜欢婉转的,就说流利的话;他喜欢亢直的,就说激切的话;他喜欢学问的,就说高远的话;他喜欢家常的,就说浅近的话;他喜欢诚恳的,就说朴实的话。说话方式与对方性格相投,自能一拍即合。

罗斯福总统未成名之前曾参加过一个宴会。他看见席间坐着许多不认识的人。这些人是认得罗斯福的,不过因为他们和罗斯福的地位不同,所以虽然认识罗斯福,也只是冷冷地认识而已,并不因罗斯福地位高而表示殷勤。那时罗斯福刚从非洲回来,正在预备1912年选举的第一次旅行。罗斯福看见这些人对他没有表示友好的意思,立刻想出一个办法,故意拿出几个简单的问题,去问那些不相识者。

陆思瓦特博士是筵席上的主人,那时,正坐在罗斯福的身边。罗斯福凑近他轻轻地说:"请把坐在我对面那些客人的情形告诉我一些!"陆思瓦特把每个人的性情特点都大略告诉了他。罗斯福了解到每个人的性情以后,立刻就有了适宜的谈话资料。

5. 区别对方的知识水平

与人说话要区别听话人的文化知识水平。知识水平与人的经历、职业、文化教养等是紧密相关的。

江苏省语言学会成立之时,蒋礼鸿教授受浙江省语言学会的委托向大会表示祝贺。他是这样说的:"今天我受浙江省语言学会的委托,到这里来祝贺。江浙是兄弟之邦。从段玉裁和龚自珍来说,江苏还是浙江的'外公',我来向'外公'祝贺。现在祝贺'外公'健康长寿!"

这几句话中,蒋礼鸿引用了有关的历史名人。段玉裁是清代著名文学家,龚自珍是段玉裁的外孙,也是个著名的文学家。由于在座的都是语言学工作者,对于段玉裁和龚自珍的这层关系都是了解的。所以,蒋礼鸿这几句就对方的知识水平而说的话,说得十分得体。

6. 考虑对方的语言习惯

说话要考虑感情、褒贬、民族、时代、地域等问题,不可大意。我们说某人"壮得像头牛",英语则说"壮得像匹马",就是语言习惯的问题。

有个牧师，想翻译《圣经》给非洲居民读，可是译到"你们的罪恶虽然是深红的，但也可以变成像雪一样的白"的时候，难题就出现了。因为热带的土人，根本不知道雪是什么东西，雪的颜色和煤的颜色有什么不同。后来，牧师从椰子得到启发，把这句话改译成"你们的罪恶虽然是深红的，但也可以变成像椰子肉一样的白"，这样，非洲居民就懂了。

把"罪恶可以变成像雪一样的白"译成"罪恶可以变成像椰子肉一样的白"，这正是考虑到了对方的语言习惯。

7. 顾及对方的兴趣爱好

兴趣是一个人力求认识、掌握某种事物，并经常参加该种活动的心理倾向。说话时，需要顾及对方对事物的兴趣，顺着他的心理倾向，如对一位潜心学问的学者就不能谈"股票"、"生意经"；对一位经商的人就不能谈"治学之道"。一个具有敬业精神、勇于开拓创造的人，喜欢听事业、工作方面的具体指导和建议；生活困难，穷困潦倒的人喜欢听到扶贫济困、发财致富的信息。不同的兴趣有不同的"兴奋点"，兴趣相投的人聚在一起交谈，可以激发出话题焦点的"火花"，进而产生思想感情的共鸣。

面包商图维一直试着将面包卖到纽约某家饭店，可连续4年都失败了，最后图维决定改变策略。他打听到经理是"美国招待者协会"的主席，于是不论在何处举行活动，他都必定去出席。当图维再次见到经理时，就和他谈论他的"招待者协会"，这一下打开了经理的话匣子，反应异乎寻常。经理在图维离开办公室之前，"卖"给了他一张协会的会员证。图维只字未谈面包销售之事。几天以后，饭店的人主动打电话要他们送面包样品和价格单。

4年努力未成，一朝交谈得手，全在于投其所好的功劳。

从声气中认识人

人类的声音包含各种要素。声调是很重要的要素之一，大的声音，同时也具备某种权力。发出很大的声音，可以让别人沉默下来。然而，小的声音有时候更能发挥效果，这是因为人们会注意去听的缘故。当然，声大声小都需要姿势辅助，效果才更好。

发声法对音质有很大的影响。若以鼻子产生共鸣，声音如泣如诉，也会给人傲慢的印象。但是，如果是以胸腔来产生共鸣的话，发声法亦随之改变，变得丰富、强力，响度也够。

讲话的速度也影响到会话。说话速度太快的人，一方面容易给人好像有某种急事、戏剧性的事件或热心投入的印象；另一方面会让对方感觉焦躁、混乱以及些许的粗鲁。说话缓慢的人，虽然给人深思熟虑、诚实的印象，但太慢也会变成犹豫不决或漫不经心，甚至还会显出消极性的含义。

从声气识人，对看人说话来说是很重要的一件事。

1. 和声细气者

人们在请求、询问、安慰、陈述意见时常使用和声细气。它可以弘扬男性的文雅大度和女性的阴柔之美。尤其是在抒发情感时，和声细气的运用，更具有一种迷人的魅力。由于语音学中音素、音位的原理和人们说话时用声用气的心理状态及规律的不同，和声细气，这种声和气宛如柔和的月光和涓涓的细流，由人的心底流出，轻松自然，和蔼亲切，不紧不慢，能给听者以舒适、安逸、细腻、亲密、友好、温馨的感觉。和声细气地说话的男人，为人必定厚道、宽容、襟怀开阔；和声细气地说话的女人，为人必定温柔、善良、善解人意。

2. 轻声小气者

轻声小气表现说话者的尊敬、谦恭、谨慎和文雅。在和别人交谈时，可以缩短人与人之间的感情距离，密切双方之间的关系。有时，它还能避免一些可能会招致的麻烦。但用它来公开坚持意见、反驳别人、维护正义和尊严或表示强调是不可取的。

3. 高声大气者

高声大气是人们用来召唤、鼓动、说理、强调和表达自己激动心情的声和气。它可以表现说话者的激情和粗犷豪放的性格。它通常用来表示极度的欢喜或慷慨激昂的情绪。张飞是《三国演义》中群众最喜爱的人物之一。他以粗豪、勇猛、爽直和坚贞的品质深深地吸引着历代的读者。这个人物说话声音响如洪钟，具有浓烈的草莽英雄气质。从其外表便可以看到这一点。他"身长八尺，豹头环眼，燕颔虎须，声若巨雷，势如奔马。"在长坂桥一役，曹操率众军追赶刘备。张飞立马桥头，圆睁环眼，厉声大喝："我乃燕人张翼德也，谁敢与我决一死战！"吼声如雷，将曹军部将夏侯杰惊得肝胆碎裂，倒跌于马下。曹操更是回马便走。这段有声有色的传奇故事，凸现了张飞粗犷的草莽英雄气质。

4. 唉声叹气者

这种人心理承受能力弱，自信心不强，缺乏勇气，一旦遭遇失败，便灰心丧气，沮丧颓唐，乃至一蹶不振。《孔子家语》中记载了这样一段逸事。

孔子去齐国的途中听到一阵十分悲哀的哭声，他于是对弟子们说："这个哭声虽然很悲伤，但不是悼念死人的哀声。"孔子随后迅速向前走，遇到了那个哀哭的人。孔子下车询问他的名字，知道他叫皋鱼，孔子问道："这里不是悲哀的地方，你为什么哭得这么悲伤呢？"皋鱼长叹一声，回答说："我一生有三大过错，至今年老才深深觉悟，但追悔莫及，因此痛哭。"孔子不明白其话中的意思，便一再追问。皋鱼说："我少年时代爱好学习，周游天下，等回来时我的父母都死了，作为一个儿子竟不能为父母养老送终，这是第一大过失。我做齐国臣子多年，齐君现在奢侈骄横，我多次劝谏都不被采纳，这是第二大过失。我生平交友无数，不料到后来都绝交了，这是第三大过失。树欲静而风不止，子欲养而亲不待。去而不回的，是时间；不能再见到的，是父母。我是个大失败者，还有什么脸面活在这个世上？"说完，皋鱼便投水而死。

人到了这种悲伤而自杀的地步，他的哀情可想而知。而孔子从声气识别出皋鱼的哭声不是为了死者，而是有其他的原因，足见孔子识人之能。

从音色中辨别人

《人体科学》杂志上说，人的声音是气流通过声带振动时发出的声波。人体对声波的感觉是有限度的。人的听觉器官所能感受到的是频率2000赫兹到20赫兹之间的声波，低于20赫兹和高于2000赫兹的声波是人无法感受到的。

人的声音具有浓厚的感情色彩，能引起人复杂的心理效应。声音的强弱、快慢、高低、清浊，都能显示出异常复杂的情感。《灵山秘叶》中有这么几句话："察其声气，而测其度；视其声华，而别其质；听其声势，而观其力；考其声情，而推其征。"其中的声气，略同于声学中的音量，通过声气粗细，察看人的气度；声势相当于声学中的音长，声势壮者，声力必大；声华相当于声学中的音质音色，"声华"质美，则其人性善品高；"声情"相当于带感情的声音。人有喜怒哀乐恐悲伤七情，在语音中必然有所表现，即"如泣如诉，如怨如慕"。因此，由音能辨人之"征"。人的喜怒哀乐，必在音色中表现出来，即使人为极力掩饰和控制，也都会不由自主地有所流露。因此，通过这种方式来观察人的内心世界，是比较可行的方法。

1. 凝重深沉者

这种人才高八斗、言辞隽永，对人情事理理解得深刻而准确，对社会、对他人较负责任，有一定的可靠性。但由于人情事理的复杂性，这种人往往得不到重用，抱负无法施展。

2. 锋锐严厉者

这种人言词锋锐，爱好争辩。谈话时他一旦逮住对方语言的漏洞就会毫不留情地反击，让对方无话可说。这种人看问题一针见血，眼光犀利，但由于急于找到并攻击对方的弱点，从而忽略从总体上把握问题的关键，陷入舍本逐末、顶牛抬杠的处境而不能自拔。

3. 刚毅坚强者

这种人办事坚持原则，公正无私，是非分明，但是因原则性太强而显得不善变通，让人没有商量的余地。不过，他还是因为肯主持公道而得到别人的尊敬。这种人在评判他人的价值时，不因个人恩怨而产生偏见，依然能做到公正无私，扬善除恶，光明磊落，实事求是，主持正义。

4. 圆通和缓者

这种人为人宽厚仁慈，性格大度优雅，具有圆通性，对新生事物持公正包容的态度。在语言上圆通能使一个人在交往时显得温和可爱，具有柔和的言辞和态度，不轻易进行争论，以免伤了和气。拥有这种才能的人，总是"入乡随俗"，不在别人面前大露棱角，举止、言语无不八面玲珑。这种人可以从事任何职业，因为搞好人际关系，是必要条件之一，尤其是外交官，若不会交际与圆通，必然难以胜任。

5. 温顺平畅者

这种人说话速度慢，语气平和，性格温顺，权力欲望平淡，与世无争，易与人相处。但因为心意温软，而使自己长期处于一种胆小怕事的状态，对外界人事采取逃避态度。如果他能遇上一个肯提携他的人，从旁帮他一把，教导他磨炼胆气，知难而进，那么，他就会成为一个能刚能柔的人物，会有一番大作为，令人刮目相看。

西晋时王湛在父亲去世后，居丧三年，丧期满，就居住在父亲坟墓的旁边。他的侄子王济每次来祭扫祖坟，从不去看望叔父，叔父也不去见他。偶尔见一面，也只不过说几句客套话罢了。有一次，王济试探性地随便问了一些最近的事。王湛回答时措辞、音调都适当，音色温顺平畅，大出王济意料之外。他不禁大吃一惊。他觉得叔父不再是从前那个胆小怕事、没有主见、意志软弱的人了。因此继续和他谈下去，越来越精粹入微。在此之前，王济对王湛全没有一点子侄对长辈应有的礼貌；自从听了他的言谈后，不觉心怀敬畏，外表也肃穆庄严。于是留下来日日夜夜地相互谈论。王济虽然才华出众，性格豪爽，但在叔父面前，觉得自愧弗如。有一次，王济听了叔父的谈话后，不禁长长地叹了一口气说，家里有名士，多年来却不知道！过去晋武帝每次见到王济，常常拿王湛当做取笑的笑柄，问他："你家里那位傻子叔父死了没有？"王济往往无辞答对。这一回，对叔父有了认识，当武帝又像过去那样问起时，便说："臣的叔父并不傻。"接着，就如实地讲了王湛的优点。武帝问："可以和谁相比？"王济说："在山涛之下，魏舒之上。"经王济这一番广告宣传，王湛的名声一天天地大起来，后来他开始步入政界，终为人所知。

6. 浮漂燥热者

这种人易犯浮躁的毛病。他们做事情既无准备，又无计划，只凭脑子一热、兴头一来就动手去干。他们不是循序渐进地稳步向前，而是恨不得一锹挖出一眼井。结果事与愿违，欲速不达。

7. 激荡回旋者

这种人有强烈的好奇心，有独特的思维能力，敢于向传统挑战，敢于向权威说"不"。他们对事业开拓性强，经常弄出些奇思妙想，令人赞叹。他们在语言上的特点也与众不同，异想天开，独树一帜。他们的缺点是不能冷静思考，难以被世人理解，成为孤胆英雄。

十种会说话的人

语言是思维的工具，所以语言是鉴识别人的重要依据。人的思想及情感通过语言表达出来。一个人的品格是粗鲁还是优雅，会在粗鲁或优雅的措辞中自然而然地流露。生活中很多人谈吐漫无边际，说话不得体，不管别人愿不愿意听，他都一味空谈，最后必然是言多语失。

再看那些善于言谈的人，生活总是很快乐。业余时间里，他们和朋友或家人在一起，谈笑风生，快快活活，使大家得到很多乐趣。这些人在需要说话的庄重场合，往往能说得十分得体，恰到好处。因此，善于运用口才的人，在生活、工作中都能得到很大的成功。

1. 奇思妙语者

奇思妙语者机智风趣，谈吐幽默，灵感的火花常常在只言片语中迸发。他不论走到哪儿，都能给那个地方带来笑声，带来愉快和欢乐。

2. 转守为攻者

转守为攻者心思细密，关键时刻能稳住阵脚，应变能力强，攻防之间都能做到随心所欲，任意切换，不拘一格。这种人还有一个令人羡慕的优点，他从来不做没有把握的事，凡事总是先求不败，再求胜机。

3. 善于倾听者

一个善于静静聆听别人谈话的人，他必定是一个富于思想、有缜密见识和品行、有谦虚柔和性格的人。这种人在人群中，起初也许不大被注意，但最后必定是最受人敬重的。因为他虚心，所以为每个人所喜欢；因为他善思，所以为每个人所信任。

4. 随机应变者

随机应变者头脑反应迅速，像一台高速运转的电子计算机，在一秒钟内能正确分析自己目前处境的优劣并设法找到为自己开脱的理由，巧妙应变。

5. 妙语反诘者

妙语反诘者不仅能说，而且会听，对对方所说的话能够抓住机会提出各种问题加以反击，令对方哑口无言，从而一举赢得论辩的胜利。

6. 说服力强者

说服力强者是优秀而不可多得的外交型人才。他对别人的思想、感觉、看法了解得非常清楚，谈别人的事如数家珍，能替人指点迷津，并能把那些和他不同的或相反的意见推倒排开，使谈话照着自己设计的方案和计划进行。因此，这种人总是最后的赢家。比如我国三国时代的诸葛亮就是一位说服能手。

7. 谈吐幽默者

富有幽默感的人不但愉快地做事，更能愉快地说话，走到哪儿，欢乐就散布到哪儿。这样的人难免有缺点，但由于有情趣，使人欢笑，使人快乐，人人都愿意与之相处。幽默型的人，他们很少遵从逻辑的法则，相反经常运用奇谈怪论，或类似诡辩的手法，使对方如坠云里雾中。打趣话、俏皮话、笑而不谑的话连续不断，使举座为之倾倒。这种才能特别发达的人，总是非常圆滑、灵通的聪明人。有幽默感的人，是感觉敏锐的人，心理健康的人，也是笑颜常开的人，胸襟豁达的人。别人乐意与之交往、与之亲近、与之为友的人。

8. 滑稽搞笑者

滑稽搞笑者总是以一种调侃的方式，随心所欲地对一个问题进行自由自在的解释，硬将两个毫不沾边的东西粘连在一起，以造成一种不和谐、不合情理、出人意料的效果，从而在这种因果关系的错位和情感与逻辑的矛盾之中，产生出搞笑的艺术。

9. 旁敲侧击者

旁敲侧击者和人打交道善听弦外之音，又会传达言外之意，老于世故，擅长话里有话，一语双关。

10. 软缠硬磨者

软缠硬磨者是一种性格顽强、不达目的誓不罢休的人。为了达到某种目的，他会采用软缠硬磨法，友好地赖着对方的时间，赖着对方的情面，甚至赖着对方的地盘，不答应就是不撤退，不把事情办成就是不回头，搞得对方急不得恼不得，最后不得不答应他的要求。

七种似是而非的人

人世间有不少假象存在，人身上也有许多似是而非的东西。这些似是而非的东西经由嘴里说出来，初听好像是优点，实际是致命的缺点，对这种人要仔细看清楚，才能确定怎么说话。

1. 吹毛求疵者

吹毛求疵者总是故意挑剔毛病，硬找差错，没有问题时硬要弄出些问题。他有时伪装成对工作事业认真负责的样子，有时又换上一副蛮不讲理或自以为聪明透顶或傲慢无知的面孔。不管他属于其中的哪一种表现，吹毛求疵者心里都揣着一个不正当的念头——不愿与人为善。当一个人总是这么做时，他绝不是为了真理和正确原则，只是以此作为口实和把柄，来达到自己不可告人的目的。但这样做的结果是害人不利己。

2. 花言巧语者

常言道："虚浮不实的话语缺少仁爱。"英国谚语也说："诚实的话语常常不华丽雕琢；华丽雕琢的话语常常不诚实。"像这种针对"花言巧语"的说法还很多。花言巧语听起来顺耳，但如果谁要是总信这一类话，久而久之，后果必然不堪设想。爱花言巧语的人总是以自己的利益为出发点去奉承别人，在别人被冲昏了头之后，自己的私欲也得到了满足。不仅如此，花言巧语中往往隐藏着一口陷阱，一口鲜花覆盖的陷阱。经常是受害人掉进了陷阱后才发现。

3. 好讲空话者

好讲空话者说大话，爱虚名，尚虚伪。爱说空话的人，当他的话不能兑现的时候，他为了维护自己的"尊严"，便会编出一些假话来搪塞，这样，就常常使自己陷入失败的泥潭而不自知。王衍清谈误国，赵括纸上谈兵，这是好讲空话者的典型事例。他们最后都落了个身败名裂、祸国殃民的下场。

4. 鹦鹉学舌者

鹦鹉学舌者自己没有什么独到的见解，只是善于吸取别人的思想，将别人的思想嫁接到自己的口中，在众人面前宣讲，给人造成"这个人还真行"的错觉。无形之中使大家把他当高人看，从而崇拜尊敬他。鹦鹉学舌的性质说严重一点就是抄袭剽窃。

5. 华而不实者

华而不实者说起话来滔滔不绝，头头是道，口若悬河，妙语生花，时髦理论总是挂在嘴边。开始和他接触，容易对他产生好感，但接触时间长了之后，这种人"金玉其外，败絮其中"的本性就会暴露无遗。

公元前622年，晋襄公手下有个大臣叫阳处父。他平时喜欢高谈阔论，好自以为是地教训他人。有一次，他奉襄公之命去卫国访问，回来的时候路过鲁国的宁城。宁城有个叫宁嬴的人陪他同行。可是，刚走了几天，宁嬴就离开阳处父独自回家来了。宁嬴的妻子很纳闷，便问他为什么这么快回来。宁嬴回答："我虽然同阳处父相处只有几天，但我发现他这个人好像是一株树，花开得好看，可就是不结果子。"宁嬴叹了口气，颇为感慨地继续说："华而不实，怨之所聚也。"这后一句话的意思是说，你想想看，像这样华而不实的人，别人定然都会怨恨他，积怨多了，我再跟着他，不仅不能得到好处，反而会受到连累的。所以，我就赶早回来了。果然，一年以后，阳处父因为没有真本事而被人杀了。

6. 常发牢骚者

牢骚是个人在受到挫折时的一种抑郁不平的精神性宣泄，就是说些怪话、不满的话。偶然而适当地发些牢骚，也没有什么大碍。它是一种比较原始的"保护性措施"。但一个人经常发牢骚就意味着他适应社会的能力低，是一个只考虑个人得失的、喜欢斤斤计较的"小人"。经常发牢骚的人，不仅不会获得社会的同情，反而会使其本人的层次变得更低。

7. 絮絮叨叨者

絮絮叨叨者说话抓不住要领，看问题看不到本质，一谈及问题，总觉得什么都有理，什么都联系得上，什么都想说个明白，于是，不管他人是不是接受，能不能接受，不分先后次序、轻重缓急，统统将想说的都说出来，一直说到他人不耐烦为止。碰到这种人，最好的办法是或者转移话题，或者闭目养神，或者做自己的事，免得浪费时间。

与名人交谈，不卑不亢

与名人说话时，不要有害羞畏怯的心情，只要能真正表现你内心的意思，你就能与任何名人交流。有些人对名人只是一味地说些奉承话、空洞话，这样是不能使对方愉快的。如果你是真诚的，那你就把深烙在内心的印象，说给他听，他会深深感到愉快，但所用的措辞和说话的态度都要得体。你可以把他们视为有血有肉的平常人来对待。他们也实实在在像平常人一样，敌不过疲倦，也承受不住伤害。他们可能比你更脆弱，而且与你一样害羞。他们向公众所投射的信心、睿智、仁慈、滑稽或情感等影像，实际上是经过修饰的。

当你同时应付两位名流时，不要只顾你所景仰的一位，而置另一位于不理。这会使他们两位都不自在。你应该说，遇见两位，真是使人兴奋，如果你想和他们继续交谈，那么你必须保证话题是他们两位都能表达意见的。换句话说，你要确保三人交谈的方式。如果你对另一位名人并不熟悉，而且在经过介绍之后，你仍想不起有关他的任何事迹，你也不能对他有所疏忽。你必须一视同仁，表现同样的热情和友善。

作家、诗人、画家、音乐家等从事创造性工作的人，虽不大喜欢说话，但这些人往往对政治乃至于宗教，都有广泛的兴趣。他们在社交场合也许不活跃，但他们有启发人们思想的独见，你和他们说话，必须耐心，不要轻易动怒，也不要太热切，要温和、冷静和体贴。

名气一般的名人，总是生活在情绪不稳定的状态。他们内心的恐惧，使他们脆弱敏感，别人稍有疏忽就会激怒他们，而且他们也容易傲慢。然而，他们绝对需要你的尊重和顺从，他们的名气愈小，他们对于亲切、尊重的需要也就愈大。

对褪了色的名人，也就是过时的名人，最好采取迂回的战术，也即是通过第三者来了解他的问题。你的开场白应当是积极的，最好不说如"这些日子以来你是如何打发的呀？"或"我们很久没有见你在公众场合露面，你去哪儿了？"或"这么久不在舞台上露面，觉不觉得无聊呢？"等类似的话。这些话等于当头泼他一盆凉水。

消极的开场白，要尽量避免，这也无法使他表达他的真情实感。这样接下去的话，都会成了废话。

在多数情形下，与名人谈孩子是不会错的。你可以问对方有几个孩子，多大了，他们现在在哪儿，以及孩子读的学校好不好，学习成绩好吗……如果你也当了爸爸或妈妈，那么，你就更具备和他们谈孩子的资格了。你可以告诉他们，你的孩子已经长大，或和对方的孩子同龄，你也可以向他们表达，你对孩子染头发的感觉，或孩子喜欢搜集小动物，等等。不过话题不要扯得太远，要适可而止，更不要把所有的秘密都抖出来。

与有钱人交谈，正直坦率

有钱人比名流还要敏感。他们的富有往往是别人与他们谈话发生困难的关键，他们的财富使你对他们敬而远之——不只是心理上，实际上你的生活方式都和他们有很长的一段距离。

他们和你之间的谈话材料，因为你对他们缺乏了解而变得很有限。或者你可能认为，你和他们之间没有谈话的余地了。你当然可以这样使自己获得心理上的平衡，不能谈就不谈，反正于己也无损失。不过，假定你偏巧遇上了一位富翁，不管他是不是你的老板,你不知所措地呆站一旁,总是不好受的。

当你遇到有钱人时,你可以设法让他们说往事。过去的工作是否比现在更有趣?他发展到现在这个阶段的关键是什么?谁是早年助他们成功的英雄?当年的老板是否使他们紧张?他们的百万财富是不是他们自己创造的,以及他们是怎样赚到第一桶金的。如果这个问题问得他们不大自在,你就准备跳到其他问题上去吧。盯着问会让彼此都不愉快。

如果他们不愿意打开他们的记忆之门,你就问他们的工作时间,问他们如何承担那么重大的责任,问他们爱好哪些休闲活动,以及怎样布置他们的办公室——很多有钱人的办公室,布置得就像豪华的皇宫一样,很值得一谈。同时记住,特别是当对方是一位医生时,不要忘了他也是血肉之躯,你也可以和他谈谈他的健康问题。

在社交场合,我们不宜向各种专业人员要求其提供免费的建议。即使你的问法很技巧,也是一种冒犯,而且你问得再技巧也瞒不过专业人员。男人常喜欢在交易场合和律师谈他们与敌手之间的问题,女人则喜欢在社交场合和医生谈她们的孩子和丈夫。这其实与我们向电器商人索取免费的电器并无不同。各种专业人员的职务,便是向他们的客户出售商品。我们应该在他们的营业时间才向他们提出各种问题。

你应尽量避免对富翁们提出有关事业上的意见。如果确有提出的必要,也许可以这样表白你的意见:"这次能认识您,真令人高兴。我有一个困扰很久的小问题,我想您也许能解开我的迷惑。我发现有些公司出品的酱油,瓶盖很难打开,我奇怪何以要封得那么紧呢?"你所表达的是同一个意见,但其中有很大的不同。这种表达方式显示出你对问题的关切,而你又未指名道姓地说出产品的名字。你请他解答你的迷惑,你的立场是消费者,是外行人,而他是非常能干的大富翁,他会乐意答复你的问题,因为你是他的听众,不是为挑战他来的。

当你和银行家、鞋店老板或任何孩子的母亲谈话时,你均不宜过分直率。坦直是无可厚非的,但适当的含蓄更值得学习。当我们说:"你是怎么能使这么多人来来往往于你这地方的?"和我们说:"你这地方何以总是乱成一团?"所表示的意思是一致的。但是,你要知道,前者不会使人难堪,而后者常会引起听者的恼怒。那么,我们何不取前者呢?

说话不是竞争,不需要斗嘴。商人把他的时间和金钱都投资在他的事业之中,并与其他的同行竞争,其中有些人发达起来,有些人还在奋力维持。如果他们能遇见一位能和他们交换意见而没有敌意的人,他们会觉得幸福和快慰的。如果你能发现他们引为尊荣的地方,以及他们觉得成就和有价值的地方,那么你们就能缔结出友谊之果。

◆◆ 说话的智慧 ◆◆

> 我们平常穿衣服讲求"量体裁衣"。日常说话,也要根据各种人的地位、身份、文化程度、语言习惯来作不同的处理,把握好分寸,留有余地。

第六章　有礼有节
——得体地使用礼貌语言

  有位商店老板，在接待应聘者小汤时，本来是准备聘请小汤的。在面试临近结尾的时候，老板表示对事情的发展感到满意，并将于今后几天内与小汤会面。然而小汤说："难道现在你不能告诉我，是否能得到这份工作吗？因为过几天我要外出旅游去了。"老板说："噢，你不是告诉我，一得到通知就马上开始工作吗？"小汤说："你最好别指望我能坐下来等你几天的电话。"老板说："好吧，那我只能说，如果我们需要你，就会与你联系的。"然而，这位老板始终没有给小汤打电话。这是小汤缺乏礼貌语言的必然结果。

有位名叫亚诺·本奈的小说家曾说:"日常生活中大部分的摩擦冲突都起因于恼人的声音、语调以及不良的谈吐习惯。"此话说得颇有道理。何故？只要我们细察生活于自己身边的人就会发现，谈吐的缺陷往往可能导致个人事业的不幸或损及所服务机构的荣誉与利益，更可能导致父子不和、夫妻离异乃至人际关系的紧张恶化。一个人的谈吐，往往决定企业是否愿意聘用他，或合作者是否愿意投他信任一票与之发生商业关系。

平常说话有许多口头"敬语"，我们可以用来表示对人尊重之意。"请问"有如下说法：借问、动问、敢问、请教、借光、指教、见教、讨教、赐教等；"打扰"有如下词汇：劳驾、劳神、费心、烦劳、麻烦、辛苦、难为、费神、偏劳等。如果我们在语言交际中记得使用这些词汇，相互间定可形成亲切友好的气氛，减少许多可以避免的摩擦和口角。

优雅的谈吐讨人喜欢

哈佛大学前任校长伊立特说过："在造就一个有教养的人的教育中，有一种训练是必不可少的，那就是，优美而文雅的谈吐。"

善于说话的人，不但能使不相识的人见了他们产生良好的印象，并且能广结人缘，到处受欢迎。

许多人说话的本领不很高明，是因为他们不曾把谈话当做一门艺术，不曾在这门艺术上下过工夫。他们不肯多读书，不肯多思考。他们说话，宁肯随便用粗俗的语句，而不肯"三思"而后言，将自己的意思用文雅、优美的语言表达出来。

有许多年轻人，终日只说些没有任何意义的闲闻琐事。面对一个陌生人，他们这种说话方式肯定会招致别人的反感。

相传，某父子冬天在镇上卖便壶（俗称"夜壶"。旧时男人夜间或病中卧床小便的用具）。父亲在南街卖，儿子在北街卖。不多久，儿子的地摊前有了看货的人，其中一个看了一会儿，说道："这便壶大了些。"那儿子马上接过话茬："大了好哇！装得尿多。"人们听了，觉得很不顺耳，便扭头离去。在南街的父亲也遇到了顾客说便壶大的情况。当听到一个老人自言自语说"这便壶大了些"后，马上笑着轻声地接了一句："大是大了些，可您想想，冬天夜长啊！"好几个顾客听罢，都会意地点了点头，继而掏钱买走了便壶。

父子两人在一个镇上做同一种生意，结果迥异，原因就在会不会说话上。我们不能说当儿子的话说得不对，确实，便壶大装得尿多，他是实话实说。但不可否认，他的话说得欠水平，粗俗的语言难以入耳，顾客听了很不舒服。本来，买便壶不俗不丑，但毕竟还有些私密的因素在内。人们可以拿着脸盆、扁担等大大方方地在街上走，但若拎着个便壶走在街上，就多少有些不自在了。此时，儿子直通通的大实话怎能不使买者感到几分别扭？而那个父亲则算得上是一个高明的推销商。他先赞同顾客的话（"大是大了些"），以认同的态度拉近顾客的距离，然后，又以委婉的话语说"冬天夜长啊"，这句看似离题的话说得实在是好。它无丝毫强卖之嫌，却又富于启示性。其潜台词是：冬天天冷夜长，夜解次数多且又怕冷不愿意下床是自然的，大便壶正好派上用场。这设身处地的善意提醒，顾客不难明白。卖者说得在理，顾客买下来也就是很自然的了。

儿子一句话砸了生意，父亲一句话盘活了生意，这不正说明了"善讲"的重要性吗？

说话讲究措辞文雅，态度自然，同时还需使你的言词富于同情，处处显示你的善意。唯有充满温暖的同情的话语，才能够引起他人的注意。假使你的话是冷淡而寡情的，那是引不起他人注意的。

选择各种题目，努力去做优美而精纯的谈论。常常用清楚、流利、文雅的言词去表示自己的意思，这是一种良好的训练。多结交有学问的人，常与他们交谈，耳濡目染，自然你也就会说话了。多读书，也是一种提高语言艺术的好办法。多读书不但能开拓心胸，增加知识，而且能熟悉许多词汇和语句，提高表达能力。

得体地使用礼貌语

语言是思想的衣裳，它可以表现出一个人的高雅或粗俗。如果你要接通情感的热流，使社交畅通无阻，就应得体地运用礼貌谦词。

很早以前，有位士兵骑马赶路，至黄昏时还找不到客栈，倏地见前面来了位老农便高喊："喂，老头儿，离客栈还有多远？"老人回答："五里！"士兵策马飞奔十多里，仍不见人烟。"五里、五里"他猛地醒悟过来，"五里"不是"无礼"的谐音吗？于是他调转马头赶回来亲热地叫了一声："老大爷"。话没说完，老农说："你已经错过路头，如不嫌弃，可到我家一住。"

交际谈话中如能用礼貌语言，就会让人感到"良言一句三冬暖"，使人与人之间的感情很快地融洽起来。例如：您好，谢谢，请，对不起，别客气，再见，请多关照，等等。

在我国，同人打招呼常习惯问："你吃饭了吗？" "你到哪里去？"见面时称道"早安"、"午安"、"晚安"、"你夫人（先生）好吗"、"请代问全家好"等。语言务必要温和亲切，音量适中。若粗声高嗓，或奶声奶气，别人就难有好感。运用礼貌语，还要注意仪表神态的美，当你向别人询问时，态度尤其要谦恭，挺胸腆肚，直呼其名，或用鄙称，必遭人冷眼，吃"闭门羹"。

在交往中得体地使用礼貌语言和谦词，可以给对方留下良好的印象。

你和人相见，互道"你好"，这再容易不过。可别小瞧这声问候，它传递了丰厚的信息，表示尊重、亲切和友情，显示你懂礼貌，有教养，有风度。

美国人说话爱说"请"，说话、写信、打电报都用，如请坐、请讲、请转告。传闻美国人打电报时，宁可多付电报费，也绝不省掉"请"，因此，美国电话总局每年从请字上就可多收入一千万美元。美国人情愿花钱买"请"字，我们与人相处，说个"请字"，既不费力，又不花钱，何乐不为？

英国人说话少不了"对不起"这句话，凡是请人帮助之事，他们总开口说声对不起：对不起，我要下车了；对不起，请给我一杯水；对不起，占用了您的时间。英国警察对违章司机就地处理时，先要说声"对不起，先生，您的车速超过规定"。两车相撞，大家先彼此说对不起。在这样的气氛下，双方自尊心同时获得满足，争吵自然不会发生。

成功人士说话非常注意用礼貌语言，如：你好、请、谢谢、对不起、打搅了、欢迎光临、请指教、久仰大名、失陪了、请多包涵、望赐教、请发表高见、承蒙关照、谢谢、拜托您了，等等。

因为少说了一句话

有一位服务于某大型电脑公司，担任系统工程师的职员。他在公司已服务六年，技术优秀并很关照晚辈，上级对他也另眼相待。但他却在一次与客户的交涉中，犯了意想不到的大错误。

某客户买这家公司的电脑，因而召集员工听该电脑公司的人讲解。这位系统工程师极认真而详细地解说电脑的操作和内容。在说明会的休息时间里，他前往洗手间，洗手时才发现没有洗手用的香皂。他看见隔壁放着一块，但正好有一位老人在用。这位工程师由于赶时间，未向老人打声招呼就径自伸手将香皂取过来用，然后在隔壁随便抓把卫生纸擦手，就匆匆走出去。

那位老人对这位工程师的所作所为，觉得很生气，认为不招呼就随便用别人位子上的东西，是很不礼貌的行为。而这位老人正是这家客户公司的董事长。

"这么不懂礼貌的人，是哪家公司的人呢？"

在这位董事长询问下，知道就是电脑公司派来做说明的工程师，结果使得原来订下的电脑被退了回去。于是，电脑公司也开始调查原因。电脑公司总经理特地到这家公司谢罪，但还是无法挽回工程师所造成的恶果，工程师也因此而引咎辞职。

这位本来很有前途的优秀工程师，若能在洗手时多说一句："对不起，让我先用一下。"整个情形都将为之改观。由此可见，短短的一句话，也是不容轻忽的。

倘若经常觉得"这种小事不说也无妨，对方一定会知道的"或认为"芝麻小事，不说也罢"，这就错了。

自己这样想，对方是不是也这么想呢？无论是怎样的芝麻小事，仍要经由嘴里讲出对方才能明白、谅解。

说好"谢谢"

学会感谢会让我们在社交场合变得彬彬有礼，给人留下很好的印象。

在人际交往中，有许多人在接受别人的好意后，不喜欢说"谢谢"两个字。为什么呢？主要有两个原因：一是认为没必要说"谢谢"；二是确实不会说"谢谢"。这两种情况，前者是主观认识上的问题，后者是能力上的问题，但都会对人际交往造成不良后果，必须予以改变。

要了解一下"谢谢"的性质与功能。"谢谢"，就是在对方对自己作出一些善意言行之后，自己在言辞上所做的一种情感回报。"谢谢"有下列几种功能。

1. 表达自我情感

人们在接受别人的善意言行之后，都会产生一种感激之情，情动于衷，发乎言辞。一句"谢谢"，常常就是这种情感的自然流露。

2. 强化对方的好感

人际关系学认为：人际交往是一个互动过程。一方的善意行为必然引起另一方的"酬谢"，例如感谢。而这种"酬谢"又将进一步使对方产生好感，并发出新的善意行为。这样，就使双方的人际关系进一步达到融洽。

3. 调节双方距离

任何一次或一种人际交往都是在交际双方所结成的心理距离中进行的，适当的心理距离是成功的人际交往的一个必要条件。而感谢语言是调节双方距离的微调剂。

感谢起着调近双方距离的作用，但有的时候，感谢也有着拉大双方距离的特殊功能。有时在某些亲密的人际关系中，例如恋人、亲人、密友之间，我们会使用一些社交场合中标准的彬彬有礼的感谢语，来显示自己对对方的冷淡态度，拉大与对方的心理距离。

在人际交往中，要运用好"感谢"这种交际手段来完成特定的交际任务，就应该注意以下几点：

第一，"谢谢"在很多情况下就是一种对对方心理需求的满足。就不同的人来说，其心理需求是不同的。有的人希望你对他的言行本身表示感谢，有的人希望你对他的言行的行动或效果进行感谢，有的人则希望你对他个人进行感谢。

因此，感谢者就应首先满足这种心理需求。尤其是小伙子对大姑娘表示感谢，更要对"感谢动机"这一点采取慎重的态度。

诸如："谢谢你，想不到你一直在想着我"之类的话很容易造成误解，还不如只对对方行为本身进行感谢。因此，感谢一定要针对对方的心理需求而发。

第二，感谢还要针对对方的不同身份特点采取相应的方式。老年人自信自己的经验对青年有一定的作用，青年人在表示感谢时就应感谢对方言行的结果："谢谢，您的这番话使我明白了许多道理……"，这会使老年人感到满足。

女性常以心地善良、体贴别人为自己独特的人际魅力，因此男人感谢他们时，说"你真好"就比"谢谢你"更好一些；说"幸亏你帮我想到了这点"就比"你想到这点可真不容易呀"要好。

第三，感谢一定要注重场合。你与对方单独在一起时，对他（她）表示感谢，会有好效果；但在众人之中挑出某一个人来表示感谢，那么就有可能冷落别人，也会使被感谢人难堪。

第四，"感谢"也要注意双方的关系。例如双方是一般熟人或同事关系，可以用直接感谢，"感谢您"或"非常感谢"；但双方是至亲与好友时，少用"谢谢您"或"非常感谢"之类的话。可用称赞语或陈述语来表达谢意。儿子对妈妈就可说："妈妈，您真好，是天底下最好的妈妈。"

说好"对不起"

有两户人家紧邻而居，东家的人和乐相融，生活幸福美满；西家的人经常争吵，天天鸡犬不宁。这种情形引起了一位社会学专家的兴趣。

社会学专家问东家的人说："你们一家人为什么从不像西家人那样经常争吵，而能够和睦相处呢？"

"因为我们一家人都认为自己是做错事的坏人，所以能够互相忍让相安无事；而他们一家人都认为自己是好人，因此争论不休大打出手。"东家的人如此回答。

社会学家又问："这是怎么回事呢？"

东家人回答说："譬如有一个茶杯被打破了。在他们家自以为自己是好人的情况下打破杯子的人不肯认错，还理直气壮地大骂：'是谁把茶杯乱摆在这里的？'摆杯子的人也不甘示弱地反驳：'是我摆的，你为何不小心把它打破了？'彼此间不肯认错，不肯退让，僵持不下当然会吵架了。可是我们家，如果谁不小心打破茶杯，就会抱歉地说：'对不起，是我疏忽打破了杯子。'而放茶杯的人听到也会回答：'这不全怪你，是我不应该将茶杯放在那儿。'像这样坦白承认自己的过失，互相礼让，怎么会吵架呢？"

社会学家点了点头。

东家人真是智人智语。不是吗？与人交往时常抱以"对不起，我错了"的心态，把自己的姿态放低，学会谦卑，以坦诚来修炼自己的心性，扩大自己的度量就能化解许多误会。

"对不起！"这三个字看来简单，可是它的效用，不是别的字所能比拟。这三个字，它能使顽强者低头，也能使怒气消减。可是有多少人知道它的效用，而充分利用它呢？多少仇怨，多少嫌隙，不是纯由某一方不会使用这三个字而起吗？

凡物不平则鸣，世间原无不可解决的事。你在公共汽车上误踩了别人的脚，你说声"对不起"，被踩者自然不计较什么了。人的心理原是这样，对于许多事情皆可原谅。若因为你的过失，使别人吃亏，而你还不承认自己的不是，好像他的吃亏是咎由自取似的，这就不能使他原谅你了。客气和谦虚是获得友谊的唯一方法，事事要占上风，到处惹是生非，则其受人齿冷，就不奇怪了。在公共汽车上踩了别人一脚，自己不承认错误，却还埋怨旁人，以此处世，如何能使别人心服。

消除恶感，避免伤害对方的感情，最聪明的方法是自己谦逊一点。自己有过失的时候立刻道歉，别人会给你同情。

反之，不承认过错，就难怪对方生气，许多小口角变成打架，或因一两句话就酿成命案的，皆由此而起。倘若我们大家都常常不忘这三个字的巧妙，我们的生活将会增加多少愉快和祥和呢！

"对不起，害你等了许多时候。""对不起，你可以替我把茶杯递过来吗？"在日常的谈话中，这三个字真是用途太多了。因为它能表示客气和礼貌，能使别人对你更为宽容了解。

"对不起"三字，意思无非是让别人占上风，既然他占上风了，他还有什么更大的要求呢？息事宁人，莫善于此。要使家庭不失和，朋友不交恶，这三字真是百效的灵药。古人教人要"夫妻相敬如宾"，对人要"恭敬谦和"，也无非叫你多说几声"对不起"罢了。

下次你要经过别人座位时，请先说声"对不起"，那么让路的人一定不会把眉梢皱起。如果你招待你的顾客时多说两声"对不起"，那交易也十有八九会成功的。

说客气话时不要太客套

假若你到一个朋友家里，你的朋友对你异常客气，你每说一句话，他只有"嗯、嗯"而答，每当和你说话时，总是满口客套，唯恐你不高兴，唯恐开罪于你。如此一来，你一定觉得如芒刺在背，坐立不安。

这情形你大概经验不少，同时你就得想想，你如此对待过你的客人吗？

虽然是客气，但这客气显然是给人痛苦的。开始会面时的几句客气话倒不成问题，若继续说个不停就太不妥当了。谈话的目的在于沟通双方的情感，增加双方的兴趣。而客气话，则恰恰是横阻在双方中间的墙，如果不把这堵墙搬走，人们只能隔着墙，作极简单的敷衍酬答而已。

大概朋友初次会面，略谈客套后，第二第三次的见面就应竭力少用。那些"阁下"、"府上"等名词，如果一直用下去而不在相当时间以后废去，则真挚的友谊无法建立。

客气话是表示你的恭敬或感激，不是用来敷衍朋友的，所以要适可而止，多用就流于迂腐，流于浮华，流于虚伪。有人替你做一点小小的事情，譬如说倒一杯茶吧，你说"谢谢"，也就够了。要是在特殊的情形下，那么最多说"对不起，这事情要麻烦你"也就很够了。但是有些人却要说"呵，谢谢你，真对不起，我不该拿这些小事情麻烦你，真使我觉得难过，实在太感激了……"等一大串，你在旁边看见也会觉得不舒服的，可是你自己也有这样的毛病吗？

说客气话的时候要充满真诚。像背熟了的成语似的流水般泻出来的客气话，最易使人讨厌。说时态度更要温雅，不可现出急促紧张的状态。还有，说时要保持体态的均衡，过度的打躬作揖，摇头摆身作态来帮助你说客气话的表情，并不是一个"雅观"的动作。

把平时对朋友太客气的说话略为坦率一点，你一定可以享受到友谊之乐。对平时你从来不会表示客气的人们稍微说话客气一点，如你的孩子，商店的伙计，出租车司机等，你一定会收到意外的好处。

过分的客气话，在一个朋友家中，这是窘迫主人的最好的利器，而当你是主人的时候，那又是最好的最高明的逐客方法。这方法的奏效，更胜于把他大骂一顿，如果你怕朋友到家里干扰你，拼命跟他说客气话好了，临走勿忘请他有空再来，你知道他绝不会再来的。

前面说明太多的客气话使人不愉快。现在，来讨论说客气话应该注意哪些事情：

缺乏真诚的刻板的客气话，必不能引起听者的好感。"久仰大名，如雷贯耳。""贵号生意一定发达兴隆。""小弟才疏学浅，一切请阁下多多指教。"……这些缺乏感情的，完全是公式化的恭维语，若从谈话的艺术观点看来，是非加以改正不可的。

要言之有物，这是说一切话必备的条件。与其泛说"久仰大名，如雷贯耳"，不如说"您上次主持的冬季救灾义演晚会成绩之佳，真是出人意料"等话，直接提及他的著名工作。

文明礼貌三句话

一个人的形象是一封无字的介绍信。人们通过你的语言、行为、仪表，就能判断出你是一个什么样的人。

如果有人问你："你会说话吗？"你一定会说："说话谁不会，张口就来！"

其实不然，说话的学问大着呢。一个人所说的话总是和他的人品和修养联系在一起的，优美的语言首先建立在尊敬他人的基础上。

如果你想成为一个高尚的、受欢迎的人，请学会说"文明礼貌三句话"。

1. 见面要说："早上好！""您好！"

美好的一天是从一句亲切热情的问候——打招呼开始的。"早上好！"这亲切的问候传递着你对长辈的尊敬和爱，营造了温馨的家庭气氛。到学校，见到老师、同学，面带微笑地说一声"老师，您好！""同学，你好！"在公共汽车上，对司机，乘务员说："早上好！"在公司里见到同事说："早上好！"在这简单自然的问候中，不知不觉地塑造着你自己在别人心目中的良好形象，培植着你与别人之间的友谊。

2. **道歉要说："对不起！""请原谅！"**

人活在世上，没有不出错的。出了错，应该懂得道歉。向人道歉，就是承认自己的言谈举止或某些做法不妥，并把愧疚的心情传达给对方，请求对方原谅。

打扰了对方，给对方带来了不方便，或做错了事，如果你及时说一声"对不起！""请原谅！"就会修补已经受到损坏的形象。

事先约好的会面你不能去了，要提前告诉对方："对不起，我有事来不了。"

别人求你办事，你因故要拒绝，要说："抱歉，这事我帮不了你的忙。"

3. **致谢要说："谢谢您！""给您添麻烦了！"**

每当别人给了你一点方便和照顾，即使这种照顾帮助是对方分内的事，你也应该说："谢谢您！""给您添麻烦了！"

说"谢谢"的时候，要诚心诚意，双眼充满感激之情地注视着对方的眼睛，真诚、自然、郑重地说。

如果你请求别人帮忙，最好说："能请您帮我个忙吗？"如果对方表现出面有难色，你要说："如果您觉得困难的话，就不麻烦您了！"

◆◆**说话的智慧**◆◆

> 说话时一定要礼貌先行。说话有礼貌，就是对别人的尊重，而只有尊重别人的人，才会获得别人的尊重。

第七章　简洁明快
——把话说到点子上

　　某县国税局，连年完不成税收任务，当年上半年全县就欠税350多万元。七月，张局长临危受命，上任后即展开了深入细致的调查摸底工作。

　　在此基础下，国税局召集17个纳税大户举行座谈会。张局长开宗明义说道："我是个转业干部，天生的二杆子脾气，我到这儿任国税局局长，一不图官，二不图钱，就图个痛痛快快干工作。我初来乍到，能不能踢好头三脚，还要看各位买不买账。一句话，政策以外的钱我一分不收，该纳的税一个子儿也不能少，而且一天也不能再拖，谁觉着为难，自己看着办，下周的这个时间我要结果。"

　　会后，在17家纳税大户的带动下，上半年欠收的所有税款一周内全部完成。

好的语言并不在多，达意则灵。已故著名艺术家赵丹先生的遗孀黄宗英女士是一位作家，又是一位企业家。有一次，有人问黄宗英是否再嫁，黄宗英回答说："我已经嫁给大海，就不能再嫁给小河了。"这句话非常简洁明快，并且意蕴深刻，耐人寻味。

高尔基曾说："简洁的语言中有着最伟大的哲理。"在当今的信息时代，人们的生活节奏大大加快。人们不喜欢那些穿靴戴帽、庞杂冗长、繁文缛节的空话套话。说话要达到简洁、明快，就要千锤百炼，使自己的词汇富足、思路清晰。因为词语贫乏，表达必词不达意、啰唆干瘪；思维模糊，表达必语无伦次、枉费口舌。所以，在说话时应要求自己长话短说，要"筛选"、"过滤"出最精辟的恰如其分的表情达意的词句，尽可能以简略的语言表达出深刻的内涵。

林肯的演讲词

1863年7月1日，美国南北战争中的一场决定性战役，在华盛顿附近的葛底斯堡打响了。经过3天的鏖战，北方部队大获全胜。战后，宾夕法尼亚等几个州决定合资在葛底斯堡建立国家烈士公墓，公葬在此牺牲的全体将士。

1863年11月19日，公墓举行落成典礼，美国总统林肯应邀到会演讲。这对林肯来说，有很大难度，因为这次仪式的主讲人是艾弗雷特，林肯只是由于总统的身份，才被邀请在艾之后"随便讲几句适当的话"。艾弗雷特不仅是个著名的政治家和教授，而且是当时被公认为美国最有演说能力的人，尤其擅长在纪念仪式上演讲。在这个典礼上，他那长达两个小时的演讲，确实精彩极了。

在这种情况下，怎样讲才能和观众建立良好的交往关系，并最终赢得他们的掌声呢？林肯决定，以简洁取胜。结果林肯大获成功。尽管他的演讲只有10句话，从上台到下台不过两分钟，可掌声却持续了10分钟。林肯的演讲不仅赢得了在场一万多名听众的热烈欢迎，而且轰动了全国。当时的报纸评论说："这篇短小精悍的演说是无价之宝，感情深厚，思想集中，措词精练，字字句句都很朴实、优雅。行文完全无疵，完全出乎人们的意料。"就是艾弗雷特本人第二天也写信给林肯道："我用了两个小时总算接触到了你所阐明的那个中心思想，而你只用了两分钟就说得明明白白。"后来，林肯的这篇出色的演讲词被收藏到图书馆，铸成金文存入牛津大学，作为英语演讲的最高典范。

林肯这次演讲获得巨大的成功，给了我们一个启示：简洁明快的语言会使说话更添魅力。

1. 历史上冗长的演讲记录

在人际交往中，要想得到一种较佳的效果，语言必须简洁、明快，要能使听者在较短的时间里获取多而有用的信息。

历史上曾记载了一些冗长的演讲纪录，这些演讲绝对是不能称为优秀的。比如，1933年一位名叫爱尔德尔的美国参议员，为了反对通过"私刑拷打黑人的案件归联邦法院审判"的法案，在参议院高谈阔论了5天时间。一位记者统计：他在演讲台踱步75公里，共做了1万个手势，吃了300个夹肉面包，喝了40公升清凉饮料。

1957年，斯特罗姆·瑟蒙德做阻止"民权法案"通过的演讲，历时24小时18分，但遭失败。

1912年，英美发生战争，一个众议员用马拉松式的演讲来阻止通过对英宣战的决议。直到战火烧到家门，形势迫在眉睫，可这位议员仍在喋喋不休。时至半夜，听众席上鼾声四起，最后，一议员急中生智，将一个痰盂甩到演讲者的头上，才得以终止辩论，通过了宣战决议。

2. 演讲大师都惜语如金

要语不烦，字字珠玑，简练有力，能使人不减兴味；冗词赘语，絮语唠叨，不得要领，必令人生厌。在中外历史上，不少演讲大师惜语如金，言简意赅，留下了许多珍贵的篇章，成为"善辩者寡言"的典型。比如：

最短的总统就职演说，是1793年的华盛顿总统的演说，仅用135个字，便举世闻名。

恩格斯在马克思墓前的演说只有1 260个字。

列宁在马克思、恩格斯纪念碑揭幕典礼上的讲话只有552个字。

斯大林在1941年7月3日发表的反对德国法西斯入侵重要广播演说只有3 800个字。

罗斯福的就职演说仅有985个字。

1984年7月17日，37岁的法国新总理洛朗·法比尤斯发表的演说，更是短得出奇，演讲词只有两句："新政府的任务是国家现代化，团结法国人民。为此要求大家保持平静和表现出决心。谢谢大家。"措辞委婉、内容精辟。

上述这些演讲大师驾驭语言的功力都是非凡的。同时，这也就说明了简洁明快在语言交际中举足轻重的作用。

不做啰唆先生

简洁明快的语言能增添说话的魅力，是因为如下原因：

第一，简洁明快的语言是认识能力和思维能力高超的表现。话语的简洁常常体现出说话人分析问题的快捷与深刻。

第二，简洁明快的语言是果敢决断的性格表现。自信心强、办事果敢的人都说话干脆果断，不拖泥带水。

第三,现代社会节奏快,时间观念强,说话简洁会给人一种生机勃勃的现代人的感觉,所以,简洁明快的话语还是时代风貌的反映。

第四,简洁的话语既能不占用听者太多的时间,又能使听者觉得说话者很尊重他,所以,说话简洁的人受人欢迎。

我们都会有这种感觉,即那种说话唠唠叨叨、啰啰唆唆、拖泥带水、言语空泛的人,是很令人讨厌的。曾有位"啰唆先生"在写给家人的信中说:

"……吾于下月即将返里。不在初一即在初二,不在初二即在初三,不在初三即在初四,不在初四即在初五,不在初五即在初六,不在初六即在初七,不在初七即在初八,不在初八即在初九……不在二十八即在二十九。其所以不写三十,因月小之故也……"

"啰嗦先生"这封可简为"吾下月将返里"的书信,却啰唆了这么长,谁看了也会觉得索然寡味,十分讨厌。虽然这仅是一则笑话,但它也告诉我们一个深刻的道理:说话啰唆就会失去魅力。

许多说话啰唆的人,常常是因为情绪激动而造成思维混乱,且语言表达前后倒置,条理不清。所以,要做到说话简洁明快,我们就要在思维和语言两个方面下工夫,不断练习,掌握技巧,适当发挥。

措辞简洁的六大方面

措辞怎样做到简洁明快呢?

1. 尽量简明扼要

说话越简明越好,有些人在叙述一件事情时说了很多话,但还是无法把他的意思表达出来,以致听者花了很多时间和精力,仍然不知道他想说明什么东西。如果你有这种毛病,一定要自己纠正。纠正的最好办法是,在说话之前,先在脑子里做一个初步的计划,然后再把计划要说的东西讲出来。

2. 用语不要过多重叠

在汉语里,有时的确要使用叠句来引起别人的注意,或者加强语气。但是,如果滥用叠句,就会显得累赘。例如,许多人在疑惑不解的时候常常会说:"为什么为什么?"其实,一个"为什么"就足以表达你的疑惑之情,为什么偏要多加一个呢?还有的人答应别人一件事情的时候,常常说"好好好",一连说上好几个。其实,说一个"好"字就足够了。

3. 同样的词语不可用得太频繁

听者总希望说者的语言丰富多彩。我们虽然不必像某些名人所说的那样,每说一事都要使用一个新词汇,但也应该在许可的范围内尽量使表达多样化,不要把一个名词用得太频繁。即使是一个非常新奇的词,如果你在几分钟之内就把它复述了好几次或十几次,那么人们对它的新奇感会丧失,并对它产生一种厌倦感。

4. 要避免口头禅

有些人在交谈中爱说口头禅，诸如"岂有此理"、"我以为"、"俨然"、"绝对的"、"没问题"一类的话几乎是脱口而出。不管这些话是否与所说的内容有关联，这类的口头禅说多了，不仅影响说话的效果，而且容易被别人当做笑柄。因此，这类的口头禅应下决心不说。

5. 避免使用粗俗的词

常言道："言语是个人学问品格的衣冠。"一个相貌堂堂、看上去高贵华丽的人，如果一开口就说出粗俗不堪的话，那么别人对他的敬慕之心就会马上烟消云散。其实，这些人中的相当一部分并非学问品格不好，只是在追求语言的新奇和俏皮的过程中染上了这种难以更改的坏习惯。试想一想，在一个陌生人面前，你说了粗俗的话，他会怎么想呢？他不一定会认为这是一个习惯问题，而可能会认为你是一个修养不足、不可交往的人。

6. 不要滥用术语

粗俗的词不可用，太深奥的词如专用术语也不可多用。如果不是同一个学者讨论学术问题或不得不用，过多地使用专业术语，即使你使用得很恰当，也会给别人以故弄玄虚的感觉。

上述几点只是列举了几个易于为人们觉察到的问题，那些较为隐晦的问题还有赖于你在实践中去揣摩和克服。如果你在说话时能措辞简洁、生动、高雅而又贴切，那么就可能会成为一位交际明星、说话好手。

有哪些是不必要的

一篇成功的演讲稿，要避免赘词。大家日常有没有遇到有的人拉拉杂杂讲了一大堆话，却毫无重点、不知所云的情况呢？

以下是主人面对丰盛的午餐，向所有客人作的礼貌性致辞。

各位来宾、女士们、先生们：

首先让我说声大家好，由于平常承蒙各位的照顾，一直希望有报答的机会，聊表我的一点谢意。因此今天特地邀请各位参加这个招待会。各位能在百忙中拨冗驾临，真使我觉得三生有幸，特地在此表示谢意。（第一段）

利用今天的机会讲公事是一件不礼貌的事，但是事不由己，请先接受我的歉意。敝公司数年来苦心研究的新产品已经研制成功，并且在大量生产中，今后开展市场大力推销时，还须赖各位助一臂之力，因此特地摆席设宴，聊表心意。（第二段）

过去已有不少新产品仰赖各位出售，并且接到不少订单。敝公司对于成品的销售能有十成的信心和把握，都是大家的赐予，关于这一点，敝公司非常感激。现在再度重托各位，但愿能再为新产品推广销路。总之，请容我再度向各位拜托。（第

三段)

至于新产品，比起同类的产品有两项优点，一点是……另一点是……（第四段）

说句真心话，凭这些优点，新产品能够获得好评是理所当然的事。敝公司为了使消费者能认识这项产品，曾经通过大众传播工具，如：电视、广播大力宣传，不过最彻底的方法，仍须依赖直销，因此请各位尽力帮忙。（第五段）

今天麻烦各位专程来参加宴会，但因准备不周，未能尽心招待，草草备有薄酒粗菜，还请慢慢饮用，并且开怀畅谈。（第六段）

拉拉杂杂讲了一大堆话，非常抱歉，请各位宽恕我的无礼。最后再一次谢谢各位给我们的关怀和照顾。现在谨以拙辞聊表十二万分谢意，并且预祝各位事业如意，精神愉快。（第七段）

你读了这篇讲稿以后，认为应该删除哪些地方呢？

日俄战争后，日本有名的乃木辉将军应邀演讲时，不是站上讲台而是站在听众的面前说："诸君！我就是杀死诸君兄弟的凶手……"说完这简短的一句话，乃木辉的泪水夺眶而出，无法接下去。然而，此时全场鸦雀无声，大家都受了感动，场面肃然而感人。

我们可以借鉴乃木辉的演讲方法，把不必要的前言或者一般性文句删掉。

在使用客套话的文句中，常有如下的词句出现：

突然被指名致辞，深感荣幸……

口才非常差，又因不习惯……

在口才比我好的长辈面前，觉得越权……

我的口才极差，委屈大家了……

口吃的我，居然有机会站在台上，深深觉得惭愧……

常听的结束语：

简单几句话来结束我的话……

这些就是我向各位问安的拙辞……

各位能侧耳倾听，真是感激不尽……

浪费大家宝贵的时间非常惶恐抱歉……

拉拉杂杂毫无系统，特此表示歉意……

这些客套语言都可以考虑删掉。

因发明飞机一跃成名的飞行家莱特兄弟，在庆祝会上，作了非常简短的演说。他说："各位先生，各位女士，鸟类中最善于讲话的鹦鹉是不会飞的，而我则不善于讲话。谢谢各位！"多少简洁明快，很值得我们借鉴。

在家里，多余的话也不是一无是处

人与人的交谈中总带有一定"废话"：陌生人相见有礼节性的客套，客人会面要寒暄一番，实质性的话常常用委婉的说法表达出来……这些看来无关紧要的"多余话"，却是攻心中不可或缺的工具。让我们看一些生活的情景：

妻子回到家，推开门，丈夫劈头就问："怎么这么晚才回来？"而妻子也许遇上了不顺心的事，已经是急匆匆地赶回家来的，一听这话就火了："我晚回来关你什么事？管头管脚，你样样都要管？"丈夫也火了："我问错了？我问你怎么会这么晚才回来，又有什么不对？"

单单把丈夫的话写出来分析，是没有什么不对，他要了解一下妻子晚回来的原因，其中包含着关心的意思。那么，问题出在哪里了呢？让我们来看看，要是给这些话加上点无关紧要的"废话"，效果会怎么样。

丈夫说："阿玲，你回来了！今天好像晚了点……"其实，你别问下去，妻子就会说明晚归的原因了。同样问询晚归的原因，加了几句多余话，却让人感到亲切和体贴。

同样，如果丈夫那句直率的问话已经出口了，妻子在回答时注意加上一二句无关紧要的："废话"，比如说："你瞧，我这不是回来了？"或者："真对不起，让你等急了吧？"这样，两个人也不至于吵起来，即使妻子不忙解释原因，丈夫焦急和不耐烦的心情也能缓解了。

对于这种近乎于婆婆妈妈的事，做丈夫的往往很不在意。比如：

丈夫马上要上班了，温柔细心的妻子反复叮咛："中午饭后别忘了吃药"，"下午天要冷的，带件衣服走吧。"丈夫不耐烦地说："你有完没完？年纪还不大就这么唠唠叨叨的。"试问，妻子这时会怎样想？妻子自然会感到伤心和委屈。她还会联想到当初恋爱时，每次分手，"你别饿着"、"过马路要当心"之类的话不知说了多少遍。那时，说的人甜滋滋的，听的人乐陶陶的，同样的话，为什么如今却惹人讨厌了呢？

再如，丈夫回到家里，把该买的买回来了，该做的做了。妻子问什么答什么，一言两语、干净利落。可是，妻子总觉得还缺少点什么，同姐妹们唠家常时，不无埋怨说："我那口子老实得像块木头，三拳头打不出句话来。"原来，妻子内心在期待着丈夫除了讲这些最"实用"的话之外，再加一些温存的"废话"。

人们在恋爱的时候，需要许许多多这类多余的话。你待我好，我心里感到暖和，我对你爱，你更觉得热乎乎的，一言一语，一举一动都充满着只有对方才体会得到的情意。可是，在婚后夫妻交往中，对这种多余度的要求减少了。从个人的感觉来说，既已成夫妻，再说那些"年轻人"的火热的话似乎有点不好意思。夫妻间事务性的"正经话"越来越多，含情脉脉的"没用话"则越来越少。时间一长，对方都会感到失去了什么，逐渐产生"家庭是爱情的坟墓"之感觉。

注意一下人们从恋爱到结婚乃至家庭生活的不同阶段中对语言交往冗余度要求的变化，有助于夫妻间保持亲密和谐的关系。

例如：

丈夫不慎丢失了20元钱，回家对妻子说了。妻子既感到可惜，又埋怨丈夫不谨慎，不停地唠叨起来。她从丈夫平时大大咧咧的作风讲起，举了日常生活中许许多多实例,叮嘱丈夫下回要把钱放好……丈夫理亏,感到妻子讲得在理,然而,妻子的这种分析和叮嘱,翻来覆去,没完没了,不由得惹出丈夫的回击:"你还有完没完?"妻子说:"我说的没有道理吗?"

妻子说的都是对的,句句在理,反复叮嘱也是必要的。但是,冗余度太大了就让人受不了。最后,免不了要吵起来。其实,当夫妻一方有了过失并已认识到了的时候,对方不仅不能有过多的冗余,而且还要比往常更简略一些。设想一下,丈夫丢了钱,妻子听说后,就简简单单说一句:"丢了就丢了,不过,你乱放东西的习惯是得改一改。"这句话既把批评的意思讲了,又充满着对丈夫的信赖和体贴,充分尊重了他的自尊心。因为这时丈夫自己也在懊恼和反省,妻子只需点一点,就足够引起他的重视了。

由此可见,适度的说些多余的话,能够体现夫妻之间的尊重和体贴,这对于赢得爱人之心,还是必要和有效的。

◆◆说话的智慧◆◆

> 言不在多,达意则灵。用最少的字句,包含尽量多的内容,并打动听众,是讲话成功的基本要求。所以我们讲话要言简意赅,同时还要重点突出,饱满有力。

第八章　巧妙提问
——问对问题赚大钱

　　一位独立战争时期的烈士的遗孀，每日靠抚恤金维持风烛残年。前不久，出纳员竟要她交付一笔手续费才准领钱，而这笔手续费却等于抚恤金的一半。烈士的遗孀只得诉诸法庭。

　　因为出纳员是口头进行勒索的，在法庭上又矢口否认，情况显然不妙。上百双眼睛紧盯着老人的律师——林肯。

　　林肯把听众引入到对美国独立战争的回忆。最后他以巧妙的设问，作出令人听后怦然心动的结论：

　　"现在事实已成为陈迹，1776年的英雄早已长眠地下，可是他们那衰老而可怜的遗孀，还在我们面前，要求代她申诉。不消说，这位老人以前也是位美丽的少女，曾经有过幸福愉快的家庭生活，不过她已经牺牲了一切，变得贫穷无依，不得不向享受着革命先烈争取得来的自由的我们请求援助和保护，试问，我们能熟视无睹吗？"

　　发言至此结束，听众的心腑早被感动了，有的捶胸顿足，扑过去要撕扯被告，有的眼圈泛红，为老妇洒下同情之泪，有的还当场解囊捐款。在听众的一致要求下，法庭通过了烈士遗孀不受勒索的判决。

谁想要从另一方那里得到更多的东西，谁就必须做到一点：多听少说。谁说得越多，谁获得的东西就越少。

在沟通中，让对方说得越多，我们了解对方真正意图的机会就越多。所谓知彼知己，百战百胜。当你掌握对方的情况，远比对方知道你的情况还要多，你自然就把握住了先机。那么，怎样才能让别人说得更多呢？秘诀就是——提问！

提问的四大作用

提问，是很常见的一种活动。如何使对话按照自己计划的进程发展，使社交对象说出自己想要得到的回答，很重要的一点就是取决于人们提问技巧的高低。它也是口才高低的表现。提问的一个重要作用是让对方为自己解疑释难，此外，提问还有以下作用。

1. 促进人与人的关系

我们每天遇到熟人都会说："小陈，上哪儿？""老林，你来啦？""小白，吃过了吗？"很显然，问题的内容并不是我们关心的，而是用这种问候语进行感情交流。在同事、好朋友之间也经常用提问来交流情感。例如：你的女同事坐在那儿哭，其实你也明白她哭泣的原因是由于夫妻俩感情不融洽，受到丈夫的欺负。如果你坐近她，从事件的起因问起，一直问到结束，她一定会感激你的体贴和关心。如果你不问她的苦衷，说上一大通大道理，肯定不能使她感到安慰的。

2. 以问话作为话语的引子

冯玉祥将军统领西北军时，部队中有个外国军事专家经常刺探军事秘密。冯玉祥不高兴了，有一天对他说："你知道中国'顾问'二字是什么意思？"

"不知道。"

"'顾'者看也；'问'者问话也。'顾问'者，我看着你，有话问你时，才请你答复。"

显然，冯玉祥将军的问话，其目的就要引出对方讲"不知道"，然后就势讲出后面他想说的，对他进行教育。

3. 以提问代回答

《钢铁是怎样炼成的》里写道：

有一天晚上，保尔和安娜不幸被几个匪徒拦劫。一个匪徒用手枪逼住了保尔，另外两个兽性大发的匪徒把安娜拖到了一所空房子里。事后，一个正爱着安娜的工人茨维泰叶十分不安地问保尔安娜是否被强奸。保尔很难过，反问道："你爱安娜吗？"茨维泰叶费力地说："是的。"听了这话，保尔抑制住愤怒，头也不回地迈步走了。

这里,保尔对对方提出的问题不作正面答复。保尔这个反问,实际上回答了对方的牵挂问题,这个问句起到了一种以问代答的作用,反驳对方的话语。

4. 回击、反驳对方的话语

回击、反驳有三种情况,一是回击对方刁难、攻击自己的话语动机;二是反驳对方的人品;三是反驳对方话语中提出来的观点。试举一例:

"徐孺子,南昌人,十一岁时与太原郭林宗游,稚与之还家。林宗庭中有一树,欲伐去之,云:'为宅之法,正如方口,口中有木,困字不祥。'余曰:'为宅之法,正如方口,口中有人,囚字何殊?'郭无以难。"

郭林宗有迷信思想,认为宅中有树,犹如口中有木,成了不吉利的"困"字,因此想把树砍掉。而十一岁的徐稚一个问句就把这种观点给反驳了。他说如果宅中不能有树的话,那么宅中也不能有人,因为口中有木成了"困"字,口中有人成了"囚"字。如果说"困"就不祥,那么"囚"字又有什么不同呢?问得对方无言以对。

提问的技巧

打工妹燕子找到了一份在饭店做服务员的工作,却只上了一天班就被老板辞退了。其实她的条件并不是很差,也没有做错什么事,只是不小心问了一句不该问的话。

那天,燕子刚一上班,店里就进来了三位客人,她随即拿了菜单,去让客人点餐。第一位客人点的是糖醋里脊,第二位客人点的是宫保鸡丁,第三位客人点的是京酱肉丝,但是,他特别强调要用干净一点的杯子倒啤酒。

很快,燕子将这三位客人所点的菜,用盘子端了出来,一边朝他们坐着的方向走来,一边还大声地向这三位客人问道:"你们谁要用干净一点的杯子盛酒……"就凭燕子的这一句问话,老板当然会毫不客气地向她下辞退令,因为她的问话很使老板脸上无光。

要恰当、得体、有效地提问,需要掌握一定的提问技巧。

1. 选好对象,有针对性地提问

(1) 适应对方的年龄、身份、文化素养、性格等特点。

你对小朋友可以问"你几岁啦?"对老年人就不宜这样问。再如你可以对一个中国人问:"你在哪儿工作?""收入不错吧?""家里有几口人?"这是关心尊重对方的表示;但这样问一个美国人,就是打听别人隐私的不礼貌行为。被问人有的热情直爽,有的沉默寡言;有的文静安详,有的急躁毛草;有的高傲,有的谦虚;有的诚恳,有的狡黠。性格不同,气质各异,提问的方式也应当有相应的变化:或单刀直入,或迂回进攻,或敞开发问,或试探而进。只有这样,才能达到目的。

(2) 根据对方的心理特点。

在问答过程中,提问的人、提问的内容、提问的方式,甚至提问行为的本身都会对被问人的心理产生一定的影响。提问人必须根据被问人的心理特点进行提问，这样才能达到提问的目的。在提问的时候，被问人总是处于一定的心境之中，比如我们去探望病人，人家正在为病情焦灼不安，我们就不应问："病情会不会恶化呀？"

另外，被问人总会对提问人的问题本身采取一定的态度，从而产生种种心理活动，如抗拒心理、回避心理、揣测心理等。

2. 掌握双方问答进程，提问要有明确目的

提问在交际活动中处于主动地位，它决定了对方说不说，说什么，怎么说；也决定了双方的交谈程序和交际气氛。所以，提问也应有控制技巧。

（1）掌握社交气氛。两人问答，气氛是冷淡或是融洽，对社交的效果有很明显的影响。社交气氛可由提问的问题和方式来控制。选择问句的句式和严肃的语气，使气氛紧张，能对被提问的人的心理产生压力。如审讯犯人：

"你昨晚去没去会计室？""去过。"

"一个人还是几个人？""一人。"

"去干什么？""偷钱。"

"偷没偷？""偷了。"

从此例可看出收到了较好的效果。

又如一位外祖母同她的小外孙久别后，见面时的一次对话：

"夏天过得好吗？""好。"

"游泳了吗？""没有游。"

"你见到了许多小朋友吧？""嗯。"

"你爱吃冰淇淋吗？""爱吃。"

这样的谈话气氛沉闷，双方都像例行公务似的。其实，老祖母只是想和小外孙亲近亲近，可不知怎样才能让他说话，只好接二连三地采取是非问和事件信息问，这种闭塞式的提问，当然不会打开对方的话头了，这样的提问就没有控制住谈话活动。

（2）掌握由提问到表达的过程。有时人们提问，是要对方听自己表达，这就有个由自己提问到自己表达的转变过程。如：

电车上，一位中年人给一位妇女让座。这妇女一声不吭就坐下了。

中年人问："嗯，您说什么？"

"我没说什么呀！"

"哦，对不起。我以为你说了'谢谢'呢。"

先生的提问是为了引出自己后面对女方的批评，显得含蓄而又有心计。

又如孟子在批评齐宣王不会治国时问：

"假若一个人，把妻室儿女托付给朋友照顾，自己到楚国去了。等他回来时，妻子儿女却在挨饿受冻。对这样的朋友，该怎么办？"

王答："和他绝交。"

孟子说："假若管刑罚的官吏不能管理他的部下，怎么办？"

王答："撤掉他！"

孟子又问："假若一个国家搞得很不好，那又该怎么办？"

王这时只好看看左右，而讲其他的了。

孟子先设两问，诱导齐宣王作出肯定的回答，然后提出应该怎样处置不会管理国家的国君，使宣王无以对答，最后服从自己的想法。

3. 讲究方式提问，提高提问水平

（1）话题的选择是一大关键。一位心理学家曾说过，要使对方乐于答话，莫如挑他擅长的来说。其实，提问也如此。比如一个人羽毛球打得好，就可先问："听说你对羽毛球很拿手，是吗？"问话的提问正像打羽毛球时的发球，你以对方的特长发问，就像特意发了个使对方容易接的球，他当然乐意还击，一来一往，畅谈不休。所以，有人把提问称为"谈话的发球"，这一比喻是很恰当的。

（2）技巧要与实际相适应。

有位青年人走进一家装潢别致的咖啡厅，拿起餐巾围在脖子上。店主看见了，就对伙计说："你过去告诉他，他弄错了。不过讲话要注意方式。"服务员走过去，对顾客说："对不起，先生，您要刮脸，还是理发？"这个青年人听后却拉下了脸。

这个提问由于不符合社交场合，谁也不会跑到西餐馆来刮脸或理发，于是这种委婉提问在青年人听来就可能是讽刺与嘲弄，是达不到交际效果的。

（3）运用技巧要讲究效果。

有位父亲想知道儿子毕业后找什么工作。他提问：

"宝儿，你长大要干什么？"

"当飞机驾驶员！"儿子说。

"当驾驶员干什么？"

"周游世界！"

这位好心的父亲启发式的提问之所以未能达到效果，是因为提问的导向不明确，故儿子不可能如他预想的那样回答。

提问的方法

表达同类或类似的意思、达到同样或类似目的的问话，以不同的形式说出来，其效果也不一样。比方说，问"你很讨厌他吗"或"你很喜欢他吗"就不如问"你对他的印象怎么样"好。对一个看来超过40岁的人，与其问"你今年贵庚"，倒不如问"你今年可能有30多岁了吧"；问"替我把信寄了吧"，就不如问"是否帮我寄了那封信"听起来更舒服。

为什么会出现这种效果上的差异呢？原因很清楚。第一句问话太直接，第二句话以对方为中心，让人听来有被尊重之感。提问者是否谦恭，其问话是否合乎听者的心意，都直接会影响到问话的效果。任何人都希望得到别人的尊重和体谅。问话者如果不尊重和体谅对方，他自己也只能自讨没趣。下面，我们将通过对两句普通

问话的分析来说明这一点。

一家餐厅里曾发生过一件有趣的事。有两位顾客同时到这家餐厅吃饭。在点菜时，一位顾客问服务员："今天的石斑鱼好不好？"服务员答应说："好。"结果这位顾客只吃到了前一天剩下的石斑鱼。另一位顾客则问服务员说："今天有没有什么好的海鲜？"服务员也满口应承说："有。"这位顾客最后真正吃到了好海鲜。

为什么这两位顾客的遭遇不一样呢？这就要从他们的问话上找原因。"今天的石斑鱼好不好"和"今天有没有什么好海鲜"两种问法，在对方心理上引起的反应是不一样的，虽然它们在字面上有些相似之处。前者只是在问一样东西，只有好或不好的两个答案，为了顾全餐厅的声誉，服务员不能不说"好"。而且，一种东西的好与不好的标准是很难说的。标准既不易界定，那么服务员说了个"好"字，也不能说是欺骗了你，即使今天的石斑鱼并不好。另外，前者所问的只是石斑鱼，似乎除了石斑鱼外，其他的都不爱吃。为了讨好你，服务员也觉得说"好"是他的责任。这种问话产生的效果，只能是问话者吃亏。

第二种问法就不同了。首先，"今天有没有什么好的海鲜"表示心中并无成见，不管什么海鲜，只要好便行。其次，这种问法还体现出提问者为人谦虚，善于请教他人，不是故作聪明。再次，这种问法范围很广，给对方留下了较大的回旋的余地。服务员可以说"有"，也可以说："今天没有什么好海鲜。但今天的烧鸡又肥又嫩，值得一试。"因此，这种问法必定会给服务员留下良好的印象。他见你求教于他，其自尊心就得到满足。出于内心的高兴，也出于对工作的负责，他当然会把最好的海鲜介绍给你。而且，"海鲜"的范围很广，只要把各种海鲜比较一下，把当天最好的介绍给你就行了，并且这工作也易于应付。

问话的方式是千变万化的，这里所举的例子，只起到抛砖引玉的作用。要掌握纷繁的问话方式的奥妙，还得自己去不断地揣摩和探索。

提问的尺度

提问是开启谈话对象的百宝匙。只要你掌握了一定的问话尺度，即使你没有各种专长，也足以应付各种各样的人，因为你如果不能回答对方，就可设法一直提问。

交谈，特别是陌生人之间的交谈，都是以问话开始的。对不同的人，应问不同的话。假定你的谈话对象是一位医生，而你在医学方面完全是个门外汉，你可以说"近来乙型肝炎好像又开始流行，你们大概又很忙于给一般人打预防针吧？"这个问题既是大家都关心的，又是对方的工作问题，经你一问，对方的口便开了。由此可以接着谈下去，从乙型肝炎的症状谈到饮食卫生，谈到治疗药品……只要你不厌烦，你可一直追他谈下去。如果遇到房地产经营者，你可以问近来地价的起落；遇到电器行业的负责人，你可以询问哪种牌子的录像机最实用；遇到教师，你可以问他学校的情形,学生的素质和倾向。总之,问话是打开交谈之门的最好的办法,而在问话时最好是问对方知道的问题或最内行的问题。

但应该注意,在日常交谈中,有些方面是不宜提问的。

1. 对方不知道的问题不宜问

如果你不能确定对方能否充分地回答你的问题,那么你还是不问为佳。譬如你问一位医生:"去年发生在本市肝炎病例有多少?"这个问题对方很可能就答不出来,因为一般的医生谁也不会去费神地记这类数字。要是对方回答说"不太清楚",就不仅使答者有失体面,问者自己也会感到没趣。

2. 政见不宜问

如果你的谈话对象不是一位政治家、政论家或权威人物,你最好不要就某个重大的政治问题向他提问。普通人对于政治的看法是有很大分歧的。对方不知道你有何背景,也不知道你有无成见,不会开诚布公地回答这类问题。

3. 有些问题不宜刨根问底

比方说,你问对方住在哪里。对方回答说"在北京"或者说"在香港",那么你就不宜再问下去。如果对方高兴让你知道,他一定会主动详细地说出来,而且还会说"欢迎光临"之类的话。否则,别人便是不想让你知道,你也就不必再问了。此外,在问其他类似的问题如年龄、收入等的时候,也要注意掌握问话尺度,要适可而止。

4. 不要问同行的营业情况

在激烈竞争的社会里,任何人都不愿意把自己的经营状况或秘密告诉一个可能的竞争对手,即使你问到这个方面的问题,也只能自讨没趣。

另外,在交往中还应注意:不问别人的饰物的价钱;不问报纸刊物的销量(除非知道该刊物是一流的,对方说出来面无愧色);不问女子的年龄(除非知道她有60岁);不问对方的家世;不问别人用钱的方法。总之,凡对方不知道或不愿别人知道的事情都应避免问。时刻要记住,问话的目的是引起双方的兴趣,不是使任何一方感到没趣,那么,你的问话技巧就非等闲了。

看清对方,问得适宜

日常闲聊总免不了提问,但问也不是随随便便的。俗话说:到什么山唱什么歌。同样,提问也应见什么人发什么问。

首先,人有男女老幼之分,该由老人回答的问题,向年轻人提出就不合适,该向男性提出的问题,也不能叫女性来回答。

其次,每个人都有自己独立的性格色彩。有人性格外向、热情直率,对任何问题几乎都能谈笑风生,畅所欲言;有人寡言好思,情绪不外露,但态度比较严肃;也有人讷于言辩、孤僻自卑,对任何问题都敏感,甚至有点神经质。对性格外向的人尽管什么问题都可以提，但必须注意问得明白，不要把问题提得不着边际，否则很容易使谈话"走题"；对寡言好思的人，要开门见山，简洁明了，提问要富有逻辑性，尽量提那种"连锁式"问题，"你为什么会这样呢？""后来呢？"等等，这样可以促使他源源不断、步步深入地谈下去；对那种敏感而又讷于言辞的人，要善于引导，不宜开始就提冗长、棘手的问题，通常以他喜欢的话题，由浅入深据实发问，启发他把心里话说出来，但必须注意绝不能向他提令其发窘的问题。

再次，提问必须掌握最佳时机。提问并不像逛大街、上自由市场那样随时都可以进行。有些提问时机掌握得好，发问的效果才佳。两个过去很要好的朋友都刚刚走上工作岗位，一个偶然的机会他们相遇了，互相询问："你们单位怎样？工作还顺利吧，谈恋爱了吗？"显得既亲热自然，又在情理当中。但是，如果一位姑娘经人介绍与一位从未见过面的小伙子谈恋爱，公园门口两人准时赴约了，沉默了一会，姑娘抬起头来问："你谈过恋爱吗？工作轻松吗？工资多少？"其结局就可想而知了。中国人见面打招呼都喜欢问一句"吃了吗？"如果这话用在吃饭时间前后，倒也无妨，但如果下午三点左右在公共汽车上遇到熟人也问这么一句，就难免让人感到有点莫名其妙。

一般来说，当对方很忙或正在处理急事时，不宜提琐碎无聊的问题；当对方正专心欣赏音乐文娱节目或体育比赛时，不宜提与音乐或这场文娱节目和体育比赛无关的问题；当对方伤心或失意时，不宜提太复杂、太生硬、会引起对方不愉快的问题。

总之，一把钥匙开一把锁。我们应该注意选择最佳时机，针对不同的对象，采用不同的对策提问，让对方在轻松、自然的气氛中，把思想深处的东西和盘托出。

问得太多惹人烦

有个人家里出了一点麻烦，可他并不想让别人介入这件事。有个朋友一次到他家去，感觉气氛不对头，于是就不断问："怎么回事？你家出什么事了？"搞得他很无奈。

经常遇到一些喜欢刨根问底的人，"无微不至"地关怀，让人不堪忍受！假如有人没完没了地打听你的生活，你感到烦不烦呢？不妨来连珠炮似的问一问：

第一，你现在正在听谁的歌？你在哪里读书（工作）？你最后吃的一样东西是什么？现在天气如何？戴隐形眼镜吗？你们家养过什么？什么星座？兄弟姐妹和他们的年龄？

第二，有几个耳洞？你有文身吗？你喜欢你目前的生活吗？喝过酒吗？暗恋过几个人？会因为害羞而不敢跟人表白吗？不敢吃的东西有哪些？最喜欢吃的是什么东西？最喜欢喝什么饮料？最喜欢的数字？最喜欢的电影？最喜欢的卡通人物？最喜欢的品牌？

第三，最怀念的日子？最伤心的经验？最喜欢星期几？最喜欢春夏秋冬哪个季节？最喜欢的花是什么？最喜欢的运动是什么？最喜欢的冰淇淋种类？最怕什么东西？

第四，讨厌做什么事？擅长的事是什么？卧室地毯是什么颜色？想做什么职业？你们家住几楼？你觉得自己十年后会在哪里？寄这封邮件给你的人是谁？

第五，无聊的时候你大多会做些什么？你住的最远距离的一个朋友是谁？世界上最好的事是什么？目前有男（女）朋友吗？觉得同性恋如何呢？对于没有把握的事情态度如何？

第六，如果有人误会你怎么办？如果有人误会你，又不听你解释怎么办？有想过要怎么对你讨厌的人吗？你认为你的另一半帮你付钱是理所当然的吗？通常几点上床睡觉？现在心里最想见的人是谁？想要多大结婚？今天心情好吗？

你如此地去了解，烦不烦啊？累不累？

与人交往，不该知道的就不要知道。知道多了反而惹是生非。每个人都有自己需要保密的东西，都有不想让别人知道某些事的权利。你的朋友因一个不愿让他人知道的事闹得情绪很低，而你又敏感地从他的神色上猜出了他有心事，于是就问对方遇到了什么麻烦，可对方觉得告诉你不好，不告诉你又怕得罪你，这不是难为他吗？

一次提出两个问题

有人说，女性的心理真是难以捉摸，在邀请女孩子时，如果你先问："去吗？"然后再问她："不去吗？"可能百分之八十的女孩子会拒绝说："算了吧！"因为女孩子总是比较含蓄和留有余地的，对于没有把握的事往往选择"不"。

知道了女孩子的这种心理，你在邀请女孩子时就不妨运用一点攻心上的技巧，即不妨先问她："不去吗？"然后再问："去吗？"增加她考虑答应的几率，情况就可能改观。

也有些女性总是难以开口说"不"，让你搞不清她的意思，你问她："怎么决定？是去，还是不去？"她沉默不语。有位心理学家是这样说的："女孩子的沉默不语，表示答应。"因此，你不妨这样问她："怎么样，还是去吧！"除非她很快地开口说"不"，否则就表示默许了。

日本著名的心理学家多湖辉说过这样的话，根据人们选择后者的思维习惯，在有两个以上的选择时，将你所期待的问题放在最后，就能获得满意的回答。

他还举过这样一个例子。

某男演员是一个著名的花花公子。有一次，他在一家杂志上发表一段话，对于如何说服一名女性留下过夜，他用了这样的问法："你是要回去呢？还是要住下来？"而绝不会问："你是要住下来，还是要立即回去？"

你看了这段故事后,大概也会觉得这家伙确实有一手。

因为,当一名女性被自己喜欢的男性问及"是否要回去"时,心里便有安全感,因为对方似乎颇尊重自己,同时又因为期待落空而略感失望,便紧接着对方的"还是要住下来"的问话,又使失望感顿时消失,即使是不回答,也等于是答应了。

如果我们反过来先问"你是要住下来"的话,一般女性必定会产生警戒心,而接着又问"还是要回去",使对方直觉感到是要回去,即使原本是愿意留下的,此时也不好说出口。

当然,在实际生活中,即使两个人的交往已经到了炉火纯青的地步,"是否住下"这一问题对女性而言,还是一个很大的问题,必然会产生紧张心理。第一种说法,表面上看似乎尊重对方,其实不过是诱使女方的一种说辞。

我们在日常生活中也时常会遇上两者选择其一的情况。若是你想让对方选择自己所期待的,问话时最好是将它置于后方。例如,在商店,当一位客人买了许多东西正要回去时,你便问他:"是要我帮你送过去呢?还是你自己带回去呢?"

大多数客人听了都会说:"还是我自己来好了。"

如此提问不但达到了你对他的关怀之意,同时却又替自己省去了许多的时间和劳力。

只给出一个答案:Yes或No

有一个朋友,他的女儿才貌双全,许多条件很好的男人向她求婚,都被她拒绝了。

并非她不想结婚,而是她想到结婚以后,必须走进厨房,每天为柴、米、油、盐之类的事情烦心,就退缩了。

但是有一年,突然出现了一个让她决定出嫁的男士。

这位男士既能干又有钱,只是长得不英俊。每一次约会她都是在不知不觉中答应的。后来渐渐地了解了他的工作,也和他的家人见了面。

当有一天,她突然觉醒时已经太迟了,因为订婚戒指已牢牢地套在她左手的无名指上。

每次问她怎么会嫁给他时,她总是开玩笑地说:"我是上了他心理战的当。"

有时又会说:"可能一切都是命。"

也许因为说了这些话,而引起了她继续说下去的兴趣,她谈起了他们是如何开始约会,又如何闪电般迅速结婚的。现在将她听说的话,掺杂了个人的想象,认为他们第一次约会时对话可能是这样的:

"网球和电影,你喜欢哪一种?"

"我喜欢看电影。"

"国产片和外国片,你是喜欢外国片?"

"是的，但是华星国际影城正在上演张艺谋导演的新片，虽然是国产片，我也很想看。"

"这样好了，这个礼拜天我们一起去看。"

这个女孩不假思索，轻松地答道："好吧！我们去看。"

然后，他们就经常一起看电影。

刚开始时，这个女孩根本没有想过要和这位男士约会，但事后想起来，当时男士问的问题中，她好像没有回答"No"的余地，都是说"Yes"或"OK"的。本来在一开始约会时，其内容都会有"Yes"和"No"的选择，如果是"Yes"的话，那么在以后的约会中，就会谈有关"Yes"的内容，或A和B问题中的内容，而这位男士提问时，几乎无视这一点，他只让她从A或B中来选择"Yes"或"No"。

虽然，她在这场心理战中失败了，所幸的是她建立了一个幸福的家庭，所以也就没有什么关系。

让对方说"是"

美国电机推销员哈里森，讲了一件他亲身经历的有趣的事：

有一次，他到一家新客户的公司去拜访，准备说服他们再购买几台新式电动机。不料，刚踏进公司的大门，便挨了当头一棒：

"哈里森，你又来推销你那些破烂了！你不要做梦了，我们再也不会买你那些玩意儿了！"总工程师恼怒地说。

经哈里森了解，事情原来是这样的：总工程师昨天到车间去检查，用手摸了一下前不久哈里森推销给他们的电机，感到很烫手，便断定哈里森推销的电机质量太差。因而拒绝哈里森今日的拜访，推销更是无门啦！

哈里森冷静考虑了一下，认为如果硬碰硬地与对方辩论电机的质量，肯定于事无补。他便采取了另外一种战术，于是发生了以下的对话：

"好吧，斯宾斯先生！我完全同意你的立场，假如电机发热过高，别说买新的，就是已经买了的也得退货，你说是吗？"

"是的。"

"当然，任何电机工作时都会有一定程度的发热，只是发热不应超过全国电工协会所规定的标准，你说是吗？"

"是的。"

"按国家技术标准，电机的温度可比室内温度高出42℃，是这样的吧？"

"是的。但是你们的电机温度比这高出许多，喏，昨天差点把我的手都烫伤了！"

"请稍等一下。请问你们车间里的温度是多少？"

"大约24℃。"

"好极了！车间是24°C，加上应有的42°C的升温，共计66°C左右。请问，如果你把手放进66°C的水里会不会被烫伤呢？"

"那——是完全可能的。"

"那么，请你以后千万不要去摸电机了。不过，我们的产品质量，你们完全可以放心，绝对没有问题。"结果，哈里森又做成了一笔买卖。

哈里森的成功，除了因为他的电机质量的确不错以外，他还利用了人们心理上的微妙的变化。

当一个人在说话时，如果一开始就说出一连串的"是"字来，就会使整个身心趋向肯定的一面。这时全身呈放松状态，容易造成和谐的谈话气氛，也容易放弃自己原来的偏见，转而同意对方的意见。

使用让对方说"是"的方法，有几点要特别引起我们注意：

第一，一定要创造出对方说"是"的气氛，要千方百计避免对方说"不"的气氛。因此，提出的问题应精心考虑，不可信口开河。

例如，一推销员与顾客之间发生了一场对话：

"今天还是和昨天一样热，是吗？"

"是的！"

"最近通货膨胀，治安混乱，是吗？"

"是的！"

"现在这么不景气，真叫人不知如何是好！"

这一类问题虽然很正常，不论推销员如何说，对方都会回答"是的"，好像已经创造出肯定的气氛，可是注意他说话的内容，却制造出一种让人无心购买的否定悲观的气氛。

也就是说，顾客在听到他的询问后，会变得心情沉闷，当然什么东西也不想购买了。

第二，要使对方回答"是"，提问题的方式是非常重要的。什么样的发问方式比较容易得到肯定的回答呢？最好的方式应是：暗示你所想要得到的答案。

所以，在推销商品时，不应问顾客喜不喜欢，想不想买。因为你问他"你想不想买"、"喜不喜欢"时，他可能回答"不"。因此，应该问："你一定很喜欢，是吧？"

当你发问而对方还没有回答之前，自己也要先点头，你一边问一边点头，可诱使对方作出肯定回答。

相同的问题有不同的问法

同是一个问题，措辞略有不同，效果相差很远，例如，说"邮筒在哪里？"和"在哪里有邮筒？"便有不同的答案。因为你问法不同，听起来就有差别。

以讲究衣着出名的美国电影明星辛西娅·吉布，某次出席一个聚会，穿的是一件红色的大衣，用一句形容词就是"红得很好看"。第二天，许多亲友和记者来问及那件红大衣的事，问法有如下的不同。

"吉布小姐，昨天你穿了件什么颜色的大衣呀？"（自由式）

"吉布女士，你昨天穿了件大衣，是红色，还是什么别的颜色？"（半自由式）

"是红色的么？"（肯定式）

"不是红的吧？"（否定式）

"是红的，还是白的？"（选择式）

"是深红还是浅红？"（强迫式）

吉布事后对人说，她最不开心是听到"否定式"的提问，对于强迫式也不感愉快。她笑道："他们何不问我那大衣是浅绿还是深绿？这样，我会爽快地答他是红的。"

否定的方式常会使问话的意义模糊不清，比如：

"你昨晚喝醉了酒所以没有回家么？"

公共汽车上有一个女学生问她的同学小赵："你觉得这个假期的电影不算没有好看的吧？"

小赵听不惯对方的谈话，因此小赵一时也想不出如何答她，答"有"呢？还是"不算没有"？实在是因为她的问题令人难解。

聪明人都喜欢间接，但是大都加以滥用，所以有时弄巧成拙。凡是可能直接使对方难过，有所损害的，都以间接法为宜。

有这样一个例子：

某地有一个退休干部，年已九十九岁，已拿退休工资数十年，每次都由他的孙儿到有关方面领取。某次财务处换了一个新人，他看见花名册上写着领薪人的出生年月是1907年，算一算岂不已近百岁，心想可能是他的儿孙蓄意瞒报领薪人死亡，从而冒领退休工资。

本来他可以问："喂，同志，这个老先生究竟死了没有？"可是他并不这样问，却用"间接法"："老先生在1907年出生，今年可有几岁了？"听话的人当然知道对方用意何在，于是答道："今年九十九了，托福他还健在。"对方疑团顿释，当即语带歉意地说："是吗？恭喜你有这样一个长寿的祖父。"于是双方满意告别。

要知道别人的年龄，直接询问也常会得不到好结果，尤其是问女性今年多少岁，简直会被对方认为是一种侮辱。

被选为日本第一号保险推销员的原一平，就常用以下的方法问别人的年纪。

他先问对方："你看我今年有多少岁呀？"对方说："三十四五岁吧？"原一平就答："你猜中了，我今年三十四，你呢，我看是四十二三吧？"（故意把对方估计年轻一些）

"哪里，我今年四十八岁了。"

先用一种方法向对方示以敬意，就是间接法的经典之处。比方说，你看见一个妇女大腹便便，你与其问她："你怀孕啦？"就不如说："恭喜你！"

问句类型举例

以下是问句的几个类型举例。

1. 封闭式问句

例一：有相当程度威胁性，令人不舒服。

"上星期三，你上哪儿啦？"

"你有没有向提那件事？"

例二：供对方任意选择。

"你的专业是文科还是理科？"

"毕业后，你是去政府机关，还是到工矿企业？还是选择留校？"

例三：让对方进一步明朗态度。

"你想办×那件事，决定了没有？有什么困难吗？"

"你说领导交给你的那项任务非常不好办，现在有没有勇气承担？"

例四：敦促对方表态。

"一个共产党员，必须无条件服从革命需要，你说是吗？"

"学习刘翔的拼搏精神，就能克服困难，你说对不对？"

"他一贯表现很好，应不应该受到表扬？"

例五：参照式问句，用第三者的意见说服对手。

"老李认为事应该采取措施完成，你以为如何？"

"经理说，今年把营业额提高10%，大家认为怎么样？"

2. 开放式问句

例一：使大家畅所欲言。

"你对自己当前工作表现有什么看法？"

"你看我们承担任务应该怎样开展才好？"

"你对明年的工作计划有什么考虑？"

例二：征求意见。

"公司经理说需要派一个人去洽谈业务，你愿意去吗？"

"工厂要搞一项技术革新，你在这方面有基础和经验，你愿意参加吗？"

"我校新兴学科缺乏教师，要公开招聘，你愿意报考吗？"

例三：探索式问话可以显示兴趣和重视。

"你谈到在工作中遇到不少困难，你能不能告诉我主要有哪些？"

"你刚才讲不适合承担这项工作，你能进一步说明原因吗？"

"你说小张有才华可以提拔重用，能不能进一步谈谈理由？"

例四：启发对方谈出新看法。

"现在接近年末了，你能不能谈谈对今年工作的评价？"

"你在报刊上发表了不少学术方面的论文,对于学术研究有什么窍门?"

"明年的物价可能还要上涨,你有什么看法和意见?"

◆◆说话的智慧◆◆

> 与人交谈时,千万不要让别人牵着你的鼻子走,而避免的方式很简单,只要抓住关键字眼进行提问就可以了。

第九章　含蓄暗示
——换个说法会更好

　　莉莲·卡特是前美国总统吉米·卡特的母亲。一天，莉莲·卡特正在家里料理家务。突然，她听见门铃响了，进来的是一位记者。尽管莉莲·卡特对记者的频繁来访感到十分厌烦，但出于礼貌，她还是说："见到您十分高兴。"

　　记者说："您的儿子到全国各地演讲，并告诉人们，如果他曾经对他们撒谎，就不要选他。您能不能诚实地告诉我，您的儿子是不是从来没有撒过谎？因为世界上再没有人比您更了解您的儿子了。"

　　莉莲·卡特说："说过，但那都是善意的。"

　　记者问："什么是善意的谎言？你能不能给我下一个定义呢？如果不好下定义，举个例子也可以。"

　　卡特母亲说："比如说，您刚进来的时候，我说'见到您十分高兴'。"

　　记者听了，连忙告辞。

说话直来直去，想什么说什么，固然是一种好习惯，可有时难免遇到不便直说、不忍直说、不能直说的情景。在这种情形下，如果说了直话，可能影响到人际关系，给自己添麻烦，伤害到别人。为避免不愉快的事情发生，在某些场合说话还是要讲究一点技巧，比如故意说些与本意相似或相关的事物，暗示、含蓄地表达原来直说的话。

点到为止的语言，更容易被别人接受，更能表达对别人的尊敬，达到有效交流、沟通思想的目的。

《第六枚戒指》的故事

美国《读者文摘》1988年第一期中的《第六枚戒指》讲了一个含蓄的故事。

那是在美国经济大萧条时期，有位17岁的姑娘好不容易找到一份在高级珠宝店当售货员的工作。在圣诞节的前一天，店里来了一位三十岁左右的贫民顾客。他衣着破烂不堪，一脸的悲哀、愤怒。他用一种不可企及的目光，盯着那些高级首饰。姑娘要去接电话，一不小心，把一个碟子碰翻，六枚精美绝伦的钻石戒指落在地上，她慌忙捡起其中的五枚，但第六枚怎么也找不着。

这时，她看到了那个三十岁左右的男子正向门口走去，顿时，她醒悟到了戒指在哪里。当男子的手将要触及门柄时，姑娘柔声叫道："对不起，先生！"

那男子转过身来，两人相视无言，足足有一分钟。

"什么事？"他问，脸上的肌肉在抽搐。

"什么事？"他再次问道。

"先生，我是头回工作，现在找个事做很难，是不是？"姑娘神色黯然地说。

男子长久地审视着她，终于，一丝柔和的微笑浮现在他脸上。

"是的，的确如此，"他回答说，"但是我能肯定，你在这里会干得不错。"

停了一下，他向前一步，把手伸给她："我可以为您祝福吗？"

姑娘立刻也伸出手，两只手紧紧地握在一起，她用低低的但十分柔和的声音说："也祝您好运！"

他转过身，慢慢走向门口。

姑娘目送着他的身影消失在门外，转身走向柜台，把手中握着的第六枚戒指放回原处。

这是一起盗窃案。人们对此通常的处理方式不外乎想方设法抓住盗窃者。但是姑娘却没有这样简单处理，而是用一席话彬彬有礼地达到了预想的目的。这种巧用暗示的含蓄方式是值得细细品味的。

要知道，这事是发生在美国经济大萧条时期，很多人找不到工作，姑娘的这份工作尤为珍贵。如果被盗走了一枚戒指，其后果不堪设想。就是抓住了盗窃者夺回戒指，张扬出去，被老板知道个中原委，姑娘也会因工作疏忽而被解雇。何况那是一个落魄者，善良的姑娘也不想因此雪上加霜，伤害这个走投无路的可怜人。

"对不起，先生！"姑娘首先用礼貌称呼语，语气适中，不慌不忙地唤住了这位男子。这样既传递了信息，又创造了一个相互尊重、和谐融洽的气氛。如果当时口不择言，或者语气过重的话，可能造成那男子三步并作两步，消失在门外，也许会惊动别的同事，那都不是姑娘所希望的。而且这样的礼貌称呼不仅创造了气氛，无疑还有两层言外之意：一是他有偷盗戒指时的嫌疑；二是你放心，我绝不会用粗暴的方式对待你的。

当那个男子接连问了两个"什么事"时，聪明的姑娘从他的表情以及问话的方式腔调中肯定了自己的判断，也洞察到他微妙的内心世界。她感到眼前这个男子不是那种惯偷，而是好人被穷困所迫的一念之差，很可能会接受自己的处理方式。姑娘决定继续采取含而不露的暗示法：动之以情，晓之以理，来达到目的。

"这是我头回工作"，暗示我也和你一样，千辛万苦找不到工作，现在是头一回工作，咱们"同是天涯沦落人"，应该同病相怜才对，借以引起感情上的共鸣。"现在找个事儿做很难"，意在为前一句话作陪衬，言外之意是如果你把这枚戒指拿走，那我就要失去这份差事，再找工作就很困难了，就像你现在一样。这两句话把自己和那男子感情上的距离拉得很近。末了还用"是不是"这样的是非疑问句，借以引起男子进一步的思考，加强语意力度，扩大暗示效果。

男子传达出愿意归还戒指的信息时，姑娘不失时机地握住他的手，说上一句"也祝您好运"，表达自己由衷的谢意和美好的祝愿，抚慰失意人感情上的失落和内疚。

姑娘巧展口才，终于实现了自己美好的愿望。

由此可见，把善良的愿望用含蓄的语言技巧表达出来，可以收到出乎意料的效果。

含蓄是一种艺术

古人云："言有尽而意无穷，余意尽在不言中。"在说话中，把重要的、该说的部分故意隐藏起来，或说得不显露，却让人家明白自己的意思的手法，便是含蓄的手法。

含蓄，是一种修辞手法。它是指在讲话时不直陈本意，而是用委婉之词加以烘托或暗示，让人思而得之。而且越揣摩，含义越深越远，因而也就越是有吸引力和感染力。说话委婉含蓄，是一种艺术。之所以说含蓄是说话的艺术，是因为它体现了说话者驾驭语言的技巧，而且也表现了对听众想象力和理解力的信任。

在一个大型机场售票厅里，许多游客正在排队购票。忽然，一位西装笔挺的绅士粗暴地指责售票员工作效率太低,浪费了他宝贵的时间,并自以为是地对售票员说:"你们知道我是谁吗?"

面对绅士锋芒毕露略带威胁式的话语,售票员没有和他争吵,而是微笑着对别的旅客说:"你们有谁能帮这位先生回忆一下,他已经不记得自己是谁了!"

旅客们顿时哄堂大笑起来,绅士则窘得满脸通红。

许多事情是"只需意会,不必言传"的。如果说话者不相信听众丰富的想象力,把所有的意思和盘托出,这种词意浅陋、平淡无味的话语不但不会使人乐,而且会使说话失去魅力。列宁在研究费尔巴哈《宗教本质演讲录》时,摘录了这样一段话:"顺便说说,俏皮的写作手法还在于:它预计到读者也有智慧,它不把一切都说出来,而让读者自己去说出那样一切关系、条件和界限——只有在这些关系、条件和界限都具备时说出来的那句话才是真实的和有意义的。"可见,含蓄主要具有如下三方面的作用:

第一,人们有时在表露某种心事,提出某种要求时,常有种羞怯、为难心理,而含蓄暗示的表达则能解决这个问题。

第二,每个人都有自尊心。对对方自尊心的维护或伤害,常常是影响人际关系好坏的直接原因;而有些表达,如拒绝对方的要求,表达不同于对方的意见,批评对方等,又极容易伤害对方的自尊。这时,含蓄的方式常能取到既能完成表达任务,又能维护对方自尊的目的。

第三,有时在某种情境中,例如碍于第三者在场,有些话就不便说,这时就可用含蓄的方式。

在什么情况下说话要含蓄呢?

1. 有些话不便直说时,要用含蓄的方式

传说汉武帝晚年时很希望自己长生不老,一天,他对侍臣说:"相书上说,一个人鼻子下面的'人中'越长,命就越长;'人中'长一寸,能活百岁。不知是真是假?"

侍臣东方朔听了这话后,知道皇上又在做长生不老梦了。汉武帝见东方朔似有讥讽之意,面有不悦之色,喝道:"你怎么敢笑话我?"

东方朔脱下帽子,恭恭敬敬地回答:"我怎么敢笑话皇上呢?我是在笑彭祖的脸太难看了。"

汉武帝问:"你为什么笑彭祖呢?"

东方朔说:"据说彭祖活了800岁,如果真像皇上刚才说的,'人中'就有八寸长,那么,他的脸不是有丈把长吧?"

汉武帝听了,也哈哈大笑。

这种委婉含蓄的批评,汉武帝却是愉快地接受了。

人们谈起《水浒传》里的鲁智深,便会立即想起他那心直口快的"直炮筒"形象来。其实,即使是最直率的鲁智深,有时也离不开委婉,说话也有含蓄的时候。电视剧《鲁智深》中鲁智深三拳打死镇关西后,为了逃避官家的追捕,只得削发为僧。剧中有这样一段台词:

法师：尽形寿，不近色，汝今能持否？
智深：能。
法师：尽形寿，不沾酒，汝今能持否？
智深：能。
法师：尽形寿，不杀生，汝今能持否？
智深：（犹豫了）
法师：（高声催问）尽形寿，不杀生，汝今能持否？
智深：知道了。

要鲁智深不近女人不饮酒，他能做到；要他不惩杀世间的恶人，实在难办。但此时若答"不能"，则法师必不许其剃发为僧，他就无处藏身了，因此来一个灵活应付，回答"知道了"。法师面前过得关，又不违背自己的本意，真是两全其美。

2. 有些话不必直说时，要用含蓄的方式

从前，有个酒店老板，脾气非常暴躁。一天，有个客人来喝酒，才喝了一口，嘴里便叫："好酸！好酸！"老板听后大怒，不由分说，把客人绑起来，吊在屋梁上。这时来了另一位顾客，问老板为什么吊人，老板回答："我店的酒明明香醇甜美，这家伙硬说是酸的，你说该不该吊人？"来客说："可不可以让我尝尝？"老板殷勤地给他端了一杯酒，客人呷了一口，酸得皱眉眯眼，对老板说："你放下这个人，把我吊起来吧！"

这位客人委婉含蓄的说法，既收到强烈的讽刺效果，又显得非常艺术。

有人曾问美国总统林肯："你当总统的滋味如何？"林肯回答道："你听说过一个故事么？有个人全身被涂上焦油并裹上羽毛，用火车运到城外。"这个人问到底："这滋味究竟如何？"林肯说："要不是为了这事的荣誉，我宁可走路。"

这个回答含蓄、得体。一句话既不失当总统的荣誉，又使人体会到当一位大国总统的艰辛。

3. 为了增强交际的效果，要用含蓄的方式

美国有一位传奇式的篮球教练，叫佩迈尔。他带领的迪尔大学篮球队曾获得39次国内比赛的冠军，使球迷们为之倾倒。可是有一年，他的球队在蝉联29次冠军后，遭到一次空前的惨败。比赛一结束，记者们蜂拥而至，把他围个水泄不通，问他这位败军之主此时此刻有何感想。他微笑着，不无幽默地说："好极了，现在我们可以轻装上阵，全力以赴地去争夺冠军，背上再也没有冠军的包袱了。"

曾两度竞选总统均败在艾森豪威尔手下的史蒂文森，从未失去幽默。在他第一次荣获提名竞选总统时，他承认的确受宠若惊，并打趣说："我想得意洋洋不会伤害任何人，也就是说，只要不吸入这空气的话。"在他竞选第一次败给艾森豪威尔的那天早晨，他以充满幽默力量的口吻，在门口欢迎记者进来："进来吧，来给烤面包的验验尸。"几年后的一天，史蒂文森应邀在一次餐会演讲。他在路上因为阅兵行列的经过而耽搁，到达会场时已迟到了。他表示歉意，并解释说："军队英雄老是挡我的路。"

史蒂文森使用巧妙含蓄的语言，一句句轻松、微妙的俏皮话，说得很委婉，改

变了他在人们心目中的形象，使听众感到他并不是一个失败者，而是胜利者，使他在人们心中不可消失，值得纪念。

这便是说话委婉含蓄的美妙之处。

换个说法会更好

我们经常需要向别人表达一些不太好说的意思，比如请求、谈判、批评等。这些话之所以不容易说出口，是因为人类具有自尊心，谁都不愿意遭到拒绝、指责和冷遇。一般人内心深处都有自高自大的想法，都认为自己应该是最好的，一旦现实与心愿不符合，不可一世的自尊就会受到挫伤，从而转变成伤悲、仇恨、鄙视、嫉妒等恶劣的情绪，并且早晚会表现出来。因此，有些话说不好，就会得罪人，为自己招麻烦。

好在语言具有多样化的特点，一样的意思可以用多样的话说出来，而斤斤计较的人听到用不同的说法讲出的同样意思，也会有不同的反应。这种情况使智慧的说话方式大有用武之地，也向我们证明：人类作为高等动物所独有的自尊心，是多么愚蠢的一种心理，因为智者利用这种幼稚的心理可以把人玩弄于股掌之上。

比如，你要批评一个人所写的文章，如果直言不讳，显然会令他难堪。但是，你可以换个说法，找出他的文章中一些可取之处，先满足他的自尊心，待他兴高采烈，视你为知音的时候，再把批评化建议提出来，这样他会心悦诚服地接受你的意见，还会对你很钦佩。你可以这样说："我一看开头就想看下去，我发现你一贯擅长把开头写得引人注目，勾起人的好奇心。要是结尾不是这样写，而是换一种思路，可能就更能与开头相呼应了，你说呢？"

既然没有触及到自尊心，那么他当然会冷静虚心地考虑你的意见。

说什么固然重要，但怎么说更为关键，人的情绪常常蒙蔽了人的眼睛，使他看不透语言背后的语言，而只能最浅薄地从对方的用语上来理解。

因此完全可以表面上说他爱听的话，而把真正意图隐藏在这些话里，也就是"话里有话"，让他心甘情愿地跟着你的思路走。

一位顾客进了一家地毯商店，看上了一款地毯。

顾客问道："这种地毯多少钱？"

店老板立即热情地接待了他，回答道："每平方米24元8角。"

顾客听完这句话，什么都没都说就走了。显然，他觉得价格有点高。

店老板的一位朋友在旁观察，他说："你的推销方式太陈旧了，应该换一种方式。"于是他试着以营业员的口吻说："先生，这地毯不贵。让您的卧室铺上地毯，每天1角钱就够了。"

老板大为不解，这位朋友忙解释道："假设卧室地毯需要10平方米的话，要248元；地毯寿命为5年，计1 800多天，每天不就是1角多钱吗？一支香烟钱都不到。"

老板一拍大腿,恍然大悟地说:"高!你这一招一定灵。"

果然,换一种表达方式,商店的生意就好多了。

委婉曲折的三大形式

许多场合,说话双方的言词并非永远都是剑拔弩张,锋芒毕露,直截了当,有时又需委婉含蓄,旁敲侧击,可谓直道好跑马,曲径可通幽,各有妙处。有时候,用动听入耳的言词,温和委婉含蓄的语气,平易近人的态度,曲折隐晦的暗语,更能使对方理解自己,信任自己,从而达到说服的目的,产生出奇制胜的效果。

1. 委婉曲折可以用来劝谏

委婉曲折地劝谏可以避免因直接叙述给对方造成伤害而形成对抗,能让对方在细细品味我们的语言之中接受我们的观点,取得共同的认识。

比如,为尊者讳,便是造成委婉的一个重要原因。古人对于君父尊长的所作所为不敢直说,而要采取拐弯抹角、委婉曲折的方式来表达。

公元前613年,楚庄王熊旅继位,当时的朝政由斗克和公子燮把持,楚庄王只是一个傀儡。他即位起初的三年时间里,日夜饮酒作乐,并下了一道命令:有来劝谏者处死。眼看朝廷政事混乱不堪,国势日益衰微,大臣成公贾冒死请求庄王接见。楚庄王一见成公贾便大声责问道:"你难道不知我禁止劝谏的命令吗?"成公贾故作惊惶地答道:"大王之令我岂会不知?我是来出谜语为大王助兴的。"楚庄王一听,改怒为喜地说:"你说说看吧。"成公贾说:"南山上有一只大鸟,三年里站在大树上不飞不动也不叫,不知道这是什么鸟。"楚庄王沉思了一会儿说:"三年不飞,一飞冲天;三年不鸣,一鸣惊人。这是只不同凡俗的鸟。你的意思我懂了,你下去吧!"从此后,楚庄王一改往日颓废的作风,亲理朝政,提拔贤能,除奸杜佞,国势蒸蒸日上。

在古代,臣子看到君王有过失,进谏时都讲究说话的含蓄。如果大臣有损"龙颜",是要杀头的。成公贾运用委婉的论辩方式,令楚庄王愉快地接受了他的劝谏。我们看下面一个例子:

有一次,秦王和中期发生了争论,结果中期赢了,而秦王却输了。中期若无其事、大摇大摆地走出了皇宫。秦王大怒,暴跳如雷,决心要把中期杀掉,以解心头大恨。这时,在秦王身边有个和中期要好的人对秦王说:

"中期这个人实在是个暴徒,一点也不懂规矩。他幸好遇到大王这样贤明的君主才能活命。如果遇到桀纣那样的暴君,早就没命了!"

秦王一听,也就不好再加罪于中期了。

在秦王盛怒的情况下,要为中期辩护,如果直言劝说秦王不要杀中期,这样只能是火上浇油,适得其反。这时,中期的朋友采用了委婉曲折式,简单的几句话却有着丰富的含义。既有对中期的指责，又有对若杀中期则是暴君的暗示，还有不杀中期则是贤君的称赞，秦王的火气一下子就平息了下来，也就不好再对中期下手了。

汉武帝的乳母在宫外犯了罪，汉武帝想依法处置她。乳母就向东方朔求助。东方朔说："你如果想获得解救，就在将被抓走的时候，不断回头注视武帝，千万不可说什么，这样或许还有一线希望。"

乳母经过武帝面前，果然一步三回头。东方朔在武帝旁边站立着对乳母说："你也太笨了，皇帝现在已经长大了，哪里还会要你的乳汁养活呢？"

汉武帝听了，面露凄然之色，最终赦免了乳母的罪过。

东方朔为乳母辩护使用的也是委婉曲折术。他间接地、含蓄地表达了不要忘记乳母的养育之恩，这远比直接规劝汉武帝不要治乳母的罪要好得多。

2. 委婉曲折可用于嘲讽

由于含义的复杂性，对方真正完全领会语句的本义时，就已经失去了反击的机会；并且因为表达的间接性，对方又不好发作。这就如同一把软刀子，对方只好默默地独自承受着伤痛。

在公园里，栏杆外盛开的月季沉甸甸地垂下来。一个小伙子紧挨着姑娘讨好她说："你是世界上最美丽的姑娘。你看，那鲜花在你面前都羞得抬不起头来了，而只有我，才配做烘托你的绿叶。"

姑娘用手指着旁边的仙人掌说："不！你看，那仙人掌为什么还直挺挺地站在我的面前？"

"怎么能用呆头呆脑的仙人掌来和你相提并论呢？它皮厚，身上净是刺，令人讨厌！"

姑娘莞尔一笑："是啊，它为什么还不知道害羞呢？"

姑娘表面是说仙人掌，实际上表达了对对方不知羞耻的厌恶之感。

3. 委婉曲折还可用于避讳的需要

对于某些事情我们不愿意直接说出来的时候，可以采用这种方式。

女儿借了父亲的车子出去和小伙子幽会，结果却出了一点小小的车祸。后来小伙子问："你父亲对此说了些什么？"

"你要我把坏字眼省掉吗？"

"是的。"

"好。那他就什么话也没有说。"

这个姑娘不愿直说父亲净说坏话，而改说"什么话也没说"，反而给人一种宽大为怀的感觉。

当然，使用委婉曲折式应该恰当，特别是不能借此随便含沙射影、冷嘲热讽、挖苦别人。如：

正是上下班时间，乘公共汽车的人多。甲好不容易挤上了车，长吁了一口气，不小心碰到了前面的乙。

乙不客气地说："拱什么，谁不知道今年是猪年。"

甲一听火了，也不相让，回敬道："狗年都过去了，你叫什么！"

像这样含沙射影地互相攻击对方是"猪"、"狗",是缺乏道德修养不文明的表现。

含蓄地表达爱情

巴甫洛夫是苏联杰出的心理学家。他32岁才结婚。如同他杰出的研究成果一样,他的求婚也别具一格。

1880年最后一天,巴甫洛夫还在他的心理实验室没回来。许多朋友在他家等他。天下着雪,彼得堡市议会大厦的钟敲了11下。一个同学不耐烦地说:"巴甫洛夫真是个怪人。他毕业了,又得过金牌,照理可以挂牌做医生,那样既赚钱又省力。可他为什么要进心理实验室当实验员呢?他应该知道,人生在世,时日不多,应该享享福、寻寻快活才是呀。"

巴甫洛夫的同学里面,有一个教育系的女学生叫赛拉非玛。她听了那个同学的话,站起来说:"你不了解他。不错,人的生命总是短促的,但正因为如此,巴甫洛夫才努力工作。他经常说,在世界上,我们只活一次,所以更应该珍惜光阴,过真实而又有价值的生活。"

夜深了,同学们渐渐散去,赛拉非玛干脆到实验室门口去等巴甫洛夫。

钟声响了12下,已经是1881年元旦了,巴甫洛夫才从实验室出来。他看到赛拉非玛,很受感动,挽着她的手走在雪地上。突然,巴甫洛夫按着赛拉非玛的脉搏,高兴地说:"你有一颗健康的心脏,所以脉搏跳得很快。"

赛拉非玛奇怪了:"你这是什么意思?"

巴甫洛夫回答:"要是心脏不好,就不能做科学家的妻子了。因为一个科学家,把所有的时间和精力都放在科研工作上,收入又少,又没空兼顾家务。所以做科学家的妻子,一定要有健康的身体,才能够吃苦耐劳、不怕麻烦地独自料理琐碎的家务。"

赛拉非玛当即会意,说:"你说得很好,我一定做个好妻子。"

就这样,他求婚成功了。在这一年,他们结婚了。

生活需要爱情,爱情是令人迷恋的交响乐,那么恋人之间该如何表达爱情呢?当然,主要是靠语言来完善感情交流的。爱情的表达本无定式,直率与含蓄,各有价值,"完善感情交流"的语言有含蓄和狂热之分,恋人之间最好是含蓄地表达爱情。就像巴甫洛夫那样。

有些青年人喜欢用狂热的语言、露骨的方式高温化地向恋人表达自己的爱情。它缺乏一种含蓄之美,可能会引起对方的反感,弄得事与愿违。有这样一位姑娘,她长得相当标致,在选择对象时总是以"刘德华"为标准,可是青春几何,一晃姑娘已是30岁的"大龄人"了。这一年,姑娘终于和一位风度翩翩的小伙子相识了。姑娘很高兴,唯恐失去自己的"意中人",便急匆匆地表达出自己对对方的爱慕之情:"我们结婚吧!我爱你"。结局可以想象得出的,小伙子认为姑娘一定有什么不可告人的隐私，才会这么急得要立即结婚，便小心翼翼地和她分手了。如果含蓄地表达，插柳不让春知道，可能就不会是如此的结局了。

含蓄地表达爱情，首先可使话语具有弹性，不至于对方一拒绝就没有挽回局面的余地。另外，这也符合恋爱时的那种羞怯心理，易于掌握。

含蓄地表达爱情，可归纳为如下方法。

1. 暗示法

陈毅和张茜是一对情爱甚笃的革命情侣，早在20世纪30年代的戎马生涯中，陈毅对张茜就产生了一种超常的感情，为了暗示自己深切的爱慕之情，使这种感情能顺利发展下去，结出沉甸甸的爱情之果，陈毅苦心"经营"了一首诗《赞春兰》，送给了张茜（当时张茜的名字叫"春兰"）。诗中这样写道："小箭含胎初出岗，似是欲绽蕊露黄。娇艳高雅世难觅，万紫千红妒幽香。"张茜从这首诗中领悟了陈毅的深情，从此两个人确定了恋爱关系，这首《赞春兰》也就成了他们之间"定情"之物。

2. 以物传情法

以物传情法，就是在运用语言表达爱情的同时，借用物品传达情意，也起到了含蓄地表达爱情的目的。

几十年来久映不衰的美国著名影片《魂断蓝桥》，其女主人公玛拉将自己心爱的象牙雕"吉祥符"送给男主人公罗依，请看他们几句简单的对话：

玛拉（从车窗伸出手，手中拿着"吉祥符"）："这个给你！"

罗依："这是你的'吉祥符'啊！"

玛拉："也许会给你带来运气，会的。"

罗依："我已经什么都有了，你比我更需要它。"

玛拉："你拿着吧，我现在不再依赖它了！"

罗依（接过"吉祥符"）："你真是太好啦！"

玛拉（对司机）："到奥林匹克剧院。"（对罗依柔情地）"再见！"

罗依（依恋地）："再见！"

玛拉和罗依是一见钟情的，这些对话虽然没有直言爱情，但从赠送"吉祥符"的对话中，双方都已含蓄地表示了爱慕之情。在玛拉死后，这个不起眼的吉祥符，多年来一直在罗依的身边保存着，而且保存了一辈子，成为他们两人纯真爱情的象征。

3. 表示关心法

许多人表示爱情都从自己的角度来表示，如果采用从对方的角度表示关心，从而流露爱情，可以收到更好的效果。

鲁迅先生的《两地书》中，收进了他写给夫人许广平的许许多多信件，记载了这位文学巨匠表达爱情的特殊方式。如信中常这样写道："应该善自保养，使我放心。""你如经过琉璃厂，不要忘掉了买你写日记用的红格纸，因为已经所余无几了。你也许不会忘记，不过我提醒一下，较放心。"这些关怀备至、体贴入微的话语，比起那种空洞无物的抒情、赞美话语来说，要有感情得多了。

在日常生活中，如恋人生日，为他（她）举办生日晚会；在两地工作的，向恋人寄生日卡片，打电话，发短信，发E-mail，祝贺其生日。种种向对方表示关心的方式，都可以在一定程度上含蓄地表示爱情。

4.表达感受法

在表达爱情的时候，采取不直接表达爱的要求，而是表达爱的感受，同样可以起到表达爱的作用。

例如，说"我喜欢和你在一起"，就可以说"我和你在一起的时候，总觉得时间过得那么快，真是光阴似箭；和你分别后，又觉得时间过得那么慢，像是度日如年"。

又如，说"我十分想念你"，就不如说"真不知怎么搞的，每当我做完工作，一静下来，你就在我的脑际浮现，我就想起我们在一起的那些日子"。

含蓄表达爱情的方法各种各样，不能生搬硬套，而要根据具体人、具体情况来灵活运用。例如你的恋人是一位文化素养不高的人，你就不能采用写深奥难懂的诗，赠给对方的方式。如果这样，非但不能达到表示爱情的目的，甚至有可能会引起不必要的误会。

在谈判中尽量使用婉语

谈判中，往往会面对对手，有时无法直接驳回其意见或建议的场面。这时你不妨用一些委婉的语言来回答对方。这样，易于被对方接受。

传说在明代，有个地方新开一家理发店，门前贴出一副对联：

磨砺以须，问天下头颅几许？

及锋而试，看老夫手段如何？

这副对联论文句妙则妙矣，但读起来令人害怕——磨刀霍霍，杀气腾腾，令人毛骨悚然。这家理发店因而门庭冷落。

另有一家理发店，贴出了一副对联：

相逢尽是弹冠客，

此去应无搔首人。

"弹冠"取自"弹冠相庆"，含准备做官之意，此处又正合理发人进门脱帽弹冠。"搔首"，愁也。"无搔首"即心情舒畅，这里又指头发理得干净，人感舒适。吉祥之意与理发之艺巧妙结合，语意委婉含蓄。这家理发店自然生意兴隆。

委婉可以发人深省，可以做到柔中有刚，刚柔共济，容易使对方入情入理。

谈判中，有些事情直述其意可能会伤害双方感情，这时，便应该采用婉转的说法。1972年美国总统尼克松访华，周总理在欢迎宴会上祝酒时说："由于大家都知道的原因，中美两国隔断了二十多年。"这句话就十分婉转，既暗示造成这种状况的原因在于美国，但又没有正面指责美国，因而没有伤害美方的感情。

语言的委婉，还可以体现某种灵活性。尼克松访华签发《上海公报》时，用了这样一个词组："台湾海峡两岸的同胞"。据说这是聪明的基辛格想了一夜，才想出来的，这是国共两党都能接受的词语，由此，公报顺利发表。

这是谈判中灵活变通、婉言表达的范例。谈判中，不要去评判对方的行为和动机。这是因为，世界上的情况很复杂，你的评判不一定正确，而判断失误最容易造成对方更大的不满。此外，即使你的评判是对的，但由于直言而失去了回旋的余地，有时反而很被动。

试看下面几个例子：

——父亲走到孩子房间，说："这地方看起来像个猪窝！"

——太太对丈夫说："你把我的话当耳边风！你不会学学把碟子放进水池之前，先把剩菜倒掉吗？"

——一位母亲向孩子吼道："你放的音乐太响了，邻居都被吵昏了头！"

——一位谈判者对对方说："你对这些资料的分析，特别是费用计算的方式全都错了！"

上述几例的说话者，都扮演了评判的角色。这种说话方式，因为不顾及对方的自尊心，即使内容正确，也会不知不觉影响说服力。

要消除这种问题也不复杂，就是把话中的"你"改成"我"，这样，把对方的评判改为表达个人的情感、反应和需要就委婉多了，对方就容易接受了。

就上面几例而言，经改变后可以成为下面的说法：

每次看到这个房间没有收拾干净，我就替你难受。

如果把碟子的剩菜先倒干净再洗，我可以省一半时间。

声音太大，我难以习惯。

我的资料和你有所不同，我是这样计算的……

谈判中，应尽量使用委婉语言。如称对手是"敌方"，就不如说为"对方"；说对方在"耍阴谋"或"耍心眼儿"，就不如说对方"不够明智"。

营业员与顾客谈交易，最好把"胖"（特别是对女顾客）说成"富态"或"丰满"，把"瘦"说成"苗条"或"清秀"。

谈判中，尽量避免说"我要证实你的错误"这样的话。这句话等于说："我比你聪明，我要使你明白。"这种话等于是一种心理的挑战，会引起对方的反感，使人在你还没有开始说话时，就先有一种敌对的心理。

假如你要证实一件事情，使别人明白别人的看法是错的，你就要巧妙地去做，使人心里接受。

谈判中，如果别人说了一句话，你认为有错，即使他真的错了，你也应这样说比较妥当："好了，现在你看我有另一种看法，但我的不见得对，让我们看看事实如何。"

或者说："我也许不对，让我们看看事实如何。"

你自己要确定一个信念，即使自己的看法绝对正确，也要慢点说出自己的意见，尤其要避免用含有肯定意思的字眼。

例如将"当然的"、"无疑的"改为："我想……"、"我认为……"、"可能如此……""目前也许……"等等。

含蓄的六种表达方法

关于含蓄的表达,大致有如下六种方法:

第一,仔细研究事物之间的内在联系,利用同义词语来表达自己的思想,达到含蓄效果;

第二,由外延边界不清或在内涵上极其笼统概括的语言来表达自己的思想,达到含蓄效果;

第三,有许多修辞方式,如比喻、借代、双关、暗示等可以达到含蓄的效果;

第四,有些事情,不必直接点明,只需指出一个较大的范围或方向,让听者根据提示去深入思考,寻求答案,可达到含蓄的效果;

第五,通过侧面回答一些对方的问题,可以达到含蓄的效果。

第六,使用含蓄的方法要注意,含蓄不等于晦涩难懂。它的表现技巧首先是建立在让人听懂的基础上,同时要注意使用范围。如果说话晦涩难懂,便无含蓄可言;如果使用含蓄的话不分场合,便会引起不良后果。

◆◆ **说话的智慧** ◆◆

> 在日常生活中,有些话说出来会很尴尬,还可能会遭到对方的拒绝。在这种情形下,不妨用含蓄的语言,间接地把意思委婉地表达出来。这样不但会显得幽默,而且容易达到目的。

第十章　肢体语言
——此时无声胜有声

　　鲁迅在厦门大学担任研究院教授时，反动校长林文庆经常克扣经费，刁难师生。一天，林文庆把研究院的负责人和教授们找去开会，提出要把经费削减一半，教授们纷纷反对：研究院的经费本来就很少，连研究成果的印刷费都付不出，绝对不能再减了。

　　林文庆却阴阳怪气地说："关于这件事，不能听你们的。学校的经费是有钱人拿出来的，只有有钱人，才有发言权！"

　　他刚说完，鲁迅立即站起来，从口袋里摸出两个银币，"啪"的一声放在桌子上，铿锵有力地说道："我有钱，我也有发言权！"

　　林文庆根本料不到鲁迅会说出这句话来，弄得措手不及，狼狈不堪。接着，鲁迅力陈研究院经费不能减少、只能增加的道理，一条条一项项，有理有据，驳得林文庆哑口无言。

人类发出的语言信息，其中肢体语言占有较大比值。肢体语言比有声语言内涵更丰富，更具有多变性、多意性和联想性。肢体语言的符号就像一幅色彩斑斓的图画，人们常说每一个男人的心里都有一个林黛玉的形象，每一个女人的心里都有一个哈姆莱特的形象。这就是说，每个人在接触艺术符号的时候，都凭借着自己人生的经验去补充，去完善，去创造。到今天为止，学者们已发现并记录下了二百万种非语言的信息。莫拉宾发现一个信息的传达是由7%的语言和38%的声音以及55%的非语言所组成的。戴维斯在《怎样识别肢体语言》一文中也得出了相似的结论：信息总效果=7%文字+38%声音+55%面部表情。因此英国学者莫里思认为，"人类从里到外还是'动物性的生物'——是一种以动作、手势、行动来表达和沟通的灵长类动物。"罗曼·罗兰也说过："很多世纪以来，以面部表情这种语言培养出来的成功，比从嘴里讲出来的更复杂的语言要多千百倍。"

把握最初的十秒钟

一位演说家说，我们开始说话的十秒钟最能吸引听众。原因是：在这最初的十秒钟内，每个人都会有意无意地来表达自己的真实感觉。所以，你如果抓住了这十秒钟，整个说话的场合就会形成一种有利于你的情势。

如何把握住这最初的十秒钟呢？

1. 用吸引人的故事或幽默开头

感人的故事（尤其是真人真事）或能够使观众们发出会心笑声的幽默，能够一下便抓住听众的心，即使前面发言者已使观众思绪分散，也仍然能起到把握全局情绪的作用，引起听众的兴趣，从而使自己很快被听众所接受。

2. 用一些物品吸引听众

一张图纸、一个战场上带回的实物或是一张相片，因其能够直观地反映一定的主题，因而能很快地把听众吸引过来。如果讲者乐意，他还可能将自己的话题抽象成一幅画——根本不必去追究它的艺术性，或者随便写几个有趣的大字。别出心裁的举动也能一下集中听众的注意力，只要物品有助于讲者借题发挥就行。

3. 不妨用提问来开头

提问，是有趣的开头法。在问题提出以后，几乎所有感兴趣的人都会去思考，并产生一种要求知道正确答案的欲望，而这将能使听众的注意力得到迅速地集中——他们等着用你说出的答案去验证自己的判断。但是要注意，提出的问题不要过于简单，要能"发人深省"引起思考，或能使听者有所收益。

4. 制造悬念

可以通过听众的求知欲而造成悬念，采用此种讲话开头方法时可能需要一些"内幕"消息。无疑，这也是一种很好的吸引听众的方法。

5. 从听众的利益和关心焦点出发

有经验的谈话者，往往善于将自己的讲话与听众的切身利益联系起来，即使牵强一些，为了开始讲话时能吸引听众，有时不得不有策略地绕个弯子，待听众兴趣已起时再转入正题。

6. 从与听众的共鸣说起

共同的经历或遭遇、共同的研究专业和方向、共同的希望和展望等等，都是能够引起听众共鸣的话题，以此种方式开场，常常更易于使自己被听众"认同"。

7. 用一句名言开场

名人名言是很好的开场白。心理学研究认为，公众具有崇拜权威（名人是人们自认的权威）的共同心理。名人的话对听众来说总是具有一种特殊的魅力，因而也最易于将听众的注意力集中起来。

8. 先赞扬听众

世人都爱听赞颂之辞。因此，具体的赞扬会使他们很注意听，同时，也会使讲话者被认作是一个和蔼可亲的人而被听众接受。

表情语言为你铺平道路

一个会说话的人，他所用的不仅仅是他的口。在日常生活中，我们经常可以发现，有些人一开口，别人就静下来听；而另一些人讲话时，听众仍各干各的，甚至打断他的话。这种情况之所以出现，当然有许多复杂的原因，但其中有一个重要原因，那就是有的人懂得使用表情，使用眼、胸、肩等身体的各个部位来配合他的口来吸引人，而有的人却不懂得。试想一想，如果一个人在说话时只是嘴在动，而身体的其他部位是绝对静止的，他会对听众有吸引力吗？

其实，从你出现到你开口说话的这段时间里，你都在说话，只是没有用口，而是用身体的其他部位。你的眼、手、脚等的一举一动都能体现出一种表情，而这种表情可使人准备听你的话，也可以使人不想听你的话，甚至使人对你产生一种厌恶感。

因此，一个会说话的人在开口之前，必须调动身体的各个部位，向听众传达他对他们的敬意与好感，暗示出他将要说的话的基调和重要性。这是一次成功交谈的必要前奏。即使是在谈话的过程中，他突然站起来，或者是座位向对方移近一些，或者突然做一个不寻常的姿态，只要自然得体，对他的说话的效果也大有帮助。

许多参加演讲比赛的人都很注重采用以上的办法。他们非常注意练习登台走路的姿态，练习怎样鞠躬、怎样注视听众，以此来使听众对他们产生兴趣，把注意力都集中到他们身上来。他们的这些动作，一般都成功地为他们的语言铺平了道路。

1. 眼神

语言表情中最重要的是眼神。黑格尔在《美学》中说："不但是身体的形状、面容、姿态和姿势，就是行动和事迹，语言和声音以及它们在不同生活情况中的千变万化，全部要由艺术化成眼睛，人们从这眼睛里就可以认识到内在的无限的自由的心灵。"

"双目炯炯有神"这句话是人们用来描述一个人精力旺盛、机敏干练的，从这句话可以发现"眼"与"神"之间的联系。眼睛里流露出来的光彩，人们即称之为眼神。眼神是人际交往中最能传神的非语言交往。人的眼神是通过眼睛的开闭张合，眼球的运动，瞳孔的舒缩，视线的变化以及眉毛的配合表现出来的。眼神有热情友好的、含情脉脉的、严厉苛刻的、慈祥的、和蔼的、凶恶的、胆怯的、坚定的、蔑视的等多种类型。

眼神可以向外界传达多种信息。表示爱慕时，双目传情；表示挑衅时，目不转睛；表示接纳时，目光平和。眼神还可传达命令、请求、劝诫及安慰等丰富的内容。

眼神，犹如一面聚焦镜，凝聚着一个人的神韵气质。凡是亲耳聆听过周总理演讲的人，无不为他那刚毅、睿智的眼神所吸引，从中得到激励；凡是亲耳聆听过陈毅演讲的人，无不为他那英灼、敏锐的眼神所慑服，从中受到鼓舞。

切记我们的一双眼睛时刻都在"说话"。互相正视片刻，表示坦诚；互相瞪视，表示敌意；乜斜着眼扫一下，表示鄙夷；正视、逼视，表示命令；不断上下打量对方，表示挑衅；低眉偷觑，表示困窘；行注目礼，表示尊敬、关注；白他一眼，表示反感；双目大睁或面面相觑，表示吃惊；眼睛眨个不停，表示疑问；眯着眼看，表示高兴或者轻视。至于用眼神来表达爱情，更是不言而喻的了。青年男女在喁喁情话时，一定是互相对视，两人的眼中流露出千般情万种意，故而心理学家梅里比安说："一个人看谁的时间越长，表示越是喜欢对方。"

2. 眉毛

眉毛的功用是保护眼睛，但它还能传递人心理行为的信息。人的心情变化了，眉毛的形状也会跟着改变。眉毛的动作，大致有五种表现：

扬眉：当人的某种冤仇得到伸张时，人们常用"扬眉吐气"一词来形容这时的心情。当眉毛扬起时，会略向外分开，造成眉间皮肤的伸展，使短而垂直的皱纹拉平，同时整个前额的皮肤挤紧向上，造成水平方向的长条皱纹。扬眉这个动作，能扩大视野。但同时也要认识到，一个眉毛高挑的人，正是想逃离庸俗世事的人，通常会认为这是自炫高深的傲慢表现，而称为"高眉毛"。当一个人双眉上扬时，表示非常欣喜或极度惊讶，单眉上扬时，表示对别人所说的话、做的事不理解、有疑问。当我们面临某种恐惧的事件时，可以用皱眉来保护眼睛，也可以用扬眉来扩大视野，两者都对我们有利，但我们只能选择其一。一般的反应是：面临威胁时，牺牲扩大视野的好处，皱眉以保护眼睛；危机减弱时，则会牺牲对眼睛的保护，扬眉以看清周围的环境。

皱眉：皱眉的情形包括防护性和侵略性两种。防护性的皱眉只是保护眼睛免受外来的伤害。但是光皱眉还不行，还需将眼睛下面的面颊往上挤，眼睛仍睁开注意外界动静。这种上下挤压的形式,是面临外界攻击、突遇强光照射、强烈情绪反应时典型的退避反应。至于侵略性的皱眉,其基点仍是出于防御,是担心自己侵略性的情绪会激起对方的反击,与自卫有关。真正侵略性眼光应该是瞪眼直视、毫不皱眉的。最常见的皱眉,容易被人理解为厌烦、反感、不同意等情形。

耸眉:耸眉指眉毛先扬起,停留片刻,然后再下降。耸眉与眉毛闪动的区别就在那片刻的停留。耸眉还经常伴随着嘴角迅速而短暂地往下一撇,脸的其他部位没有任何动作。耸眉所牵动的嘴形是忧伤的,有时它表示的是一种不愉快的惊奇,有时它表示的是一种无可奈何的样子,此外,人们在热烈地谈话时,会做一些小动作来强调他所说的话,当他讲到重要处时,也会不断地耸眉。

斜挑:斜挑是两条眉毛中的一条向下降低,一条向上扬起,这种无声语言,较多在成年男子脸上看到。眉毛斜挑所传达的信息介于扬眉与皱眉之间,半边脸显得激动,半边脸显得恐惧。扬起的那条眉毛就像提出了一个问号,反映了眉毛斜挑者那种怀疑的心理。

闪动:眉毛闪动,是指眉毛先上扬,然后在瞬间再下降,像流星划过天际,动作敏捷。眉毛闪动的动作,是全世界人类通用的表示欢迎的信号,是一种友善的行为。两位久别重逢的老朋友相见的一刹那会出现这种动作,而且伴随着扬头和微笑。但是在握手、亲吻和拥抱等密切接触的时候很少出现。眉毛闪动除了作为欢迎的信号外,如果出现在对话里,则表示加强语气。每当说话者要强调某一个词语时,眉毛就会很自然地扬起并瞬即落下。

3. 嘴巴

嘴巴本身就是传递有声语言的器官,但它同时也传递一种无声语言。为什么呢?因为嘴是人身上最忙碌的部位——笑、哭、咬、舔、接吻、吃饭、吸吮、品尝、咀嚼、吞咽、咳嗽、说话、吼叫、抽烟等等动作都要嘴巴来完成。人的生存需要通过嘴巴输送粮食,交流需要嘴巴说话。同时,嘴巴也是脸上最富于表情的部位——张开闭合、向前向后、向上向下、抿紧放松,这四种基本方式可以组成五彩缤纷的嘴部动作。

人的嘴巴一举一动能够鲜明地表现人的态度来。一个人口唇部分的变化,主要有几种情况:张开嘴而合不上,是个意志软弱的人;口齿伶俐,吐词清楚的人有一副好口才;人的嘴唇往前空撅的时候,可能是防卫心理的表示;人在注意听说话时,嘴唇两端会呈现稍稍拉向后方的状态;嘴角上翘,这种人豁达、随和,比较好说话,易于说服;下巴缩起的人,干活仔细,疑心病很重,容易封闭自己,不易相信他人;下巴高抬的人,性格骄傲,优越感、自尊心强,目光望向你时,常带否定性的眼光或敌意;说话或听话时咬嘴唇,对方在自我谴责,自我解嘲,甚至自我反省;口齿不清,说话迟钝,但意气坚定,见解不凡,此人必定才能出众;说话时以手掩口,其人性格较内向、保守,不敢过多暴露自己,还有一种情形,表示对方存有戒心,或者在做某种自我掩饰;关键时将嘴抿成"一"字形的人,其性格坚强,交给他的任务他一定能完成,不管付出多大代价。

4. 鼻子

在谈话中鼻子稍微胀大时，多半表示得意或不满，或情感有所抑制。鼻头冒出汗珠时，表示心理焦躁或紧张；如果对方是重要的交易对手时，必然是急于达成协议。鼻子的形状像鹰嘴，尖向下垂成钩状，阴险凶暴，鹰鼻而眼深者生性贪婪不知足。鼻子的颜色整个泛白，显示对方的心情一定畏缩不前。鼻孔朝着对方，表示藐视对方，轻视别人。鼻子坚挺的人性格坚强，决定的事情一定要做到。摸着鼻子沉思，说明对方正在思考，希望有个权宜之计解决眼前的问题。

有位研究身体语言的学者，为了弄清这个"鼻子"的"表情"问题，专门做了一次观察"鼻语"的旅行。他到车站观察，到码头观察，到机场观察。他旅行了一个星期，观察了一个星期。由此得出两点结论：第一，旅途是身体语言最丰富的表现区域。因为各种地区、各种年龄、各种性别、各种性格的人汇集在一起，而且都是陌生人，语言交流很少，但心理活动又很多，所以，大量的心态都流露于身体语言。他说："旅途是身体语言的试验室。"第二，人的鼻子是会动的。因此，鼻子是有无声语言的器官。他说，根据他的观察，在有异味和香味刺激时，鼻孔有明显的伸缩动作，严重时，整个鼻孔会微微地颤动，接下来往往就出现"打喷嚏"现象。他认为，这些"动作"，都是在发射信息。此外，据他观察，凡高鼻梁的人，多少都有某种优越感，表现出"挺着鼻梁"的傲慢态度。关于这一点，有些影视界的女明星表现得最为明显。他说，在旅途中，与这类"挺着鼻梁"的人打交道，比跟低鼻梁的人打交道要难一些。他的这次旅行观察，对于身体语言学，可能是个不小的贡献。

5. 微笑

笑，是每个人都可无数次地显露的表情。笑的种类很多：如岳飞《满江红》中"笑谈渴饮匈奴血"的"笑"，是豪迈的笑，战斗的笑；如陈然《我的自白书》中"对着死亡我放声大笑"的"笑"，是充满信心的笑，胜利的笑；如贺知章《回乡偶书》中"笑问客从何处来"的"笑"，是礼貌的笑，文明的笑；如毛主席《卜算子·咏梅》中"她在丛中笑"的"笑"，是谦逊的笑，高尚的笑；如鲁迅小说《孔乙己》中"只有孔乙己到店，才可以笑几声"的"笑"，是揶揄的笑，活泼的笑。

在各种各样的笑容里，最动人的还是微笑。

有个叫威廉·史坦哈的人，在谈他的交际经验时说："我是一个闷闷不乐的人，结婚18年来，我很少对我太太微笑。后来，有人鼓励我微笑，我答应试试。于是，第二天早起，当我跟太太打招呼：'早安，亲爱的。'同时对她微笑时，她怔住了，惊诧不已。我说：'从此以后我的微笑将成为寻常的事，不用惊愕。'结果这竟改变了我的生活，在家中我得到了幸福温暖，一改过去闷闷不乐的状态。现在，我对每个人都微笑，他们也对我报以微笑。我可以带着轻松愉悦的心情去同一些满腹牢骚的人交谈，一面微笑，一面恭听。原来棘手的问题，现在也变得容易解决了。这就是微笑给我带来的许多方便和更多的收入。微笑使我快乐、富有、拥有友谊和幸福。而不会微笑的人在生活中将处处感到困难和不方便。"

日本著名电影演员山口百惠给世界观众留下深刻印象，在她息影多年后仍有大量的影迷想念她，渴望她复出。山口百惠能够得到如此高的声誉当然与她卓越的演技分不开，同时也不能否认她那天真无邪、可爱动人的微笑以及笑时露出的两颗虎牙所具有的摄人魂魄的魅力，令多少观众醉心于她的表演。

微笑应该发自心底深处，足以温暖别人的心，使冰雪为之融化。没有诚意的微笑不但不能打动人，反而令人生厌。在才智不相上下的人群中，你拥有更多的微笑，成功便在更大程度上属于你。

发挥肢体语言的魅力

肢体语言是一种无声语言，它是一种比有声语言更能表现一个人的情感和个性欲望的语言。美国心理学家爱德华·柯尔在他的《肢体语言》一书中说："肢体语言所显示的意义要比有声语言多得多，而且深刻很多。"

从对方身体各部位的动作来了解人的思想感情，是了解和掌握说话要领的一种技巧。如：正襟危坐表示恭谨，手舞足蹈表示欢乐，振臂昂首表示慷慨激昂，点头哈腰表示谄媚。可以说，不使用动作的人是没有的，同时，动作也是调整体态平衡的一种需要，而且，还强化你抒发此地此时的感情。如：当孩子有错误时，母亲往往在说理时搂着孩子。这一动作充分体现了母爱的赤诚，从而也更容易感化孩子的心灵。

肢体语言有各种各样的表现，是比较复杂而微妙的，但不管如何，不是自然的动作，就是呆笨的动作。

多年前，美国纽约市市政厅邀请瑞格参加集会演说。事前由当地一位不善言辞也不注重体态仪表的秘书明威尔作开场白。明威尔由于结结巴巴，使听者的反应从一开始就不大热烈。

更糟的是明威尔开始慌乱起来，他的腿不停地改变姿势，从分立变成交叉，甚至将脚尖微微相对，引起前排的妇女阵阵笑声，他赶忙将手抽出来，环抱着，听众又是一阵骚动，结果，这种拙劣的表演把在场的听众的兴致全部打消了。

良好的体态，首先要给人一个精神饱满的印象。弯腰驼背的模样，不仅给人一种颓丧感，而且对说话也不利。

目前，西方学者提出演讲者的姿势，强调头抬得高些，背挺得直，眼光注视观众。这种体态，不但充满活力，而且使你的话语带有权威性，因为这种体态显示了一种自信和坚定。

当然，也有人出于策略需要，故意装出颓丧不振的样子，以尽量打消对方听话的兴趣。在某种情况下，这也是一种技巧。

美国著名律师达罗，有时会在他的对手向陪审团提出证据时耍点小花招，他乱动乱摆，甚至让手中的雪茄烟灰逐渐增长，直到人们的眼睛望着他，直到手中烟灰落下来，使对手说不下去。

肢体语言的类型

每个人说话时都有自己独特的肢体语言风格,但都不外乎三种类型,即情感型、示意型、陈述型。这三种肢体语言类型在具体运用中互相协调、互相联系。

1. 情感型

这是表示思想感情机能的身体语言,它分为两种,第一种是不欢迎的意思。比如,有两个人在一块儿说话,你也走过去和他们在一起,如果他们只是很平淡地看了你一眼,那就说明他们对你的到来不感兴趣,你最好主动离开。第二种是欢迎的意思。比如两个人坐在桌旁,他们的姿势很自然地互相对称,这表明其中一人对另一人十分感兴趣。

另外,有时几个人在一起组合成一个势力圈,而对圈内的人来说,则是一个整体。这说明情感型肢体语言具有对立统一的特点。

2. 示意型

肢体语言是可以用语言表达意思的语言。如迎接客人时"请"的姿势就是典型。这种肢体语言在身体各个部位都有所表现。例如腿部:你在酒吧等人,但等了很久都没有人来,这时你的腿开始抖动,甚至还出现频频顿足的动作,而头部也频繁地朝门口扭动,眼睛不时地往来人的方向张望或看手表,这一系列姿态,就把你焦躁不安的心态暴露无遗。

还有腰部。弯腰是表示某种"谦逊"或"尊敬"的态度。经常挺直腰板站立、行走或坐下的人,表示其较强的自信心和自制力,也可能表示其性格过于古板。

其他部位都有不少这类肢体语言。挺起胸部,手臂抬高交叉脑后,表示自信、有把握或有优越感;挺起腹部,意在扩大自己的势力范围或威慑对方。反之,抑腹蜷缩则表现出不安、消沉和沮丧。

3. 陈述型

这是对语言表达的思想内容进行补充和说明的肢体语言类型。首先,它有助于增强反馈效应。

例如美国人交谈时,头部的动作很频繁。如果想等待答复,他总是动头,每次说完话后也是动头,意思是说自己的话完了,请对方接着说。如果自己以陈述语气继续讲话,那么他就不会动头,并且保持同样的语调。

其次,陈述型肢体语言有助于强化语义。例如一个人面对一群人演讲,当讲到特别重要的内容时,便不由自主地站立起来,甚至上身还向听众倾斜,目的是要强调所讲内容的重要性。

另外,陈述型肢体语言还有助于提高听众的理解,有助于你说话顺利流畅,有助于提醒听众的注意。所以说,陈述型肢体语言是善于言谈者的拿手本领。

肢体语言的特性

弗洛伊德曾经说过:"所有凡人掩盖不了自己,如果他口唇静止,手指在轻轻击节,则秘密就会从他的每个毛孔中流溢出来。"这不奇怪,这正是肢体语言本身的特性所决定的。

肢体语言的特性有下面三点。

1. 连续性

只要两人在一起,不管你是正襟危坐,还是手舞足蹈,都在传递着信息,整个过程是连续不断、不可分割的。这与语言信息交流一旦话说完了、文章写完了,过程也就结束了的"分离性"是不同的。

2. 互动性

语言信息的传递只经过一个通道,比如听话只能逐字逐句地听,读文章也有个前后的顺序。

而肢体语言信息则可以"多通道"互动,比如:一个人坐着思考问题时,一手托着腮帮、一手轻敲桌面、双脚踝交叠就是生动的例子。

3. 可靠性

人们对语言信息的操纵总是自觉的,这也就难免产生虚假,肢体语言大多是在无意识状态中说话的,因而传递的信息就较为可靠些。

肢体语言的功能

电影表演大师卓别林早年出演的无声电影之所以在全世界受到广泛的欢迎,就在于卓别林准确夸张的肢体语言的配合。这种配合显示了肢体语言的强大功能。

肢体语言在人与人之间传达出"无言的沟通",它的功能有以下四点。

1. 替代功能

《晋书·阮籍传》记载,魏晋时代被誉为"竹林七贤"之一的阮籍善为青白眼。所谓"青",就是黑的意思。"青眼"即人喜悦时眼睛正视,黑珠在中间,是相对于"白眼"(眼睛向上或向旁,现出白眼)而言的。阮籍常用"青眼"表示赞许和喜悦;用"白眼"表示厌恶和蔑视。他见到雅士,便作"青眼";见到俗人,即以"白眼"对之。

阮籍居丧期间,嵇喜前往吊唁,他白眼冷对,嵇喜十分难堪,只好不怿而退。嵇喜的弟弟嵇康听说后,便提着个大酒壶,挟着把琴也来吊丧,阮籍立即投之以青眼,表示欢迎。今天我们常用的"青睐"、"垂青"等词,也就是由此而来。心理学家阿盖尔认为,诸如承认、爱欲、挑衅、拒绝、寻衅、优越感、屈从、谦恭、满足、妥协、害怕、悲伤、欢乐、痛苦、哀愁等情绪，通常都可以由肢体语言直接替代加以表达。

2. 表露功能

有时，千言万语难以表达的思想感情，或一时说不出口的心底的话，采用肢体语言巧妙地加以表露，就容易使对方心领神会。

3. 辅助功能

在社交场合讲话要生动有力，给人以深刻印象，那更是少不了肢体语言来辅助。辅助手段如果运用得当，可以加强语势，并能取得较好的信息沟通效果。

4. 调节功能

有人来访，你正在忙这忙那，当对方还在滔滔不绝地漫谈时，你会用看看手表或坐立不安等的肢体语言，来暗示对方"废话少说，无事快走"。当教师讲解不清时，学生的脸上会出现困惑不解的神色，有的可能摇头以示不悦，这时许多教师会及时理解学生向自己发来的调节信号，并迅速作出积极反应。

肢体语言的上述四种功能，显露了不可低估的"无言的沟通"之意义。如果一个人不会正确破译肢体语言，不善于发挥它在人际交往与沟通中的作用，那就可以说他成功的大门还没有真正打开。

站　姿

一个人的站姿要显得健康、自信。标准的人体站姿应该是：抬头，两眼平视前方，嘴唇微闭，面带微笑，下颌微收；放松双肩，稍向下压；挺胸、收腹、立腰；双臂自然下垂于身体两侧，双腿直立，膝和脚后跟要靠紧。一个人站立时不良的姿态表现为：身体僵直，胸部外凸，板腰；垂肩，脊柱后凸，腹部鼓起；胸部下凹及垂肩，脊柱侧凸。此外，缩头探脑，佝偻双肩，双腿弯曲颤抖等，这些站姿都会给人留下不良印象。不良站姿无法显示出一个人的朝气及活力。

无论男性还是女性，站立姿势表现出挺、直、高，那他（她）便是具有了基本的美感。就男性来说，站立时身体各主要部位舒展，头不下垂，颈不扭曲，肩不耸，胸不含，背不驼，髋、膝不弯，这样他就做到了"挺"。站立时脊柱与地面保持垂直，在颈、胸、腰等处保持正常的生理弯曲，颈、腰、背后肌群保持一定紧张度，这样他就做到了"直"。站立时身体重心提高，并且重点放在两腿中间，这样他就做到了"高"。就女性来说，站立时头部微低，显示了她的温柔之美；挺胸，不仅使她显得朝气蓬勃，而且让人觉得她是个自信的人；腹部微收，臀部放松后突，表示她很在意女性曲线美。

在社交场所和任何人群集合的地方，人们三个一群、两个一伙地站着谈话，其站姿各种各样。相对站立，这是两个人谈话时常采用的姿态，其中包括两种含义：一是亲密友好，一是彼此发生争吵。又有双人八字形站姿，表明欢迎别人加入。还有多人并肩站姿,说明几个人受到同一约束力。

站立时,对方手臂的姿势也值得琢磨:手臂下垂时,表示他此刻的心理处于松弛状态,心态比较自然,手臂张开时,表示出欢迎和拥抱的姿态,手臂交叉时,既表现一种防卫心理,又具有一定的掩饰作用。即便是颇有声望的政界要人,或社会名声显赫的人物,在与陌生人打交道时,都会程度不一地采用这种姿势。用手握臂时,表示一种自制。有的人置身陌生人当中,为了掩饰不安的心情和缺乏自信心理,会采取这种姿态。手臂上举时,要么表示胜利,要么表示投降,要么表示敬礼、挥手、招手等特定的含义。

坐　姿

正确的坐姿在说话时给人以端庄、稳重的印象,使人产生信任感。另一方面,它也给交谈带来方便。坐姿本身就可以向对方传递信息,因此应作为一种交谈手段加以注意。

为了促进交谈,坐椅子时可稍往前坐一点,身体前倾,采取这样的姿势,便于将身体前后摇动,以对对方的谈话内容表示肯定,同时还可以促使对方作决定。如果背部靠在沙发上,则给人以傲慢的印象,同时身体后仰,会使下巴突出,这样容易暴露自己的想法,被对方掌握主动权。

其次,交谈时可以采取稍微侧身的姿势,这样面向对方的侧身坐姿,会产生一种易于接近的作用。

正确的坐姿是:入座时要轻要稳。走到座位前,转身后,轻稳地坐下。

人的正常坐姿,在其身体背后没有任何依靠时,上身应正直而稍向前倾,头平正,两臂贴身自然下垂,两手随意放在自己腿上,两腿间距和肩宽大致相等,两脚自然着地。背后有依靠时,在正式社交场合,也不能随地把头向后仰靠,显出很懒散的样子。

步　态

人们行走的姿态——步态是千姿百态、变化万端的,比如有消磨时间的散步、无精打采的慢步、大摇大摆的阔步、闲庭自得时的信步、节奏均匀的慢跑、风驰电掣的疾奔、老态龙钟的蹒跚、犹豫不决的徘徊、偷偷摸摸的蹑行、摇摇摆摆的跛行、姿态优雅的滑行、兴高采烈的蹦跳、心焦气躁的急走、故作姿态的扭摆、夸张行进的正步、急促小奔的碎步,等等。这些移动身体的步态,每个人在日常生活中都会用到其中某些部分。

每个人具有独特的走路姿势,能使他的熟人一眼认出来。至少有一些特征,是因为身体的结构而有所不同，但是步法、跨步的大小和姿势，似乎是随着情绪而改变的。假如一个人心情愉快，他会走得比较快、脚步也轻快；反之，他的双肩会下垂，走起路来好像穿着铅底的鞋子一般。走路快且双臂自在摆动的人，往往有坚定的目标而准备积极地加以追求；习惯双手半插在口袋中，即使天气暖和时也不例外的人，喜欢挑战而颇具神秘感，通常他善于扮演"魔鬼的拥护者"的角色，因为他喜欢贬低别人。

一个自满甚至傲慢的人走路时，他的下巴通常会抬起，手臂夸张地摆，腿是僵直的，步伐是沉重而迟缓，似是有意加深别人对他的印象。一个人在沮丧时，往往拖着步子将两手插入口袋中，很少抬头注意到自己往何处走。一个人在这种心情下，走到井边，说不定会朝里边望一望，借以转移目标，暂时忘记烦恼。走路时双手叉腰的人，看起来像个短跑者，往往他想在最快的时间内跑最短的距离，以达到自己的目标。他突然爆发的精力，常是在他计划下一步决定性的行动时看似沉寂的一段时间内所产生的。

正确的步态表现出一个人朝气蓬勃、积极向上的精神状态，呈现出一种健美的姿态，行走出一阵疾风，给人留下美好的印象。

手 势

人的肢体语言中，手势是十分突出的。演讲、教学、谈判、辩论乃至日常交谈，都离不开手势，因此有人说手势是第二唇舌。

此外，在让座、握手、传递物件、表示默契，以及在谈话进行中，手势能借以加强我们语言的力量，丰富我们语言的色调。所以说，手势是一种独立的有效的语言。

1. 手势的类型

手势从动作上可以分为两大类：

（1）力量型。这类手势一般使用整个手掌，有时还包括手臂，具体来说，有这样几种情况：①晃动食指：食指伸出，手掌紧握，并大幅度地晃动，这是一种具有很大威胁性的手势。②振臂：五指紧握拳头并摇动手臂，向上或向前摇动，主要用来表达强烈的要求。③压掌：掌心向下，并猛烈下压，这是表示抑制或压制的手势，能给人一种强制性的感觉。④推掌：掌心向外，用力推出，主要用来表示拒绝之意。⑤伸掌：双手掌心向上，向胸前或向腰部的两侧伸出手掌，主要用来表示真诚。⑥抱掌：两手掌心朝向自己的前胸，好像是在拥抱，主要用来表示抒发得到被肯定的心情。⑦切掌：伸直手掌像刀一样上下斩切，主要用来表示果断的决定。

（2）细腻型。这是指手指的尖或某一个手指，构成仿佛在拿一件小东西并力求要准确地操纵它的形态，主要表示要人们对某一事情做谨慎细致的考虑。

2. 手势的作用

说话时巧妙地运用手势，有显而易见的作用：手势语言使所说的话给人以立体感、形象感，帮助对方理解所说的内容。手势语言能强化感情，激起对方共鸣。手势语言还能传达微妙感情，同时提醒自己及时调整表达内容或表达方式。手势能增加说话的魅力，突出自己的个性。手势语言在运用时需注意如下几点：手势的运用恰到好处才会发挥其作用。手势并不是在任何场合、面对任何对象都有作用。尤其是在比较庄重的场合，用手势表情达意，应是无意识的，否则会给人做作的感觉。手势要协调，不能说东指西，令人无所适从。

哇喇乱叫不是说话，乱挥乱舞不是手势。不自然的手势，会招致许多人的反感，造成交际的障碍。

3. 手势的特点

手势有如下三个特点：

（1）能代笔描绘形象。人们在日常生活中常常用手表示物体的大小、高矮、长短等。戏剧中手势更多，开门、关门、骑马、上车，都可以通过手势表现出来。

（2）能传达强烈的感情。手势可以表示强调，如欢乐时手舞足蹈；愤怒时紧握拳头；懊悔时拍腿顿足；勇敢时拍胸而应；痛苦时捶胸顿足；失望时双手捂脸。有的手势令人远远地感到他的热情和欢喜；有的手势却轻率得像个阿飞；有的手势漫不经心；有的手势使人觉得洋洋自得；有的手势告诉你他非常非常之忙，正要赶着办一件紧急的事情；有的手势又告诉你他有要紧的事情要向你谈，请你等一等。

（3）能指示方位或借代事物。问路时，人们常用手指指示方向；在人群中寻找某人时亦用手指点。另外，手势可代替数目，中国人吃酒划拳的手势就是以指代数。

4. 手势表达的方式

说话时，人们用手势来表达态度的方式主要有：用手遮住额头，表示害羞、困惑、为难；用手搔头，表示尴尬、为难、不好意思；双手相搓，说明陷入为难或急躁状态之中；双手摊开，表示真诚、坦然或无可奈何；双手叉腰，说明对方在挑战、示威或感到自豪；双手插在口袋里，表明内心紧张，对将要发生的事没有把握；双手抱在胸前，表明胸有成竹，对将要发生的事有思想准备；交谈中用手指做小幅度的动作，表明其对提议不感兴趣、不耐烦或持反对态度。

心情处于焦虑不安时，一些人习惯将一只手放在桌上或沙发扶手上，不停地轻弹手指；一些人则习惯用手指搓捻纸条或烟蒂；有些年轻女性则喜欢用手绞手绢。面临某一选择而处于犹豫不决或不知所措的心理状态时，一些人会不知不觉地用手搔脖子；一些人则会用手搔后脑勺。当人们对某件事情充满渴望和期待的心理时，常常会情不自禁地摩拳擦掌。

手势是一种无声的语言，如在表示亲密时热情握手；分别时挥手相向；熟人见面招手示意；紧握拳头表示信心和力量；摆手则是谢绝；学生举手发言是礼貌之举；胜利时则拍手欢呼；等等。

5. 握手技巧

握手在现代社交中非常普遍，除了传统的表示友好和亲近外，还表示见面时的寒暄，告辞时的道别，以及对他人的感谢或祝贺、慰问，等等。握手不仅是中国人最为常用的一种见面礼和告别礼，而且在涉外交往中也普遍适用。

握手的感觉比一般礼节性要求的内容更丰富、细腻。紧紧相握、用力较重是热情诚恳，或有所期待的表示；力度均匀适中，说明情绪稳定。握手既轻且时间短，认为是冷淡不热情的表示；握手时拇指向下弯，又不把另外四指伸直，则说明不愿让对方完全握住自己的手，是对对方的一种藐视。用两只手握住对方的一只手，并左右轻轻摇动，是热情、欢迎、感激的表现；反之，刚触到对方的手掌便立即放开，是冷淡和不愿合作的反映。握手时手指微向内曲，掌心稍呈凹陷，是诚恳、亲切的表示。握手之时，掌心朝下显得傲慢，掌心朝上则显得谦恭，而伸出双手去捧接对方的手那更是谦恭备至了。

握手时还要讲究先后次序。握手次序要依据双方所处的社会地位、身份、性别和各种条件来确定。一般来说，长辈在先，上司在先，主人在先，女士在先。客人、男士、下级、晚辈，应该先问候对方，见对方伸出手后，立即与之相握。在上级、长辈面前不可贸然伸手。如果对方人多，应该先上级，后下级；先长辈，后晚辈；先主人，后客人；先女士，后男士。

握手还可以表示感谢、祝贺、鼓励、慰问之意。矛盾和解了，有时也多习惯以握手为礼。

◆◆ **说话的智慧** ◆◆

> 运用形象的肢体语言可以把无形变为有形，把枯燥变为生动，能够大大吸引听众的注意力。

第十一章　注意场合
——到什么山唱什么歌

有一年上海电视台举办了一个江、浙、沪越剧演唱大奖赛。经过激烈的争夺，一位越剧新秀一举夺魁。他在致答谢词的时候说："今天，我捞到了第一名。"一个"捞"字出口，全场哗然。

这个演员如此说话，也许是为了显得随便一些，甚至是半开玩笑，但在这种公开的场合如此说话，只会给人以粗俗浅陋之感，致使他的"新秀"形象顿时在观众的心目中暗淡了许多。

场合对说话的影响，与场合对交际者的心态和情绪的折射作用分不开。场合不同，氛围不同，人们的心情心绪也不同。他们对一些问题的感受和理解的程度也不大一样。同样一句话，在此场合会被认为合理，有见解，在彼场合则会引起人家的厌恶和反感。因此，在不同的场合就要说符合场景气氛的话，说话要特别注意分寸，否则，不看场合说不合情景的话就必然要碰壁。

说话要注意场合

鲁迅先生有一篇散文《立论》，非常生动地揭示了说话应注意场合的特点：

一家人家生了一个男孩子，全家非常高兴。满月的时候，抱出来给客人看——大概自然是想讨点好兆头。一个人说："这孩子将来要发财的。"他于是得到一番感谢。一个人说："这孩子将来要做官的。"他于是收回几句恭维。一个人说："这孩子将来是要死的。"他于是得到一顿大家合力的痛打。

这篇故事散文里，孩子满月是喜事，主人这时愿意听赞美之词，尽管是信口之言；而说孩子将来必死确是有据之言，却使主人反感。因为在轻松的场合言语也要轻松，在热烈的场合言语也要热烈，在清冷的场合言语也要清冷，在喜庆的场合言语也要喜庆，在悲哀的场合语言也要悲哀。所以说话要看场合，到什么山唱什么歌。

一位早年毕业于某高等院校中文系，勤勤恳恳工作了几十年的老教师退休了，为此，学校为他和另一位曾多次荣获过"先进"的退休老同志一并举行了一个欢送会。领导对他们的工作和为人进行了热情洋溢而又非常得体的肯定和赞扬，相比之下，对那位曾多次荣获过"先进"的老同志的美誉则尤多。当轮到两位受欢迎的退休老同志致答辞的时候，他们对大家的欢送做了深情的感谢。一时间，会场里充满了一种令人动情的温馨气氛。作为答谢，话本该说到这里为止；然而，那位老教师却并未就此打住，而由人们对另一位"先进"的赞扬中引起了感触，并做了颇为欠当的联想和发挥："说到先进，很遗憾，我从来也没有得过一次……"

话犹未尽，坐在他对面的平日与他相处得不很融洽的一位青年教师突然抢了话头："不，那是我们不好，不是你不配当先进，是怪我们没有提你的名。"话语带着不肯饶人而又让人难堪的"刺"，老教师的眼角眉梢被"刺"出了一股感伤的表情，一时间会场中出现了令人难堪的尴尬气氛。

领导见势不对，马上接过话茬，想把气氛缓和一下。照理说，这时，他应避开"先进"这个敏感的话题，转而谈论其他。然而，他却反反复复劝慰那位退休老教师，叫他对"先进"的问题不要在意，说没有评过先进，并不等于不够先进，先进不仅在名义，更要看事实。如此等等，一席话，等于是把本应避而不谈的话题做了重复和引申，使本已尴尬的局面显得更为尴尬。

这是一个发生在我们身边的真实故事，我们不妨把它叫做一个"不会说话的故事"。从这个故事中，我们能引出几点发人深省的教训来。

1. 退休老教师的教训

不该作无谓的比照。比照，是谈话中常用的一种手法。用得好，可以使谈话产生某种积极的效果。这里，"积极的效果"是应该特别注意的。在退休欢送会这样的场合，人家所说的都是一些富有情感而又不失真意的十分得体的人情话和好话。对于这种充满人情味的好话，听话者要善于倾听，善于应答，大可不必拿别人的长处来衡量自己的短处，从而引起不快。

2. 青年教师的教训

不要在别人失意之火燃烧时加油。一位勤勤恳恳工作了一辈子的老前辈即将退休时，虽然可能因为老先生平时在某些方面不善为人处世而与自己伤了和气，然而在欢送会这种场合，我们却不能乘别人一时失言，抓住不放，图一时之痛快而说出那些不合人情的刻薄话，在这种场合，无论如何，还是要在"欢"字上多考虑一些，"欢送欢送"，"欢"而"送"之，要尽可能多留一点美好回忆给人家。

3. 领导人的教训

应注意避开敏感话题。领导者的能力固然表现在原则性上，在会场一时出现了某种始料不及的尴尬局面时，他没有直接去批评那位言之有失的青年教师，而是竭力肯定那位教师的贡献，具有这种应急应变的意识并立即着手应变，这些都是无可厚非的。然而，从具体的应变能力和说话方式的一面看，却又显得很不够。照理说，在这种场合，他应竭力避开"先进"这个敏感的话题，"顾左右而言他"，巧妙地把话题岔开，使欢送会的气氛由暂时的不欢而重新转向欢快，并顺势掀起新的高潮，而不是如他所做的那样，在敏感的话题上唠叨不休。能否机敏地避开某些不宜多说的话题，对领导者的领导能力也是一种很好的检验。

三个方面的教训，合为一点，就是：说话要注意场合。不看场合，随心所欲，信口开河，想到什么说什么，这是愚者的表现。人，总是在一定的时间、一定的地点、一定的条件下生活，在不同的场合，面对着不同的人，不同的事，从不同的目的出发，就应该说不同的话，用不同的方式说话，这样才能收到理想的效果。

严肃场合不能开玩笑

前美国总统里根一次在国会开会前，为了试试麦克风是否好使，张口便说："先生们请注意，5分钟之后，我将对苏联进行轰炸。"一语既出众皆哗然。里根在错误的场合、错误的时间里，开了一个错误的玩笑。为此，苏联政府提出了强烈抗议。这个例子说明在严肃场合不能开玩笑。

还是前美国总统，卡特有一次也因为在严肃场合说了不该说的话而使自己陷入窘境。那时卡特出访盐湖城,参加摩门教信徒颁发"本年度家庭男人"的仪式活动。他的参谋为他写了一份讲稿,特别注明"幽默",于是助手给了他三四个笑话。他在发表讲话时全用上了。卡特和他的助手们当然没有意识到,摩门教徒一贯教育他们的孩子不要轻率地看待世事,自然在这样的场合也就不能乱说幽默的话。当时,教堂里有两千多人,卡特讲笑话时,这么多人只是瞪着他,呆若木鸡。

喜庆场合妙语解围

《演讲与口才》杂志曾登载了这样一篇演讲词:

各位来宾,各位亲友,今天,我们大家来参加许立群、冯莉同志的婚礼,可以说是人人心情激动,个个笑逐颜开。(笑)我们觉得许立群同志能找到冯莉同志这样的妻子是我们天山深处大兵的骄傲,(鼓掌)冯莉同志能得到许立群同志这样的丈夫可以说是……边疆遇知己,慧眼识英才。(大笑,鼓掌)他们是郎才女貌,相般相配,今天的婚礼真是珠联璧合。(大笑)在此,请许立群、冯莉同志接受我最真挚、最衷心、最良好的祝愿:祝你们新婚快乐、生活幸福!祝你们琴瑟永调,白头偕老!祝你们为边疆建设再立新功!(热烈鼓掌)

这位司仪是一位会说话的人。他清楚地知道,在喜庆场合说的话不是传递信息,也不是说服听众,而是在喜庆的场面里再加笑料,在欢乐的气氛中喜上添喜,讲者喜气洋洋,听者笑声不断。他的目的达到了。

在喜庆的婚礼、宴会之类的欢乐场合,有时会突然出现一点意外事故使在座的人感到扫兴。这时,如果说一句得体的话便可妙语解围。

危机场合一语自救

游说家苏秦靠着三寸不烂之舌周游列国,游说诸侯,合纵抗秦,深受燕王器重。有一次,苏秦奉命出使齐国。有人乘机在燕王面前诋毁苏秦,说:"苏秦是个左右摇摆、叛卖国家、反复无常的人,现在,他快要作乱了。"果然,燕王听信了谗言,等到苏秦完成外交使命返回燕国后,燕王便将他免职了。

苏秦知道有人在燕王面前说了自己的坏话,于是要求会见燕王,对燕王说:"假如现在有这么三个人:一个孝顺像曾参,一个廉洁像伯夷,一个忠信像居生,并且,能够找到这么三个人来侍奉您,您以为怎么样?"燕王说:"足够了。"苏秦说:"像曾参一样孝顺,坚守礼仪,连离开他的父母在外面住宿一夜也不肯,您又怎么能够让他步行千里,而替弱小燕国处在危困中的君主效劳呢?像伯夷一样廉洁,坚守信义,不愿做孤竹君的继承人,也不肯做武王的臣子而饿死在首阳山上,廉洁到这种地步,您又怎么能指望他到齐国去干一番有所进取的事业呢?像居生一样坚守信义，和女子约好在桥下相会，由于女子不来，哪怕洪水来了也不肯离开，终于抱着柱子让水淹死，守信到这种程度，您又怎么能让他去用假话说退齐国的强兵呢？我正是因为没有像他们那样死板，所以才得罪了大王。"燕王听后，终于明白了其中的道理，马上将苏秦官复原职，重新予以重用。

苏秦用他的口才保护了自己。

社交场合说好第一句话

在我们的日常生活中，最令人关心的，莫过于"如何与别人交往"这件事；而在人际交往中，最令人花费心思的，又莫过于"如何与人交谈"这件事。

社会交往是人生活动中的主要内容，与人初次见面的第一句话是留给对方的第一印象，这第一句话说好说坏，关系重大。说好第一句话的关键是：亲热、贴心、消除陌生感。常见的有这样三种方式：

1. 攀认式

赤壁之战中，鲁肃见诸葛亮的第一句话是："我，子瑜友也。"子瑜，就是诸葛亮的哥哥诸葛瑾。他是鲁肃的同事挚友。短短的一句话就定下了鲁肃跟诸葛亮之间的交情。

任何两个人，只要彼此留意，就不难发现双方有着这样或那样的"亲"、"友"关系。例如：

"你是复旦大学毕业生，我曾在复旦进修过两年。说起来，我们还是校友呢！"

"您是体育界老前辈了，我爱人可是个体育迷；您我真是'近亲'啊。"

"您来自苏州，我出生在无锡，两地近在咫尺。今天得遇同乡，令人欣慰！"

2. 敬慕式

对初次见面者表示敬重、仰慕，这是热情有礼的表现。用这种方式必须注意：要掌握分寸，恰到好处，不能乱吹捧，不说"久闻大名，如雷贯耳"一类的过头话。表示敬慕的内容应因时因地而异。例如：

"您的大作我读过多遍，得益匪浅。想不到今天竟能在这里一睹作者风采！"

"今天是教师节，在这光辉的节日里，我能见到您这位颇有名望的教师，不胜荣幸。"

"桂林山水甲天下，我很高兴能在这里见到您——尊敬的山水画家！"

3. 问候式

"您好"是向对方问候致意的常用语。如能因对象、时间的不同而使用不同的问候语，效果则更好。

对德高望重的长者，宜说"您老人家好"，以示敬意；对年龄跟自己相仿者，称"老×（姓），您好"，显示亲切；对方是医生、教师，说"李医师，您好"、"王老师，您好"，有尊重意味。节日期间，说"节日好"、"新年好"，给人以祝贺节日之感；早晨说："您早"、"早上好"则比"您好"更得体。

说好第一句话，仅仅是开始。要谈得有味，谈得投机，谈得融洽，还有两点要引起注意：

一是双方必须确立共同感兴趣的话题。有人以为，素昧平生，初次见面，何来共同感兴趣的话题？其实不然。生活在同一时代、同一国土，只要善于寻找，何愁没有共同语言？一位小学教师和一名泥水匠，似乎两者是话不投机的。但是，如果这个泥水匠是一位小学生的家长，那么，两者就如何教育孩子各抒己见，交流看法，如果这个小学教师正在盖房或修房，那么，两者可就如何购买建筑材料，选择修造方案沟通信息，切磋探讨。

只要双方留意、试探，就不难发现彼此有对某一问题的相同观点，某一方面共同的兴趣爱好，某一类大家关心的事情。有些人在初识者面前感到拘谨难堪，只是没有发掘共同感兴趣的话题而已。

二是注意了解对方的现状。要使对方对你产生好感，留下不可磨灭的深刻印象，还必须通过察言观色，了解对方近期内最关心的问题，掌握其心理。

例如，知道对方的子女今年高考落榜，因而举家不欢，你就应劝慰、开导对方，说说"榜上无名，脚下有路"的道理，举些自学成才的实例。如果对方子女决定明年再考，而你又有自学、高考的经验，则可现身说法，谈谈高考复习需注意的地方，还可表示能提供一些较有价值的参考书。在这种场合，切忌大谈榜上有名的光荣。即使你的子女考入名牌大学，也不宜宣扬，不能津津乐道，喜形于色，以免对方感到脸上无光。

公关场合说话艺术

作为一名公关人员，说话是最主要的交往手段。会不会"说话"，是公关人员合格与否的一项重要指标。

从公关心理学角度分析，"客套"与"敦促"都是能打动对方心理的妙方，关键看运用的人是否能够运用得好。人人都有自尊心，适当赞美对方可赢得好感。人人都有责任心，适当敦促对方可得到承诺，所以，交替使用这两种方法会带来预期效果。

海南一家公司与一个工厂签订购物合同，定于一个月内交货。可两星期后，该工厂见物价暴涨，就想撕毁合同，将货物高价转卖。于是，海南这家公司的营销人员马上前往谈判，力争对方履行合同。

该工厂早就准备舌战一场，然而，海南代表的一席话，使他们改变了想法。

海南这家公司的代表说："这次和贵厂打交道，我们都感到你们做生意确实非常精明，特别是领导经营有术，更令人钦佩，值得我们学习。这次我公司向贵工厂订购的货物，是同另一家大公司合作经营的。若我们不能按期交货给那公司，就可能闹出麻烦，也许到时要请贵工厂出面解释一番。我们的困难，想必你们是可以理解的。另外，我们是老主顾了，此次虽出了些矛盾，但将来还要打交道。若贵工厂无意间让我公司蒙受损失，不仅中断了我们的生意交往，也会使想同贵厂做生意的新客户退而三思。再说，目前贵厂客户众多，业务兴旺，倘若他们知道贵厂单方面撕毁这项合同，就会觉得你们不守信用，不可信赖，难以合作。极可能减少或中断业务，那样，贵工厂就得不偿失了……"

以上实例中，海南方面的公司代表交替运用"客套"与"敦促"，自然而不庸俗，巧妙而不诡辩，深得公关艺术之真谛，使对方为之惊动，愿意合作。这就启发我们：许多传统的经验和方法经过变脸和革新，与公关理论知识相结合，就会产生新奇的效果。

不同场合下的不同用语

紧眨眼，慢张口。不同场合有不同的说话尺度。沉痛、悲哀、忧戚、肃穆性的语言，适宜出现在奔丧、吊唁、追悼会等场合；庄重、严肃性的语言，适宜出现在会议等场合；愉悦、欢快、祝贺、颂扬性的语言，适宜出现在剪彩、乔迁、结婚、庆功等场合；轻松、随和、自由性的语言，适宜出现在私人交谈等场合；宽慰、祝愿、企望、仰慕性的语言，适宜出现在探病、拜望、问安等场合。

1. 应邀参加某种娱乐时

"如果还有空额，我希望有加入的荣幸机会。"

2. 好友重逢时

"先生，很高兴又见面了。"

3. 如何表示歉意

拨错电话时："对不起，打错了。"

疾走时撞了他人："对不起，我不是有意的。"

4. 如何接受赞美

对方说："你早上所提的建议真好。"

"你今天早上看起来特别靓丽清爽。"

回答："谢谢，你真客气。"

5. 何时说请

对你的另一半说："周日我要请老板吃饭，请帮我一起接待他。"

对出租司机说："请送我到国际机场。"

对饭店出纳员说："请给我301房的账单。"

对秘书说："请把这份材料传真给建筑材料公司张经理，另一份给市的红光贸易公司。"

对餐厅的服务员说："请给我菜单。"

对公司副经理说:"请注意代表们对我们的计划第二段所提的批评,相当重要哟。"

6. 表示对朋友的关心

"马丽,你的病好些了吗?"

"安东,我听说你们公司已经打入美国市场了,好好干吧。"

"霍克,早上的会议多亏你提了个好建议,真是不胜感激。"

7. 礼貌逐客时

"我的天,都快11点了,我必须赶着去开会了。"

"很抱歉,我还有另一个会议,几分钟前就开始了。"

"真对不起,我现在必须赶到飞机场。"

"这次见面获益匪浅,希望再次见到你。"

"谢谢您的光临,一旦有结果,我会马上告诉您。"

"真抱歉必须结束这次面谈,因为上班要迟到了。但我希望能有机会完成这次面谈,现在我必须马上赶到办公室去。"

8. 想求得他人帮助时

"我刚才发言的声音是不是有些不自然?"

"我的手握起来是不是湿湿的?"

"早上汇报时,我是不是说了不少废话,是不是应该更简练些?"

"明天我要去定做一套西服,您能不能跟我一起去,当场给我参谋点意见?"

9. 需要下属加班时

"我实在很不愿意让你留下来加班完成这项工作,不过你是我唯一能够信任的人,所以请你务必帮忙。但我保证,对于今晚所造成的不便,我日后一定会有所补偿。"

或者:"请完成这份工作。这样要求你实在很抱歉,非常谢谢你的帮忙。"

❖❖说话的智慧❖❖

> 由于受特定因素的制约,有些话只能在某些特定场合说,换一个场合就不行。同样一句话,在这里说和在那里说也有不同的效果。因此,说什么,怎么说,一定要顾及场合、环境,才有利于沟通。

第十二章　善意批评
——忠言也可做到顺耳

　　1928年，朱可夫担任苏联骑兵第三十九团团长。有一天，朱可夫在一队哨兵前听取值日官的报告，然后决定检查一下值勤的哨兵。在检查过程中，他发现一个人的皮鞋擦得不亮。朱可夫于是问值日官，让他回答这个哨兵的皮鞋怎么样，值日官没有应声，而是责令这个哨兵解释皮鞋为什么没擦。朱可夫立即打断值日官的话，对他说："我问的是你，而不是他。我感兴趣的不是你的反应，而是你的意见。"值日官一时无话可说。

　　朱可夫见此和缓地说："在这件事情上，重要的不是鞋没有擦，而是你没有注意这个问题。"说到这儿，朱可夫命令副官拿来一张小凳和擦鞋用具，他让这哨兵把一只脚踏在凳子上，亲自动手为这个哨兵擦了一只鞋。全体官兵见此情景，都惭愧地低下了头。从此以后，士兵们再也不敢忽略擦鞋问题了。

我们在沟通中，既需要热情的赞美，也需要中肯的批评，批评是为了帮助对方认识错误，改正错误，积极把工作做好，而不是要制服别人或把别人一棍子打死，更不是为了拿别人出气或显示自己的威风。所以批评时态度要诚恳，语气要委婉，要站在对方的立场上，以关怀、爱护、诚心诚意的态度对待他，而不要摆出一副严肃或阴沉的面孔，郑重其事地用指责和强硬的口气说话，因为这样会造成紧张的气氛，使对方产生逆反心理。

批评之所以被人拒绝，有两种原因：其一是批评者不了解当事人的处境和造成错误的原因，使当事人感到委屈；其二是批评者采用了权威性的立场，暗示当事人行为的"笨拙"或"愚昧"性质，引起了当事人的反感。基于诚恳的批评，应能避免这两种错误，讲究批评方法和批评艺术。

切莫轻易指责别人

1863年7月1日，美国南北战争中的葛底斯堡战役拉开帷幕，到了7月4日晚上，南方的李将军大败。林肯高兴极了，他意识到只要打败李将军的军队，战争很快就可以结束了。于是，他满怀希望地下了一道命令给前线的米地将军，要他立刻出击。但是，米地违背林肯的命令，他用尽了各种借口，拒绝攻打李将军。最后，李将军和军队越过波多络河，顺利南逃。

林肯勃然大怒，极端失望之余，他坐下来给米地写了一封信，信中表达了他内心的极端不满。林肯有一段话是这么写的：

"亲爱的将军，我不相信你对李将军逃走一事会深感不幸。他就在我们伸手可及之处，而且，只要他被俘虏，加上我们最近获得的胜利，战争即可结束。现在，战争势必延续下去，上星期一你不能顺利抓住李将军，如今他逃到波多络河之南，你又如何能保证成功呢？期盼你会成功是不明智的，而我也并不期盼你现在会做得更好。良机一去不复返，我实在深感遗憾。"

信写完了，但林肯没有急于寄出去，他望着窗外，心里思绪万千，"慢着，也许我不该这么性急。坐在安静的白宫里发号施令很容易，如果我身在葛底斯堡，像米地一样每天看见许多人流血，听到许多伤兵哀嚎，也许就不会急着要攻打敌人了，如果我的个性像米地一样畏缩，大概也会作同样的决定吧！无论如何，现在木已成舟，把这封信寄出，除了让我一时觉得痛快以外，没有别的用处。米地会为自己辩解，会反过来攻击我，这只会使大家都不痛快，甚至损及他的前途，或逼他离开军队而已。"

于是，林肯把信搁到一边，惨痛的经验告诉他：尖锐的批评和攻击，所得的效果都等于零。相反，努力去理解对方的用意，结局会好一些。

记住，别人也许全错了，但他本人并不一定意识到这一点。不要去责备他，那样做太愚蠢了。应该试着去了解别人，这样的人才是聪明的人。别人之所以那么想，一定有他的原因。找出那个隐藏着的原因，那你就拥有了解释他行为或者个性的钥匙。试试看，真诚地使自己置身于别人的处境里。如果你总能对自己说："我要是处在他的情况下，会有什么感觉？会有什么反应？"那你就能节约不少时间，免去许多苦恼。因为"若对原因感兴趣，我们就不大会讨厌结果"。

在我国的文学史上，有一个"苏东坡错改王安石菊花诗"的故事。

有一次，苏东坡去拜访王安石，未遇王安石，却见其书桌砚台底下压着一首未写完的诗："西风昨夜过园林，吹落黄花满地金。"苏东坡看罢心想："只有秋天才刮金风，金风起处，群芳尽落，但菊花有傲霜之骨，怎么花瓣飘落呢？王公真是'江郎才尽'，铸成大错啊！"于是，他一思忖挥笔续诗："秋花不比春花落，说与诗人仔细吟。"便拂袖而去。时隔不久，苏东坡与好友陈季常一日到后花园赏菊饮酒。这天正是刮了几天大风之后，园中十几株菊花枝上一朵花也没有了，只见满地铺金，落英缤纷。苏东坡一时瞠目结舌，感慨万分。他对友人说，这事给他的教训太深了，今后凡事要谦虚谨慎，千万不可自恃聪明，随便讥笑别人。回城后，他主动向王安石"负荆请罪"，承认错误。由于他勇于承认自己的过错，王安石也对他消除了隔膜。

苏东坡自恃聪明，随便讥笑别人，造成了错误，这是可以引以为鉴的。

讲说话的方式并不是提倡大家一团和气，不能开展任何形式的批评，而是讲不能不注意方法方式，随心所欲地指责人。当我们自己有了错误时，一般来说我们会对自己承认；如果别人以温和的方法来处理，采取适当的方式向我们指出，我们亦会对他们认错，甚至觉得爽直坦白是光荣的；但别人若硬将不能吃的食物往我们口中塞，随意地对我们过分指责，我们也是绝不会接纳的。我们自己是这样，难道人家就不如此？

纠正他人错误的方法

常言道："人非圣贤，孰能无过？"人都免不了会犯这样那样的错误，且人们犯了错误都很难及时醒悟，甚至不愿承认。这样，就需要有人对他人的错误及时给予纠正。不过，纠正他人的错误往往是一种得罪人的事。

小黄刚到公司上班的第一天，晚上加完班，老板提出，为了犒劳大家，请大家去唱卡拉OK，小黄和部门同事兴高采烈地接受了邀请。进了包房，小黄很自然地在离自己最近的一个沙发坐下。老板进来后，发现沙发已经被坐满了，就顺势坐在小黄身边的一个椅子上。

过了半个小时，老板离开了。小黄万万没想到，老板一走，其乐融融的气氛大变，室温仿佛骤然下降了十几度。一位男同事语气激动地指责小黄："你这人怎么这么没眼色？老板坐在你旁边，都不知道让个座？真是太不懂事了！"

长到23岁，小黄从没被人这么大声训斥过，尤其是还当着全体同事及KTV服务生的面。她的脸一下子红到了脖子根，委屈的眼泪也忍不住在眼眶里打转转，心中不禁无限懊恼："啊，自己怎么就缺根筋呢？老板以后会怎么看自己？"

这位男同事的初衷可能是想教小黄在职场上如何做人，但说话方式不太恰当，不仅让小黄尴尬，也破坏了当时的气氛。其实，如果早先他主动给老板让座，别人看在眼里，自然能心领神会，效果不是更好？

并不是每个人都能始终很乐意倾听他人的批评，接受他人的批评的。有的人做错了事，不但不会坦然地承认，反而还会找出种种理由为自己的错误辩护。从人的心理来看，即使是极小的疏忽或错误，也不可能每个人都能在一经指正之后就坦率地、不作解释地承认。但是，现实生活中，无论父子、兄弟、上下级、同事，还是知己、朋友，绝对不批评别人是不可能的，也是行不通的。

那么，在纠正他人的错误时应该采取什么样的易于为对方所接受的说话方式呢？以下方法可供参考：

第一，对人要具有极大的同情心，这样我们就不仅不会对人吹毛求疵，反而会对其产生错误的原因加以谅解。而且，我们要时刻想着自己与对方是站在一边的，而不是和他敌对的。

第二，说话要温和委婉，不可用刺激的或使人听了不舒服的字眼。如果说话会令人无法忍受，那么即使对方嘴上承认，心里也是不会服气的。

第三，纠正他人的错误的言语越少越好，最好能一两句就使对方明白，然后转至其他话题，不可啰唆不绝，使对方陷于窘境，甚至产生反感。

第四，别人做错了事情，我们对其不妥之处固然须加以指出，但对其可取之处更须加以极大地赞扬。这能使对方保持心理平衡，心悦诚服。

第五，改变他人的意见时，最好能设法将自己的意见不知不觉地移植给他，使他觉得是他自己改正了，而不是由于受了我们的批评。

第六，对于别人出现的不可挽回的过失，我们应该站在朋友的立场上，给予恳切正确的指正，使他知过而改，而不能对之施以严厉的责问。

第七，纠正别人过错时，切忌采用命令的口吻，最好采用请教式的语气。

第八，旁敲侧击，隐晦地指出别人的错误，以保留对方的自尊心，使他自觉地改正过失。

当然，纠正错误的方法是多种多样的，但都不外乎是讲究策略，只要我们做到了这一点，就能成功。

良药苦口，忠言逆耳

秦汉之际，刘邦率兵攻破函谷关，进入咸阳，灭了秦朝。他进入秦朝皇宫，见宫室富丽堂皇，美女珍宝不计其数，于是流连忘返，想留在宫中，享受一下做皇帝的快乐。

将军樊哙见此情景便气冲冲地责问："沛公，你是想得天下，还是想当富翁？此室中所有，皆秦所以亡天下也，沛公赶快回灞上，千万别留在宫中。"刘邦听了，大为反感，不予理睬。

不一会儿，张良劝刘邦说："只因秦王贪暴，不得人心，你才取得今天的胜利，我们既然为天下除去暴君，理应以俭朴为本，现在刚进咸阳，若又像秦王一样享乐，岂不等于助纣为虐？况且，'良药苦口利于病，忠言逆耳利于行'，希望您能听从樊哙的劝说。"他们终于说服刘邦还军灞上，揭开了楚汉战争的序幕。

张良与樊哙同为批评刘邦，但张良成功了，樊哙失败了，原因在于张良恰到好处地抓住了刘邦的心理，强调刘邦所关心的成败问题，再加上语气委婉动听，虽是批评意见，刘邦听起来顺耳，因此就欣然接受。樊哙就比较鲁莽，反语暗含讥讽，令刘邦心生反感，因而对他的话置之不理。

良药苦口利于病，忠言逆耳利于行。但是，为什么良药就一定是苦的，忠言就一定是逆耳的呢？现代医学十分发达，许多良药如蜜糖、如水果，早已不苦口。语言科学发展至今，批评的忠言也可做到"顺耳"，人人爱听。

批评的五个前提

批评时要注意以下几个前提。

1. 注意场合

批评时应考虑时间、场合和机会。假设一位管理者带着部下到顾客那里去访问，当管理者发现部下在言谈举止上存在问题时，就不能当着顾客的面提出批评。这时候，最重要的还是要用高明的谈话技巧，把部下的缺点掩饰过去。当没有旁人的时候，在车上或回程的路上对部下提出批评，是绝妙的时机。

2. 对事不对人

有人批评他人时总是说："从你做的这件事就能看出你这个人怎样。"这是批评之大忌。批评时，只能针对事情，而不能针对个人的人格、品性，拿事来说人。

比如可以这样说："小姜，根据往常的经验我知道，你不至于犯这种错误，是否有什么原因使你这次没有做好充分准备？"这种气氛有助于使对方认识到你不是在攻击他的人品，不是批评他这个人，而是批评他的某项工作或某件事情。你把批评指向他具体的工作，就无损于他的整个自我形象。这种批评建立在友好的气氛中，使对方感到无拘无束，欣然接受。用这种方法，在指出他人错误的同时实际上夸奖了他，使他得以重新树立自我形象。

3. 先赞扬，后忠告

批评的最终目的不是要把对方压垮，不是整人，而是为了帮助他成长；不是去伤害他的感情，而是帮他把工作做得更好。

有的成功人士之所以善于运用批评，就是他们能采取先扬后抑的方式。比如："小张，你的调查报告写得不错，你肯定下了不少工夫。同时，还有一个重要的问题你要注意涉及……"；"小李，自从你调到这个单位来之后，你表现不错，对你取得的成绩，我非常赞赏。就是有一点我觉得可以做得更好，我也相信你一定愿意改正的……"如果对方需要得到忠告批评，要从赞扬其优点开始。这种方式就好像外科医生手术前用麻醉药一样，病人虽然有不舒服的感觉，但麻醉药却能消除痛苦。

从赞扬开始，以忠告结束批评，问题也解决了，感情也没受到伤害，真是奇妙的方法。

4. 缩小批评的范围

人们犯错时，受不了的是大家对他群起而攻之，因为这伤害了他的自尊，他也许会承认错误，但无法接受这种批评方式，这将使他对领导、对同事充满敌意，一旦有机会，将以牙还牙。

如果我们希望自己的批评取得效果，就绝不能使别人反对自己。我们的目标是取得一些好的效果，或者使对方回到正确的轨道上来，而不是去贬低他的人格。即使你的动机是高尚的，是真心诚意的，也要记住，对方的感觉也在起作用。当其他人在场时，哪怕是最温和的方式也可能引起被批评者的怨恨，不论是否辩解，他已感到他在同事或朋友面前丢了面子。

对于一些过失，只要他认识到错了，就没有必要当着众人的面要求他作出公开检讨，而只要在你的办公室里面对面跟他谈，就足以使他反省了。任何具有上进心的人都不愿犯错误，从他个人角度来说也是如此，何况我们的目的只是为了让他改进工作，而不是贬低他的人格。

5. 不要新账旧账一起算

话说三遍淡如水。要想对一个已知的过错引起注意，一次提醒就足够了，批评两次完全没有必要，而三次就成了纠缠。如果你被引发提起过去不愉快的事，或改头换面地重谈过去已犯的错误——揭人疮疤，会令人不舒服。除非他又重犯类似的错误，否则，无缘无故地挑刺儿，他就会认为你对他抱有成见，或者别有用心。要记住批评目标：使这方面的工作得以改进，顺利地完成任务。一旦这种错误得到纠正和解决，就忘掉它。一次批评，一次提高。当对方接受批评、取得了一定的进步时，他就已经在新的起跑线上。

批评不是存款，时间越久，利息越多。总是翻阅老账，唠叨个没完，于事没有丝毫的帮助。

批评别人时，宜"就事论事"，不要新账旧账一起算。在交谈结束时，说几句"我相信你会从中吸取经验教训的"诸如此类勉励的话，就会让人觉得这不是有意打击，而是变失败为成功之母，不失为一次有益的经验。这样想过之后，他会鼓起精神，更加踏实地投入工作。

批评的四大内容

苏联电影《列宁在1918》中有这样一个情节：

苏联社会主义文学的奠基人高尔基，由于他对反动的资产阶级知识分子的本质认识不足，怀着过于慈善的心肠来找到列宁论理，说不能镇压知识分子。列宁巧妙地借一位工人的话说，如果不镇压那些顽固坚持反动立场、替沙皇作帮凶的知识分子，苏维埃政权就一天也不能维持下去。列宁的劝说既有说服力，态度又诚恳，高尔基心悦诚服了。他临别时还对列宁说："列宁同志，您真行，批评了人，还让人高高兴兴地走。"

怎样才能像列宁那样，做到批评使人口服心服？批评时该说些什么？又该怎么说呢？这就涉及批评的内容。

批评的内容有以下几个方面。

1. 批评要有针对性

批评之前认清批评是针对哪一种行为的，不要把话说得太笼统，避免使对方无端受到冤枉或产生猜疑。如某大学的一名班干部批评一位同学，可有两种说法：

①你怎么一点也不关心集体。

②你已经有两个月没做值日生了。

我们可以比较一下，这两个都是批评句子。

①句说得太笼统，而且把对方说得一无是处，全盘否定人。说话笼统，也就不够确切了。对方可举例反驳："我怎么一点也不关心集体，上次秋游活动我不也参加了吗？那天班级拔河比赛，我不也在啦啦队里吗？"这样一来，就会引起新的矛盾。

②句就比较好，没有用"一点也"这样绝对的话，就事论事，向对方指出一件确有其事、又是不应该的行为。受批评的人不认为是受了不公平的攻击，就容易心平气和地接受意见。

2. 衡量改正的可能性

如果在公共汽车上有人踩了你一脚，如果你的未满10岁的女儿把饭碗打破了，这些事应不应批评？这些事都不能动辄批评。别人踩了你，是因为公共汽车太拥挤；女儿打破碗是因为不小心，对这些都应采取宽容、安慰的办法。

认清了要批评的那件事，在批评之前还必须衡量一下对方是否有能力、有条件改正到你所要求的程度。

美国著名职业篮球明星巴特利，他的个人篮球技术是非常出众的，但他对别人的失误就缺乏耐力，见同伴失了一个球，就怒气冲冲地冲着对方说："每次都是你，害得我们输了球"。凡与巴特利同队一起打球的人，都觉得他"老是在批评别人，像一位完人一样看不惯别人"。最后，巴特利众叛亲离，凄凉地隐退了。

巴特利这种批评是不明智的，倒是他应该自问："我是不是也有责任？何况人家已尽了力，怎么能拿别人当出气筒呢？"这样一问，就会知道自己批评不妥，以后遇到这种情况，批评的话就不会冲口而出了。

3. 指出"错"时，也指明"对"

大多数的批评者是把重点放在指出对方"错"的地方，但却不能清楚指明"对"的应怎么做。必须仔细想过后，才能明白你究竟要对方怎样做，该怎么把话说出来。有的人批评人家说："你非这样不可吗？"这是一句废话，因为没有实际内容，只是纯粹表示个人不满意。

又如一位丈夫埋怨妻子说："家里一团糟，又有客人要来，你怎么只管坐在那儿化妆？"这种话也不会起作用，它只说了一半。到底期望妻子怎样做，一句也没有提。应该这样说："客人要来了，你帮我去买点青菜和水果，然后将客厅里的报纸收拾一下，好吗？"

说明要求人应做的事，其实是指示对方改正的方向，让对方从另一个角度来接受批评的内容。

一位车间主任批评一位青年工人说："你最近比较散漫。"青年工人听了手足无措。这里，车间主任该说清楚是指上班迟到，还是没有参加技能培训等。

另外，为提高批评的效率，应该"不说我们不满意的，只说我们赞成的"，这样可以起到积极的作用。例如：

一位刚刚搬到新宿舍区的青年人向居民委员会的主任提意见，抱怨这儿摩托车保管站的服务态度太差劲。这位主任及时地把意见转告了保管站的保管员。几天以后，这位青年人又送摩托车到保管站，保管员笑脸迎接，主动把他的摩托车安放好，并问他还有什么要求，使这位青年大为感动。

事后他才知道，居委会主任向保管员说："新来的青年人对你的服务特别满意，还要感谢你。"

"真正懂得批评的人着重的是'正'，而不是'误'"。这是英国18世纪著名评论家约瑟·亚迪森的名言。

4. "你懂得我的意思吗？"

批评人的话语，一定要让受批评者听懂，否则只是对牛弹琴。常常听到夫妻俩之间的埋怨："我们俩总合不到一块儿。"这句最普通的埋怨话，可能被对方误认为是要"离婚"。

如果想求证对方是否听懂你的意思，最简便的方式就是问一问："你懂我的意思吗？"然后听听对方口中说出来的是否是你的本意。可惜大多数人忽略了这一点。问一问对方是否同意你的看法，也是批评别人时可以采取的沟通方式之一。能开口问，起码排除了对方沉默、生闷气的可能，如能坦然地提出异议，解决问题就有希望了。

因为能明白对方还有哪些问题未想通，或自己有什么讲得不准确的，可以作更深一层次的探讨。

批评的十三种方式

行动失误、办了错事的人，常有保卫其自我尊严的倾向，如果有人再以权威者的姿态出现，指责他的想法不够高明，行动不够周密，他的尊严将更感受威胁。这时防卫倾向会更增强，充耳不闻乃是极自然的反应。有鉴于此，我们在劝说别人的时候，就得多加注意，不要轻易让"你错了"说出口，尤其是不要强迫人家当面承认错误，而是采取一些温和委婉的方式，巧妙地暗示他错在哪儿。

批评有如下十三种方式。

1. 安慰式

年轻的莫泊桑向著名作家布耶和福楼拜请教诗歌创作技巧。两位大师一边听莫泊桑朗读诗作，一边喝香槟酒。布耶听完说："你这首诗，句子虽然疙里疙瘩，像块牛蹄筋，不过我读过更坏的诗。这首诗就像这杯香槟酒，勉强还能吞下。"这个批评虽严厉，但留有余地，给了对方一些安慰。

2. 劝告式

东汉名臣杨震，才高学绝，时人誉为"关西孔子"。他为官清正廉洁，不受私请，曾官至司徒、太尉。

杨震调任东莱太守时，途经昌邑县境。此前为杨震所举荐的昌邑县令王密，一直想报答杨震的举荐之恩。这天夜里，他特地前往驿站拜谒谢恩。为略表酬谢之意，王密暗携黄金10斤，单独造访。杨震对此颇感不快："我知道你的为人，你却为何不了解我的秉性？"王密说："您放心，这么晚了，没有人知道这件事。"杨震回答说："天知，地知，你知，我知。你怎么会说没有人知道呢？"听了这番话，王密顿感羞愧难当，只好歉疚地收礼告辞而去。

3. 模糊式

艾尔费雷德因为有诗才而闻名。一天，他给一些朋友朗诵自己的一首诗，颇受大家赞赏。但是事后一个叫查尔斯的朋友说："艾尔费雷德的诗我非常感兴趣——不过这首诗是从一本书中窃来的。"

这话传到艾尔费雷德的耳朵里，他非常生气，要求查尔斯赔礼道歉。查尔斯说："我承认这一次是说错了。本来我以为你的诗是从那本书里窃来的，但我又查了一下，发现那首诗仍在那里。"

4. 暗示式

苏东坡幼年时，天资非常聪明，由于读书特别多，书上的字也没有不认识的，再加上文章写得好，因而受到人们的尊敬和赞扬。在一片称赞声中，苏东坡有点飘飘然了。于是有一天，他在自己书房门前书上一联：读尽人间书，识遍天下字。对联贴出后，有的人捧场，更多的人则是不以为然，认为他太不谦虚，口出狂言，因而使他的形象降低了。

有一位长者专程来到苏家，向苏东坡"求教"，请苏东坡认一认他拿来的书。书上写的全是周朝史籀创制的字体。苏东坡一个也不认识，羞得面红耳赤，只好向长者道歉。长者没有说什么，便含笑而去。苏东坡这才感到自己门前的对联名不副实，马上将对联各填一字，上联是：读尽人间书好，下联是：识遍天下字难。

5. 请教式

王祈写了一首《竹诗》，他将最得意的"叶攒千口剑，茎耸万条枪"两句抄给苏东坡看，希望得到苏东坡的称赞。苏东坡看了后说："我想请教一下：你这竹子是何品种？干吗十条竹竿才长一片叶子呀？"

苏东坡没有直接批评诗句的不真实，而换了请教的口吻，让王祈自己感到了自己的失误。

6. 比喻式

有一位化学老师当堂批阅学生的化学实验报告，见一位女同学所画的实验方案很糟糕，便把学生叫到身边，调侃地说："你看你画的这个烧杯，像个手雷似的！你还用酒精加热呢，要是爆炸了，不是要了我的老命吗？"女学生听了，不好意思地笑了笑。之后，她严格地遵循画图程序，并用上了各种画图工具，而不再信手乱画了。

这位老师没有直接批评该学生的画图态度，而是用比喻进行提示，诙谐风趣，自然容易被学生所接受。

7. 善意式

这是用平常随和的语气去批评，其中的语气亲切热情而不粗暴冷淡，平易近人而不居高临下。

陶行知先生有一次对偷了寺庙里和尚木鱼的学生曾说过这样一段话："有的同学喜欢用敲木鱼来作为乐曲的节奏，动机是好的，但现在寺庙里缺掉了一只木鱼，而木鱼又是和尚的'吃饭家私'，我们总不能只顾自己欣赏音乐，却断了人家的生路吧。我相信拿人家木鱼的同学是一时糊涂。希望他在没人的时候，仍旧把木鱼归还到原来的地方去。菩萨会保佑他，我们也不责怪他。"

陶先生的一番话，从"生路"的实处入手，避开了抽象的大道理的训斥，有希望、有鼓励，包含了许多真与善的内容，人情味是深厚的。

8. 启发式

批评是针对对方的错误而言，错误的改正还是"内因"起决定作用，而批评者的"外因"只有一定的辅助作用，对方从根本上改正错误还要靠自己的"良知"。所以，高明的批评者，总是逐渐地"敲醒"对方，启发他的自我批评。

有一个中学生上外语课时看卡通书，老师没有马上批评他。下课后，老师把他找到教研室，亲切地对他说："你是咱班的语文科代表，现在我问你一个成语，专心致志，是什么意思？"那个同学回答说："这个成语的意思是无论做什么事情，都要聚精会神，一心不可二用。"老师赞扬说："你回答得很好，但能不能举个具体例子说明一下？"那个同学听到这句话时，脸"唰"地一下红起来，低下头吞吞吐吐地说："就拿刚才上外语课来说吧，我没有注意听讲，在下面看卡通书，这就没有做到'专心致志'。老师，我错了，请你原谅我吧！"

在这个批评的故事中，教师未批评学生一句话，而是通过让学生解释成语的方式启发学生自己认识到自己的错误，可见启发式批评多么有实效。

9. 幽默式

这种批评的特点是以不太刺激的方式点到被批评者的要害之处，含而不露，以缓解被批评者的紧张情绪，启发被批评者的思考，增进相互间的感情交流，使批评不但达到教育对方的目的，同时也能创造一个轻松愉快的气氛。

薄一波是山西人，他生性幽默，满口俏皮话，说话像唱歌一样带有韵味，抑扬顿挫，高低婉转。一次，他在各省工业书记会上，批评某些人搞工业建设，只图眼前不顾将来，在台上将大腿一拍说："你们不能近视眼，只图一时痛快，光考虑眼前这几个建设，不考虑长远的整体计划……还是要考虑如何讨媳妇儿建设好这一整个家……"哄堂大笑中，书记们都得到了深刻的启示。

10. 建议式

唐朝末年，李克用奉命带兵讨伐叛逆者。正当李克用整装待发之时，朱全忠与杨彦洪共同谋变，倒戈攻击李克用。李克用气得发狂，发誓集中兵力，讨伐朱全忠，以解心头之恨。可是，他的夫人刘氏却不同意，刘氏说："你此次带兵伐叛是为国讨贼，并不是为了你个人的怨仇。现在，朱全忠叛变要谋害你，你当然很气愤，我也十分生气，觉得他该伐该杀。可是，如果你真的带兵去攻伐他，你的任务就完不成了，而且也改变了事情的性质，变国家大事为个人怨仇小事。我认为，朱全忠叛变的事，你应该上诉朝廷。由朝廷兴兵讨伐他，岂不是更好？"李克用听了夫人这番话，怒火顿消，便听从了夫人的意见，不再出兵攻打朱全忠了。

刘氏对这件事的处理是有分寸的，对丈夫的委婉批评也是有理有节。倘若李克用不听刘氏的建议，或者刘氏不贤惠，怂恿李克用发兵讨伐朱全忠，其结果如何，谁胜谁负、谁是谁非也就难说了。

11. 迂回式

作家班奇利在一篇文章里谦虚地谈到他花了15年时间才发现自己没有写作的才能。结果一位读者来信对他说："你现在改行还来得及。"班奇利回信说："亲爱的，来不及了。我已无法放弃写作了，因为我太有名了。"这封信后来被刊登在报纸上，此事后来传为笑谈。

事实上班奇利的作品闻名遐迩，但他没有直接指责那位读者，他以令人愉悦的、迂回的方式回答了问题，既保护了读者的自尊心，也保护了自己的名誉。

12. 间接式

这是用借彼喻此的方法声东击西，让被批评者有一个思考余地。其特点是含蓄蕴藉，不伤被批评者的自尊心。

冯玉祥向来提倡廉洁简朴。他在开封时，不准部下穿绸缎衣服，一见到有穿绸缎的，他便要想办法批评一下。有一次，冯玉祥看见有个士兵穿着一双缎鞋，连忙上前深深地作了一个揖，随着一个90度的鞠躬，而且还左一个大揖，右一个鞠躬，把那个士兵弄得莫名其妙，呆若木鸡。最后，冯玉祥告诉他说："我并不是给你行礼，只因为你的鞋子太漂亮了，我不敢不低头下拜哩！"那个士兵吓得魂飞魄散，连忙脱下新鞋，赤着脚跑回去了。

13. 三明治式

美国著名企业家玫琳凯在《谈人的管理》一书中写道："不要只批评而要赞美，这是我严格遵守的一个原则。不管你要批评的是什么，都必须找出对方的长处来赞美，批评前和批评后都要这么做。这就是我所谓的'三明治策略'——夹在大赞美中的小批评。"

接受批评最主要的心理障碍是担心批评会伤害自己的面子，损害自己的利益。为此，批评者应该在批评前帮助他打消这个顾虑。

打消顾虑的方法就是将批评夹在赞美当中，也就是在肯定成绩的基础上再进行适当的批评。

用一用声东击西法

很多人在批评别人的错误时，不经意触动了他们的"自尊"，从而火上浇油。倘若能借助不同的表达方式，声东击西，结果就会是另一个样子了。

齐景公好打猎，喜欢养老鹰来捉兔子。一次，烛邹不慎让一只老鹰飞走了，景公下令把烛邹推出斩首。

晏子知道了，去拜见齐景公，说："烛邹有三大罪状，哪能这么轻易杀他？请让我一条一条地数落出来再杀他，可以吗？"

齐景公说："可以。"

晏子指着烛邹的鼻子说："烛邹！你为大王养鸟，却让鸟逃走了，这是第一条罪状；你使得大王为了鸟的缘故又要杀人，这是第二条罪状；把你杀了，天下诸侯都会怪大王重鸟轻士，这是第三条罪状。"

齐景公听后，对晏子说："别说了，我知道你的意思了。"

晏子本意是想救烛邹，但却没有替他说情，反而数落罪状，似乎是给烛邹罪上加罪，然而，事实上却是这三条罪状反而救了烛邹的命。原来，晏子用的是"声东击西"法，表面上是在给烛邹加罪，实则是为其开脱，并批评齐景公重鸟轻士。这样，既避免了说情之嫌，又救了烛邹；既指出了齐景公的错误，又不丢齐景公的面子，可谓"一箭双雕"。

使用声东击西批评法时，"声东"就是制造声势，同时也带有伪装的色彩，其目的是为了后面更好地说服。而声势越大，伪装得越像，就为自己提供了越好的批评环境。"击西"是批评的真实目的，这一步最好在前面"声东"中就能表达进去，即把它融进去而又不被对方发现。因此这是较难的一步，实际操作时，要认真对待。

◆◆说话的智慧◆◆

批评不是滔滔不绝地讲个不停，否则当事人没有时间和机会来考虑你的话，没有心思对你的批评主题产生印象，甚至会产生逆反心理，由开始的认同变成为自己辩护，而且这也是不尊重当事人的表现。批评人，话不在多，而在精妙。言语精妙，能一语中的，使听者在短时间内获得更多的信息；一语道破，使对方为之震动，猛然醒悟。

附录一
温式讲话风格

幽默风趣、学养深厚

温家宝当选国务院总理后,以其情系民众、同情弱者的作风,给人以亲民、随和的印象,已经成为百姓拥戴党、拥戴政府的重要因素。他的讲话贴近民心、情真意切、幽默风趣,体现了民本情怀,流溢出对民众作用的深刻理解,使人感受到了一个大国总理的崇高风范,尤其他那种用含蓄的方式表达深刻含义的讲话风格,被称为"温式讲话风格"。

2003年,刚当选国务院总理的温家宝在与记者的见面会上,就以"温式讲话风格"向公众展示了他美好的个人品德和人格魅力。一个多小时的见面会,总理四次引用古语、诗词,反映了温总理饱受传统文化的熏陶,具有深厚的文学素养,说明温总理在弘扬优秀传统文化方面,给我们树立了榜样。他说:"我们现在的全部工作都是在前任的基础上开始的。要居安思危,有备无患。我总记得一句古训:生于忧患,死于安乐;至于我自己,大家普遍认为我是一个温和的人。但同时,我又是一个有信念、有主见、敢负责的人。"在谈到农村税费改革的实质问题时,他说:"是要改革农村不适宜生产力发展的上层建筑的某些环节,最重要的是要精减人员。中国古代《大学》有几句话:生财有道,生之者众,食之者寡,为之者疾,用之者舒。现在在农村倒过来了,一个十二三万人口的县,吃财政饭的多达5 700人,如果不精减,不减少人员,农民的负担不能得到彻底解决。"他背诵国民党元老于右任临终前写过的一首哀歌:"葬我于高山之上兮,望我大陆。大陆不可见兮,只有痛哭。葬我于高山之上兮,望我故乡。故乡不可见兮,永不能忘。山苍苍,野茫茫。山之上,国有殇。"这些话语透露出他对国家、对民族深沉的爱!在回答关于"工作风格"的问题时,温总理说:"在我当选以后,我心里总默念着林则徐的两句诗:'苟利国家生死以,岂因祸福避趋之。'这就是我今后工作的态度。"

温总理上任后,"温式"讲话风格继续得以充分体现,得到了越来越多公众的认可。

2003年6月29日，温家宝在香港礼宾府出席CEPA协议签字仪式后发表演讲，并引用晚清著名外交家和诗人黄遵宪的一首诗祝愿香港："寸寸山河寸寸金，侉离分裂力谁任？杜鹃再拜忧天泪，精卫无穷填海心。"

2003年6月30日，温家宝出席了香港特别行政区政府表扬医护及各界成功克服非典型肺炎聚会，他在讲话中引述了《礼记》中的"上不怨天，下不尤人"这段话。

2003年10月1日，中国西部的陕西省有13万民众受灾于洪水。在看望了灾民后，温家宝以唐代著名诗人白居易的诗句"心中为念农桑苦，耳里如闻饥冻声"告诫当地的官员，要时时惦记着百姓的疾苦。

2003年12月7日，温家宝在纽约下榻的饭店会见纽约华人华侨和留学生代表时，吟诵了泰戈尔的诗句："无论你走得多远，你的心总和我连在一起；无论黄昏时树的影子有多长，它总是和树根连在一起。"他说："这正是华侨华人、留学生和祖国的关系。"

2003年12月7日晚，温家宝在纽约下榻的饭店会见华人华侨，谈到台湾问题时，他转引台湾作家余光中诗作《乡愁》中的诗句：浅浅的海峡，国之大殇，乡之深愁！

2003年12月9日，温家宝会见在华盛顿的华人华侨代表时，引用唐代诗人孟郊的诗句"谁言寸草心，报得三春晖"。自喻为小草，而人民如同春阳。

2004年3月4日，温家宝在看望政协经济界、农业界委员时，引用汉代政论家王充著作《论衡》中的"知屋漏者在宇下，知政失者在草野"，阐述其治政思想。

2007年5月14日，温家宝在同济大学建筑城规学院向师生们作了一个即席演讲，他讲道："一个民族有一些关注天空的人，他们才有希望；一个民族只是关心脚下的事情，那是没有未来的。我们的民族是大有希望的民族！我希望同学们经常地仰望天空，学会做人，学会思考，学会知识和技能，做一个关心世界和国家命运的人。"

2008年5月12日四川汶川发生大地震后，温家宝乘专机抵达四川成都后，发表了一个重要讲话，全文是：党中央国务院要求，各级领导干部要站在抗震救灾的第一线，身先士卒，带领广大群众做好抗震救灾工作。要发扬不怕牺牲、不怕疲劳、连续作战的作风，一切想着人民，一切为了人民，一切为人民的利益而工作。同胞们，同志们，在灾害面前，最重要的是镇定、信心、勇气和强有力的指挥。我相信，在党中央和国务院的坚强领导下，广大军民团结一致，众志成城，我们一定能够战胜这场特别重大的地震灾害！领导在面对突发事件时，一定要记住：冷静、冷静、再冷静。只有保持头脑的清醒才能使思路不受外界干扰，及时想出应对之策。同时要相信自己的能力，给自己以信心。

附录二
沟通能力测试

1. 目的与功能

本工具调查个人的沟通能力。通过对个人语言表达能力、倾听能力、揣摩对方心理的能力、主动沟通的能力、尊重他人的能力以及及时调整自己心态的能力等方面的调查,帮助被调查者了解自己多方面的沟通能力,发现优势,找出不足,从而为提高沟通能力、改善人际关系提供有益的参考。

2. 适用对象

本工具适用于想了解自己沟通能力的所有人员。

3. 使用说明

这份关于个人沟通能力的调查问卷由50道题目组成,每道题目陈述一个观点。请被调查者根据自己对此观点的同意与否,凭直觉尽快作出选择,不用过多考虑,同时也不要遗漏。

4. 测验题目

题号	题目	选项	
1	我与人交谈时声音很大。	是	否
2	我已经意识到我的语调会影响其他人。	是	否
3	当我和别人交谈时,自己的注意力一向集中。	是	否
4	我认为自己是个电话沟通专家。	是	否
5	当我知道某些东西会伤害别人时,我会克制着自己不说。	是	否
6	当别人在说话的时候,我总是在试着弄清楚他的意思。	是	否
7	当和上级谈及敏感话题的时候,我能表达得很自如。	是	否
8	在交谈中,我会等别人说完之后,再对他说的作出反应。	是	否
9	让我去接受他人的建设性批评并不难。	是	否

续表

题号	题目	选项	
10	在交谈中,我总是主动找到新的话题。	是	否
11	当我在说话的时候,别人总是专心地听。	是	否
12	交谈的时候,经常以我为中心。	是	否
13	当有重要事情要说的时候,我的意思能够完全表达出来。	是	否
14	虽然某些人伤害了我的情感,但我还会和他们讨论问题。	是	否
15	在交谈中,即使自己不同意对方的观点,也不轻易打断对方的谈话。	是	否
16	在讨论中,让我从他人的观点中获得新信息并不困难。	是	否
17	我得到过他人关于对我的听说能力的赞美之辞。	是	否
18	即使我反感讨论的主题,我也不想改变话题。	是	否
19	我讲话时特别注意察言观色,对不同的人采取不同的说话方式。	是	否
20	人们经常听我讲话。	是	否
21	当某些人的情感被我伤害了之后,我当然会向他们道歉。	是	否
22	我会很认真地听别人说话。	是	否
23	交谈时,我时时注意变换谈话的内容,选择适合对方的话题。	是	否
24	当某些人反对我时,我绝不会心烦。	是	否
25	让我去相信别人并不困难。	是	否
26	在交谈中,我总是用自己喜欢的方式说话。	是	否
27	当自己生某些人的气的时候,我依然能够很清楚地进行思考。	是	否
28	在交谈中,我能分清别人所说的和自己所感觉到的。	是	否
29	当自己不是很明白对方的问题时,我会让他解释他的意思。	是	否
30	我会通过说出自己的感受和信仰来帮助别人认识自己。	是	否
31	我虽然害怕别人会生气,但我还是去反对别人。	是	否
32	当自己要做解释时,没人想要教我如何讲。	是	否
33	在我说话的时候,我注意到了别人对自己的话的反应。	是	否
34	当自己和他人之间发生问题时,我会平心静气地和对方讨论。	是	否
35	不需要解释,别人就能明白我讲话的意思。	是	否
36	我不会刻意向别人隐瞒自己的过错。	是	否
37	我对自己调停和别人的分歧的方式感到很满意。	是	否
38	对我来说,向别人表达自己的看法很容易。	是	否

续表

题号	题目	选项	
39	让我去和其他人交谈一点儿也不困难。	是	否
40	我没有感觉到其他人希望我是另外一种人。	是	否
41	通常来说,我能够相信其他人。	是	否
42	在谈话中,我会找到自己和他人都感兴趣的话题。	是	否
43	当某些人扰乱我的时候,我不会长时间生气。	是	否
44	其他人能理解我的感受。	是	否
45	当他人和我的观点不一致时,我要表达自己的想法并不困难。	是	否
46	我很讲究称赞别人的技巧。	是	否
47	没有人评论说我总是认为自己是正确的。	是	否
48	在交谈中,我会试着把自己放在别人的位置上。	是	否
49	我做错事情的时候,我会承认我的错误。	是	否
50	在听他人讲话时,如果非插话不可,我总是在向对方表示抱歉并征得对方同意后再讲。	是	否

5. 结果分析

(1) 计分方法。选择"是"得2分,选择"否"得1分。将分数相加,即得出你的总分数。它基本上反映出了你的沟通能力。

(2) 测验分数的解释。

80分以上,说明你很善于沟通:喜欢与别人交流并能够倾听别人;善于有效地收集反馈信息;善于通过不同的"渠道",用适当的方法来维持清晰的交流;能用不同的交流方式,以确保真实的消息能够以多样化的方式上传下达,而且引人注意。

60~79分,说明你有一定的沟通能力。

60分以下,说明你的沟通能力比较差:在很有必要沟通的场合,你可能会错失交流的机会;没有用更长的时间来设计和考虑如何最好地传递信息;没有找出时间来倾听反馈意见并相应地调整他人的行为;在沟通时可能显得很仓促,没有时间去仔细整理自己的信息,没有考虑谁将接受这些信息,没有考虑好如何才能最好地传递信息。

会办事

戴尔·卡耐基说:"一个人的成功,只有15%是由于他的专业技术,85%则是要靠人际关系和他的办事技巧。"诚然,成功不是天上掉馅饼,"芝麻开门"也只是阿拉伯世界的神话。成功有一定的游戏规则,办事有一定的制胜技巧。

第一章　首因效应
——求人办事形象第一

一位新闻系的毕业生正急于寻找工作。

一天，他到某报社对总编说："你们需要一位编辑吗？"

"不需要！"

"那么记者呢？"

"不需要！"

"那么排字工人、校对呢？"

"不，我们现在什么空缺也没有了。"

"那么，你们一定需要这个东西。"说着他从公文包中拿出一块精致的小牌子，上面写着"额满，暂不雇用"。

总编看了看牌子，微笑着点了点头，说："如果你愿意，可以到我们广告部工作。"

这个大学生通过自己制作的牌子，表现了自己的机智和乐观，给总编留下了美好的"第一印象"，引起对方极大的兴趣，从而为自己赢得了一份满意的工作。

这种第一印象的影响在心理学上叫首因效应。

一个人举止端庄文雅，落落大方，就能给人以深刻良好的印象。培根有句名言："相貌的美高于色泽的美，而秀雅合适的动作美又高于相貌的美。这是美的精华。"仪表是展示自己才华和修养的重要外在形态。优雅的仪表，能够帮助一个人得到良好的社会声誉，能够为办事铺平成功的道路。我们应该随时随地注意自己的形象，给人留下良好的第一印象。

人靠衣服马靠鞍

　　莎士比亚说，衣装是人的门面。这一说法得到了广泛的认同。许多人经常因为他们不得体的穿着而备受指责。初看起来，仅凭衣着去判断一个人似乎肤浅轻率了些，但许多时候衣着的确是衡量穿衣人的品位和身价的标准。渴望成功的有志者总是像选择伴侣一样谨慎地选择衣装。古谚云："我根据你的伴侣就能判断你是什么样的人。"一位文学家也说过一句相当精妙的话："让我看看一个妇女一生所穿的所有衣服，我就能写出一部关于她的传记。"

　　一位着装典雅的人给人印象深刻，它等于向大家传递一个信息，做自我推销："我是一个重要的人物，聪明、成功、可靠。大家可以尊敬、仰慕、信赖我。我自重，你们也应尊重我。"反之，一个穿着邋遢的人给人的印象就差，它等于在告诉大家："我是个没什么作为的人，我粗心、没有效率、不重要，我只是一个普通人，不值得特别尊敬，我习惯不被重视。"

　　人靠衣服马靠鞍。着装的艺术直接反映出一个人的修养、气质与情操。就像上面所说的，它赶在别人认识你或你的才华之前，向别人透露出你是何种人物，因此在这一方面下点工夫，久而久之定会事半功倍。

　　办事时怎样的穿着才算合适呢？

1. 讲究衣服的配色

　　色调是构成服装美的重要因素之一。衣服面料的各种色调的协调、衣服和裤子、鞋、帽色调的协调固然重要，但这些又要与生活环境、穿着者的年龄、职业相协调，才能体现服装的色调美。总之，对于服装的色调来说，协调就是美。

　　服装配色的规律。同类色相配：指深浅、明暗不同的两种同一类颜色相配，比如青配天蓝，墨绿配浅绿，咖啡配米色，深红配浅红等，同类色配合的服装显得柔和文雅。近似色相配：黄色与草绿色或橙黄相配等，近似色的配合效果也比较柔和。强烈色相配合：指两个相隔比较远的颜色相配，如红色与青绿色相配，黄色与紫色相配，黄色与青紫色相配等，这种配色比较强烈。补色相配合：指两相对颜色的配合，如红与绿、黄与紫、青与橙等，补色相配能形成鲜明的对比，有时会收到较好的效果。

根据以上的配色规律，我们可以按自己的肤色、气质、性格、职业的特点来选择自己的服装配色，用最协调的色彩来装扮自己。需要注意的是，服装的色彩与人本身相比，它仅仅是个陪衬。服装的色彩要以能达到突出和烘托个人的独特的气质、风度、形象，才算是最佳效果。

2. 款式的选择

一个善于打扮自己的人，在选择服装时，对款式的要求是很严格的，它既要适合自己的体型，又要与自己所追求的风格统一起来。要想使衣着具有沉稳、高雅的风度，那么衣服的款式一定要以简洁大方为原则，流畅的线条、简洁的样式配以高级的质料，定能达到满意的效果。如果一件衣服上混杂了太多的色彩，或使用太复杂的图案，只能使人感到累赘而不洒脱。

以女性为例，若是追求端庄、高雅，就可以选择线条简洁、花色淡雅、面料柔软的连衣裙等；若要追求飘逸、洒脱，可以选择蝙蝠式上衣和裙裤；若想打扮得华丽、高贵，可以选择灯笼袖、蓬肩袖或胸前缀有蝴蝶结的衣服。

3. 还应注意场合

合乎场合的打扮可以使你在办事时无往不利。正式的工作环境中，自然应选择庄重、文雅的服饰。即使平常喜欢穿着随意、不修边幅的人，在庄重的场合也不应随随便便，那样会使人产生不尊重别人的感觉。相反，在一些轻松、愉快的场合，或个人的业余文娱活动中，则可选择活泼、鲜艳、式样随意一些的服饰，使人感到富有生活情趣，不拘一格。

穿着得体犹如一支美丽的乐曲，一首由关系密切、却互成对比的乐章所组成的交响曲，基础主题贯穿全曲，使得每一个乐章都截然分明，却又一脉相承。用心去塑造你明确的形象，既符合身份又能左右他人的感觉，在办事时你将感到得心应手。

办事时的衣着应得体

有一年的年初，日本大阪神户地区发生历史上罕见的特大地震。日本人一向以为自豪的"抗震"建筑和高速公路严重倒塌、断裂。数十万人顿时失去居所，生命财产损失惨重，灾情十分严重。时任首相的村山富市前往视察慰问时，身穿工装裤，头戴安全帽，衣着很是得体，大大改变了当时人们心目中日本政府反应迟钝、应对不力的形象。相反，当时如果他还像平时一样，西服革履、一尘不染地出现在震灾现场，那就会有损他的形象。

一个人的服饰，具有"延长自我"的特征。如果一个人的形象和代表"自我延长"的服饰成反比，就会令人有"不完整人格"的印象。

1. 男士办事时的衣着

男士出门办事时的衣着分为正规装、轻便装。正规装主要包括西装、职业制服等，一般在庄重、正规的场合或工作场合穿着。正规服装的颜色愈深，它所显示的品位愈高。因此，出席一些重要会议、谈判事务和比较正式的晚会时，可选择藏青、灰黑色调的正规服装。轻便服在人们日常生活中需求量最大，常见一些男子身着款式新颖的夹克衫、羊皮上衣、运动服装涉足一些社交场合，既不失礼貌，又在自由轻松的场合中增添了几分亲切感。不同的服装，表达的风度信息是不同的，衣着与外界，衣着与自身，衣着搭配本身的协调，都向人们表达着你的文化素养和审美水平。

2. 女士办事时的衣着

成功的女性都是花了许多时间才明白该具备什么样的风格。她们会选择典雅、不很流行的服饰，既不用担心年年得换新衣，也不用烦恼穿着是否不得体。

选购衣服的原则也是专业形象第一，女性气质其次。职场上，女性必须在专业及女性两种角色里取得平衡，宁愿让人看起来觉得你是个精明的人，也不要让人说你是花瓶。有些女士会细心规划自己的穿着，什么样的场合该穿什么样的衣服，都细心记录下来，以有所依循。甚至于还会排个轮值表，以免同一套衣服出现的次数过于频繁。

一个懂得穿着艺术的人，会根据不同的场合，换上适合自己身份的服装，使之与整个环境气氛取得协调，并表现出自己独特的魅力。

出门办事前的衣着应注意的六点：

（1）衣服的皱纹是否注意到？
（2）鞋擦过了没有？
（3）裤管有没有线？
（4）衬衫的扣子全部扣好了没有？
（5）刮净了胡子没有？
（6）梳好头发没有？

在办事时，如果你在衣着上能避免犯下列的错误，就能无往而不胜：

（1）穿着过于异性化。
（2）戴着式样特别的眼镜。
（3）穿着过分紧窄的针织长裤。
（4）打扮得过于招摇、显眼。
（5）在该用公文包时，提着手提袋或小钱包。

出门办事正确的穿戴是：

（1）在与人约谈公事之前先考虑如何穿着。
（2）按工作环境和场合决定服装的式样。
（3）在办公时穿色泽高雅的套裙、款式大方的西服。
（4）穿一双行走方便自如的中、低跟鞋上班，个子矮的男性千万别加高跟。

只要我们遵循了上述穿衣原则，无论走到哪里，办哪一件事，都会充满自信，行止从容，言谈随心。

别人以貌取人，你怎么办

在当今越来越复杂的、生活节奏越来越快的社会上，人们恐怕来不及有时间去认真地、深入地了解一个人，常常是根据一个人的外表而产生对某人的印象。所以为了更好地适应现实，给和我们交往的人留下更好的印象，我们应该花一定的精力在自己的外貌上。虽然我们更要重视内在的实力，但如果你富有外在魅力，也会对你的事业有所助益。

中国唐朝任用官吏的原则是，在考试后还必须具备"身、言、书、判"四个条件才能在朝任官。身是指身体上的条件、言是指谈吐、书是指文笔、判是指下判决书的能力。但从"身"置于四大要素之首，便可知，容貌为唐朝任官员重要的条件。我们今天的公务员选拔对外貌也有一定要求，也是同样道理。

在美国曾对留络腮胡、山羊胡、鼻下胡等的男性和每天剃胡子的男性给人的印象作比较，调查结果发现留有胡子的男性得到"有男人味、成熟、美观、有权力、有自信、勇敢、度量大"等佳评。

林肯在总统大选期间，收到一位住在中西部的少女写的一封信，内容如下："你的演讲的确令人感动。但是，你那股言辞尖锐的评论气氛过于强烈。如果能带点像父亲和家人谈天的轻松气氛，我相信一定能得到更多人的支持。而且我建议你，不妨留点胡子，这样也许能改善那种严肃的气氛。"

就从小女孩的忠告开始，林肯留起胡子。果然那胡子削弱了不少尖锐的气氛。苏联的斯大林是位身材矮小的领袖，因此，他为了更受人注意，以蓄胡子来增加容貌上的特征。

根据心理学家的研究，外在的魅力确实对人际关系有莫大的影响力。有的外在魅力十足的人，让人产生"事业心强、办事牢靠、和蔼可亲、有远见、有自信、意志坚强、性情开朗、认真直率、城府不深、容易沟通"等好感。而民众很容易支持有外在魅力者的意见，对有外在魅力者所提出的报告也有高评价。

如果领导者具有外在的魅力，必然带给人亲切和有能力的感觉，也容易被认为具有优良的品行，那么在说服或交涉之际必占有利的地位。

我们不妨费点心思好好研究如何才能给予别人良好的印象。到底哪些因素是别人注意的外在魅力？容貌是天生的，后天是很难改变的，我们自己所能左右的方面，主要包括服装和姿容。

先说服装。俗话说："人要衣装，佛要金装。"即使是同一个人，因服装的关系而给予别人的感觉就有相当的差异。有学者做了这样一个有趣的实验：让实验者故意放置一枚铜板在公共电话机上，然后观察下一位入电话亭者可能产生的行动。结果发现，穿衬衫打领带，服装整齐的男士会把铜板放回原处的比率较穿着随便者高。以女性做实验，所得到的结果情形也是一样。再以穿越人行道遇红灯的情况做实验，结果也发现，穿衬衫打领带和穿了外套的男性，虽然有闯越的情况，但比穿着随便者少很多。

　　以上所举的例子体现出，服装整齐的人比较注意约束自己，比较容易带给别人信赖和威严感。因此，如果想要把握某人的情绪，除了按照规则行事外，适当的穿着也是不可或缺的条件。

　　再说姿容。根据心理学家所做的问卷调查结果显示，认为从姿容上能够提高个人魅力的主要因素有"秀丽的头发、洁白整齐的牙齿、没有口臭、懂得咳嗽时应有的礼貌、具有关怀的眼神、流行的发型、品行优良、注重清洁"等要项，这也是大部分男女所共认的条件。

　　外在魅力除了身体上的特征外，"优美的举止"也很重要。对于戴眼镜的人来说，不论是男是女，都很容易被认为是有智慧肯努力的象征。擦口红和不擦口红的女性作比较的话，后者较易被视为"稳重、有内涵、诚实"的象征。

　　另外，仪表整洁庄重，也显出对别人的尊重。起码让人家的眼睛舒服，也显出你比较重视会面的人。就像家里来客人，怎么也要收拾一下，使屋子整洁一些，否则就是不在乎别人的表现。

　　外在的东西我们也不应忽视。一位哲人说过："我们不仅应有美好的心灵，还应有美丽的外表。"先天的条件即使无法改变，后天我们总可以努力使自己穿着打扮更加得体一些，这样对我们的事业甚至婚姻都会产生有利的影响。

成功的形象由你自己决定

　　一个成功的形象，展示给人们的是自信、尊严、力量、能力，它不仅仅反映在对别人的视觉效果中，同时它也是一种外在辅助工具，它让你对自己的言行有了更高的要求，能立刻唤起你内在沉积的优良素质，通过你的穿着、微笑、目光接触、握手等一举一动，让你浑身都散发着一个成功者的魅力。

　　有一天，亚里士多德参加宴会，那天宴会开始时他穿了一件普普通通的衣服出席，主人不知道他是谁，反应十分冷淡。

　　于是，亚里士多德马上出去，另外换了一件崭新的皮大衣，重新回到了宴会。主人的态度马上发生了变化，变得十分殷勤，他邀请的客人们也纷纷起来向亚里士多德表示敬意，过来向他敬酒。

　　亚里士多德眼见如此，马上脱下自己的大衣，拎着大衣说："喝酒吧，亲爱的大衣兄弟！"许多人都奇怪地看着他，亚里士多德说："你们不了解，我的大衣兄弟可是十分清楚，所有的礼节都是冲着他来的，他才是今天的客人。"

　　生活中，一个人的人际关系与形象有多大关系，似乎没有人能说得清。但是有一点是人们都必须承认的，那就是谁拥有更多的朋友，拥有良好的人际关系，谁的形象就具有更大的魅力，谁获得成功的机会就更多。同一件事情，为什么有的人能圆满、得体地完成，而有些人却费大力而总也办不成？这里虽有一些偶然的因素，但也有必然因素的作用，那就是人们是否喜欢你，愿意帮助你，并与你合作。人们往往更乐意积极主动地甚至倾全力去帮助那些值得帮助的人。成功者的形象能吸引更多的投资与帮助，这就像股市投资者常常投资那些看上去能涨的股。

这个世界上并没有丑陋的形象，如果有，那必定是设计失败的形象。

美国赫赫有名的马可法官天生就是一个畸形儿——歪鼻子、兔唇、三角眼，头骨变形以致前额鼓起一个大包，驼背，还是个拐子。开始，他也很自卑，后来他尝试着去帮助别人，并渐渐地被人们所接受。而且，人们的微笑和鼓励更增加了他的信心，他摈弃自卑、自轻，以新的形象、新的方式开始大步地走向自己的人生之路。在以后的岁月中，他不但像正常人一样娶妻生子，还努力奋斗，成为他所在州的法官，并因执法公正廉洁而广受人民拥戴。在他逝世以后，人们自动聚集在街上举行各种纪念活动，几天不散。今天，他已成为人们心中光明之神的化身。

毕竟，人的形象除了外在形象，更重要的是内在形象，通过内在形象的修炼能大大弥补外在形象的缺憾，让整体形象焕发光彩。

不要挑剔自己的长相，不要对美限定固定的标准。不管父母生你什么样，你都要活出自我来，并且"要使自己从内心来改变外貌"。

曾经扫荡欧洲大陆的拿破仑，身高只有1.62米，可他却在短短的十几年时间内建立了一个庞大的拿破仑帝国，令曾经十分强大的欧洲跪倒在这位"矮个子"脚下。列宁也只有1.64米的身高，却开创了一个伟大的时代。

这些出色的政治家，凭借自己的智慧，运用出色的才能，开辟了世界新纪元，让世人为之骄傲。

好形象是成功的资本

一位华裔投资商曾说："我怎么也不能相信那个穿着旅游鞋、牛仔裤，头发如同干草，说话结结巴巴的小子会向我要500万美金的投资，他的形象和个人素养都不能让我信服他是一个懂得如何处理商务的领导人。"

形象是事业成功的一个重要的助推器，成功的外表形象为你事业的成功起着推波助澜的作用，也可以破坏或阻挡你事业的顺利发展。对于企业的领导者和管理者来说，成功的形象能使自己掌控追随者的心理，为自己创立一个高大的形象以确立自己稳固的位置。对于那些追求成功的人来说，创立一个可信任的、有竞争力、积极向上、有时代感的形象，可以使自己在群体中快速获取公众的信任，从而脱颖而出。

职场中的女性，如果你的上司、上司的上司都是男性，要吸引他们的注意力，除了具备专业知识和工作能力之外，合适又时尚的穿着，绝对是引人注目的法宝。一件能充分显示线条美的裙子，或是略显身材的短裙套装，加上摇曳生姿的高跟鞋，浓淡合宜的化妆，既有女人味，又不失端庄。

一旦你的外表、你的穿着打扮给人深刻而良好的印象，许多契机就会自然而然地产生。否则，形象将成为你成功路上的绊脚石。

卡特当选总统时的性格和形象作为农场主再合适不过了，但作为一个对世界影响极大的超级大国——美国的总统，再保持这种形象就不太合适了。

遗憾的是卡特当了总统之后，对自己的形象没有作任何的调整。结果舆论方面开始发难了：他是否拥有作为美国总统所要具备的形象气质呢？在其后的执政生涯中他屡屡被对手或是并非恶意的人们诟病，还经常有人因为他的形象表现而给他起外号，一些媒体甚至由此别有用心地怀疑他的政治能力和智慧。如果卡特努力改变自己的形象来适应新的变化，或许他能塑造一个更好的总统形象留在人们的记忆当中。

在人们的传统意识中，一个人穿着白大褂就容易被别人当成医生，穿着法官服就又会把他联想成既有丰富学识又高高在上的司法权威。最普遍的情形是，一个身着运动服的人总是会使人感觉到青春和活力，而各种制服和民族服装无不被人们与某种特殊的形象气质联系在一起。

演员在排戏时有一个有趣的现象：穿上正式演出服装之后的彩排总会让观众觉得演员的演技提升了一个档次，即使是业余的票友，穿起漂亮的演出服装也会让他人和自我都油然产生一种颇具专业演技的感觉。在穿衣打扮时，就要充分考虑到自己的职业需要，选择与自己相符的衣装。

打造完美形象

无论你认为从外表衡量人是多么肤浅和愚蠢的观念，但社会上的人们每时每刻都在根据你的服饰、发型、手势、声调、语言等自我表达方式判断着你。无论你愿意与否，你都在留给别人一个关于你形象的印象，这个印象在工作中影响着你的升迁，在商业上影响着你的交易，在生活中影响着你的人际关系和爱情关系，它无时无刻不在影响着你的自尊和自信，最终影响着你的幸福感。

如果你渴望升迁，你就需要展示出自己成功的形象。因为人们总是相信，工作效率、能力、可靠性及勤奋工作是让他们有机会提升的重要条件，但并不是仅有这些条件，你就能在工作中被提升。忽略了对整体形象的塑造，既得不到上司的注意，也得不到同事的承认。只有展示出一个与期待的职位相符的形象，展现出一个可信、有潜力、值得信任的形象，你才能有更大的发展空间，上司和同事才能相信你适合更高的位置。

作为一名员工，除了在语言上要注意之外，在服饰上，不需要老板吩咐，他就应穿着妥当。因为好的员工知道自己的形象就是公司的形象，代表着公司的面子。着装的第一个规则是整齐顺眼，也就是清清爽爽。整天坐在办公室的职员，或接触顾客的营业人员，要是穿着脏兮兮的衬衫、皱巴巴的裤子，一副精神散漫的模样，谁都不会对他产生好印象。以这种"不修边幅"的样子跟谁谈话，谁都要心存戒备，吃亏的总是你自己。

我们应该怎样检验自己的穿着、形象呢？

检验自己的穿着是否恰当最简单的方法就是：当你站在镜子前面，第一眼看到的就是你的脸，衣服的颜色和款式都是应该突出和强化你的脸的。如果第一眼看到的是你的鞋子或头发，那你就一定打扮得不对了。

然后，从头到脚审视一番，例如，脸、头发是否干净整洁，衣服是否整齐挺直。而且还要检查你的服装颜色、图案与你的肤色身材是否协调，服装的款式是否适宜，因为这不仅仅是把一套亮丽的衣服穿在身上就完事了，你还要考虑这衣服的色彩、款式是不是适合你的身材、皮肤和职业，以及你将要去的场合。

出色的工作增添你成功形象

塑造一个成功形象的最好方法是工作成绩突出。你的杰出表现及其带来的声誉，将使人们知道你是多么了不起。人们从你昔日成功的记录或仅仅通过目睹你工作时的风采，就可认定这一点。如同你看见一个网球运动员在球场上挥洒自如的身影，就认定他是个职业选手一样，当人们看见你在所从事的领域里的非凡表现时，他们就会认定你的职业水平。

如果你的事业刚刚起步，或虽然经过几年的发展，但仍然没有达到理想的水平，你可运用"成功孕育新的成功"原则，你应该做的第一件事是：总要表现得忙忙碌碌，绝不要让你的顾客们知道，你的业务少得可怜；相反，要给他们留下你总是"日程全满"的印象。

运用"成功孕育新的成功"原则，来塑造成功形象的技巧是：有一副看上去很成功的外表。如果你的衬衣领已经磨破了，皮鞋脏兮兮，西服的翻领款式过时，领带也不干净，那么很显然，你无疑是个失败者。

"成功孕育新的成功"原则，要求用那些可以提高你的形象的象征物来装饰你办公室的墙壁。学位、学术证书以及类似的东西都能很准确地告诉顾客，你是多么出色。你获得的奖章、奖状也有同样的效果。

娶个好妻子给你的形象加分

在树立自己成功形象时，不要低估你的伴侣对你形象的影响。在很多生意或社交场合，你的妻子都扮演着对你的事业至关重要的角色。她留给别人的印象如何，肯定影响着人们对你的看法。

如果你是个商业专业人员，带妻子出席一些跟业务有关的社交活动，就显得非常重要。这不仅因为你的客户们在场，而且你的潜在的顾客也在场。这些未来的顾客及其夫人们对阁下和尊夫人的印象如何，可能决定着你们能在多大程度上说服他们接受你们的服务。如果他们发现尊夫人魅力十足，他们将作出积极的反应。假如尊夫人使他们大失所望，那么阁下同他们做生意的希望就会化为泡影。

在大多数情况下，你可采取很多措施改进你妻子的形象。例如，你知道她酒量很小，就要注意不要让她太放纵自己。如果她由于对有关业务的知识知之甚少而出丑，你就应负责多教给她这方面的东西。假如她智力尚可，她很快就会获得一些你业务方面的知识，你就会惊奇地发现，在未涉及专业性太强的问题时，她谈起生意来还是很在行的。事实上，纯专业性的问题一般也不会在这样的场合讨论。

自然，任何时候尊夫人都应表现得像个贵妇人才对。常言说得好："只要她还是个贵妇人，你就拥有一笔财富，而不是一个负担。"当然，她的外表在很大程度上决定着别人对她的印象如何。而且毫无疑问，她的衣着风格同你的一样重要。因为女人总比男人更需要打扮。所以支付得起的话，不妨给她买几套高档衣服，这是一笔很划算的投资。尊夫人身着高档服装，配以珠宝玉器，不但树立起了她的成功形象，也使你看起来充满了成功的希望。

与杰出的成功者交往合作

与什么样的人合作对你的形象产生着巨大影响。这并不是要你把对自己形象不利的朋友们都甩了，但是跟什么样的人打交道确实跟你的形象有关。俗话所说的"物以类聚，人以群分"、"与狗居，必惹蚤"，并非无稽之谈。这两句谚语都非常有道理，特别是从别人将做何反应的角度讲。例如，如果你有一些地位显赫而且功成名就的朋友，人们就会想，"他一定颇有本事，否则，怎么能跟那些人在一起。"如果你的朋友全是些失败者，那么，即使这不会严重损害你的形象，那它也不会对你产生积极的影响。还有，如果你在公司里整天同那些声名狼藉的人打得火热，你的形象也会受损。要强调的是，为了塑造更好的形象，要换换朋友们，而且要搞清楚同你合作的人中，哪些人有助于你的形象塑造，哪些人则有损于你的形象。

如果你的朋友是出类拔萃的人，别人就会认为你大概也是这样的人，或认为你迟早会成为这样的人。正因为如此，名牌大学才受到望子成龙的家长们的青睐。他们知道，名牌大学的气氛足以熏陶出与众不同的气质，对子女的事业成功将大有好处。

◆◆办事的智慧◆◆

> 人的形象很重要。因为一个人的形象直接构成了别人对你的印象，直接影响到别人对你的口碑。良好的形象不是天生的，也不是轻而易举就可获得的，它是在与人交往中持之以恒、日积月累形成的。

第二章　有张有弛
——塑造成熟的办事心态

　　1980年5月，新西兰人李特和另外5人，从斐济群岛的威第雷佛出发，共搭一艘仅长4米的机帆船，到离岸15公里的暗礁上旅游。6人在万里无云的南太平洋上，观赏五颜六色的珊瑚，海面平静，晶莹诱人。下午3点钟，他们启程返航，就在笑声不绝的时候，海面突起风浪，将小艇打翻，几个人被抛入海中，情势十分危急。大家惊恐慌乱起来，有人主张游回暗礁，有人建议弃船游回威第雷佛。大家七嘴八舌，各执一词。这时，比尔插话了，他是一个有经验的冲浪救生会会员，精于海上脱险逃生技术，是位信心十足的人。他打断了大家的话，坚定地说："最要紧的是我们不要离开船。大家聚在一起还有希望，万一分开，我们只有靠自己的力量，而鲨鱼和海浪随时都会把我们吞吃掉。"

　　大家听了比尔的话充满信心，都接受了他的建议。众人齐心合力把小船翻正，只有舱顶露出水面。这个摇摇晃晃的船体，是他们求生的唯一希望。他们在水里共同推着船前进，轮流入舱内休息。比尔说："要紧的是大家采取团体行动，发挥团队精神，保持必能生还的信心。"沉没的船由6个人缓缓向前推着，比尔不断地鼓舞大家，同伴中开始有人不支，只好到船舱里，让别人推着走。经过18个小时的艰苦奋斗，才游回到岸边，死里逃生。

成功或失败全在于个人的抉择，没有人与生俱来就会表现出好的人生态度或不好的人生态度，是人自己决定要以何种态度看待他的环境和人生。那些懂得好好顺应事情走向并坦然面对它的人，终会获得好的回报。

人生的美丽在于人情的美好，人情的美好在于人性的美丽，人性的美丽在于令人愉快的人生态度。有怎样的态度，就有怎样的世界；有怎样的态度，就有怎样的人生。能够将事情办成功的人，在于他有好的人生态度。

办事离不开决心

决心是最重要的办事心态。

美国第18任总统格兰特卸职以后，因经商受骗，损失了一大笔财产，欠了一大笔外债，身体也垮了下来，患了喉癌，被医生诊断为癌症晚期。为了还债养家，格兰特决定写回忆录，并决心在去世前出版它。他用一年的时间，写了30万字，繁重的工作量，再加上生理功能的衰退，格兰特经常在工作中晕厥过去。生命的最后那段时间，他怕自己会突然离开人世，以至于昼夜都坐在椅子上，不敢上床睡觉。当精神好一点时，就在灯下奋笔疾书。回忆录终于在格兰特去世的前半个月完成了，所得的版权费，不但还清了债务，而且也为他家人留下足够的生活费。

从格兰特完成回忆录的写作这件事上看，人的意志力是不可低估的，人陷入绝境时，必然会发挥求生的本能。

孙子说："置之死地而后生。"只要有一种信念，有所追求，怎样的艰苦都能忍受，怎样的环境都能适应，怎样的难事都能办成。

公元前99年，司马迁由于替投降匈奴的大将军李陵说了几句公道话而被汉武帝打入死牢。当时，司马迁正在从事《史记》的编写工作，在监狱里，司马迁想到，如果自己死了，那部史书就不能问世。汉朝时，朝廷有一项法规，犯人要想免死，有两个办法，一个是花50万钱赎罪，一个是用腐刑（割掉生殖器官）代替死刑。司马迁家境一般，拿不出50万钱。难道说只有接受腐刑这一条路走吗？腐刑是最残忍的刑罚，使人的身心受到莫大的摧残，受了腐刑，就跟皇宫里的宦官一样，被人瞧不起。但是，还有什么比完成《史记》更重要的事情吗？司马迁下定决心要活下去，完成《史记》的写作。他强忍着悲痛，接受了使他蒙受耻辱的腐刑。出狱后，司马迁忍辱负重，发愤著书。大约在公元前93年基本上写成了开创中国史学新纪元的鸿篇巨制——《史记》。因为《史记》，司马迁被誉为中国史学之父，而《史记》也被鲁迅先生誉为"史家之绝唱，无韵之离骚"。

格兰特和司马迁的例子显示出决心在办事中的分量不容忽视。决心，就其产生而言，也许只是一个瞬间动作当机立断，也许需要经过长时间的深思熟虑；就结果而言，则或许能够立竿见影，或许要旷日持久。但是，不管时间是长是短，成功的前提是要有坚定的决心，顽强的意志。只有意志坚决才会走向成功。

决心称得上是世间最有价值的东西，只要凭着决心，就能使一个人的力量全部发挥出来。

办事离不开顽强

在我们办事的过程中，一定会遇到许多艰难、困苦、挫折与失败。你不打败它们，它们就会打败你。

好事多磨。在温室里成长的花朵，一旦将它放到屋外，受点风吹雨打，它就会丧失生命力。而长期生存在野外的红梅花儿，则经得起风霜，耐得住严寒。一个人出身豪门，自小到大的生活太过优裕，道路太过顺畅，未经磨难，如果突然遭遇挫折和坎坷，常常会一筹莫展，对自己的前途，从事的事业，拥有的一切，产生怀疑和动摇因而彷徨犹豫，怨天尤人，停步不前。这和温室的花朵遭逢风雨而凋谢一般，悲剧从此产生。相反，那些身居陋巷、历尽人世沧桑的人却不同。他在漫天飞雪，风如刀霜如剑的过程中，形成了应付挫折的心理承受能力，由于他原本就在磨难、痛苦、艰辛的环境中成长，一般生活中的小小挫折，他能轻松地对付过去，不会被吓倒而趴下。

在事物发展的过程中，挫折可被视为障碍、阻挡、压制，与顺利相对立而存在；在事物发展的结局里，挫折可被视为失败，与成功相对立而存在。生活的多姿多彩，原是潇洒与无奈共存，失望与希望相随。诸如环境、背景、大气候、小气候等等条件，无时无刻不在制约着你的行为，压抑着你的欲望，从而注定了成功需要奋斗。奋斗者的成功之路充满着希望与辉煌。成功如果都如人所愿，绝不出现任何的挫折和意外，这个世界也就变成了一个极其无聊的场所，人类的所有活动、所有劳作也将变得毫无意义，人群之中也就没有成功、失败之分。

亿万富翁霍英东，从一个穷苦渔民之子，一跃成为香港房地产业的巨头。有人对他的经历用16字加以精确地概括："白手起家，艰苦创业，名成利就，爱国爱乡"，十分精辟地道出了他的成功秘诀。霍英东在创业之初，吃尽了千辛万苦。然而他凭借超人的毅力和过人的胆识，经过几十年的拼搏，终于成为香港房地产巨子，拥有60多家公司，以经营房地产为中心，从杂货到航运、建设、旅店、酒楼、百货、石油、淡水湖……构成了一个遍布于海内外庞大的工商业体系。

霍英东有一句名言："外国人能办到的事，我们中国人同样能办到，同样能办好，有些事情比外国人办得还要好。"他正是以顽强的精神向自己的极限挑战，向困难和艰险挑战，向西方和世界挑战。挑战使霍英东成为香港工商界的巨人，而且跻身于世界经济名人之列。

成功有三部曲：第一，敏锐的目光；第二，果敢的行动；第三，持续的毅力。用你敏锐的目光去发现机遇，用你果敢的行动去抓住机遇；用你持续的毅力把机遇变成真正的成功。持续的毅力就是你顽强的意志力。

磨炼自己的意志与办一件重大的事情一样，需要长时间的实践和积累。如果你还不具备坚强的意志，那么从现在开始，照下面这些方法去做，将使你的恒心、毅力大有改观。

（1）试着迟睡半小时或者早起半小时，天天如此。

（2）无论干什么事，都不要想着很快结束，即使别人已丢下工作去看球赛或者上网聊天，你也要最后一个离开办公室。

（3）当你急躁或者愤怒的时候，若无其事地坐下来，闭上眼睛做深呼吸，权当什么事情都没有发生。

（4）只做自己认定的事，不怕别人的议论和嘲笑，不为潮流所动，不信自己干不出名堂。

（5）在办一件事之前，不要想着一下子就能成功，要有重新开始的思想准备，失败了再来一次。

（6）要有在逆境中坚持奋斗的勇气，明知山有虎，偏向虎山行。

成功，是幸福与苦难、荣耀与挫折、选择与放弃的多味品，酸甜苦辣咸尽在其中。我们应高唱生命的凯歌勇敢向前迈进。

成功离不开坚持

1948年，丘吉尔应牛津大学的邀请举行"成功秘诀"的演讲。在大会上，丘吉尔用手势止住台下听众雷动的掌声后，说："我的成功秘诀有三个：第一是，决不放弃；第二是，决不、决不放弃；第三是，决不、决不、决不放弃！我的讲演结束了。"他说完就走下了讲台。会场上沉寂了一分钟后，才爆发出热烈的掌声，经久不息。

没有失败，只有放弃，不放弃就不会失败。把每一位失败者、平庸者、成功者放在一起做个比较，结果是，他们在年龄、能力、社会背景等任何一方面，都很可能相同，但只有一点不同的是，他们对坚持这个问题的态度。

曾经有一位作曲者写了一支歌，但得不到赏识。柯亨买了它的版权，并给它加上了一点东西。这种"更多的东西"使柯亨获得了一笔不小的财富。他仅仅在原作品中加了三个字："嗨！万岁！"

在贝尔之前，就有许多人声称他们发明了电话。在这些取得了优先专利权的人中，有格雷、爱迪生、多尔拜尔和雷斯。雷斯是唯一接近成功的人。他和贝尔的发明差别只在一个单独的螺钉。雷斯不知道如果他把一个螺钉转动1/4周，把间歇电流转换成等幅电流，那么他就成功了。

与柯亨的故事一样,贝尔所增加的"更多的东西"是比较简单的,他把间歇电流转换成等幅电流。这是能够再生人类语言唯一的电流形式。贝尔能保持电路畅通,而不像雷斯那样间歇地中断电流。雷斯没有想到这一点,他未能用电信的方式转换语言。贝尔做到了这一点,所以他成功了。在这种情况下不能认为雷斯所做的一切是贝尔发明的前奏。支持雷斯就是失败,支持贝尔才是成功。这两者之间的差别仅仅是是否坚持的差别。如果雷斯坚持下去,他就可能成功,但他停止而失败了。贝尔开始办这件事情,并把它办成功了。

成功离不开永不放弃。不管你办什么事,如果你切实渴望成功,就要坚持到底,就会到达成功的彼岸,幸福女神就会垂青于你。

爱迪生为找做灯丝的材料,做了2 000多次实验都失败了。一个报社记者对爱迪生说:"看来我们要用电灯照亮黑暗真是太难了。你已经失败了2 000多次!"爱迪生说:"不对!我不是失败了2 000多次,而是知道了这2 000多种材料不适合做灯丝。我还要继续下去!"经过多次实验,爱迪生终于"造"出钨丝,给人间带来了光明。

办事要发挥长项

许多人常爱自找烦恼,总是只看自己的缺点,造成自怨自艾,信心崩溃。这样的人,面色凝滞无神,生活单调乏味。相反的,有些人不断地发现自己的长处,逐一把它发挥出来,就像宝石专家,不断地切磋刮垢磨光,璀璨耀眼的宝石才显出它的光彩。

我们要生活在"现在我还有什么",而不要生活在"现在我没有什么"的心态里。珍惜现有的并予以发挥,这是应具备的起码的生活态度。

伽利略最初是学医的,他乘着学习解剖学和生理学的空隙,还学习欧几里得的几何学与阿基米德数学,偷偷地研究复杂的数学问题。当他从比萨教堂的钟摆上发现钟摆原理的时候,他才刚刚成年。

卡罗素小时候被音乐老师讽刺道:"你的声音听起来就像风吹着百叶窗!"可是在卡罗素的坚持下,他的妈妈将他送到一位更有经验的老师那儿学习。在这里,卡罗素找到了自己的知音,新老师给予他无微不至的关怀,后来卡罗素成为了那个时代最伟大的男高音。这一切源于他们的坚持。

从上面两个事例中可以看出,一个人无论做什么,都要选择最能让自己发挥长处的工作。一个人最大的失败,是失掉自己,没有主意,没有主见,没有主心骨。世界著名拳王阿里在赛前总要告诉新闻界:"我将在五秒钟之内把对手打倒,他将会招架不住。"他说这句话正是为了最大限度地利用自己的长处,抑制对手长处的发挥。事实也是如此,他的对手听到这话,自信心就开始动摇,担心自己失败。比赛前当裁判解说规则时,阿里便瞪着他的对手,像是告诉他,"哼,你不行,我将给你颜色瞧瞧！"这些做法都帮助他在比赛中把自己的长处发挥得淋漓尽致。

我们必须了解，任何一个人，只要能引发他的信心，便会积极进取。发觉自己优点的人，就有了滋润信心的沃土。它引导一个人孜孜不倦地学习，他认为想办的必能办得到。发挥并肯定自己的优点，依自己的本质去生活，就能发挥自己的潜能。一个能发挥特长的人，容易获得成功，得到丰足感，产生更好的信心。

发挥自己的长处是办事的关键。

我国乒乓球总教练蔡振华在当运动员时期，在国内打比赛很少能进入前三名，但对国外选手每次都能赢，因而被誉为乒坛魔术师。他的技术算不上超一流水平，但他的成功完全在于高昂的斗志和顽强的精神。在比赛中，蔡振华都喜欢用力挥舞着拳头，跺一跺脚，转几个球拍，他说这样做的目的是为自己加油。有一次在对瑞典运动员林德的比赛中，比分已是15:20，而下面又轮到林德发球了。这时，只见蔡振华站在球台的一端，用手指着林德的鼻子，狠狠地看着林德。这种无形的精神压力，使林德顿时紧张起来，结果反而以20:22输掉了关键的一局。蔡振华的这种高昂的精神斗志，使国外选手无法逾越这道雄关，国际乒联为此不得不专门修改规则：发球不许跺脚、不许转球拍等。一位普通的运动员居然迫使国际乒联专门为他修改规则，这就是蔡振华的魔力。

一个人之所以失败，是因为他自己要失败；一个人之所以成功，是因为他自己要成功。下面几个办法能帮你衡量自己的价值：首先，了解你的几个主要方面的长处。请几个朋友来客观地帮你寻找优点，也许是你的妻子、你的上司或者你的一位老师。他们会给予你真实客观的看法。其次，在每个优点之下，写下一些你认识的、已取得极大成功的人的名字。但在另外几个方面，他们却不比你做得好。当你结束这一练习时，你会发现你超越了许多成功者，至少在某个方面超越了他们。这样你会得出一个结论，你比你想象中的自我伟大得多。

办事要坚决果断

许多事是应该用勇气和决心去争取的。当我们遇到问题的时候，时常并不是对这问题的本身不能理解，而是，我们太容易被枝节的问题所困扰，我们太容易被周围人们的闲言碎语所动摇，太容易瞻前顾后，患得患失，以至于给外来的力量一种可以左右我们的机会。谁都可以在我们摇摆不定的天平上放下一颗砝码，随时都有人可以使我们变卦，结果弄到别人都是对的，自己却没有主意。这真是我们成功途中的一大障碍。

大凡成功人士办事时都能当机立断，他们一旦对事情考察清楚，并制定了周密计划后，就不再犹豫、不再怀疑，而能勇敢果断地立刻去做。因此，他们对任何事情往往都能做到驾轻就熟，马到成功。

英国将军基辛纳是一个办事果断的人。他一旦制订好计划，确定了作战方案，就会集中心思运用他那惊人的才干，镇定指挥，他决不会再花时间和精力去与人讨论、向人咨询。在著名的南非之战中，基辛纳率领他的驻军出发时，除了他的参谋长外谁也不知道要开赴哪里。他只下令，要预备一辆火车、一队卫士及一批士兵。此外，基辛纳声色不动、滴水不漏，更没有拍电报通知沿线各地。那么，他究竟要去哪里呢？士兵们也不知道。战争开始后，有一天早晨6点钟，他忽然神秘地出现在卡波城的一家旅馆里，他打开这家旅馆的旅客名单，发现几个本该在值夜班的军官的名字。他走进那些违反军纪的军官的房间，一言不发地递给他们一张纸条，上面签署了自己的命令："今天上午10点，专车赴前线；下午4点，乘船返回伦敦。"基辛纳不听军官们的解释和辩白，更不听他们的求饶，只用这样一张小纸条，就给所有的军官下一个警告，起到了杀一儆百的作用。正是他的这种作用，他后来在战斗中取得了胜利。

1927年，华纳兄弟电影公司三兄弟中最小的萨缪尔英年早逝。他在死前，为了能使公司平稳渡过危机，作出了重要决定：他设想利用贝尔电话公司的技术，制作出声音和画面同步的有声电影。萨缪尔一死，他的这个计划也随之中断。也就在这个时候，另一个电影制作商威廉·福克斯放出风来，也要利用这种方法制造有声电影。这使华纳兄弟受到了刺激。于是，老大和老二付诸了巨大的努力，实现了弟弟萨缪尔的遗愿，制作出了两部世界上第二次出现的有声电影。这就是被载入电影史册中的音乐片：《歌星之歌》和《爵士之歌》。

在这个世界上没有一个人不希望成功。然而成功者离不开办事果断的作风。很多人经常犯的错误就是，在一件事情面前，左顾右盼，犹豫不决。例如，美国独立战争时期，有一次，南军已处于非常危险的境地。对北军来说，这是彻底消灭南军最好的机会，北军将成为结束战争的最后胜利者了。然而此时的北军总指挥犯了患得患失、犹豫不决的毛病，结果贻误战机。等河水消退以后，南军渡过了波托马克河，北军失败了。所以，要想做一个成功者，必须克服游移不定的弱点。

办事要激发潜能

美国诗人惠特曼在一首诗里写道："我/我要比我想的更大、更美/在我的/在我的体内/我竟不知道包含这么多美丽/这么多动人之处……"。回首过去人类艰难探索的历程，最值得骄傲的不是登上月球，也不是在网络世界畅游，而是人类发现自身蕴藏着的无穷潜力。人是万物之灵，是宇宙精华，我们每个人都有光大生命的本能，在突发事件面前，一个最普通的人常常无意中露出他超越别人的本领；在重大的责任降临于肩时，一个从没有担任过领导工作的人常常露出他天才一般的才能。

一对父子驾车经过一条铁道路口时，有列火车疾驰而过。驾车的父亲赶紧急刹车，由于脚下用力过猛，车子出现滑溜现象，向前直冲，越过了阻隔栏，撞向火车的尾轮。车子受火车动力的牵引，越过轨道，横在另一条轨道上，损坏了的车轴被卡在铁轨上。受伤的儿子爬到车外，而昏迷的父亲，却被困在车厢里，不一会儿，另一列火车在千米之外疾驰而来，此时，如果儿子不把父亲和坏车抬离轨道，将会酿成惨剧。在这千钧一发之时，儿子为了救出父亲，情急之下咬紧牙关，令人吃惊地抬起了超过他体重十几倍的汽车，利用车的前轮滑离轨道，溜下小斜坡。就在车子脱离轨道后的刹那间，火车风驰电掣地在他们身旁掠过，父亲终于得救了。等回过神来，儿子也不清楚刚才的神力从何而降，他决定再试一试刚才的动作时，却无法把汽车抬起来滑行。

这是怎么回事呢？其实，这里面的道理很简单。心理学家说，在每个人身上都蕴藏着巨大的潜能，不到紧要关头，潜能不会显山露水。但是只要你平时注意多多发掘，多多积累，将潜能转化成自信，那种神奇的力量是会出现的。

第二次世界大战时期，一艘美国驱逐舰停泊在某国的港湾。一天晚上，明月高照，有名士兵例行巡视全舰，突然他看到水雷正随着浪潮慢慢向舰身中央靠近。士兵抓起舰内通讯电话机，他通知了值日官，值日官又通知了舰长，并且发出全舰戒备讯号，全舰上下立刻动员了起来，官兵们愕然注视着那枚该死的慢慢漂来的水雷，大家心里都明白，世界末日即将来临。

为了解除眼前的危机，军官们想出了各种办法，但都被否决掉了，这时一名水兵想出了个办法。"把消防水管拿来。"他大声喊着。众人立刻赞成这个办法有道理。他们向舰艇和水雷之间的海面喷水，制造出一个水流，把水雷带向远方，用舰炮引炸了水雷。

这位水兵真是了不起。他当然不凡——但是他却是个平凡人。不过他却具有危机状况下平静而正确思考的能力。我们每一个人身体内部都有这种天赋的能力。这也就是说，我们每一个人都有创造的潜能，不论什么样的困难或危机影响到你的状况，只要你认为你行，你就能够处理和解决这些困难或危机。

一个人相信自己是什么，他就会是什么。一个人心里怎样想，他就会成为怎样的人。爱默生说："人的一生正如他一天中所设想的那样，你怎样想象，怎样期待，就有怎样的人生。"李白说："天生我才必有用。"有的人在一帆风顺的条件下慷慨陈词，信心百倍，可是遇到逆境便萎靡不振，如霜打秋荷一般。常言道："战胜自卑和怯懦，是对事业的最好祝福。"在逆境中，不但需要"手提智慧剑，身披忍辱甲"，也需要有自信，更需要励精图治，释放生命的潜能。

◆◆办事的智慧◆◆

> 每个人都能成功，只是采取的方式方法不同而已，说到底，关键问题还是心态。对你来说，你必须每天问自己：我今天有哪些思想？我现在有哪些思想？这些思想会造成哪些后果？这种后果是不是我想要的？假如不是，那我要什么样的结果？我必须怎样想，才能得到我想要的结果？假如你能经常这样，养成自我分析的习惯，你一定会有大的改变。

第三章　八面玲珑
——经营你的人脉资源

　　有一位出版商，他平时很注重人脉的建立，不论是大人物还是小人物，他都不吝花费地和他们建立良好的关系。有一位与他素未谋面的作家因为急需一笔钱，去向他借钱，他二话不说就掏出2万元。他广泛建立人际关系的结果是，到处都有人帮助他，他也因而得到了很多好书稿，自然就财源滚滚了。

　　这个出版商就是用"存钱"的方式来充实自己的人情账户的。"先存再取"说来有些"现实"，有"利用"、"收买"的味道，但若从另一个角度来看，和别人建立良好的人际关系本来就有这样的好处，不能光用"现实"的眼光来看。而这些人脉资源，必成为你一生中最珍贵的资产，在必要的时候，会对你产生莫大的效用。

人是有感情的动物,因此在办事时必须重视情感投资,以不断增进感情。这样,你就可以聚积信任度,与他人保持和加强亲密互惠的关系。人情就好像银行的账户一样,你存进的越多,存得越久,收获的利息就越多。只要你在人情的账户上有储蓄,在你遇到困难、需要找人办事的时候,自然就会有人来帮助你。你送朋友一个人情,朋友便欠了你一个人情,他一定会想办法回报你,这是人之常情。

成功15%靠知识,85%靠关系

在好莱坞,流行一句话:一个人能否成功,不在于你知道什么(what you know),而是在于你认识谁(who's you know)。

这句话并不是叫人不要培养专业知识,而是强调"人脉是一个人通往财富、成功的入场券"。专业与人脉竞争力是一个相辅相成的关系,如果光有专业,没有人脉,个人竞争力就是一分耕耘,一分收获。但若加上人脉,个人竞争力将是"一分耕耘,数倍收获"。

当你想要开创自己的事业时,必须具备哪些条件呢?首先便是资金,而资金在银行里。技术呢?这也不用担心,因为有人以贩卖技术为生,所以你当然也能够买得到。即使找不到,和其他公司进行技术合作也是可行的。所以,人是事业开创最重要的因素。

人、技术、资金这三大条件的核心就是"人"。如果你有足够丰富的人脉资源,那么资金和技术问题就迎刃而解了。所以"人"才是担负起你事业成功的关键。事业有成之人,有些固然是天赋异禀且恃才傲物之辈,但更多的还是朋友遍天下行走可借力的人。还是那句老话,人有智商、情商、财商,情商高到一定程度,自然可以挖掘人脉潜力、聚拢无穷人气、成就非凡人望,从而书写事业篇章。

卡耐基经过长期研究得出结论说:"专业知识在一个人成功中的作用只占15%,而其余的85%则取决于人际关系。"所以说,无论你从事什么职业,学会处理人际关系,你就在成功路上走了85%的路程。无怪乎美国石油大王约翰·D.洛克菲勒说:"我愿意付出比天底下得到其他本领更大的代价来获取与人相处的本领。"

许多政界人士也对人脉的重要性深有体会。前美国总统的西奥多·罗斯福曾说:"成功的第一要素是懂得如何搞好人际关系。"的确如此,在美国,曾有人向2000多位雇主做过这样一个问卷调查:"请查阅贵公司最近解雇的三名员工的资料,然后回答:解雇的理由是什么"。结果是无论什么地区、无论什么行业的雇主,2/3的答复都是:"他们是因为不会与别人相处而被解雇的。"

成功的过程本身就是一个不断积累人脉资源的过程,人脉资源的多少决定了成功的程度。这种观点也被一些研究机构的研究结果所证实。斯坦福研究中心曾发表过一份报告：一个人赚的钱，12.5%来自知识，87.5%来自关系。可见，人脉对于成功是何等重要。无论我们干哪一行，或从事何种职业或专业，如果我们有良好的人脉关系，实现成功就很容易；如果我们不知如何与他人相处，那么要实现成功就很困难。

所以，你要想事业成功，就一定要营造一个适于成功的人脉网络，包括家庭关系和工作关系。中国有句古话，叫做"家和万事兴"。你与配偶的关系如何，决定了你与子女的关系，而家庭关系给我们与别人的关系定下一样的模式。同样，我们与同事、上司及雇员的关系是我们的事业成败的重要原因。一个没有良好的人脉资源的人，即使再有知识，再有技能，那也得不到施展的空间。对此，美国商界曾做过领导能力调查，结果显示：

管理人员的时间平均有3/4花在处理人脉资源上。

大部分公司的最大开支用在人力资源上。

管理的所定计划能否执行与执行成败，关键在于人。

而在我们中国，人脉资源更为重要了。通常情况下，人脉关系不活络的人，假如没有钱的话，做事情就很难；但对于人脉关系活络的人，没有钱却照样可以办大事。人脉广，很多事情可以请人来帮忙和支持，钱反倒在其次。同样，要想在工作中更上一层楼，人脉关系也是必修的一门课。10分的工作里面，有9分是做人，1分是做事情。如果你想获得事业的成功，就要尽早建立自己的人脉资源网。所谓人脉资源网，其实就是你的人生支持系统，有了这样的支持系统，你的社会根基才是稳固的。如果你的人脉上有达官贵人，下有平民百姓，左有学界名流，右有商界大亨，那么，当你有喜乐尊荣时，有人为你摇旗呐喊，鼓掌喝彩；当你有事需要借力时，有人为你铺石开路，指点迷津，你就能感到人脉的力量！

在现实生活中，有的人自命清高，对不如自己的人懒于搭理，对和自己同等处境的人不屑一顾，而遇到了比自己强的人，则首先怀疑对方的成功来路不正。通常这样的人，人际关系都很紧张，人脉资源更是少得可怜。当这种人的上级领导、良师益友好心提醒他要注意周围的人际关系时，却常常遭到他的反唇相讥，他会大叫："我是那种靠奉迎做事的小人吗？拉关系、投机取巧、仰人鼻息的事我从来都是不做的！"同时脸上露出很骄傲的神色，就像在咸亨酒店柜台边嚼着茴香豆的孔乙己。其实这种人的认识很狭隘，认为处理人际关系、经营人脉资源都是功利性、投机性的事情，他没有看到，人除了是生物性的人之外，首先是社会的人，首先是人际关系的总和，是人脉资源综合决定的产物。

具体说来，人脉资源对人生的决定性作用到底体现在哪些方面？良好的人脉究竟对个人会带来怎样的帮助呢？可以从以下四个方面来认识：

（1）人脉可以为你的事业发展提供情报。

（2）人脉可以帮助你提高自身的素质。

（3）人脉可以为你的事业发展提供机遇。

（4）人脉是你墙上的一面镜子。

规划人脉资源

你想5年后成为什么样类型的人，现在就应该开始布局，从现在开始开拓人脉，进而达成自己的目标。如果没有为5年后的人脉开始订立目标，盲从地拓展人脉只会为自己带来更多的繁忙与麻烦。早一点规划自己的人脉网络，5年后，将会发现身边到处是可随时协助您的专业人士，一通电话即可解决你烦恼的棘手问题。

"专业是刀柄，人脉是利刃"，在现今变化多端的社会局势中，光靠本身的专业职能是不够的，唯有配合互动互利的方式去经营人脉，才是胜负的关键。如不仔细想想未来的人脉如何规划运行，将会发现自己只是在原地踏步。

1. 明确职业和事业生涯规划

要弄清楚以下几个问题：

(1) 我的职业方向是什么？

(2) 我准备在什么行业、什么类型的企业工作？

(3) 我有自己创业的打算吗？我准备在哪个领域或行业创业？

(4) 我的职业事业生涯大体分为几个阶段？

2. 弄清职业和事业的人脉资源需求

要弄清楚以下几个问题：

(1) 我目前的职业和事业进展得顺利吗？

(2) 如果顺利，是谁给了我最有力的支持和帮助？今后我还要得到他们什么样的支持？

(3) 如果不顺利，原因是什么？假如不是我的能力问题，那么，是谁没有给我最有力的支持？他们为什么没有帮助我？

(4) 为了实现我的职业目标，我需要哪些人脉资源的鼎力相助？我现在得到了吗？

(5) 为了实现长远的职业目标，我还要开发哪些潜在的人脉资源？

3. 制定人脉资源经营行动计划

在制定人脉资源行动计划时，应注意以下几个问题：

(1) 人脉资源的结构要科学合理。比如，性别结构，年龄结构，行业结构，学历与知识素养结构，高低层次结构，内外结构，现在和未来的结构等。不少经理人的人脉圈子结构太单一、单调，导致了人脉资源的质量不高。比如，有的人只重视公司内部的人脉资源，而忽视了公司外部的人脉资源，造成圈子狭窄，信息闭塞，坐井观天。有的人只重视眼前的现在的人脉资源，而忽视了未来的今后的人脉资源。结果，随着职业和事业的发展以及环境的变化，造成关键时刻人脉资源缺位断档，临时抱佛脚往往效果不好。

(2) 人脉资源要兼顾职业事业和生活的需要。不能只顾职业的发展，事业的成功，而忽视生活的丰富多彩和应急需求。比如，有的人尽管在你的职业事业上起不到什么作用，但是，他们却是家长里短、柴米油盐日常生活中的好帮手，你不应该忽视他们。

（3）人脉资源要平衡物质和精神方面的需要。你不能一头扎进追求名利的陷阱，而忘却了生命追求快乐和幸福的本义。比如，你要有一两个真性情的朋友，哪怕他们性格粗暴甚至低俗，但他们可以骂得你狗血喷头，让你有片刻的清醒。你还应该有一两个善于倾听的伙伴，他们是你倾诉的对象，成功时他们与你一起分享，挫折时他们与你一起分忧。你甚至还应该有一两个好抬杠的家伙，他们总是与你的观点相左，但你总能从他们的荒谬言论中汲取必要的营养。

（4）人脉资源要重视心智方面的需要。比如，你应该结交一些专家、学者、教授、实战英雄、智者、小诸葛等，定期与他们交流，将会使你受益匪浅。你百思不得其解的难题，他们的片言只语可能会给你指点迷津。

（5）明确制定人脉资源规划的步骤。制定人脉资源规划的步骤如下：

确定职业生涯规划——评估人脉资源现状——明确人脉资源需求——设计人脉资源结构——制定人脉资源规划——制订行动计划

4. 注意人脉资源的深度、广度和关联度

在拓展人脉资源的过程中，要注意人脉的深度、广度和关联度。人脉的深度即人脉关系纵向延伸的情况，达到了什么级别；人脉的广度即人脉关系横向延伸的情况，范围（区域与行业）有多广；人脉的关联度指人脉关系与个人所从事行业的相关性和人脉资源直接的相关性。人脉资源既要有广度和深度，又需要关联度，利用朋友的朋友或他人的介绍等去拓展你的人脉资源，从长远考虑，千万不要有人脉"近视症"，需要关注成长性和延伸空间。

◆◆办事的智慧◆◆

> 人脉就是与每个人发生联系的人际关系的网络。"书到用时方恨少"，人脉也一样。对每个人来说，人脉的建立都要花时间和精力的。而且，建立人脉之初，未必能发现它对自己有多大帮助，可一旦建立起来，你就会懂得，人脉的力量是无穷的。

第四章　知己知彼
——办事这样说服对方

　　有个出租车女司机把一男青年送到指定地点时，这个男青年掏出尖刀逼她把钱都交出来，她装作害怕的样子交给歹徒300元钱说："今天就挣这么点儿，要嫌少就把零钱也给你吧。"说完又拿出20元找零用的钱。见女司机如此爽快，歹徒有些发愣。女司机趁机说："你家在哪儿住？我送你回家吧。这么晚了，家人该等着急了。"见司机是个女子，又不反抗，歹徒便把刀收了起来，让女司机把他送到火车站去。见气氛缓和了，女司机又不失时机地启发歹徒："我家里原来也非常困难，咱又没啥技术，后来就跟人家学开车，干起这一行来。虽然挣钱不算多，可日子过得也不错。何况自食其力，穷点儿谁还能笑话我呢！"见歹徒沉默不语，女司机继续说："唉，男子汉四肢健全，干点儿啥都差不了，走上这条路一辈子就毁了。"火车站到了，见歹徒要下车，女司机又说："我的钱就算帮助你的，用它干点正事，以后别再干这种见不得人的事了。"一直不说话的歹徒听罢突然哭了，把300多元钱往女司机的手里一塞说："大姐，我以后饿死也不干这事了。"说完，低着头走了。

　　在这个事例中，女司机巧妙地运用了消除防范心理的技巧，最终达到了说服对方的目的。

"说服"是一门让人们认同你的观点、展示个人魅力的影响艺术，同时也是一种让他人能够听信于你、为你办事的个人能力。具有说服能力的人大多是善于运用自己独特个人魅力的人，他们总是表现出信心十足、精力充沛的风貌。他们不但能把握自己的情绪，也能把握他人的情绪，从而使自己始终处于主动地位。

不同的人不同的说服方式

社会上，有这么一种人，一方面只坚信自己，不相信别人比他更聪明、更正确。另一方面又非常缺乏自信，生怕自己的理由被别人驳倒，生怕自己的信心被别人动摇。因而不敢说出真正的理由。

他们的心里想："我不讲出来，你就驳不倒。"当然，他们对自己也并不十分坦白，他们会想出种种很漂亮的理由支持自己这样做，但无论他怎样说，无论他怎样想，骨子里面就是因为他认为：不说出理由是最安全的。有许多人就在这种自欺欺人的"政策"之下，过了一生，做了许多不值得做的事。这种人确实是很难说服的。

说服这种人要有真诚的态度，足够的机智，并且要去了解他的思想及内心世界。这就要靠我们平时对别人的生活多留心，熟悉各种人的思想与行为的规律，能够深入地分析别人的内心活动。

当我们猜中别人心思的时候，别人可能脸红，可能感到非常狼狈，甚至于会恼羞成怒，把错误坚持到底。这种情形当然并非我们所愿意看到的。

但是我们必须了解：当一个人内心坚固的堡垒一旦被人摧毁时，是可能非常震动和痛苦的。这时，我们就需要设法减轻他们的痛苦，或是使他们不觉得痛苦，反而觉得快乐。这就要靠我们有一颗至诚的心，真正能够为别人着想，不但能够指出他们的错误，而且还能为他们指出光明的前途。

还有一种人更难说服，这种人对他心中的真正的理由，不是不肯说，也不是不敢说，而是不知道，是真正不知道。

对别人的说服工作，如果你用的方法及言语很正确，对方仍然表现出茫然不解，或不以为然时，我们就要动脑筋了。这就需要我们立刻顺风转舵，改变初衷，换一个更好的方式。

大家知道同样的一种内容，可以有千百种表达的方式和方法。同样意思的话，可以有千百种的说法。我们要随时反省自己：我们的话，对方能够接受么？是讲得太深奥了，还是讲得太肤浅了？是把问题提得太高了，还是把问题提得太低了？我们的话是太武断了，还是太含蓄了？我们所用的词汇是太文雅了，还是太粗俗了？

说服这件事情，仔细研究起来，是非常复杂的。有时，我们可能因为用错一个字眼，无端地惹起对方的反感。在我们这个社会中，各个阶层、各种宗教、各种信仰的人，都各有一套说话的习惯，各有一套习惯的用语。讲究口才的人，对这方面的知识都相当看重。要和别人建立更深入的关系，最好能善于把握对方惯用的语言。

总之，我们的话一出口，也像一个人要远行一样，未必一帆风顺。如果这个说法没有效果，或效果不好的时候，就要换个说法，直到对方完全了解，完全赞同。事实上，有些比较困难的说服工作，绝不是一次或几次谈话，就可以收到效果的，有时候需要很久的时间，有时候还需用事实、用行动去做我们言语的后盾。

在说服别人的过程中，我们必须不断地深入了解自己的问题，并且丰富自己对人对事的认识，否则，如果我们只是单调地重复我们已经说过的话，那么除了令人讨厌之外，恐怕是得不到什么说服的效果的。

因此，当我们要说服别人的时候，每一次见面，每一次谈话，必须添一点新的材料，多一点新的理由，加一点新的力量。一句话，有了新的发展，才能把阵地又向前推进一步。

不到最后绝不放弃

有时候，说服本来是可以取得更好效果的，但因为说服人认为已经达到了说服的目的，早早地放弃了说服，使得本来有可能更有利的局势毁于一旦。

办事要记住，不到最后的时刻，永远不要放弃你的说服目标。就是达不到目的，那么你也不会有新的损失，你仍然会取得你已经取得的说服成果。

在1928年的时候，著名的松下公司亟须一笔项目的建设资金1.95万元。但当时的松下公司还处于起步阶段，资金也不雄厚，当时公司的账面上仅仅有5千元，也就是说尚有1.5万元的缺额。怎么办？这时的松下公司只能向银行贷款。

松下和平常有联系的银行负责人见面，说明公司的项目，要求贷款1.5万元。银行经理详细询问了整个项目的细节，决定和总行协商后再作出答复。三天以后，总行答复来了：同意贷款，但这种贷款不是无担保的形式，而是要求松下以土地、建筑物乃至松下的信誉来做担保。

尽管贷款有了着落，但却不是松下所希望的那种方式。对银行方面的做法，松下心中不那么满意：以松下的"信誉"做担保，让人总觉得不那么舒服，如果在投资上真的遇到风险，那么把松下的"信誉"赌了出去，那松下公司将如何发展呢？在松下看来，信誉是无价的。松下考虑，最理想的结果应该是无担保贷款。既然现在的结果不理想，那就应该凭着一种执著和自信，继续向银行提出新的请求。于是松下向银行方面提出了松下公司的想法："对贵行的决定，我表示衷心感激。但如果以不动产做担保，恐怕会影响到企业的形象，不仅对公司不利，将来对贵行可能也会有所影响。所以，我冒昧地请求，贵行是否可以提供无担保贷款？"

银行方面显得有些犹豫不决。松下接着说："偿还贷款，给我们公司两年时间就足够了，请放心。我厂的土地权利书和建筑物权利书，都可以交由贵行保存。我很希望贵行能给松下公司一次机会。"

经过松下的耐心说服，银行方面终于同意了松下的请求，答应再和总行联络一次。两三天以后，银行通知松下，决定对松下公司提供无担保贷款1.5万元。

运用名片赢得人心

名片效应，是指说话者先亮出自己的底牌，表明说话者自己的看法、兴趣、经历等方面与对方有许多相同之处，给听者造成一种与他们有共同观点的好印象，以便以"同路人"的身份介入其间，然后逐步引导、感化对方接受劝告。

前英国首相丘吉尔是一位说服高手，他很懂得如何利用名片效应去赢得人心。1941年圣诞节，第二次世界大战正酣，丘吉尔去美国，希望说服美国人和英国人站在一起，立即参加对德作战，以扭转当时英国所面临的危险局面。可是，当时不少美国人对英国人不抱好感，反对美国介入对德战争，这给丘吉尔的说服工作增添了难度。丘吉尔利用向美国公民致圣诞祝词的机会，声情并茂地朗读了他的"心理名片"。他强调英国和美国间的共同血缘、共同语言、共同宗教、共同处境、共同情感，从而深深地打动了美国人的心，使他们克服了对立情绪，把英国人当作"自己人"。下面请看丘吉尔的说服技巧：

各位为自由而奋斗的劳动者和将士：

……

我远离祖国，远离我的家庭，在这里欢度这一年一度的佳节。但确切地说，我并不觉得寂寞和孤独。或者是因为我母亲的血缘关系，或许是因为在过去许多年的充满活力的生活中，我在这里得到的友谊，或许是因为我们伟大的人民在共同事业中所表现出来的那种压倒一切其他的友谊的情感，在美国的中心和最高权力的所在地，我根本不觉得自己是个外来者。我们的人民讲着同样的语言，有着同样的宗教信仰，还在很大程度上，追求着同样的理想。我所能感到的是一种和谐的兄弟间亲密无间的气氛。

……

战争的狂潮虽然在各地奔腾，使我们心惊肉跳，但在今天，每一个家庭都在宁静的肃穆的空气中过节。今天晚上，我们可以暂时把恐惧和忧虑的心情抛开、忘记，而为那些可爱的孩子们布置一个快乐的晚会。全世界说英语的家庭，今晚都应该变成光明与和平的小天地，使孩子们尽情享受这个良宵，使他们因为得到父母的礼物而高兴，同时使我们的任务，以各种的代价，使我们的孩子能继承的产业，不致被人剥夺；使他们在文明世界所应有的自由生活，不致被人破坏。因此，在上帝庇护之下，我谨祝各位圣诞快乐。

一席话把美国人拉上了战场，可见说服术的威力。

前美国总统林肯也是一位善于运用名片效应，制造共同意识，从而赢得人心的专家高手。

林肯曾经说过："不论人们如何仇视我，只要他们肯给我一个说几句话的机会，我就可以把他们说服。"他之所以如此自信，就在于他能巧妙地运用情感技巧，将别人同自己之间的心理距离拉近，使之由仇视变为好感。下面请看他在竞选总统辩论中争取民众、化仇恨为好感的一番演讲：

"南伊里诺斯州的同乡们，肯特基州的同乡们，密苏里的同乡们，听说在场的人群中，有些要想和我为难，我实在不明白为什么要这样做，因为我也是一个和你们一样爽直的平民。我生于肯特基州，长于伊里诺斯州，和你们一样是从艰苦的环境中挣扎出来的。同乡们，让我们以友好的态度来交往。我立志做一个世界上最谦和的人，决不会去损害任何人。我现在对你们诚恳要求的只是请求你们允许我说几句话。你们是勇敢而豪爽的，这一点要求，我想不会遭到拒绝。……"

林肯的心理名片发挥了效应。他赢得了选票，当上了总统。

层层剥笋，层层递进

人的思想是复杂的，对某一事物不理解，想不通，往往是疑虑重重，非一点即通，而需像剥笋一样，把握脉络，层层递进，穷追不舍，把理说透。这就是层层剥笋法。

说到层层剥笋，人们往往会想起列宁用这种方法说服美国西方石油公司董事长兼总经理哈默的事。

哈默于1898年生于美国纽约市。18岁那年，哈默接管了父亲的制药厂，当上了老板。由于管理有方，制药厂买卖兴隆，收入大增，几年之后，22岁的哈默就成了百万富翁。

1921年，他听说苏联实行新经济政策，鼓励吸收外资，就打算去苏联做买卖。他想，在苏联目前最需要的是消灭饥荒，得到粮食。而这时美国粮食正值大丰收，一美元可买到35.24升大米，农民宁肯把粮食烧掉，也不愿以这样的代价送往市场出售。而苏联有的是美国需要的毛皮、白金、绿宝石，如果让双方交换，岂不是很好吗？哈默打定了主意，来到苏联。

哈默到达莫斯科的第二天早晨，就被召到列宁的办公室。列宁和他做了亲切的交谈。粮食问题谈完以后，列宁对哈默说，希望他在苏联投资，经营企业，哈默听了，默默不语。为什么呢？因为西方对苏联实行新经济政策抱有很深的偏见，搞了许多怀有恶意的宣传，使许多人把苏维埃政策看成可怕的怪物。到苏联经商、投资办企业，被称作是"到月球去探险"。俗语说，谣言可以铄金。哈默虽然做了勇敢的"探险"者，同苏联做了一笔粮食交易，但对在苏联投资办企业一事，仍心存疑虑。

明察秋毫的列宁看透了哈默的心事。他讲了实行新经济政策的目的，告诉哈默："新经济政策要求重新发展我们的经济潜能。我们希望建立一种给外国人以工商业承租权的制度来加速我们的经济发展。"

经过一番交谈，哈默弄清了苏维埃政权的性质和苏联吸引外资办企业的平等互利原则，很想干一番。但是说着说着，又动摇起来，想打退堂鼓。当列宁听出哈默担心苏联政府机关人员办事拖拉时，立即安慰说："官僚主义，这是我们最大的祸害之一。我打算指定一两个人组成特别委员会，全权处理这一事务，他们会向你提供你所需要的帮助。"

列宁看哈默的眼神里还流露着不放心的意思，就索性把话说得一清二楚："我们明白，我们必须确定一些条件，保证承租的人有利可图。商人不都是慈善家，除非觉得可以赚钱，不然只有傻瓜才会在苏联投资。"没过多久，哈默就成了第一个在苏联经营租让企业的美国人。

列宁对哈默的一连串的不解、疑虑，像剥笋一样逐个加以分析，斩钉截铁、干脆利落、毫不含糊，把政策交代得明明白白，使得哈默的心好像一块石头落了地。这就是"层层剥笋法"的奇效。

试想，如果列宁只是简单地向哈默做些保证的允诺，效果肯定不会像这样好。

先否后赞，先坏后好

先否后赞，亦即所谓"先迎合再诱导，先讲坏再说好"的表达方法。这种方法峰回路转、一波三折，能在心中产生强烈的刺激效果。它的特点是先退后进，先贬后赞，在对方信服你前一观点的时候，实际上是你抓住了他对你的信任，而后，对你提出的另一种截然不同的观点，他也不得不信服。因为你赢得了他的心。许多推销员、广告员都成功地运用过此种方法。

多年前，世界汽油价格暴涨，汽车销量大减。日本丰田汽车公司的一名推销员在美国底特律汽车市场面对徘徊犹豫的顾客，以流利的美式英语即兴发挥："现在油价飞涨，买轿车当然是最不合算的。可以说，只有根本不会算账的傻瓜才会买。我想来想去，最好的办法就是买辆自行车上下班，既便宜又不耗油，岂不两全其美？上个月，我兴冲冲地骑着刚买的自行车上下班，路上整整花了四个小时，我的妈呀，一到公司，累得我大汗淋漓，躺在办公室的沙发里，打我都不想动。可一想，不行啊，被经理看见，非停我生意不可。只得拼命支撑，起来工作，好不容易熬到下班，累得我全身骨架像散了一样，当我拖着沉重的脚步走到公司门口，才想起还要顶风骑着车回去，伤心得真想大哭一场。此时，我才明白一个真理，轿车无论如何不能少，买轿车的傻瓜非做不可。而最佳的选择只能是买省油的车。本公司的丰田车是最省油的，而且价格便宜。因此，买丰田轿车的人其实不是傻瓜，而是最聪明的人……"

果然，一席话说得顾客们纷纷称道，争相订购"丰田"，丰田车的销路由此大增。

这个推销员运用了"先迎合再诱导，先说坏再说好"的表达方法，将"我"的前一观点肆意渲染，用观点转化造成强烈的反差，如从高崖跌到低谷，使人印象深刻，情感也随之转变，化为信服和购买欲。于是，他的推销获得了成功。

早年，上海滩有一位家喻户晓的滑稽演员杜宝林，时称"吃开口饭之绝才"。除了在台上大显身手之外，还经常用他那如簧之舌为一些厂商做广告。

当时，形形色色的外国香烟侵占市场，国产烟要打开销路十分困难。南洋兄弟烟草公司经理在一筹莫展中请杜宝林帮忙。杜当即表示："抵制洋货，提倡国货是每个中国人义不容辞的职责，我一定尽力而为。"

在一次演出时，他巧妙地将话题扯到了吸烟："抽香烟其实是世界上顶坏顶坏的事，怎么讲？花了钱去买尼古丁来吸嘛。有人讲吸烟还不如吸屁呢，因为屁里还有三分半气，而烟里除了毒，什么也没有。我老婆就因为我喜欢抽烟天天跟我吵着要离婚。所以，我奉劝各位千万不要抽烟。"观众大笑，连连点头。在场的南洋兄弟烟草公司的经理气得七窍生烟，恨不得把它拉下台！

谁知他话锋一转："不过，话还要讲回来，戒烟是世界上最难最难的事。我16岁起就天天想戒烟，戒到现在已经十几年了，烟不但没有戒掉，瘾头却越来越大了。不是触自己霉头，我老婆天天怕我得肺病，进火葬场。我横想竖想，最好的办法是吸尼古丁少的香烟。大家都晓得，洋烟的尼古丁特别多，所以千万不要去买。我向各位透露一个秘密：目前市场上的烟，要数'白金龙'尼古丁最少，信不信由您，我自从抽'白金龙'后，咳嗽少了，痰没了，连老婆也不跟我闹离婚了……"

这番话说得观众大笑、鼓掌，经理也大喜过望，从此，"白金龙"名声大振，销量日增。

当然，运用"先否后赞"这一说服法也要考虑顾客（听众）对象、时间、场合和夸张的程度，不可滥用。

利用人的逆反心理

所谓逆反心理，就是反其道而行之的心理态势。例如，越是短缺的商品，人们越是千方百计地购买；某篇文章被批评了，某本书被禁止发行了，人们越是争相传阅，以求先睹为快；告诫青年人不要酗酒、抽烟，反而会促使他们偷偷地喝酒、抽烟。

人们的逆反心理是多种因素引起的，其中好奇心是一个主要因素。把某项活动搞得越神秘，人们就越感到好奇，从而引起人们的关心和注意，产生种种猜测，并千方百计去打听它，想方设法得到它。

在改变人的态度时，根据逆反心理这一特点，把某种劝说信息以不宜泄露的方式让被劝说者获悉，或以不愿让人们多得的方式出现，就有可能使被劝导者更加重视这一信息，并毫不怀疑地接受它。

有家电视台的妇女时间节目颇受主妇们的欢迎，尤其是有关人生、婚姻、恋爱等疑难问题的解答收视率极高。人们对这些疑难问题颇感兴趣，引起人们注意的是，提出问题者与解答者之间妙趣横生的对白。事实上，解答者巧妙说服提出疑难者的过程，比任何电视连续剧更具震撼力且引人入胜。如果从心理学上来探讨，这样的节目有相当的可视性。

这些聪明的解答者所采取的共同手法，就是利用"逆反效应"，以否决对方来动摇疑难者的决心。比如你的朋友商量是否该与丈夫离婚，如果对方附和说："像这么卑鄙的男人，趁早一刀两断吧"，那么你怎么想呢？

由于自己的主张过分干脆地被接受，此乃意想不到的事，因此可能会中断对丈夫的抨击。非但如此，有些提出问题者，反而会发怒而找解答者算账。也许有些人的态度一百八十度地转变，告诉对方说："不！我丈夫也有好的一面。"如此而回过头来替丈夫辩护。或许解答者早已料到提出问题者的反应，因此会说："那么回去与丈夫好好谈谈吧！"

◆◆办事的智慧◆◆

> 社会生活无时无刻不在上演着说服的剧情。国际风云中，一场舌战，可免刀兵相见；领导会议上，几句妙语，令人热血沸腾；商海搏浪时，一段利词，可得资财亿万；社交场上，一席恳谈，令人如沐春风！

第五章　巧借外力
——找不同的人的方法

　　汉高祖刘邦是一个借别人的才能办事的高手。一次，在他平定天下大宴群臣时，问在场的文武百官："各位知道项羽是有胆识，懂战略战术，又英勇善战的将军，我自愧不如。可我能打败他而得天下，你们知道这是为什么吗？"高起和王陵大声回答道："陛下能在胜利后，与全体将士共同分享果实，而项羽却嫉妒立功的将领。他不喜欢有头脑、有能力的人，打了胜仗也不封赏，得了土地也不肯赐予部下，人心背向这是项羽不抵陛下之处。陛下得人心故而胜利，项羽失人心故而失败。"

　　刘邦却笑着说："你二位只知其一，不知其二。论运筹帷幄，决胜于千里之外，我不如张良；论镇国、爱民、策划军需供给，萧何有万全之才，我自知不如他；论统率百万大军，攻无不取、战无不胜是韩信的专才，我甘拜下风。但我能善任这三杰，让其各自发挥才能，这是我取天下之道。而项羽不懂用人，又不能容人，部下又缺少有才之士，连唯一的贤臣范增他都事事猜忌、处处防备而弃之不用，这正是他失败的原因。"

《红楼梦》中的薛宝钗填过一首《柳絮词》，其中有一句是"好风凭借力，送我上青云"。她一反世人大贬柳絮飘浮无根、无所依附的写法，而是用肯定态度对其做了赞美。这正如有人不仅看到了辛勤耕耘的黄牛，也看到了黄牛背后不断抽动着的鞭子，这正是见识的独到之处。从薛宝钗的才识可窥其为人处世之道，我们从中也可得到一个启示：一个人在事业上要想获得成功，除了靠自己的努力奋斗之外，有时需要借助他人的力量，才能平步青云或扶摇直上。

"贵人"相助好办事

　　一个人要想成大事，固然要靠实干，但有人一辈子实干也未必成功，这其中可能缺少一个"贵人"提携。所谓"贵人"，可以是身居高位的人，也可以是令掌权者崇敬的人。这些人的经验、专长、知识、技能等在他熟悉的圈子里"有名气"，说话管用。让贵人扶上一把，助上一臂之力，我们会少走许多弯路。

　　在古代，所谓贵人就是指有权有势或有钱有名的人。他们既然不同于常人，自然也拥有常人所不及的力量，可办成一般人办不成的事。但要想贵人为自己办事，当然必须动一番脑筋，下一番工夫。

　　找贵人办事，是许多人办成大事的成功秘诀。对于一般人来说，贵人很难遇到，然而一旦遇上，就要紧紧地抓住，直到帮你办完事为止。

　　在攀向事业高峰的过程中，贵人相助往往是不可缺少的关键环节。有了贵人，不仅能缩短走向成功的时间，还能加大你的筹码。如果你自知能力缺乏，毅力有限，那就更需要"贵人"相助。

　　李鸿章早年屡试不第，"书剑飘零旧酒徒"，为此他一度郁闷失意，然而1858年他却受到了命运之神的眷顾，从一个潦倒的失意客一跃而成为湘系首脑曾国藩的幕宾，从此他的宦海生涯翻开了新的一页。李鸿章拜访曾国藩，牵线搭桥的是其兄李瀚章，李瀚章是曾国藩的心腹，当时随曾国藩在安徽围剿太平军。有了这层关系，曾国藩把李鸿章留在幕府，"初掌书记，继司批稿奏稿"。李鸿章素有才气，善于掌管行文，批阅公文、起草书牍、奏折甚为得体，深受曾国藩的赏识。

　　有一次曾国藩想要弹劾安徽巡抚翁同书，因为他在处理江北练首苗沛霖事件中决定不当，后来定远失守时又弃城逃跑，未尽封疆大吏守土之责。曾国藩愤而弹劾，指示一个幕僚拟稿，总是拟不好，亲自拟稿也还是拟不妥当，觉得无法说服皇帝。因为翁同书的父亲翁心存是皇帝的老师，弟弟是状元翁同龢。翁氏一家在皇帝面前正是"圣眷"正隆的时候，而且翁门弟子布满朝野。怎样措辞才能让皇帝下决心破除情面、依法严办，又能使朝中大臣无法利用皇帝对翁氏的好感来说情呢？曾国藩为此大费踌躇。

最后，这个稿子由李鸿章来拟。奏稿写完后，不但文意极其周密，而且有一段刚正的警句，说："臣职分在，例应纠参，不敢因翁同书之门第鼎盛，瞻顾迁就。"这一写，不但皇帝无法徇情，朝中大臣也无法袒护了。曾国藩不禁击节赞赏，就此入奏，朝廷将翁同书革职，发配新疆。通过这件事，曾国藩更觉李鸿章此才可用。

当一个人有优势、有才干，被发现而受到重用，这是自然的事。一个人一无所长，则很难得到贵人赏识的。即使侥幸获得高位，也肯定有一堆人等着看笑话。贵人也会比较谨慎，选择一个"扶不起的阿斗"，那不明摆着往自己脸上抹黑吗？"相马相出一个癞蛤蟆"，那可是天大的讽刺。"伯乐相马"，同时"良禽择木而栖"，所以双方最好各取所需，以诚相待，投桃报李。

受贵人相助，有利也有弊。因为有些贵人提携新人，是出于爱才，出于公心，但也有人是有私心的，为了培养班底，增强自己的实力。如果贵人倒台，身败名裂，你作为他的党羽，也要小心受到牵连，影响仕途、财运或名誉。

千里马没有伯乐赏识永远只能是一匹普通的马。一个人光有才能还不行，还需要有人来给你提供发挥才能的平台。因此，结交贵人，借梯登高，是想要成功的人必须学会的一门学问。

主动接触成功人士

生意场上，初创业者往往起步艰难，如果能得到事业有成人的帮助，一定会飞得快，跑得远。因此，你的交际圈子中有几位大老板为你"呼风唤雨"是非常重要的，但你这个"小字辈"又如何与他们接触，并如何让他们喜欢你呢？

首先，必须掌握大老板的社会关系。大公司或知名老板是很难与一般老板会面的，但是，如果能与他们合作或与他们交上朋友，那真是很荣幸也很珍贵的，因为从他们那里你会大开眼界，学到许多平常学不到的东西。

要与大老板交往，最基础的工作就是要掌握他们的社会关系。大老板是人，不是神，他们有各种社会关系，有各种各样的业务，也有各种各样的喜好、性格特征。特别是现代媒体，经常关注一些大老板的情况，你从中定会了解一二。你可以从他的历史上认识他的过去、他的经历、他的祖辈、父辈，也可以从他的亲属、他的朋友、他的子女等那儿认识了解他。

从业务上了解大老板也是一条好途径。他经营的业务范围主要是哪些，次要的是哪些，他的分公司、子公司分布在什么地方，这些公司的经营者是谁，他多长时间会查看分公司、子公司，等等。

从兴趣爱好上了解大老板。他喜欢什么运动、什么物品、什么性格的人，他喜欢或经常参加什么聚会，他休闲、娱乐的方式有哪些，常到什么地方去，等等。

总之，要结交一个大老板又没有机会的时候，你不妨从以上几个方面去了解，总会发现一些机会的。

其次，制造初次见面的氛围。当你发现了或者创造了与大老板见面的机会后，最重要的便是如何制造一种特殊的会面氛围。因为，在众多人物中，也许你本身就是芸芸众生中的一员，说不定连话都跟大老板说不上。

在共同出席的会议或聚会上，选择位置时，一定要选择一个与大老板尽可能近的位置，以便他能发现你，并且一有机会便可搭上关系。

同时，要以穿着表现自己的个性，因为与人第一次交往，别人往往是从服饰上得来第一印象。着装要表现个性、特色，给人舒服的感觉。

要针对大老板关注的事予以刺激，要尽快发现对方关心注意何事，找到适当的话题，抓住对方的注意力，刺激对方对自己的兴趣。话语要力求简洁、有独创性，使对方产生震撼，留下较为深刻的第一印象。

最后，适当展示自己的能力，以赢得大老板的青睐。大老板一般都爱才、惜才，如果你一贯表现出对他意见的赞同，不敢表现自己独到的见解，他会反感你的。因此，适当地表现自己的独特才干，是会受大老板喜欢的。当然，你不能表现得太过锋芒毕露，让人一见就觉得有喧宾夺主之感。

与大老板有过几次接触，并感觉到他对你态度不错，那么别出心裁赠送礼品是联系大老板情感的重要方式。这要针对大老板的具体情况，不能千篇一律，也不能委托他人。不一定昂贵就是好礼品，要赠送，就要送他特别喜爱的东西才是。同时在赠送方式上也要别出心裁，从包装样式、赠送仪式都要显得别具一格。

写信是交流思想、联系感情的好方式。随着电讯事业的发展，电脑技术的开发，很多人的联系方式都是通过电话、电子邮件等形式联系，很少再看见以书信方式交流了。你用书信方式向大老板请教问题，交流思想，他会感到很亲切，所以这是你结交大老板的恰当的方法。

让客户成为钱脉

任何一桩生意或多或少都要和自己的客户朋友打交道。和客户朋友打交道，一方面，我们要让客户朋友接受自己的产品或者服务，另外一方面，我们也要让客户能够为我们提供资讯，寻找机会，融通资金等一系列支持。我们不仅可以让客户朋友成为我们的产品和服务的消费者，也要成为推广我们产品和服务的"销售员"，这样我们就能够取得更多的成功。

但是在现实中，很多人在做生意的时候，不仅不能够让客户朋友持久地接受自己的产品和服务，更不能够让客户朋友为自己的生意摇旗呐喊。他们不知道如何让自己的客户成为朋友，不知道如何培养客户朋友对自己的产品和服务的忠诚度，不知道如何和客户朋友作感情投资，不知道如何和客户谈生意，不知道如何让客户朋友为自己推销，也不知道如何避免客户朋友和自己产生冲突甚至被客户朋友所坑害。一句话，他们不知道如何让客户成为自己真正的钱脉。

博恩·崔西是世界一流的潜能大师，一流的效率提升大师，一流的销售教练。他的书籍被翻译成多种文字，他的训练帮助了千千万万的生意人。他的秘诀就在于：让客户成为自己的朋友。他相信，只有客户成为自己真正的朋友，他们才会真正地为你的生意着想，才有可能成为持续推动你的生意前进的重要力量。

那么，他是如何做到让客户成为自己的朋友呢？

1. 在客户身上投资更多的耐心

花更多的时间与顾客待在一起，为顾客设想，与顾客建立商业上的友谊。

博恩·崔西在和客户相处的时候，他绝对不会急着赶时间。他要向人表明，他愿意花足够的时间去帮助顾客作出正确的购买决定，他绝对不会对顾客没耐心。

2. 真诚地关怀客户

你越关怀客户，他们就越有兴趣和你做生意。关怀的感情因素是那么的强烈，往往使得价格、相对品质、交货效率、公司在市场上的规模，都敌不过它的威力。一旦客户认定你是真正关怀他和他的处境，不管销售的细节或竞争者怎么样，他都会向你购买。

3. 尊敬所遇到的每一个顾客

常言道，一个人有所为有所不为，都是为了博得你所重视的人对你的尊敬。一个人的骄傲、尊严、自我肯定，大部分都来自于受到别人的尊敬程度。你越在意别人的意见，别人对你的尊敬程度就越会影响你的行为。

每当我们感受到别人的尊重，我们就会对那个人特别重视。假如有人尊敬我们，我们就会认为那个人比较优秀，比较有判断力，比较有内涵，而且个性也比较好。

4. 绝不批评、抱怨或指责顾客

绝对不要站在你的立场上批评任何人或任何事，不要恶言相向或批评你的竞争者。每当你听到别人提起竞争者的名字时，只要微笑地说："那是一个很不错的公司。"然后就继续做你的产品介绍。假如有人告诉博恩·崔西，他的竞争者是如何地批评他，他只会一笑置之。

让我们彼此尊重吧！

5. 毫无条件地接受

希望能够被他人毫无条件地接受，是所有人最重要的需求之一。你只需要用微笑，并且表现温和友善，就可以表达你接受他人的态度。一般人都喜欢和那些能够接受他们本性的人在一起，而不想受到任何评判和批评。

你越能够接受别人，他们就越愿意接纳你。

6. 赞同顾客

每当你称赞并同意他人所做的任何事，他就会感到快乐会变得更有精神。他的心跳会加快，会觉得自己很棒。当你在每个场合都竭力找机会对他人表示赞扬及同意的时候，你就会成为到处受人欢迎的人物。

7. 感谢每一个帮助过你的顾客

不管你感谢任何人所做的任何事，都会让彼此的自我肯定上升。你会让他觉得自己更有价值也更重要。

你一定要养成随时感谢他人所作所为的习惯,尤其要向那些会让你期望的好事连连不断发生的人,表达感谢之意。

8. 羡慕

每当你羡慕一个人的成就、特质、财产时,就会提高他的自我肯定,让他更得意。只要你的羡慕、赞同、感谢都是发自内心,别人就会因此而得到正面的肯定的影响。他们对你产生好感的程度,会相当于你让他们对自己及生活的满意度。

9. 绝不与顾客争辩

顾客喜欢和与自己英雄所见略同的人打交道,他们不喜欢和爱抬杠的人相处。甚至当客户明显犯错时,他还是讨厌你把他的问题揪出来。把眼光放在建立关系上面,以建立关系的利益来考量。不管客户说什么,你只要点头、微笑,并且欣然同意。

10. 集中注意力,倾听顾客在说什么

当客户在说话时,你把注意力集中在他的身上,就是对他最大的恭维。你让他觉得自己很有价值,而且很重要。

你的任务就是成为一个人际关系高手,成为一个人际关系专家。你的任务就是去成为一个在行业中最好、最有人缘的人。

选准合作伙伴

曾经有人采访比尔·盖茨成功的秘诀,比尔·盖茨说:因为有很多的成功人士在为我工作。陈安之的超级成功学也提到:先为成功的人工作,再与成功的人合作,最后是让成功的人为你工作。成功的人很多,但在生活中你可能不认识,也没有办法去为他工作,进而让成功的人为你工作。寻求合作,可能是你最喜欢和最欣赏的。

在世界产业界闻名遐迩的索尼公司,有一个让人们传为美谈的故事,创始人井深与盛田昭夫在长达51年的时间里,共同经营索尼。他们从青年时期一起走过困境,步入辉煌,进入垂暮,甚至到中风失去说话能力,两个人始终相互沉醉于彼此的高度默契之中。

有着"外胡内南"和谐搭档美称的南存辉和胡成中从小就是同班同学,胡成中比南存辉大两岁,南是班长,胡是体育委员。毕业后,南存辉成了修鞋匠,胡成中做了裁缝。20世纪80年代后期,两人共同集资,创办乐清求精开关厂,即正泰集团前身。由于经营得当,乐清求精开关厂生意红红火火。正是他们合伙创业后的6年,成为了两个人各自事业的预演。两个人这一阶段最大的收获,一是积累了各自的第一桶金——创业6年赢利200万元,而更主要的恐怕还是两个人都明白了今后怎样合作。

合伙创业就像选择婚姻伴侣,好的伴侣能带来幸福,坏的伴侣则带来灾难。尽

管谁也不会在结婚时就能预料到离婚的那一天,美满的婚姻不仅仅需要婚后保持温度的技巧,也需要在婚前对伴侣进行深入、细致的了解与调查。因此如果你想开创一番事业,选择什么样的合作伙伴就显得非常重要。只有选择合适的合作伙伴才能够互相配合和扶持。当然,合作往往并非一帆风顺,合作伙伴往往会因合作实体的组织机制和内部矛盾而最终劳燕分飞。因此,对于那些正在寻找合作伙伴进行创业——也许不限于创业,比如合作研究——的人们而言,如果想得到合作伙伴的支持,不妨从解决如下三个问题入手:

"我真的需要和他在一起吗?"这是在进行合伙创业时首先要问自己的一个问题。你是需要合伙人投入资金呢?还是需要合伙人帮助你摆脱孤独和刚开张公司的不稳定性呢,还是需要在管理风格上互补?专家建议在选择创业伙伴时应有一个基本标准,比如,是否具备共同的理想和信念;在管理风格和公司行为上的理解是否有一定的协同性;彼此之间是否了解和信任;等等。

"我怎样考虑组织结构的设计?"在组织结构的设计上,应该尽量避免可能预见的损失,在企业内部应该将权力适当地分散与集中,由科学的分工和权力制衡机制来实施管理。特别是伴随着企业由创业期走向发展期,企业在分配方式、企业组织、企业文化、领导方式、经营战略上都要相应地作出新的调整。

"有了矛盾怎么办?"震动起源于企业内部的各种矛盾。股东内部的矛盾、董事会与经营者之间的矛盾、经营者内部的矛盾,都是非常正常的。由于观念、文化不同,信息不对称,价值观差异等,都会导致矛盾。有了矛盾并不可怕,关键是看矛盾是否能及时得到解决,这样才能防患于未然。比如说因为利益分配,那么通过调整分配方式是否可以解决这个问题?再比如内部信息不对称,是否可以通过沟通解决这个问题?

许多人合伙创业到最后总不免产生争议的原因,经常是以前合伙条件未谈妥写明、合作后伙伴的行为态度产生变化等两大因素所致。从合伙权责的分派、利润的分享、损失的分摊、信息的披露,到退出合伙机制与争议仲裁机制的设立等,合伙契约写得愈清楚明白,对合伙人彼此的保护程度也就会愈高。当然若有律师朋友能一同协助合伙契约的拟定,并于合伙双方签署契约后再行公证,则是最好不过的了。

商业是利益的结盟,需有明确的利益保证条款。索尼公司最早的资金全部是盛田的父亲久做工门为长子筹备的,每有需要都解囊相助,每一项相助都在股份形式上得到确认。现在不清楚最初索尼公司的股权结构,但是,久做工门最多也只占到17%,可见索尼公司起步时期,就已经为管理团队的知识产权留下了足够的回旋余地。正是这样明确的界定,稳固了公司的结构。

获得陌生人的认同

对于要不要和陌生人接触,我们大部分人恐怕从潜意识里面都会说不。从小时候开始，我们就被灌输了陌生人的种种可怕之处，长大之后可能多多少少受到陌生人的骚扰，所以我们在潜意识里面大都形成了对陌生人的抵触情绪。

但是在生活中，我们却面临着许多不得不和陌生人打交道的情形。你在举办一个产品的发布会的时候，你需要面对那些跟你几乎没有什么关系的记者；你在公开演讲的时候，你需要面对素昧平生的听众；当你一个人出差或者旅游到某地时，你需要面对陌生的当地居民；当你求职面试的时候，你需要面对陌生的面试官……无论是工作、学习，还是生活，你都需要和陌生人交往。因此，我们不得不放下习惯的心理抵触情绪，开口和陌生人说话、交往。这样，我们才能从他们那里获取有益的资讯以及适当的指点，这无疑有助于我们的成功——甚至直接决定了我们的成功。

中国台北"身心灵成长协会"的创办人赖淑惠开办房产中介时有着利用陌生人获取事业成功的经典案例。当时赖淑惠住在一个大厦里，同时兼营这个楼的房产中介。经她一番细心观察后，发现凡是对大厦有兴趣的买家，第一个总是先询问大门管理员，"最近有没有住户要卖房子啊？价钱多少呢？"通过她的努力，再有买家询问，管理员总是回答："你去问住在八楼的赖小姐，她很喜欢买卖房子，这样就不必再去找其他中介商了。"此外，该楼谁急等钱用要卖房子的消息也总是第一个传到她的耳朵里。也因此，赖淑惠在大厦一个物业上整整赚进1000多万元。

为什么管理员愿意帮赖淑惠的忙？说穿了是她将管理员当成家人般关心，赖淑惠每天出入大门，必会向当日值班的管理员打招呼，出差返回也会顺道带些当地名产略表心意。这样自然就赢得了管理员这看起来和赖淑惠的工作毫不相关的人的支持。

有很多人认为赢得陌生人的支持几乎是不可能的。上面的例子证明了这种看法是错误的。其实，只要我们方法得当，我们一样能够得到陌生人的支持。

1. 让陌生人和你有共同的利益

在交友做生意的过程中，如果让对方知道你和他有着共同的利益，双方结成利益同盟，求得共同的利益，那事情就好办多了。

交友办事，如果让对方觉得他与你有相同的利益，对方办事就会更主动，就会收到更好的效果。这就好比战场上同一个战壕的战友一样，战友之间有着相同的利益，共生死同存亡，每一个人都要勇敢地去战斗，才能取得共同的胜利。

2. 找到和陌生人之间的利益共同点

有一家工厂效益不是太好，工人们的工资很低，当工人们要求增加工资时，老板就对他们说："各位，你们希望公司倒闭吗？"当然没人希望自己的工厂倒闭，如果倒闭了，就会失业。

老板继续说："如果工厂倒闭了，大家一分钱工资也拿不到了，我也不希望工厂倒闭。我与你们有着共同的利益。工厂倒闭对你我都没有好处。如果我们团结一致，共同渡过难关，工厂办好了，大家都会有饭吃。"

工人们听了老板的话，感觉到老板与自己有着共同的利益关系，觉得工厂办好了，老板发财了，自己工资收入就会提高。结果这些工人齐心协力，个个努力工作，果真把工厂搞得有声有色，老板和工人们都实现了自己的愿望。

和陌生人交往也是如此，只要让对方感觉到你与他的利益是一致的，并能找到利益共同点，就会主动去帮助你，为你提供支持。

3. 让对方看到好处

再倔强的人只要有利可图，也会看到好处上钩的。要想达到自己的目的，就必须刺激其对方的欲望，让对方知道，只要能办成事，他就能够得到回报，得到好处。

和陌生人谈生意，谈合作，对方却看不到好处，自然不会去干，你说一百句动听的话，还不如让对方得到一点实实在在的好处。

好处是合作的天平。让对方知道合作后会得到好处，得到回报，觉得与你合作值得，那么，你就能轻松地达成自己的目的了。

拉近和老乡的关系

中国人都有老乡的观念，都是非常注重感情的，"老乡见老乡，两眼泪汪汪"，这深刻道出了彼此内心的那种感受，似乎相互之间已不止是同住一个地方那么简单，而且与别人相比，有一种亲情混杂在情感之中。同吃过一个地方的饭，同住过一个地方的房，这种说不清、道不出的感情很特别，它促使着老乡关系的稳定发展。

宋某是清朝末期人，参加科举屡试未中，最后总算得了一个秀才头衔，在偏僻的小山沟里当一个私塾先生，教村里几个儿童以换取日常之粮食与衣物。

宋某对自己学生的教育非常重视，千方百计地教学生些"格物致知"之学，虽说山村偏僻，但在那时，西方的知识也有所传来，宋某异常欣赏，遂经常将这些知识教给学生。

有一次，为了给学生建一间动植物标本保存室，他想方设法地去筹钱，当听说城里有一个老乡现已有家财万贯之时，他欣喜若狂，满怀希望地前去借钱，却不料这位老乡吝啬异常，一个子儿也不给就把宋某赶了出来。

宋某原乃清高之人，现遇到这种屈辱，叫他如何咽得下。不过，冷静之后，宋某想到这个老乡对村里特别是儿童教育非常有用，跟他关系搞好了，以后的教育经费就好办了，于是，他想出了一计第二次去见这位老乡。

那时不比现在，亲属辈分之间不大在意了。那时的亲属辈分非常严格。宋某找来族谱，经过认真查找，他发现自己比这位老乡高了一辈，严格来说，这位老乡应叫宋某"表叔"，尽管宋某年龄只有31岁，而那位老乡年龄却已58岁了。

最后，在族谱面前，宋某最后轻松借到了所需的经费。

在与老乡相处时，并不是所有的老乡都那么好说话，总会有一些非常难相处的人。这时不妨来点"旁门左道"，想方设法找出与他在血缘上相连的地方。有可能找出一点端倪，毕竟，既为老乡，同住一个范围之内，彼此血缘相近的可能性非常之大。

这样看来，无论近亲、远亲，只要是"亲"，就可在老乡关系上再加一层基础，底子再牢靠些，以后的关系就有可能发展得更快、更好些。任何人面对"亲"人，无论是近是远，在接待的态度上，总会与别人有些许的不同，不论这不同点有多大，这就可能与之搞好关系。

既然中国人对老乡有特殊的感情，学会利用同乡关系，不但可以多交几个朋友，更重要的是办事时能得到关照，万一自己在外面有了什么麻烦，也可以有"征用"别人的资本。那么，该怎样拉近老乡关系呢？

1. 利用乡音

既然是老乡，就必然有共同的特点存在于双方之间，其中最重要的一点就是"乡音"。用家乡话作见面礼，不需要物质上的东西。运用这种方法的场合，最好是在异乡，因为在异乡才会有恋乡情绪，才会"爱乡及人"，这时再来个"他乡遇老乡"，哪有不欣喜之理。对方离乡愈久，离乡愈远，心中的那份情就愈沉、愈深。因此，越是这种情况，越要运用"乡音"这种技巧，你就会得到老乡所带给你的种种好处。

2. 利用乡产

在与老乡打交道时，一般人都会有这样一种想法：既为同乡，互相帮忙，理所应当，还送礼物给对方，这不太俗了吗？这种想法在某种特定意义上来说，是有一定道理的，但就广义来说，则是谬论。

老乡与其他关系不同之处就在于，老乡之间的关系是以地域为纽带的，有一份"圈子"内的情存在于心上。"乡产"也许是很普通的东西，本身并不贵重，但在"乡产"上所包含的情意却非"乡外人"能看出来，体会出来的，它会起到勾起老乡思乡之情的作用，然后会在这种感情的支配下，对你这位老乡"另眼相待"，照顾有加。

3. 利用乡情

一个人，无论是出自什么原因，离开家乡，离开生他的土地，也许一开始并不感到有什么难过，但时间一久，或在他乡碰到不习惯的生活习俗，或遇到挫折，他就会感到家乡的亲切、家乡的美好。也许，这个时候，一个人才会深深地感到，自己在家乡有割不断、丢不掉的感情寄托，那是支持着游子出外去闯世界的精神依靠。

民国年间，由于军阀割据，因此各个集团为维护自己的势力，老乡关系在这时受到了格外的重视。

阎锡山是山西五台人，当时山西就流传着这样一句话："会说五台话，就把洋刀挎。"阎锡山重用五台同乡，山西省政府的重要位置，大多都被五台人占据；陈炯明是广东海丰人，他做了广东提督后，大用海丰人，省政府里到处都能听到海丰话；孔祥熙是山西人，他在金融系统重用山西人，理由则是"山西人会理财……"

生活在现代社会中的人也不可忽视老乡的作用。

罗某是个早年离开家乡出外闯荡的游子，现在异乡成家立业，家庭生活美满，但美中不足的是，罗某一直为没回家乡而感到遗憾，一直盼望着能在这里多碰上几个老乡以缓解思乡之情。

恰在这时，同在这个城市的另几位老乡，深感有必要成立一个老乡会，定期聚会，加深感情，有什么事大家以后可以多加照应。

罗某一接到邀请，就毫不犹豫地加入到其中，积极筹划、联络老乡，把这个同乡会当成了自己的又一个"家"，并成为其中的组织者之一。

经过两年的时间，同乡会终于发展到了具有近500人的规模，罗某也等于多认识了近500人，这些老乡，各行各业，贫穷富贵，兼容并包，用罗某自己的话说："我现在办什么事都很方便，只需一个电话，或打声招呼，我的老乡就会为我代劳……"

正是因为罗某充分认识到了同乡会的重要性，他才会积极主动地去结交老乡，才会有了这么大的一个可以借力的群体，这于己、于他人又何止是简单的一些方便呢？所以，结交好老乡关系，对于帮助自己办事成功，作用是不可低估的。

◆◆**办事的智慧**◆◆

> 一个人的力量是有限的，要想在生活上有所依托，在事业上有所作为，必不可少的就是巧借外力。前人的智慧、他人的经验，即使是敌人、对手的谋术，只要于我有利，都是可以借用的，而且人人都可借鉴。由于借的人不同，借的方法各异，其效果自然千差万别。

第六章　谨小慎微
——细节决定一切成败

　　我国内地有家工厂,为了能从美国引进一条生产无菌输液管的先进流水线,曾做了长期艰苦的努力,并终于说服了对方,且美方代表已经来到中国,就要在引进合同上正式签字了。可是,就是在签字的那一天,在步入签字现场的一刹那,我方厂长突然咳嗽了一声,一口痰涌了上来,他看看四周,一时没能找到可供吐痰的痰盂,便随口将痰吐在了墙角,并小心翼翼地用鞋底蹭了蹭,那位精细的美国人见此情景不由得皱了皱眉。

　　显然,这个随地吐痰的小小细节引起了他深深的忧虑:输液软管是专供病人输液用的,必须绝对无菌才能符合标准,可西装革履的我方厂长居然会随地吐痰,想必该厂工人素质不会太高。如此生产出的输液管,怎么可能绝对无菌?他于是当即改弦更张,断然拒绝在合同上签字——我方将近一年的努力也便在转眼间前功尽弃!

会办事

海尔总裁张瑞敏先生曾说:"什么是不简单?把每一件简单的事情做好就是不简单;什么是不平凡?把每一件平凡的事情做好就是不平凡。"一个人的价值不是以数量而是以他的深度来衡量的,成功者的共同特点,就是能办好小事情,能够抓住一些细节。正所谓成也细节,败也细节。那些看来微不足道的事情,在成功者的眼里,却蕴藏着巨大的价值。

细节反映人的修养

我们靠什么提高竞争力?就是要从细节入手,扎扎实实地提高自身修养。有良好的修养,我们会成长得更快、更强。

细节最容易为人所忽视,所以最能反映一个人的真实状态,因而也最能表现一个人的修养。正因为如此,透过细节看人,逐渐成为衡量、评价一个人的最重要的方式之一。现在,有些用人单位在招聘时,还专门在细节上下工夫。

有一个流传很广的关于应聘的故事:

有家招聘高级管理人才的公司,对一群应聘者进行复试。尽管应聘者都很自信地回答了考官的简单提问,可结果都未被录用。这时,有一位应聘者,走进房间后,发现干净的地毯上有一个纸团,他一声不响地弯腰捡起了纸团,准备将它扔到纸篓里。这时,考官说话了:"你好,朋友!请看看你捡起的纸团吧!"这位应聘者打开纸团,只见上面清楚地写着:"热忱地欢迎你到我们公司任职。"后来,这位应聘者成了这家公司的总裁。

扔纸团,显然是招聘公司用来考察求职者是否关注细节的,那些对纸团视而不见的应聘者无疑是不及格的,不及格自然铩羽而归,而那位弯腰捡纸团的应聘者正是招聘公司寻求的对象。在这里,一个不经意的细节就决定了面试的成败。

又有这样一个故事:

南非有一个高尚而富有的企业家建了一所女子学院。在那里女孩子们能受到良好的英文教育,还能学习怎样自立。企业家需要一位负责人兼教师。学校董事会给企业家推荐了一位年轻妇女,董事会各成员对这位年轻女士的学识、修养、完美的风度大加赞扬,认为她是这一职位的唯一人选。于是,那位企业家感到自己很幸运,他立刻就邀请这位女青年来见自己。百闻不如一见,这位女青年名副其实地具备所有需要的素质。然而,企业家却莫名其妙地拒绝给她任何机会。很久以后,当有朋友问起,为什么不可思议地拒绝雇佣如此能干的一个教师时,企业家回答说:"那是因为一个小细节,一个像蝌蚪文字一般隐伏着重大意义的小细节。那个女青年来我这儿时,穿着昂贵的时装,戴的手套却肮脏破烂,鞋上的扣子近一半已掉了。一个邋遢的女人不适合做任何女孩的老师。"那位应聘者或许永远都不会知道她落选的原因，因为无论从任何方面讲她都非常适合这个工作，然而她忽视了衣着的细节，所以错过了就业的机会。

企业用人是有标准的，平时一些不经意的细节小事，并不是用标准就能衡量得出来，但它却能反映出一个人真实的东西——修养。

夸张地说，细节有时候可以决定命运。曾经有一位女大学生在谈到婚姻爱情这个话题时说，假如有个男同胞在她面前打个嗝，哪怕他再优秀，也绝无同他发展下去的可能。这话多少有点孩子气，也近乎苛刻了，但有时候，这样的细枝末节还真能左右人的选择。

一个小伙子经人介绍认识了一位才貌并不出众的姑娘，第一次见面后他决定继续保持联系的重要理由就是：当他们在看电影的时候，那个女孩吃完了手中的冰淇淋后，把包装纸缠在木棒上始终拿在手里，直到走出影院才投进垃圾箱。女孩做得十分自然，不像是故意作出来的。仅此一个细节，体现出了她自身良好的教养；仅此一个细节，他们终于喜结连理。

对于细节的敏感不仅仅体现在婚姻恋爱的选择上，很多时候，人们对于一个人的评价，也时常要受到一些细节的影响。平时，我们展示完美的自己很难，因为这需要每一个细节都完美；但毁坏自己很容易，只要一个细节没注意到，就会给自己带来无法挽回的影响。

细节的成功看似偶然，实则孕育着成功的必然。细节不是孤立存在的，就像浪花显示了大海的美丽，但必须依托于大海才能存在一样。所以智慧的人总能捕捉到一些细节，并以此来鉴定人们的品格。

细节决定成败

历史记载的许多胜者为王败者为寇，兴兴衰衰朝代事，感人的都是那些生在枝枝杈杈间曲环交错的细节。有些片段，当时看着无关紧要，后来事实上却牵动了大局。人类历史上因细节而导致失败的事情太多了。

国王理查三世准备与敌军决一死战，因为这场战斗的胜者将统治英国。

战斗进行的当天早上，理查派马夫去备好自己最喜欢的战马。

马夫对铁匠说："快点给它钉掌，国王希望骑着它打头阵。"

铁匠回答："你得等等，我前几天给国王全军的马都钉了掌，现在我得找点儿铁片来。"马夫不耐烦地叫道："我等不及了，敌人正在向我军推进，我们必须在战场上迎击敌兵，有什么你就用什么吧。"

铁匠埋头干活，钉了三个掌后，他发现没有钉子来钉第四个掌了。"我需要一个钉子，"他说，"得需要点儿时间砸出一个。"

马夫急切地说："我告诉过你我等不及了，我听见军号了，你能不能凑合一下？"

"我能把马掌钉上，但是不能像其他几个那么结实。"铁匠说。

"能挂住吗？"马夫问。

"差不多能，"铁匠回答，"但我没太大把握。"

"好吧，就这样，"马夫叫道，"快点，要不然我们得挨罚的。"马掌钉好后，马夫将战马牵到国王面前。

两军交锋，理查国王冲锋陷阵，鞭策士兵迎击敌人："冲啊，冲啊！"

他还没走到一半，突然，一只马掌掉了，战马跌翻在地，理查也被掀倒在地上。

国王没有再抓住缰绳，惊恐的畜生就跳起来逃走了，理查环顾四周，他的士兵们见国王倒下了，便纷纷转身逃跑。敌人的军队包围了上来。不一会儿，敌人的士兵俘获了理查，战斗结束了。

从那时起，人们就说：少了一个铁钉，丢了一只马掌；少了一只马掌，丢了一匹战马；少了一匹战马，败了一场战役；败了一场战役，失了一个国家。

这次战斗的损失都是因为少了一个马掌钉。

细节决定成败，小事决定大事。百姓开门七件事，柴米油盐酱醋茶，没有一个是经国大计，却为任何一个当政者不能忽视。一个马掌钉决定了一场战争的胜负就是最好的例子。

近代尽人皆知的重大发明、发现，从苹果落地发现地心引力，到开水冒气引发的蒸汽机的利用，无不是由偶发思端的小事影响整个世界的。正是由于近代科学发现了最小的物质颗粒——电子、质子、中子、光子，人类才浩荡地走过20世纪，快速发展到今天。微电子技术的诞生和发展，是从最初集成电路只包含几个、几十个元器件，发展到一个小小硅片上可以制作出几十万个、上百万个元器件，形成微型电子电路的。正是这个微型电子电路，带来当今世界飓风般的各种生产方式大规模乃至超大规模变化。

可见，未来最终改变我们这个世界、影响人们生活的，不在宇宙，乃在毫微。小的不仅仅是美好，而且关键时刻它孕育一种与命运相关的改变。

有一位女孩大学毕业后，去应征秘书的工作，被公司录取了，经理暂时分配她做泡茶的工作，领秘书的薪水。

刚开始，她很乐意，认为泡茶的工作简单，又可以领秘书的薪水，于是很安心地为公司同事泡了一段时间的茶。过了一年多，她心里开始不平衡了，自己是堂堂大学毕业生，老是做低三下四的泡茶工作。她很不甘心，泡出的茶渐渐地也很难喝了。

有一天，经理喝了一口茶就吐了出来："堂堂大学毕业生连茶都泡不好，干脆辞职算了。"女孩听了很伤心，决定当天下午就辞职。正在这时候，公司有位重要客户来访，经理便叫她泡茶招待客人。女孩擦干眼泪，心想："这可能是我在这家公司泡的最后一壶茶了，不如好好地泡，不要让人觉得连茶也泡不好。"

她专心地将茶泡好，用灿烂的微笑端茶出去，客户只喝了一口就说："呀，好久没喝过这么好的茶了。能把茶泡得这么好的人，做任何工作都是可以胜任的。"经理也喝了一口，这同样的茶叶泡出来的茶水和早上已经完全不同。

结果，公司做成一笔大买卖，女孩立刻调任秘书的工作。

在工作上，无论大事、小事，都要认真对待。往往一个小小的细节，就决定着你的成败。

在细节处下功夫

日常琐碎细节，是一个人的天性、本质、修养的自觉流露，且反映得更客观更全面。

人与人之间在智力和体力上差异并不大。很多事情，一个人能做，另外的人也能做，只是作出来的效果不一样，往往是一些细节上的功夫，决定着完成的质量。

要想出类拔萃，就应学会在细节上下工夫。

公司老板或业务员要出差，常会安排员工去买车票，这看似很简单的一件事，却可以反映出不同的人对工作的不同态度及其工作的能力。有这样两位秘书，一位将车票买来，就那么一大把地交上去，杂乱无章，既容易丢失，又不易查清时刻；另一位却将车票装进一个大信封，并且，在信封上写明列车车次、号位及起程、到达时刻。显然后一位秘书是个细心人，虽然她只在信封上写了几个字，却使人省事不少。按照指令去买车票，这只是"一个平常人"的工作，但是一个会工作的人，一定会想到该怎么做才会令人更满意，更方便，这就是用心，就是注意细节。

工作细节不容忽视。注意细节所作出来的工作一定能抓住人心，虽然在当时可能未引起人的注意，但久而久之，这种工作态度形成习惯后，一定会给你带来巨大的收益。这种细心的工作态度，是由于对一件工作重视的态度而产生的，对再细小的事也不掉以轻心，专注地去做才会如此。会成为大人物的人，即使要他去收发室做整理信件的工作，他的做法也会跟别人有所不同。这种注重细微环节的态度，就是使自己发展的营养剂。

差不多心理要不得

胡适先生早年写过一篇《"差不多"先生传》的文章，这是一篇带有寓言性的讽刺作品。"差不多"反映了办事马虎、不认真、不负责、敷衍了事的人的通病。胡适先生这样写道：

你知道中国最有名的人是谁？提起此人可谓无人不知，他姓差，名不多，是各省各县各村人氏。你一定见过他，也一定听别人谈起过他。差不多先生的名字天天挂在大家的口头上，因为他是全国人的代表。

"差不多先生"的相貌和你我都差不多。他有一双眼睛，但看得不很清楚；有两只耳朵，但听得不很分明；有鼻子和嘴，但他对于气味和口味都不很讲究；他的脑子也不小，但他的记性却不很精明，他的思想也不很缜密。

他常常说:"凡事只要差不多就好了,何必太精明呢?"

他小的时候,妈妈叫他去买红糖,他却买了白糖回来。妈妈骂他。他摇摇头道:"红糖和白糖不是差不多吗?"

他在学堂的时候,先生问他:"直隶省的西边是哪一个省?"他说是陕西。先生说:"错了。是山西,不是陕西。"他说:"陕西同山西不是差不多吗?"

后来他在一个钱铺里做伙计,他也会写,也会算,只是总不精细,"十"字常常写成"千"字,"千"字常常写成"十"字。掌柜的生气了,常常骂他,他只是笑嘻嘻地说:"'千'字比'十'字只多一小撇,不是差不多吗?"

有一天,他为了一件要紧的事,要搭火车到上海去。他从从容容地走到火车站,结果迟了两分钟。火车已在两分钟前开走了。他白瞪着眼,望着远去的火车上的煤烟,摇摇头道:"只好明天再走了,今天走同明天走,也还差不多。可是火车公司未免也太认真了,8点30分开同8点32分开,不是差不多吗?"他一面说,一面慢慢地走回家,心里总不很明白为什么火车不肯等他两分钟。

有一天,他忽然得了一种急病,叫家人赶快去请东街的汪大夫。家人急急忙忙地跑去,一时寻不着东街的汪大夫,就把西街的牛医王大夫请来了。"差不多先生"病在床上,知道寻错了人,但病急了,身上痛苦,心里焦急,等不得了,心里想道:"好在王大夫同汪大夫也差不多,让他试试看吧。"于是这位牛医王大夫走近床前,用医牛的法子给"差不多先生"治病。不一会儿,"差不多先生"就一命呜呼了。

"差不多先生"要死的时候,断断续续地说道:"活人同死人也差……差……差……不多……凡事只要……差……差……不多……就……好了,何……何……必……太……太认真呢?"他说完这句格言,方才绝气。

他死后,大家都很称赞"差不多先生"样样事情都看得破,想得通,大家都说他一生不肯认真,不肯计较,真是一位有德行的人,于是大家给他取了个死后的法号——圆通大师。

后来,他的声名越传越远,越久越大。无数人都以他为榜样,于是人人都成了一个"差不多先生"——然而,中国从此就成了一个懒人国了。

胡适先生这篇《"差不多"先生传》再现了这样一个哲理:怀着"差不多"心理为人处世、说话办事,最后只能一事无成,含恨离世。

绝不是危言耸听,"差不多"心理在我们的生活中普遍存在。

办事时,你可能觉得自己和别人比起来差不多,以为那样就足够了,但你的上司、你的老板心中有数,你的顾客心中也有数,你一定会因为你的勤奋或懒惰赢得或失去晋升的机会,你也会因为你态度的好坏而赢得或失去客户。

"差不多"心理要不得!我们每个人、做每件事,都要努力避免陷入这个误区,而应该像戴尔·卡耐基那样,将答案精确到每个数字。

一位年轻人应聘临时职员,工作任务是为这家招聘公司采购物品。在一番测试后,只剩下这个年轻人和另外两名优胜者成为竞争对手。

面试的最后一道是笔试题。题目为:假定公司派你到某工厂采购2 000支铅笔,你需要从公司带去多少钱？

第一名应聘者给出的答案是120美元。主持人问他是怎么计算的。他说，采购2 000支铅笔可能要100美元，其他杂用就算20美元吧！主持人对此未表态。

第二名应聘者给出的答案是110美元。他解释道，2 000支铅笔需要100美元左右，另外可能需用10美元左右。主持人同样没表态。

最后轮到这位年轻人。主持人拿起他的答卷，见上面写的是113.86美元。见到如此精确的数字，主持人不觉有些惊奇，立即让应试者解释一下答案。

这位年轻人说："铅笔每支5美分，2 000支是100美元。从公司到这个工厂，乘汽车来回票价是4.8美元；午餐费是2美元；从工厂到汽车站为半英里，请搬运工人需用1.5美元……因此，总费用为113.86美元。"

主持人听完，欣慰地笑了。这名年轻人自然被录用了。

这名年轻人是谁？他就是戴尔·卡耐基。

切勿因小失大

一只蝴蝶在巴西扇动翅膀，有可能会在美国的德克萨斯引起一场龙卷风。

这就是洛伦兹1979年12月在华盛顿的美国科学促进会的一次讲演中提出的"蝴蝶效应"。这次演讲和结论给与会人员留下了极其深刻的印象。从此以后，所谓"蝴蝶效应"之说就不胫而走，名声远扬了。

"蝴蝶效应"之所以令人着迷、令人激动、发人深省，不但在于其大胆的想象力和迷人的美学色彩，更在于其深刻的科学内涵和内在的哲学魅力。

从科学的角度来看，"蝴蝶效应"反映了混沌运动的一个重要特征：系统的长期行为对初始条件的敏感依赖性。

经典动力学的传统观点认为：系统的长期行为对初始条件是不敏感的，即初始条件的微小变化对未来状态所造成的差别也是很微小的。可混沌理论向传统观点提出了挑战。混沌理论认为在混沌系统中，初始条件的十分微小的变化经过不断放大，对其未来状态会造成极其巨大的差别。

有一个参加长跑比赛的选手每天都在不知疲倦地跑步。有一次在比赛途中，他的鞋里灌满了沙子。选手匆匆把鞋子脱下，胡乱地把沙子倒出，便又急急地继续奔向前程。可是有一粒沙子仍然留在他的鞋里，在他以后的路程中，那粒沙子磨着他的脚，使他走一步，疼一步。

即使这样，长跑选手也没有停下把鞋子脱掉，抖出那粒磨脚的沙子，而仍是匆匆前行，因为他担心日落西山时赶不到住宿地。

在痛苦中，选手终于赶到了那个地方。天晚了，疲乏的他忘了脱去鞋取出沙子便沉沉入睡了。第二天，天刚微亮他便急急启程奔向新的目标。

就这样，在痛苦中疲惫，又在疲惫痛苦中启程。直到有一天，在离终点不远的地方，因脚痛难忍，他不得不止步，最后放弃了比赛。

当被懊丧、痛苦包围着的他忍着揪心的痛把鞋脱掉时，他发现让自己痛苦了几天并放弃比赛的竟然只是一粒沙子。

因为一粒沙子而放弃一次比赛，这是一个耐人寻味的教训。这样的教训在现实中比比皆是。

2003年1月16日，美国"哥伦比亚"号航天飞机升空80秒后发生爆炸，飞机上的7名宇航员全部遇难，世界一片震惊。事后的调查结果表明，造成这一灾难的罪魁祸首竟是一块脱落的泡沫。

一块泡沫的脱落看似是一件小事，却酿成大祸，而这件小事的发生肯定是源于某个部门、某位领导，或是某个设计师的不重视细节。

在发射卫星方面，我国的技术处于世界前列，有着多次成功的经验，但澳星却在发射中爆炸了。后来披露的原因是：配电器上多了一块0.15毫米的铝片。

举世闻名的金融业——巴林集团有着两百多年的历史，却因为一个叫里森的小职员在新加坡疯狂投机而宣告破产。

一个细节的失误，往往造成前功尽弃、满盘皆输的结果。世界上有许多大企业的破产，不是因为大事件，而是在小事上栽了跟头。

美国质量管理专家菲利普·克劳斯比曾说："一个由数以百万计的个人行为所构成的公司，经不起其中1%的行为偏离正轨。"

现代化的大生产，涉及面广，场地分散，分工精细，技术要求高，许多工业产品和工程建设往往涉及几十、几百甚至上千个企业，有些还涉及几个国家。这就需要从技术和组织管理上把各方面的细节有机地联系协调起来，形成一个统一的系统，从而保证其生产和工作有条不紊地进行。在这一过程中，每一个庞大的系统都是由无数个细节结合起来的统一体，忽视任何一个细节，都会带来意想不到的灾难。

对于善于做人与谋事者而言，他们通常的做法是：把眼光放在远处，从长远利益考虑问题，力戒因小失大。凡是成大事者一定要牢记这样的例子，在生活、工作中养成注意细节的习惯，从而成就一番事业。

◆◆办事的智慧◆◆

> 成有成的道理，败有败的原因。"成也细节，败也细节"的提法自有其合理之处。既然如此，无论在大事情上，还是小事情上，都需要做到"滴水不漏"、"一丝不苟"。只有这样，才能真正地稳操胜券。

第七章　能屈能伸
——玩转职场的秘诀

　　有一位留学美国的计算机博士，毕业后在美国找工作，结果接连碰壁，许多家公司都将这位博士拒之门外。这样高的学历，这样吃香的专业，为什么找不到一份工作呢？

　　万般无奈之下，这位博士决定换一种方法试试。他收起了所有的学位证明，以一种最低身份再去求职。不久他就被一家电脑公司录用，做了一名基层的程序录入员。这是一份稍有学历的人就都不愿去干的工作，而这位博士却干得兢兢业业，一丝不苟。

　　没过多久，上司就发现了他的出众才华：他居然能看出程序中的错误，这绝非一般录入人员所能比的。这时他亮出了自己的学士证书，老板于是给他调换了一个与本科毕业生对口的工作。

　　过了一段时间，老板发现他在新的岗位上游刃有余，还能提出不少有价值的建议，这比一般大学生高明，这时他才亮出自己的硕士身份，老板又提升了他。

　　有了前两次的经验，老板比较注意观察他，发现他还是比硕士有水平，其专业知识的广度与深度都非常人可比，就再次找他谈话。这时他才拿出博士学位证明，并叙述了自己这样做的原因。此时老板才恍然大悟，于是就毫不犹豫地重用了他，因为对他的学识、能力及敬业精神早已全面了解了。

办公室里只有两种人：主角和龙套。在办公室里想要过得轻松，不想往上爬，那就只能做一辈子的龙套。做龙套的坏处就是：送死你先去，功劳全没有，裁员先考虑。现在的职场绝不是养懒人的地方，你要比别人生存得好，就唯有当主角，让别人去做龙套。你不能踩着别人肩膀，就只能做他人垫背。

把目标埋在心底，看准时机再行动

有位记者曾经问好莱坞著名演员查尔斯·科伯恩一个问题："一个人如果要想成大事，最需要的是什么？大脑？精力？还是教育？"

查尔斯·科伯恩摇摇头。"这些东西都可以帮助你成大事。但是我觉得有一件事甚至更为重要，那就是：看准时机。"

"这个时机，"他接着说，"就是行动——或者按兵不动，说话——或是缄默不语的时机。在舞台上，每个演员都知道，把握时间是最重要的因素。我相信生活中它也是个关键。如果你掌握了审时度势的艺术，在你的婚姻、你的工作以及与他人的关系上，就不必去追求幸福和成大事，它们会自动找上门来！"

科伯恩是正确的。如果你能学会在时机来临时识别它，在时机溜走之前就采取行动，再繁杂的问题就会大大简化。

把自己的目标深深地埋在心里，然后静待时机，也是办公室智慧的体现之一。

亦辉公司调来了一位新主管，大多数的员工很兴奋，因为据说新来的主管是一个能人，所以被派来专门整顿业务。

可是，日子一天天过去，新来的主管却毫无作为，每天彬彬有礼地走进办公室，然后便躲在里面难得出门。那些紧张得要死的懒员工，现在反而更猖獗了。"他哪里是个能人，根本就是个老好人，比以前的主管更容易唬"，大家几乎都这么认为。

三个月过去了，新来的主管却发威了，工作不合格的员工一律开除，能者则获得提升。下手之快，断事之准，与三个月中表现保守的他，简直像换了一个人。

年终聚餐时，新来的主管在酒后致辞：相信大家对我新上任后的表现和后来的大刀阔斧一定感到不解，现在听我说个故事，各位就明白了：

我有一位朋友，买了栋带着大院的房子，他一搬进去，就对院子全面整顿，杂草杂树一律清除，改种自己新买的花卉。

某日，原先的房主回访，进门大吃一惊地问，那些名贵的牡丹哪里去了。我这位朋友才发现，他居然把牡丹当成野草给割了，他很后悔，觉得自己不该不分良莠一起除掉了。后来他又买了一栋房子，虽然院子更是杂乱，他却是按兵不动，果然冬天以为是杂树的植物，春天里开了繁花；春天以为是野草的，夏天却是花团锦簇；半年都没有动静的小树，秋天居然红了叶。

直到暮秋，他才认清哪些是无用的植物而大力铲除，并使所有珍贵的草木得以保存。

说到这儿，主管举起杯来："让我敬在座的每一位！如果这个办公室是个花园，你们就是其间的珍木，珍木不可能一年到头都开花结果，只有经过长期的观察才认得出来啊。"

这位新来的主管是真正懂得做大事的人。他能在新来的三个月中充分地摸清底细，熟悉办公室的环境和员工的能力大小，然后再在合适的时机，采取重大的措施，实施自己的管理方案。既保证了公司的精英员工得到重用，也清除了公司的不合格的员工。

许多人以为会看时机是一种天分，是生来就具备的能力，就像是具有音乐细胞的耳朵一样。但事实并非如此，观察那些似乎有幸具备这种天分的人，你会发现这是一种任何人只要努力培养就能获得的技能。

要具备看准时机的能力，就应注意以下几点。

1. 增强自己的预见能力

未来并不是一本关闭上了的书大多数将要发生的事都是由正在发生的事所决定的。所以，要对当前的形势和情况做准确的分析和把握，设计今后的计划和方案，预测计划和方案的可行性。

2. 要不断地提醒自己把握时机

莎士比亚曾经写道："人间万事都有一个涨潮时刻，如果把握住潮头，就会领你走向好运。"一旦你明确了"看准时机"的重要意义，你就会朝着这个目标而努力。

3. 学会忍耐

你必须明白，过早地行动往往是欲速则不达。当你被愤怒、恐惧、嫉妒或者怨恨的漩涡所驱使时，千万不要做什么或者说什么。

遇事和上司商量，不自作主张

"糟了！糟了！"赵经理放下电话，就叫了起来，"那家便宜的东西，根本不合适，还是原来张总的好。可是，我怎么那么糊涂，写信把他臭骂了一顿，还骂他是骗子，这下麻烦了！"

"是啊！"秘书小王转身站起来，"我那时候不是说吗，要您先冷静冷静，再写信，您不听啊！"

"都怪我在气头上，想这小子过去一定骗了我，要不然别人怎么那样便宜。"赵经理来回踱着步子，指了指电话，"把电话告诉我，我亲自打过去道歉！"

秘书一笑，走到赵经理桌前："不用了！告诉您，那封信我根本没寄。"

"没寄？"

"对！"小王笑吟吟地说。"嗯……"赵经理坐了下来，如释重负，停了半晌，又突然抬头："可是我当时不是叫你立刻发出吗？"

"是啊！但我猜到您会后悔，所以压下了。"小王转过身，歪着头笑笑。

"压了三个星期？"

"对！您没想到吧？"

"我是没想到。"赵经理低下头，翻记事本，"可是，我叫你发，你怎么能压？那么最近发南非的那几封信，你也压了？"

"我没压。"小王脸上更靓丽了："我知道什么该发，什么不该发……"

"你做主，还是我做主？"没想到赵经理居然霍地站起来，沉声问。

小王呆住了，眼眶一下湿了，两行泪水滚落，颤抖着、哭着喊："我，我做错了吗？"

"你做错了！"赵经理斩钉截铁地说。

看到小王的遭遇，你会想：明明秘书小王救了公司，上司非但不感谢，还恩将仇报，小王做的对不对？如果说"对"，你就错了！

正如赵经理说的——"你做主，还是我做主？"

假使一个秘书，可以不听命令，自作主张地把领导要她立刻发的信，压了三个星期不发，那"她"岂不成了主管？如果有这样的"暗箱作业"，以后交代她办事，谁能放心？所以小王有错，错在不懂工作伦理。老板毕竟是老板，事情还是得他做主。

仅就工作而言，下属自作主张带来的后果，都不会十分严重，也并非全都是消极的方面。可以想象，哪有那么多员工笨到不知轻重的地步，敢于擅自替上司作出关乎单位整体利益的主张？除非他是个没有自知之明的人。然而，这种自作主张所带来的对职场上的等级及人际关系常态的冲击，是十分明显的。

上司反感下属的自作主张，不在于他的擅自决定给工作带来的损失——通常来说，这种损失是微小的。

上司真正在意的是下属越权行事的行为，以及这种办事风格所反映的下属心中对上司的重视程度。尽管这种行为不一定说明下属不注意上司的存在，不把上司放在眼里，但在上司的理解上，会把这种行为与下属对自己的个人态度联系起来，最后认定这种做法不仅是对自己的无视，也是下属工作经验与能力欠缺、办事不稳重的表现。

这样一来，你无意中的一次私自定夺行为，带来的可能就是上司以后的冷遇与不信任。这种误会与不信任，不是一朝一夕能够改变的，对你的前途的损害，也是难以弥补的。

不自作主张，是你在处理公司事务时起码要做到的。在这方面更进一步，你还需要做到遇事多和上司商量，多让上司给你做主。

你有没有常常向上司询问有关工作上的事？或者是自己的问题，有没有跟他一起商量？

如果没有，从今天起，你就应该改变方针，尽量地发问。下属向上司请教，并不可耻，而且是理所当然的。

有心的上司，都希望他的下属来询问。下属来询问，表示他眼里有上司，相信上司的决定。另一方面也表示他在工作上有不明了之处，而上司能够回答，才能减少错误，上司也能够放心。如果员工假装什么都懂，一切事都不想问，上司会觉得"这个人恐怕不会是真懂"而感到担心，也会对你是否会在重大的问题上自作主张而产生担忧。

在工作上，遇到重大问题的决策时，你不妨问问上司，"关于某件事，某个地方我不能擅自下结论，请您定夺一下"，或者"这件事依我看不这样办比较好，不知您认为应该如何"，等等。

在办公室里，你需时刻牢记一条：上司永远是决策者和命令的下达者，无论我们有多大的把握相信自己的判断力，无论你代替上司决定的事情有多细致，都不能忽略上司同意这一关键步骤。否则，当上司意识到本应由自己拍板的事情，被属下越俎代庖，他所产生的心理上的排斥感和厌恶感，以及对于下属不懂规矩的气恼，足以毁掉你平时凭借积极努力所换来的上司对你的认同。

所谓"一招不慎，满盘皆输"，莫过于此。

不同的上司，不同的应对战术

当原本雇佣你，甚至提携你的老板忽然离职，有个陌生的面孔走进你的办公室，说明他是你的新老板，以后有事你要直接向他汇报的时候，你要怎么办？你是否觉得只有你的前老板才最器重你？你是否还想到了"一朝天子一朝臣"？这是不是表示，你的工作生涯开始出现了某种危机？

根据《华尔街日报》的报道，尽管处在这样紧张的情况下，只要以正确的态度应对，让自己成为新老板不可或缺的帮手，即使更换老板，也不一定会对你的职业生涯产生负面影响。这里有一个例子，希望我们从中能学会怎样应对这种情况。

乔丹曾经是英孚美公司的总经理。一天，一位她素未谋面的董事突然走进她的办公室，对她说："你好，我叫基尼斯，我是你的新总裁。"原来，乔丹以前的老板已经被公司革职了。

自从基尼斯接任英孚美公司的总裁以后，他一直鼓励乔丹继续留任，并且决定对公司大力改革，而他很需要乔丹的协助。于是，乔丹以自己丰富的经验，每天花14小时，帮助新总裁详细检查公司，并且迅速作出改变，甚至重新安置公司的总部。

重整的结果是，英孚美公司被拆成两家公司。面对这样的结果，乔丹认为她的阶段性任务已经完成，因而提出辞呈。结果被老板大力挽留。显然这位新总裁已经将她当成不可或缺的左右手。

另外一个例子发生在《读者文摘》的盖威身上。盖威担任行销主管时，遇到了总裁被更换的情形。新上任的总裁迅速撤换了三个主管，换上自己的人马。而盖威正是前总裁最后引进的高层主管。

盖威采取了主动出击的策略。他主动向新总裁简短扼要地提出建议，表示他同意新领导人的意见，认为《读者文摘》应该更注重传统的力量。另一方面，他也表示反对前总裁的某些政策，例如在深夜的电视上做广告。他告诉新总裁，他并不觉得这样可以在短期内获得报酬。新总裁马上决定要盖威与他一同整顿公司。

这种做法是不是对以往的总裁不忠诚？其实，盖威以前就常常和他的总裁有激烈的讨论，他的态度前后并没有差异，不过是新总裁更认同他的意见罢了。盖威不断地贡献出自己的经验，帮助新总裁管理公司，也获得了提升，从行销主管升为规划及新事业发展部门的资深副总裁。

以上两个例子中的主人公盖威和乔丹，最后都离开了公司。虽然如此，但他们在面对新总裁时的态度，都为他们留下了良好的印象，更使他们成为新总裁重用的对象。

当总裁离职时，并不是你职业生涯的终点，只要运用自己的经验与实力，持续对公司作出贡献，不管在什么总裁的带领下，你都会是总裁不可或缺的好帮手。

面对不同总裁的不同态度，你该如何处理？以下几个案例，或许对你能有所启迪和帮助。

1. 严谨型老板——大会小会总是批评人

审计局的晓和办一个案件，少了一道程序，差点被人家投诉。幸亏局长发现得及时，才没有造成重大失误。其实晓和心里很感激局长，但不明白局长怎么总是抓住自己的小辫子不放？动不动就提到这件事，有时候开大会也丝毫不给他留面子。晓和心里有点委屈：我不就是犯了一个小错误吗？

制胜绝招：洗耳恭听

要诀一：听得进——失误总是难免的，身为普通职员，最忌讳的就是听不进老板的批评。在人才济济的大单位，能被老板留意不容易，如果你不能用斐然的成绩吸引老板的青睐，那就应尽量减少失误。

要诀二：忍得住——老板总是批评你，提醒你的过失，其实也是对你的留意和关心。要保护自己的自尊，先要培养自己的耐心。面对老板的批评，你应该有心理上的厚度和韧性。

要诀三：改得快——防止伤害的最好办法是积极地去解决问题，争取好印象。你要学会保护自己，再见到局长时，你可以主动对局长说："我现在做事已经用心多了，不信您看我现在做的几件事。"

2. 情境型老板——新官上任老要她泡茶

在报社工作的文丽近来一直很烦。她的前任主编于上个月退休，现在由一位30岁的年轻主编全权接管。文丽的工作本来是版面设计，但新主编却一天要与她会面五六次，有时候竟会对她说："泡两杯茶，我们谈谈。"文丽觉得这样的事情令人尴尬，可又不想撕破脸拒绝，所以很烦恼。

制胜绝招：洒脱不羁

要诀一：谨慎点——年轻貌美的女职员，难免会被同事和老板喜欢，但并不是每一位老板都是这样，有时候他们也许只是因为感觉孤独，想找人聊聊，如果你一味用有色眼镜看人，说不定你的小肚鸡肠会令他也很尴尬。新主编刚刚上任，对报社现状不太了解，自然渴望找一位熟悉这里的员工谈谈。

要诀二：洒脱点——虽然你是女孩子，但也要像男子汉那样洒脱一点，用平常心对待老板的亲近，即使是一位花心的老板，在一位大大方方只谈公事的女职员面前，也会敬畏三分。

要诀三：正派点——对异性老板的亲近，千万别往邪处想！你要除去心里的疑虑，借喝茶的机会，与新主编谈谈报社的从前和你对报社的期待，甚至可以谈谈报纸版面的更新或者工薪制度的改革。

3. 稳重型老板——大功告成竟然冷处理

杨娟终于将公司一笔30万元的应收款收回了，这足以使她在接下来的一个星期里沾沾自喜。杨娟想，经理肯定会表扬我，甚至给我升职、加薪。可是，真奇怪，这个星期，经理非但没有夸奖杨娟，甚至连例行的办公室谈话也没叫她去。杨娟终于忍不住了，借着送文件的机会，想打探一下虚实。可是经理只是低头写文件，淡淡说了一声："下去吧。"杨娟知趣地出门了，可心里那个火呀，直往上冒。

制胜绝招：沉着冷静

要诀一：别急躁——换你做经理，面对工作出色的下属，你会喜形于色吗？一个人的升迁就意味着另外的人失去机会，而且也不是每件事都可以让你升职。经理需要时间仔细考虑这件事情。再说，你的出色表现已经够让同事们注意了，如果他也明显地表现出对你的喜爱，那岂不是帮你招惹嫉妒？从这个角度看，经理的冷遇也是在保护你。

要诀二：要冷静——就算不能冷静，现在你也必须保持沉默。你应该与经理隔开一点距离。这距离可以展示你成熟的心理素质。

要诀三：多努力——如果逾期两个月仍未见提升，或是经理把职位给了别人，那只能说明你还不够资格得到那个位置。你还得继续奋斗！

4. 权威型老板——出国商谈突然器重人

筱辰做梦也没想到，她这么一个默默无闻的小职员会得到董事长的看重，竟点名要她陪同前往日本进行商务谈判。虽然那是人人都垂涎的机会，既可以展示才能，又可以接近老总，还可以顺便旅游看风景，但筱辰还是觉得不大可能。她心里有不少疑虑：董事长是不是开玩笑？这么好的事为什么轮到我？会不会临走又换别人？

制胜绝招：缜密仔细

要诀一：别自卑——是金子总会发光的，或许你的某方面潜质吸引了他，比如有无懈可击的口才和一口流利的外语。不论董事长出于什么原因对你委以重任，都说明这是一件好事，你得给予相应的重视。相信经验和智慧都比你强得多的老总，不会心血来潮地决定某个人的工作，他一定有他的道理。

要诀二：要认真——在这个时候，你要拿出最慎重和一丝不苟的态度，在短时间内精心做好准备。如果出错，丢丑的是你；如果成功，则人人有份。在整个谈判的过程中，你要展示你的才华和智慧，使出浑身解数，为老总赢得主动、赢得利益、赢得所有人的称赞。

要诀三：会暗示——工作结束后，如果老总问你："你在工作上还有什么理想？"你千万别直接说："我想升职。"但可以不失时机地给老总一个暗示："如果有更多的挑战，我会有更多的创造。"等待你的肯定是另有重用。

留一点空间给你的上司

有个朋友曾当过几年兵，在他服役受训的时候，打扫营区是每天例行的工作，可奇怪的是，无论他们再怎么努力打扫，几乎连蚂蚁屎都扫掉了，等到营长来巡视时总还要说哪里不够干净，哪里还需要重扫，让他纳闷不已。打扫营区如此，保养武器也是如此，营长总能抓到他们的"毛病"。

在他当连长前，营长为他揭晓了谜底。营长说，如果营长每次都满意，士兵就会自然而然地产生懒惰的情绪；其次，没毛病也要找出毛病，是为了凸显营长的权威，以方便领导统御，不要让士兵觉得你好说话而敷衍你。

在部队当连长时，这位朋友充分活用营长的领导哲学，发现效果还真的不错。

在办公室里工作和在军中带兵不同，军中讲究的是服从，而在办公室里就是两回事，做上司的若没毛病还要找毛病，那么他自己难做，下属也会很难做，弄不好会两败俱伤。

每个人工作的目的之一都是为了生活，当上司的也不例外，你怕被"冰冻"，怕丢工作，怕被"刮胡子"，怕不受信任，上司的心情和你完全相同，只不过他怕的和你怕的有一些不大相同。因为他还要带领下属，而下属就是他怕的原因之一。你能力不强他怕事情做不好他要承担后果，动摇了他的领导地位。

当你的能力太强时，一些当上司的为了"安全"，也为了他的"江山"，会不断地打击你，挑你的毛病，搁置你的计划，阻断你向上司沟通的渠道，甚至恶意地挑拨你和其他同事的关系，最恶劣的还有栽赃、夺权、穿小鞋等手法。

总而言之，如果他受到他的上司的支持，那么他要找你的毛病总是有办法的。如果你根本没有取而代之的野心，被这样子对待不是很冤枉、不值得吗？

让我们来思考那位营长的话，他没有毛病也找毛病是为了领导统御的需要，那么如果我们能让上司在领导岗位上有安全感，不就天下太平了吗？

一凡在某钢厂宣传处工作，有一天，处长突然叫他整理一个劳动模范的先进事迹。这是处长对一凡的一次考试，它将关系到一凡是否还能继续在机关待下去。

对这样的材料，一凡并不感到为难，但有了无形的压力，便不得不格外精心对待。花了一个通宵，写好后反复推敲，又抄写得工工整整。

第二天一上班，就把它送到了处长的办公桌上。处长当然高兴，快嘛，字又写得遒劲、悦目，而且在内容、结构上也没有什么可挑剔的。

可是，处长越往下看，笑容越收紧。最后，他把文稿退回给一凡，让他再认真修改修改，满脸的严肃，真叫人搞不清什么地方出了差错。

一凡转身刚要迈步，处长像突然想起了什么似的说："对，对，那个'副厂长'的'副'字不能写成'付'，这不合文字规范，你把它改过来，改过来就行了。"

处长又恢复了先前高兴的样子，还一个劲地道："来得快，不错。"这一下考试自然过关！

从这件事中，我们可以得到这样的启示：处理上司交办的任务，一定要尽可能地争取时间快速完成，而不要过分讲究办事的细节和技巧。

如果你把事情处理得过于圆满而让人挑不出一点毛病的话，那就显示不出领导比你高明的地方。

善于在办公室里处世的人，常常故意在明显的地方留一点儿瑕疵，让领导或同事一眼就看见他"连这么简单的东西都搞错了！"这样一来，尽管你出人头地，木秀于林，别人也不会对你敬而远之，他一旦认为"原来你也有错"的时候，反而会缩短与你之间的距离。

适当地把自己安置得低一点儿，也就等于把别人抬高了许多。试想想，当被人抬举的时候，谁还有放置不下的敌意呢？就像那位处长，当终于发现一个错别字的时候，他的脸上不是立即又多云转晴了吗？只有当他对别人谆谆教诲的时候，他的自尊和威信才能恰到好处地表现出来，这个时候，他的虚荣心也得到了满足。

上司让你去办理一件事，你办得漂亮极了，有的地方显得比上司还要高明。岂不知，这样会弄巧成拙。

你的上司因此可能会感到自身的地位将会受到威胁，你的同事因此可能会认为你逞能，爱出风头。陷入这些琐碎的纠缠中，你能感觉到没有压力吗？能开心吗？

如果换成另一种做法，将上司交给的任务，三下五除二即处理完毕，你的上司首先会对你充沛的精力感到惊讶，效率高呀。

但是，你因为快，草草完成的任务不一定完美，这时上司会"原则性"地指点一二，从而显示你比他略输一筹。

所以，做下属的要知道留一点空间给你的上司。具体做起来就是。

1. 事情不用做得十全十美

最好在不很重要的地方犯个小错，或留下一点缺憾，好让你的上司来"指点"一番。能找出毛病来"指点"，表示上司的能力还是高过你，那么他就放心了。

2. 不要忘记称赞你的上司

下属需要上司称赞，上司其实也需要下属称赞，尤其是在上司的上司也在的公众场合。你的称赞一是表现了你的服从，再者就是间接替你的上司做了公关，他不高兴才怪呢。

3. 时时向上司"请教"

明明你懂得比他还多，你还是要尊重他的职位，和他讨论某项计划，请他给你一些"指点"。上司看了你的这种行为当然就放心了。

方法总比借口多

清华大学高级总裁班曾经接受这样的一份调查问卷:"什么样的员工是你们最喜欢的员工?哪一种员工是你们最不愿意接受的员工?"

对于第一个问题,总裁班给出的答案是:没安排工作却能主动找事做的员工,通过方法提升业绩的员工,从不抱怨的员工,执行力强的员工,能为公司提建设性意见的员工。对于第二个问题,总裁班给出的答案是:做事不努力而找借口的员工,损公肥私的员工,过于斤斤计较的员工,华而不实的员工,受不得委屈的员工。

这两个答案证实了这样一个结论:凡事找借口的员工,是公司里最不受欢迎的员工;凡事主动找方法的员工,是公司里最受欢迎的员工。

在职场中,那些找借口的人,最不会主动想办法解决问题,哪怕有现成的办法摆在面前,他也难以接受。这就是一流员工与末流员工的根本区别。

杨先生是浙江温州人,十多年前,他的一位远房亲戚在欧洲开饭店,邀请他过去帮忙。没料到,他到欧洲不久,亲戚就突然患病去世了,饭店很快也垮了。

杨先生不想回国,就在当地找了份工作。几年后,他到了一家中等规模的保健品厂工作。公司的产品不错,但知名度却很有限。

杨先生从推销员干起,一直做到主管。一次他坐飞机出差,不料却遇到了意想不到的劫机。度过了惊心动魄的十个小时之后,在各界的努力下,问题终于解决了,他可以回家了。就在要走出机舱的一瞬间,他突然想到电影中经常看到的情景:当被劫机的人从机舱走出来时,总会有不少记者前来采访。

为什么自己不利用这个机会宣传一下自己的公司形象呢?

于是,杨先生立即做了一个在那种情况下谁都没想到的举动:从箱子里找出一张大纸,在上面写了一行大字:"我是×××公司的,我和公司×××牌保健品安然无恙,非常感谢营救我们的人!"

他打着这样的牌子一出机舱,立即就被电视台的镜头捕捉住了。他立刻成了这次劫机事件的明星,很多家新闻媒体都对他进行了采访报道。

等他回到公司的时候,公司的董事长和总经理带着所有的中层主管,都站在门口夹道欢迎他。

原来,他在机场别出心裁的举动,使得公司和产品的名字几乎在一瞬间家喻户晓了。公司的电话都快打爆了,客户的订单更是一个接一个。董事长动情地说:"没想到你在那样的情况下,首先想到的竟然是公司和产品。毫无疑问,你是最优秀的推销主管!"董事长当场宣读了对他的任命书:主管营销的公司副总经理。之后,公司还奖励了他一笔丰厚的奖金。

主动找方法的人永远是职场的明星,他们在公司里创造着主要的效益,是今日公司最器重的员工,是明日公司的领导以至领袖。

一位老总说过自己的一个经历：他曾经正式招聘过一位员工，但没想到，还不到半个月时间，他就不得不把她辞退了。

那位员工是一位刚毕业的女大学生，学识不错，形象也很好，但有一个明显的毛病：做事不认真，遇到问题总是找借口搪塞。

刚开始上班时大家对她印象还不错。但没过几天，她就开始迟到，办公室领导几次向她提出，她总是找这样或那样的借口来解释。

一天，领导安排她到北京大学送材料，要跑三个地方，结果她仅仅跑了一个就回来了。领导问她怎么回事，她解释说："北大好大啊。我在传达室问了几次，才问到一个地方。"

老总生气了："这三个单位都是北大著名的单位，你跑了一下午，怎么会只找到这一个单位呢？"

她急着辩解："我真的去找了，不信你去问传达室的人！"

老总心里更有气了：我去问传达室干什么？你自己没有找到单位，还叫老总去核实，这是什么话？

其他员工都好心地帮她出主意：你可以找北大的总机问问三个单位的电话，然后分别联系，问好具体怎么走再去；你不是找到了其中一个单位吗？你可以向他们询问其他两家怎么走；你还可以在进去后，问老师和学生……谁知她一点也不理会同事的好心，反而气鼓鼓地说："反正我已经尽力了……"就在这一瞬间，老总下了辞退她的决心：既然这已经是你尽力之后达到的水平，想必你也不会有更高的水平了，那么只好请你离开公司了！

尽管女孩的举动让很多人难以理解，但是像这种遇到问题不是想办法解决而是找借口推责任的人，在职场上并不少见。而他们的命运也显而易见——遇事找借口的人，只有被辞退。

一流员工找方法，末流员工找借口。如果你想获得发展，在办事时你就应该寻找方法，不找借口。

在工作中展示创造力

成功者是那些能够摆脱条条框框的束缚而有所突破的人，这种人是各个公司都急于网罗的对象。

在一家公司里，总经理总是对新来的员工强调一件事："谁也不要走进8楼那个没挂门牌的房间。"他没有解释原因，也没有员工问为什么，他们只是牢牢地记住了这个规定。

又有一批新员工来到公司，总经理重复了上面的规定。这次有个年轻人小声嘀咕了一句："为什么？"

"不为什么。"总经理满脸严肃地说，依旧没有任何解释。

回到岗位上,年轻人在思考着总经理的这个令人费解的规定,其他人劝他别瞎操心,遵守这个规定,干好自己的工作就行了,但年轻人却执意要进入那个房间看个究竟。

他轻轻地敲了一下门,没有反应,再轻轻一推,虚掩的门开了,只见屋里有一个纸牌,上面写着——把这个纸牌送给总经理。

闻知年轻人擅闯"禁区"的同事劝他赶紧把纸牌放回房间,他们会替他保密的,但年轻人拒绝了,他拿着纸牌走进了15楼总经理的办公室。

当他把那个纸牌交到总经理手中时,总经理宣布了一项惊人的决定——"从现在起,你被任命为销售部经理。"

"就因为我拿来了这个纸牌吗?"年轻人诧异地问。

"对,等这一刻我已经等了快半年了,相信你能胜任这份工作。"总经理自信地说。

果然,销售部在年轻人的带领下,工作搞得红红火火。

这个例子说明勇于走进某些禁区,打破条条框框的束缚,会寻找到意想不到的机会。因循守旧、维持现状、不敢创新的人,过的只能是芸芸众生的生活。

瑞士斯沃琪集团的创始人之一兼首席执行官、亿万富豪尼古拉斯·海耶克极其成功地重塑了瑞士破产的钟表产业,使之重新成为一个价值数十亿美元的钟表帝国。海耶克这样建议:"你的时间的确需要规划,但永远不要百分之百地规划它。如果那样的话,你会扼杀了自己的创造性冲动。"

在工作中,许多员工抱着坚守岗位的态度,一切因循守旧,缺少创新精神。他们认为创新是老板的事,与己无关,自己只要把分内的工作做妥即可,舍此无他。

这种思想实在要不得。要知道,谁也不比谁强,谁也不比谁差。你所拥有的,别人同样也拥有。如何能够突围而出,高人一筹?你务必突出自身办事的创造力。

敢于创新不仅对公司有利,也对你本人的形象、声誉、能力和前途有利。无论创新的意念是否被老板接纳,进行得是否顺利,都能显示出你对公司的热诚和责任感。

成败得失并非关键,重要的是那份勇于尝试的精神,能够有助于你获得老板的认同。

综观事业上取得成功的人,他们一般都不是那种从常规去考虑问题的人,而是能够站在创新的立场上,考虑各种问题的人。

总之,创造性的眼光,可以使你摆脱本行业的条条框框,接受其他领域中的优秀思想,当你尝试从不同的角度看事物时,创新的智慧常会让你得出独到的见解,再加上进一步的整理和分析,必然令老板大为信服。

可是,并非随便地想一下就能完成一件工作。唯有靠平时的努力所体会出来的心得,才能想出有价值的构想。"工作的创新"需要从自己所负责的专门工作中,或从其相关工作中摸索,这样就容易找到自己的方向,设定自己的目标了,并不是漫无目的地左顾右盼,就能够找到创新的构想。

你的构想很可能和别人的一样,或是别人从前做的失败了,或是已经做到了某一程度。那该怎么办呢?你可以向前辈请教。若你得到的答案是"从前并没有人做过",那就表明这是一个值得做的计划;若别人告诉你:"这以前好像有人做过。"

那么你应该先参考别人所做的，然后再拟定方针。

在这种情况下，别人往往会告诉你一些消极的意见："这件事恐怕做了也是白做。你不管花费多大的心力，也不会有结果的。"假如是大家都认为会成功的事，他们早就自己做了。到现在还没有人做，那是由于大家都认为这是件吃力不讨好的事情。

可是，正因为如此，这件事才更有它的价值。你能够找到这样的目标肯定是一件值得庆幸的事，如能进而作出一点成绩，这或许是别人无法达到的成绩。你也就是最先进入这个新领域的人，就这一点绝对是与众不同的。

遵守办公室里的潜规则

办公室中有许多不成文的规矩，虽然没有像规章制度一样白纸黑字地写着，但是一旦你违反了这些规则，同样会受到惩罚。所以你一定要注意这些规矩，别给自己增加不必要的麻烦。

1. 不要过度关注别人的隐私

在办公室里有一些人，喜欢打探他人的秘密与隐私。有些人喜欢加油添醋地传话，从来不顾及当时者的感受。有的人与被谣言困扰的当事者相处时，态度上会有些不自然，因而影响到两人工作上的配合。

如果整天在办公室搬弄别人的是非，你哪还会有精力去做好工作？而且，同事们都会对你敬而远之，因为他们担心有一天自己也成为了谣言的焦点。

2. 客户请你吃饭要先请示上司

有些与你有业务往来的人，可能会请你出去吃饭。这种时候，你绝不可以表现出很高兴的样子，轻易就接受别人的邀请。

因为你与对方是通过业务才认识的朋友，虽然客户请吃饭不过是一点小意思，但是，事实上，他并非是请你私人，而是请公司的代表人。另一方面，你若接受对方的招待，正应了中国的一句俗话："吃人的嘴软，拿人的手短"，在业务上，也许会因此受到影响。

一个公司与业务往来的客户一定是由于合作的关系而彼此有交往，所以应该以商品的质量或周到的服务来维持公司与客户间的关系，因此，不要把"请吃饭"的事情看得很重。

当对方邀请你时，是否能接受对方的招待，绝不可以只凭自己的判断而定，最聪明的方法，就是和你的主管商量，这才是一个公司职员应尽的义务。

3. 不要对来客有差别待遇

凡是来公司的客人对公司来说都是重要的。有些女职员把客人区分为该亲切的和不用亲切的，如果平时不注意这种情况，则对来客虽然表面上做得非常客气，但常会在不经意的举动中得罪客人，而自己还浑然不知。

4. 避免同事间的金钱往来

人们常常有一个毛病,借来的钱很容易忘掉,借给别人的钱,却记得牢牢的。因此,同事之间互相借钱只能徒增不满,还钱稍有不及时或是一方催要得过于急迫都会影响双方的关系。

有关钱的问题,你必须注意以下几点:(1)在办公室里,必须多带些钱在身边;(2)尽量避免借钱给别人,借出的钱最好不要记住,借来的钱千万不要忘记;(3)养成有计划花钱的习惯。

◆◆办事的智慧◆◆

> 商海沉浮,适者生存。竞争不可怕,裁员也不可怕,可怕的是自己没有精湛的专业技能,没有形成独具特色的办事风格,没有具备别人不可代替的价值。如果你想在越来越激烈的职场竞争中取胜,你就应该从现在开始,努力办好工作中的每一件事情。

第八章　赢得信赖
——让他人主动帮忙

在一个著名烹调师的妻子举行的一次晚宴上，布朗先生在和女主人以及另一位男宾交谈时，发现女主人的神情不那么自然。忽然，女主人指着桌子上一个黑色金属用具——看上去像一种电动烤肉铁架——说道："这种特别的工具是用来做'热吃干酪'的，你们知道'热吃干酪'是怎么回事吗？"

布朗先生刚想说知道，那位男宾叫了起来："是吗，完全不知道。什么是'热吃干酪'？是牛排的一种新吃法吗？"听到这些话，女主人露出了微笑。她向客人作了详细介绍，而且渐渐地变得喜笑颜开了。

听完这些，布朗先生才恍然大悟，原来"热吃干酪"并不像自己所想的是一种什么奶酪三明治，而是干酪火锅的一种吃法。这一课使布朗先生受益匪浅：不但弄清了一件原以为知道的事情的本来面目，更重要的是，布朗先生看到了自己身上的一个主要缺点，那就是以为自己什么都知道。

抱着一种学习的心态与人交往，不但显示了你的谦逊，而且你确实也能学到不少东西。

地域不同、文化背景各异的情况下，语言沟通困难时，偶尔说一说"我不明白"、"我不太清楚"、"我没有理解您的意思"、"请再说一遍"之类的话，会使对方觉得你富有人情味，真诚可亲，从而愿意与你合作。相反，趾高气扬、高谈阔论、锋芒毕露、咄咄逼人，很容易挫伤别人的自尊心，引起人家的反感，以致筑起防范的城墙，从而导致自己的被动。

记住对方的姓名

一位学者曾经说过："一种既简单但又最重要的增加亲密感的方法，就是牢记住别人的姓名，并且在下一次见面时喊出他的姓名。"

姓名是人的标志，人们出于自尊，总是最珍爱它，同时也希望别人能尊重它。如果你与曾打过交道的人再次见面，能一下叫出对方的名字，对方一定会感到非常亲切，对你的好感也油然而生；而如果只是觉得"眼熟"，再次向对方请教"贵姓"，双方一定觉得非常尴尬。

一个美国人有一次在巴黎开了一门公开演讲的课程，发出复印的信件给所有住在该地的美国人。那些法国打字员显然不太熟悉英文，在打个别名字的时候出了错。有一个人——巴黎一家大的美国银行的经理，写了一封不客气的信给这位老师，指出自己的名字被拼错了。

记住每个人的名字，是尊重一个人的开始，也是增加亲密感的重要一步。

两个多年未见的朋友在街头邂逅，一方能够脱口而出对方的名字，必能使对方兴奋不已；即使只有一面之交的人，再次偶然相遇，清楚地记得对方名字，必能使其对你刮目相看。

拿破仑以前十有八九遗忘别人的姓名，这使他的属下和朋友十分反感。后来他把每一个相识的人的名字写在纸上，全神贯注地闭门默记。如此一来，尽管再繁忙的公务缠身，他都能随口说出别人的姓名，得到众人的敬佩和爱戴。

钢铁大王安德鲁·卡内基是一个非常善于利用人们对自己姓名重视的心理来与人相处的企业家。

卡内基孩提时代在苏格兰的时候，有一次抓到一只兔子，那是一只母兔。他很快发现了一整窝的小兔子，但没有东西喂它们。他于是想了一个很妙的办法。他对附近的那些孩子们说，如果他们找到足够的苜蓿和蒲公英，喂饱那些兔子，他就以他们的名字来替那些兔子命名。这个方法太灵验了，结果许多孩子争着去为他寻找兔粮。

好多年之后，他在商业界仍然利用同样的方法，赚了好多好多的钱。例如，他希望把钢铁轨道卖给宾夕法尼亚铁路公司，而艾格·汤姆森正担任该公司的董事长。因此，卡内基在匹兹堡建立了一座巨大的钢铁工厂，取名为"艾格汤姆森钢铁工厂"。

当卡内基和乔治普尔门为卧车生意而互相竞争的时候，这位钢铁大王又想起了那个兔子的经验。

当时卡内基控制的中央交通公司，正在跟普尔门所控制的那家公司争夺联合太平洋铁路公司的生意，你争我夺，大杀其价，以致毫无利润可言。卡内基和普尔门都到纽约去见联合太平洋的董事会。有一天晚上，在圣尼可斯饭店碰头了，卡内基说："晚安，普尔门先生，我们争得你死我活岂不是在出自己的洋相吗？如果合作你看怎么样？"

"你这句话怎么讲？"普尔门想知道。于是卡内基把他心中的话说出来——把他们两家公司合并起来。他把合作而不互相竞争的好处说得天花乱坠。普尔门注意地倾听着，但是他并没有完全接受。最后他问："这个新公司要叫什么呢？"卡内基立即说："普尔门皇宫卧车公司，当然。"

普尔门的目光一亮。"到我的房间来，"他说，"我们来讨论一番。"这次的讨论改写了一页工业史。

安德鲁·卡内基这种记住以及重视朋友和商业人士名字的方式，是他领导才能的秘密之一。他以能够叫出他许多员工的名字为傲，他很得意地说，当他亲任主管的时候，他的钢铁厂未曾发生过罢工事件。

记住他人的姓名，在政治上与商业界和社交上的重要性几乎一样。一名政治家所要学习的第一课是："记住选民的名字就是政治才能，记不住就是心不在焉。"

罗斯福开始竞选总统前的几个月中，其助手吉姆一天要写数百封信，分发给美国西部、西北部各州的熟人、朋友。而后，他乘上火车，在19天的旅途中，走遍美国20个州，行程12000公里。他除了火车外，还用其他交通工具，像轻便马车、汽车、轮船等。吉姆每到一个城镇，都去找熟人进行一次极诚恳的谈话，接着再开始下一段的行程。当他回到东部时，立即给在各城镇的朋友每人一封信，请他们把曾经谈过话的客人名单寄来给他。那些不计其数的名单上的人，他们都得到吉姆亲密而极礼貌的复函。

吉姆早就发现，一般人对自己的姓名最感兴趣。把一个人的名字记住，很自然地叫出来，你便对他含有微妙的恭维、赞赏的意味。若反过来讲，把那人的姓名忘记，或是叫错了，不但使对方难堪，而且对你自己也是一种很大的损害。

很多人不记得别人的名字，只因为他们认为没有必要下工夫和精力去记别人的名字，如果问他们为什么，他们肯定会为自己找借口，说自己很忙。

一般人大概不会比罗斯福更忙，可是他甚至会把一个技工的名字牢牢地记下来。罗斯福总统知道一种最简单、最明显，而又是最重要的获得好感的方法，那就是：记住对方的姓名，使别人感到自己很重要。

不必事事都求胜

"胜利"是绝大多数人一生追求的目标,可是在人性丛林里,事事求胜,却不一定是好事,有时候,"求胜"反而是"失败"的前奏。

有一部电影的部分情节是这样的:

男主角为了查案,想办法进入某一帮会。该帮会的规矩是,欲加入者,必须接受该帮会三名"高手"的挑战。结果男主角先后"摆平"了前两位"高手",最后碰到帮主,两人在经过十数回合的交手后,男主角俯首认输。女主角知道男主角功夫高强,对他的认输大感不解,男主角回答说,如果他打败那位帮主,自己就要取而代之,成为帮主,可是当帮主不是他所愿,也无助于查明案情,何况他也不一定能带得动这些人,为了收服他们的心,还得花很多心思,这对查案无益。因此他不求胜,反而故意求败,给了那位帮主及全体"弟兄"面子。男主角因为坐上了第二把交椅,接近权力核心,反而更容易了解案情的来龙去脉。

这虽然是部电影,可是情节却相当合乎人性丛林里的法则,也就是:你的胜利是别人的失败,失败者的心情极端复杂,他可能真正臣服认输,但也有可能在心底埋下一粒复仇的种子,若卷土重来,两人光明正大再度对决则无大碍,怕就怕他在背后射冷箭。

此外,胜利也会为你带来很多人际关系上的变化及负担,或许,这也算是胜利所付出的代价吧!

所以,不必事事求胜,竞技场上不求胜是孬种,但在人性丛林里,事事求胜的人却是愚者。然而也不是凡事都要做个失败者,而是你要考虑:

这个"胜利"对我的价值和意义如何?

为了这个"胜利",将付出什么样的代价?

打败对方,将产生怎样的人际效应?

"失败"和"胜利"相比,何者价值大?

有了这些思考,该求胜就求胜,并且也要承担求胜之后所发生的种种后遗症,如果没必要求胜,那么就求败吧。

不过,求败也要有一些技巧。不可不战而败,那会引起对方的不满与怀疑,反而对你不利。你必须"假装"拼命,然后再"狼狈"地落败,否则想要求败都求不得。

求败还有一个好处,那就是可以隐藏实力,别人永远搞不清楚你到底有多少斤两,而这就是你在必要时求胜的最好本钱。

事事都胜,容易引起别人嫉妒,有时反而会影响你追求大胜利,所以宁可小事求败,大事才求胜。

不妨说点善意的谎言

在面对病人时，谎言必不可少；在教育方面，适当的谎言也会对人产生积极的影响。

美国作家欧·亨利写过一篇题目为《最后一片叶子》的短篇小说，它的故事是这样的：

在某公寓的一个房间里，住着一位身患重病的女人。她的房间外有一棵树，树叶在秋风的摇曳下，一片一片地飘落下来。病人守望着落叶，身体也随之每况愈下，一天不如一天。她想：当树叶全部掉完时，我也就要死了。

女病人的邻居一位老画家得知后，被这种悲泣深深打动了，他用画笔画了一片能够以假乱真的叶子，固定在树枝上。寒冷的冬天到了，只有那片叶子还孤零零、顽强地挂在高高的树枝上。那位濒临死亡的女病人守望着那片唯一的树叶，心想那片叶子是那么的顽强，能在寒风中傲立枝头，自己的生命也不能那么脆弱，是上帝为她留下了一片叶子，让她重新看到了生命的希望。于是她坚强地活了下来。

作为医生，面对一位生命垂危的重症患者，经常会宽慰病人说："只要配合治疗，很快就会康复。"而几乎没有一个医生会对病人说："你根本没有希望了，很快就会死。"

同样，作为亲友，在去探望病人时，即使知道他活不了几天了，也要与医生配合，把谎话接着编下去，让病人满怀信心地接受治疗。因为经常保持快乐的心情往往会创造出生命的奇迹，即使没有奇迹出现，让病人在生病的日子充满快乐和希望也是一种人道精神的表现。这个时候，你不撒谎，还能做些什么？

教育学家通过研究发现，教师如果善用美好的谎言鼓励学生，学生则会树立信心，并且真正有所进步。

曾经有人做过这样的试验：把学习能力、成绩相当的初一学生分成三个小组，第一组经常给予表扬和称赞；第二组经常给予责备和批评；第三组既不给予表扬和称赞，也不给予责备和批评。

在授课时，让三个组的学生做一些具有相同难度的数学练习题。这个实验连做了一个学期，得出的结论是：第一组学生的成绩在不断上升；第二组学生开始有一些进步，后来就逐渐地停滞不前了，学习效果很差，以至于有人开始厌学；第三组学生最初成绩有所上升，以后成绩就开始停滞不前了。可见，能使学生实力倍增的谎言格外受到欢迎。

大学教授们经常给学生写一些推荐信，或是用来向国外学校申请奖学金，或是用来到人才市场上参与激烈的职业竞争。如果学生的确是顶尖的人才，那便不必多说，照实写就是了。倘若教授诚恳地指出该学生不是那种出类拔萃的顶尖人才，通常接受推荐的一方就可能理解为该学生是个差劲的学生。如果这样做，他的推荐信可能伤害这个学生，使其失去深造的机会或难以找到工作，甚至对其一生的命运都会产生不良后果。

所以，教授们提笔写推荐信时，必定在其中夸奖学生的成绩和能力。你可以认为这是在撒谎，但这样善意的谎言是必要的。

李立在一家商贸公司上班。一天下班后，他和同事郑爽走在一起。郑爽这些天心里很郁闷，和上司的关系十分紧张。

两人边走边聊，郑爽控制不住自己的情绪，说了上司对他的种种不公平，还把上司的无知、浅薄及一些丑事统统信口说了出来。最后，怒犹未尽，忍不住又大骂了一通。

过了些日子，上司在李立面前也谈起了郑爽，言语之间非常不客气，怒斥郑爽的不顾大局、平庸无能、不思进取、不善开拓等诸多缺点。最后，上司问李立，可曾听见郑爽在他面前说过自己什么坏话。

李立是一个诚实的人，此时，他该怎么办呢？

无疑，李立面临两种选择：一种选择是不把郑爽的话告诉上司，另一种选择是十分诚实地把郑爽的话原原本本地告诉上司。

如果李立选择前者，上司的气会慢慢地消下来。有一天当他冷静下来后，会比较公正、合理地处理好这种关系的。

如果选择后者，上司会更加生气。生气之后他会进一步设想，李立在我面前讲他同事的坏话，肯定也会在其他人面前讲我的坏话。因此，对你也不能信任，至少要留一手。

上面的这件事，使用谎言，能使三方面都得到好处；而讲实话，却会让每个人都受到损害。可见，谎言在适当的时候会起到很大的作用。

然而，要说好善意的谎言并不比真话容易，首先我们应消除对谎言的偏见和犯罪感。只有做到这一点，我们才能把谎言说好。说好谎言应做到以下三点。

1. 真实

谎言也是生活中的一种真实，是无法真实时的一种真实。有时候，人们无法表露自己的真实意图，只能选择一种模糊不清的语言来表达真实。当你的同事拿着新方案让你提建议，而你觉得实在太差时，你却不可能直接告诉她："你做得太没有水平了。"这会让同事感到难堪。于是你只能模棱两可地说："你自己再看看。""你自己再看看"是一个什么样的概念，是不太好或是还可以？这就是假话中的真实。这样的谎言与违心的奉承和虚假的谄媚在本质上是有区别的。

2. 必须

许多情况下，谎言非说不可。有时候说谎言是出于礼仪。例如，当你应邀去参加单位或朋友的庆祝活动前遇到不愉快的事情时，你必须把自己的悲伤和恼怒掩盖起来，带着笑意投入欢乐的场合。这种掩盖是为了礼仪需要，我们不能一味地加以指责。

3. 合情合理

这是谎言得以存在的重要前提，许多谎言明显是与事实不符的。但因为它合乎情理，所以运用适当的谎言同样能体现我们的善良和爱心。例如：妻子患了不治之症，作为丈夫应该让妻子知道病情吗？许多人都会认为：不应该把事情的真相告诉妻子，也不应该在她面前流露痛苦的表情增加她的心理压力，应该让妻子在剩下的时光里生活得尽可能快活。当丈夫忍受着即将失去妻子的痛苦而说谎言时，他那与实情不符的安慰反而会带给我们感动，因为在这谎言里包含了丈夫对妻子的关爱以及对个人悲伤的克制。

说谎言时，如果你能够做到以上3点，那么谎言一样会给你带来无穷魅力。只要你心存善意，把谎言仅作为交际的一种策略，就是一种美丽的谎言。这种谎言是在善意基础上交际的必要策略，这同丑恶的谎言有着本质的不同。

以请教的方式提建议

向别人请教，有利于找出你们的共同点，这种共同点，既包括在意见上的一致性，又包括你们在心理上的相互接受。

你可能有过这样的体会：当你还是个高中生的时候，你会遇到初中的小弟弟、小妹妹向你请教各种问题，充满敬仰地要求你谈谈自己的学习方法。这时，无论你多么不高兴、多么忙，都会带着一丝骄傲，认真地解答他们的每一个幼稚的问题，并从他们的目光中得到某种心理满足。静下心来仔细分析这样的经历，就可以发现，成就感是多么早又是多么牢固地根植于我们的心灵深处。别人向我们求教，这就表明自己在某些方面是具有优越性的，如果说我们受到了崇拜，这大概有点儿过分，但至少说明我们受到了重视、具备了一定的影响力。在被别人请教时，我们心中涌起的愉悦感和自豪感往往并不能为我们自己所清醒地意识到，但它却主宰着我们的情感，甚至是我们的理智。每一个健康的、心智正常的人都会对这种感受乐此不疲，即使是领导也不例外。

在工作上，请教的姿态不仅仅是形式上的，更有内容上的意义。这样你可以亲自聆听上司在这方面的想法。这种想法在很多时候是他真实意志的浮现，而他却并未在公开场合予以说明，而且很有可能是下属在考虑问题时所忽略了的重要方面。这样，在未提出自己的意见之前，首先请教一下上司的想法，可以使你做到进退自如。一旦发现自己的想法还欠深入，考虑得不是很周到，你还有机会回去后再把自己的建议完善一下。如果你的建议是源于未能领会上司的意图，那么，它不仅毫无意义、分文不值，而且还暴露了你自己的弱点，这对你绝非幸事。

许多研究者都发现，"认同"是人们之间相互理解的有效方法，也是说服他人的有效手段。如果你试图改变某人的个人爱好或想法，你越是使自己等同于他，你就越具有说服力。因此，一个优秀的推销员总是使自己的声调、音量、节奏与顾客相称。正如心理学家哈斯所说的那样："一个造酒厂的老板可以告诉你一种啤酒为什么比另一种要好，但你的朋友，无论是知识渊博的，还是学识疏浅的，都可能对你选择哪一种啤酒具有更大的影响。"而影响力是攻心的前提。

有经验的攻心者，他们常常事先要了解一些对方的情况，并善于利用这些已知情况，作为"根据地"、"立足点"，然后，在与对方接触中，首先求同，随着共同的东西增多，双方也就越熟悉，越能感受到心理上的亲近，从而消除疑虑和戒心，使对方更容易相信和接受你的观点和建议。

下属在提出建议之前，先请教一下上司，就是要寻找谈话的共同点，建立彼此相容的心理基础。如果你提的是补充性建议，首先就要从明确肯定上司的大框架开始，提出你的修正意见，作一些枝节性或局部性的改动和补充，以使上司的方案或观点更为完善，更有说服力，更能有效地执行。

如果提出的是反对性意见，到哪里去找共同点呢？其实不然，共同点是不仅仅局限于方案本身的，还在于培养双方共同的心理感受，使对方愿意接受你。可以说，越是你准备提反对性意见，你就越可能招致敌意，越需要寻找共同点来减轻这种敌意，获得对方的心理认同。此时，虽然你可能不赞成上司的观点，但你一定要表示尊重上司的观点，表明你对它的理性思考。你应设身处地地从上司的立场出发来考虑问题，并以充分的事实材料和严谨的理论分析做依据，在请教中谈出自己的看法，在聆听中对其加以剖析，只要你有理有据，上司一定会心悦诚服地放弃自己的立场，仔细倾听你的建议和看法。在这种情况下，上司是很容易被说服，采纳你的意见和建议的。

塑造权威的表象

在人际交往中，我们可以巧妙地利用权威效应来影响他人，制造一些权威的表象。给自己冠上一些权威的头衔，或者象征某种权威的身份标志，都能让人对你刮目相看，给他人以心的震撼，让人敬仰、信服，接受你，赞同你，改变自己的态度和行为来屈从于你的暗示和建议。

假如你眼部不适，到医院就诊，如果其他条件相同，有一位眼科专家和一位刚从医学院毕业的年轻大夫供你选择，你会选择哪个呢？相信你一定会选择专家。

假如你要报一个作文培训班，你是愿意上一个由专业的著名作家来授课的班，还是愿意上一个刚从学校毕业的中文师范专业毕业的年轻老师的班？相信一般情况下，你会选择著名作家。

这些都说明，权威对我们的影响力非常大。有一位著名的心理学实验证明了权威的力量。

美国某大学心理系的一堂课上，一位教授向学生们隆重介绍了一位来宾——"施米特博士"，说他是世界闻名的化学家。施米特博士从随身携带的皮包中拿出一个装着液体的玻璃瓶，说："这是我正在研究的一种物质，它的挥发性很强，当我拔出瓶塞，它马上会挥发出来。但它完全无害，气味很小。当你们闻到气味，就请立刻举手。"

说完话，博士拿出一个秒表，并拔开瓶塞。一会功夫，只见学生们从第一排到最后一排都依次举起了手。但是后来，心理学教授告诉学生们：施米特博士只是本校的一位老师化装的，而那种物质只不过是蒸馏水（没有气味）。

这个实验中，人们宁可相信权威，而不相信自己的鼻子。对于本来没有气味的蒸馏水，由于这位"权威"专家的语言暗示而让多数学生都认为它有气味。这就是权威的影响力，是权威效应的作用所致。

权威效应，是指一个人要是地位高、有威信、受人敬重，那他所说的话及所做的事就容易引起别人重视，并让他们相信其正确性，即"人微言轻、人贵言重"。

如果现在有一个普通的人对你说，你现在这个年纪吃一些什么补品会大有好处，你对他的介绍一定会心存质疑。但是如果这个人的头衔是国际营养学会高级研究员，你会对他的上述言论作何感想？当你知道他去年被授予了诺贝尔生物学奖，你又会对他上面的话作何感想？在很大程度上，你会相信他的话。实际上，你相信的首先是他的头衔，其次才是他的话。

这就是权威效应的奥妙所在，你可以不是权威，但是如果你让人感觉你是权威，认为你是权威，那么他们就会由衷地相信你的话。

我们中国人都讲究谦虚、卑下、不多嘴多舌，但是假如你有什么资格、身份、资历一定要表明出来，藏在心里没人知道，人家还会小看你，不把你说的话当回事，不把你当重要人来对待。就算没有，也可以制造一些。

像华贵的衣服、好的办公地点、富丽的装饰、制服、名片等能够象征权威、象征身份地位的外部标志，同样能够获得人们的认可，使人们对其产生信任感。就是说，一种权威的象征与真正的权威一样，能够对人们产生足够大的影响力。

假如你准备自主创业，开一家公司。你在市中心租了一套办公室，装饰豪华，并把几个获奖证书或奖杯陈列其中，别人就会以为你财力雄厚，势力稳固，技术专业过关，对你的信任度就会直线上升，如果洽谈合适，很容易就能拍板成交。

假如你是新入行的推销人员，对你来说，最行之有效的快捷的投资之一，就是给自己买几件值钱的衣服。就算预算吃紧，宁可买下这两身衣服，也不去多买几身廉价服装。这有利于为你建立良好的形象，外加你对所推销产品的专业性能和市场行情的准确把握和介绍，别人一定会更选择相信你，进而购买。

运用皮格马利翁效应

人们通常这样来形象地说明皮格马利翁效应："说你行，你就行，不行也行；说你不行，你就不行，行也不行。"

古希腊有一个有名的神话故事。

一位年轻的塞浦路斯国王名叫皮格马利翁，他很喜欢雕塑，是个有名的雕刻家。有一天，他得到了一块洁白无瑕的象牙，就用它精心地雕刻了一个美丽可爱的少女。这个雕塑实在是太美了。皮格马利翁每天都用深情爱慕的眼神呆呆地凝视她，久而久之，他竟然深深地爱上了这个雕塑，热切地希望她成为一个真正的少女。他给雕像穿上美丽的长袍，拥抱她、亲吻她，他真诚地期望自己的爱能被她接受。后来皮格马利翁的诚心感动了天神，天神就使这个雕像真的变成了一个美丽的少女，和他生活在一起。

这就是心理学上著名的皮格马利翁效应，也叫期待效应。意思是，热切的期望能使被期望者达到期望者的要求。

哈佛大学的罗森塔尔博士曾在加州一所学校做了一个有名的实验。

新学期刚开始，该校的校长就对两位老师说："根据过去三四年来的教学效果显示，你们两位是本校最好的老师。为了奖励你们，今年学校特地从全校挑选了一些最聪明的学生给你们教。记住，这些学生的智商比同龄的孩子都要高。"校长热诚地凝视着他们，再三叮咛：要像平常一样教他们，不要让孩子或家长知道他们是被特意挑选出来的。

这两位老师非常高兴，感到自己受到了特别的对待和重视，感受到校长对自己的殷切期望和信任，从此，更加努力教学了。他们在教学过程中，不自觉地流露出对学生的信任、热情和期望，学生也从老师的眼神和言谈举止中，接收到这种暗示的信息，感到自己就是与众不同的，就是天才，就是英雄，就是智商高，最主要的是感到了老师的期待。结果，一年之后，这两个班级的学生成绩是全校中最优秀的，甚至比其他班学生的分数值高出好几倍。知道结果后，校长不好意思地告诉这两位教师真相：他们所教的这些学生智商并不比别的学生高。

这两位老师哪里会料到事情是这样的，只得庆幸是自己教得好了。随后，校长又告诉他们另一个真相：他们两个也不是本校最好的教师，而是在教师中随机抽出来的。

正是学校对老师的期待，老师对学生的期待，才使老师和学生都产生了一种努力改变自我、完善自我的进步动力。这种企盼将美好的愿望变成了现实，这表明：每一个人都有可能成功，但是能不能成功，取决于周围的人能不能像对待成功人士那样爱他、期望他、教育他。

当我们希望别人成为我们希望的人时，就应该给他传递积极的信息，告诉他可以成为这样的人。

你希望他成为什么，他就能成为什么。当他有了天才的感觉，他就会成为天才，当他有了英雄的感觉，他就会成为英雄。

作为老师和家长，如果希望孩子变得更好，就要尽量鼓励他们，夸奖他们，告诉他们行。在你的热切期待中，他们能发生翻天覆地的变化。如果总是批评他们，暗示他们"马尾穿豆腐——提不起来"，"朽木不可雕"，那他们就会觉得自己真的不行，就会自暴自弃，不求进取，就真的会堕落下去了。

古人云"用人不疑"。任用别人，就应该相信别人的能力，给别人传达一种积极的期望。要想使你的员工发展更好，作为一个好的管理者就应该给他传递积极的期望。当然，如果一个管理者认为自己的下属都是饭桶，一无是处，并经常批评指责自己的下属，那么他的下属也可能真的变得一无是处，成为公司的负债资本。

欣赏引导成功，抱怨导致失败。让对方感受到你的欣赏期待，他会按照你的意愿而变化，成为你期待中的人。

利用对比心提出大要求

人人都存在对比心。如果最初给出的是一个非常苛刻的要求，然后又提出了一个妥协的要求，即使这个要求也有些苛刻，但是对方会认为这是一个能被接受的要求。

有个小孩想养只宠物猫，但是考虑到家里可能不同意，于是就对爸爸妈妈说："我好寂寞呀，没人陪我玩，给我生个小弟弟吧，好不好……"小孩可怜巴巴地哀求着爸妈，看到爸妈否定的表情（其实，心里早就知道）时，装作委屈地说："那要不，就给我买只宠物猫吧。"于是宠物猫就来了。

有个妻子在逛商场的时候，看到了一件标价800元的裙子好漂亮，想让老公给自己买，但是考虑到老公可能不同意。于是，就对他说："老公哈，我们好久没出去旅游了，最近好烦哈，不如我们去欧洲玩一趟吧？希腊、巴黎、伦敦……"妻子看到丈夫面有难色装作没听见般地继续看报纸（意料之中），故作生气地说："那要不，就给我买——裙子吧。"于是，那件早就看中的裙子买回来了。

这就是利用了人本性中固有的对比心。父母觉得与其再生个孩子，不如买个宠物猫更能让他们接受。丈夫觉得与其欧洲游，还是买条裙子吧。

鲁迅先生曾于1927年在《无声的中国》一文中写道："中国人的性情总是喜欢调和、折中的，譬如你说，这屋子太暗，说在这里开一个天窗，大家一定是不允许的。但如果你主张拆掉屋顶，他们就会来调和，愿意开天窗了。"

这种本想要让人答应自己的小要求，却先提出大要求的心理现象，就是利用了人的对比心。

学校的一名学生犯了错误后离家出走，班主任老师和学生家长知道后都急坏了，四处寻找，都找不到。但是，过了几天，正在大家都一筹莫展、痛苦不堪的时候，学生自己安全地回来了。班主任和学生的家长反倒不再过多地去追究这名学生之前所犯的错误了。"回来就好。"实际上在这里，离家出走就相当于"拆屋"，是班主任和家长没办法接受，也是不希望再发生的一种结果，学生之前犯的错误就相当于"开天窗"，虽然原来难以接受，但相对于离家出走就显得可以接受。

心理研究者查尔迪尼等人曾做过一项被称为"导致顺从的互让过程"的研究。研究人员将参与实验的大学生分成两组，对于第一组大学生，研究人员要求他们带领少年们去动物园玩一次，需要两个小时，但只有1/6的学生答应了这个请求。对于第二组大学生，研究人员首先请求他们花两年时间担任一个少年管教所的义务辅导员，这是一件费时费力的工作，几乎所有的大学生都谢绝了。他们接着提出了一个小的要求,让大学生带领少年们去动物园玩两个小时,不就两个小时嘛,太容易了!一大半学生都答应了这个请求!

在向别人提出自己真正的要求之前,先向别人提出一个大要求,待别人拒绝之后,再提出自己真正的比较小的要求来,别人答应自己要求的可能性就会增加。

比如我们在卖东西的时候,假如我们的进价是100块,而我们一口要价400块,最终我们可能会以200块成交。但是假如我们直接要价200块呢?我们就很难以200块的价格卖出去。

我们想向一个朋友借钱,如果想要借一万块,我们不妨狮子大开口,先对他说,需要借10万块钱(假如他直接借给你10万块,那可是意外的收获。)

假如他面露难色,借口自己这段时间也不方便、不宽裕,一时拿不出这么多来。那我们就可以利用他的比较心,开口说:"哪怕一万块也好呀。"

此时,在他心中,已经有了比较,从10万块下降到1万块,感觉上好多了,貌似是自己占了便宜,而且已经拒绝了10万块的要求,心理有了一定的内疚感,如果1万都不借,也太说不过去了。于是1万块的预期目标实现了。

"红脸"、"白脸"都要唱

要在社会上做到见机行事、亦刚亦柔,需要的脸孔不止成百上千。它需要惯会逢场作戏的好演员,去担当差距很大的角色。因此,"变脸"是一种巧妙的功夫,同时也是为人处世的攻心策略。

人际交往、谈判交涉、官场商场,必须懂得自保方可取胜。一味地"软",无异于让人欺侮;总是黑着脸强硬或白着脸使诈,又会激化对立,处处受防而落得敌人满天下。高明的操纵者,红黑相间,红白并用,追求软硬兼施的巧妙效果。一会儿红脸,一会儿白脸,教人捉摸不定,高深莫测。扮黑脸做莽汉可杀灭对手的威风,做红脸好人可以给人台阶,圆满收场。运用红白脸相间的高明者,可像优秀的演员一样,根据角色需要变换脸谱。

美国《商业周刊》专文介绍了通用电气公司总裁兼首席执行官杰克·韦尔奇,文中引用密歇根大学管理学院一位教授的话:"20世纪有两个伟大的企业领导人,一个是斯隆,另一个则是韦尔奇。但两人比起来,韦尔奇又略胜一筹,因为韦尔奇为这个世纪的所有人树立了一个榜样。"

当年他新官上任三把火,公开宣称凡是不能在市场维持前两名的实体,都会面临被卖或被裁撤的命运。很多通用的员工抱怨韦尔奇的要求太严。无论在生产上打破多少纪录,韦尔奇总嫌不够。员工就像柠檬一样,被韦尔奇把汁都挤干了。

很多年前,有一位通用的中层主管在韦尔奇面前第一次主持简报,由于太紧张,两腿发起抖来。这位经理也坦白地告诉韦尔奇:"我太太跟我说,如果这次简报砸锅,你就不要回来了。"在回程的飞机上,韦尔奇叫人送一瓶最高级的香槟和一打红玫瑰给这位经理的太太。韦尔奇的便条写道:"你先生的简报非常成功,我们非常抱歉害得他在最近几星期忙得一塌糊涂。"

任何一个办事高手,都应该懂得用"红白脸"的原理去获得一个好的结果。在这方面,韦尔奇的确是个高手。

另有一种"变脸"方式,你可以"演双簧",说"对口相声",一唱一和,让对手如坠雾里。扮白脸者给对手造成压力,构成威胁,然后由扮红脸者出场取得满意的结果。这种搭配效果,与一人双面有异曲同工之妙。比方你的下属因为生活的压力,感到苦痛,最好的办法是不待他们开口就先为其解决困难。即使不然,对于他们的要求,也应该予以相当的满足。如果他们的要求得不到满足,就会怠工、罢工,使本已愤怒的情绪更加暴烈,此时你再开始疏导,必觉费力。但若用高压,又会造成冲突结果,必有胜败:他们获胜,气焰因此高涨,以后一不如意,便会爆发,将来你还会有麻烦,一言难尽;你获胜,他们与你的对立程度加深一层,同舟之中,形同敌国,伺隙而动,借端而起,总有一天会与你进行惨烈的火拼。老子说:"和大怨,必有余怨。"你不但不和,且加深其怨,那么由怨成怒,"众怒难犯","以一何能敌众!"

"红白脸"原理便是恩威并重,又打又拉,当然并不是你一个人通晓此方法,如果你不幸遇到同样的"红白脸",对此应该有一个清醒的认识。明智的人都应明白:这毕竟是策略和手段,是谁都可以使用的,究竟谁更高明那得看谁更能"演得真切",用得恰当了。

巧用禁果吸引对方注意

通常情况下,一个人的某种欲望被禁止的程度越强烈,它所产生的逆反抗拒心理就越大。马克思早就说过"一切秘密都具有诱惑力"。

土豆从美洲引进法国时,很长时间没有得到认可。著名的法国农学家安端·帕尔曼切在一块出了名的低产田上开始栽培土豆,并安排由一支身穿仪仗服装的、全副武装的国王卫队看守这块地。但只是白天看守,到了晚上,警卫就撤了。这使人们非常好奇,是什么好东西需要这样煞有介事地看守?一定是好东西,才怕别人偷啊。人们这样一想,就猜测土豆一定是非常美味或很有好处的食品,禁不住要垂涎欲滴。他们于是商量好,到晚上就来偷着挖土豆,种到自己菜园里去。

不用说,土豆得到了很好的推广,人们发现这是一种风味独特的食品,帕尔曼切就这样达到了目的。

人的心理多么奇怪。难道禁果就格外香,格外甜么?其实这是由人们与生俱来的好奇心决定的。这种对禁果的好奇心理在人类中是很普遍的。人总是这样,越是被禁止的东西或事情,越会引起好奇和关注,充满了窥探的欲望和尝试的冲动。这种现象是禁果效应的表现。

亚当和夏娃的故事人尽皆知。上帝不让亚当和夏娃吃伊甸园里的智慧果,可是这样做更让他们感到好奇,最后经不起蛇的诱惑,吃了智慧果。作为惩罚,他们被赶出了伊甸园,过上了艰难困苦的生活。

禁果效应也叫罗密欧与朱丽叶效应,是指一些事物因为被禁止,反而更加吸引人们的注意力,使更多的人参与或关注。俗语说:"禁果格外甜",越是禁止的东西,人们越要得到手。这与人们的好奇心和逆反心理有关。

就像罗密欧与朱丽叶的故事一样,越是有阻力,爱情越甜蜜,所以禁果也被称为love apple。

人们渴望揭示未知事物的奥秘,本来一个平常的事物,如果遮遮掩掩,就会大大吊起人们的胃口,非要弄到手,研究个明白而后快。否则这种好奇心就会一直折磨人们的心灵。

尤其是人们觉得被禁的东西,是某些人想专有的东西,那么它一定是因为太好,而舍不得给所有人用。这就使人们推测被禁的东西是好东西,所以才格外向往。而且花费心思和力气弄到的东西,使人们有一种成就感,比对待容易弄到的东西更加珍惜。这也是惯常的心理。

潘多拉的盒子的故事最能体现这一心理现象:在古希腊神话中,有个叫潘多拉的姑娘从万神之神的宙斯手里,得到了一个神秘的盒子,宙斯命令禁止她私自打开。但是这就诱发了潘多拉的猎奇和冒险心理,使她在种种刺激和诱惑下,将盒子打开。于是,灾祸由此飞出,充满人间。

历代统治者经常把他们认为是"诲淫诲盗"的书列入"禁书"之列,如我国的《金瓶梅》和西方的萨德、王尔德、劳伦斯等人的作品。但是被禁不但没有使这些书销声匿迹,反而使它们名声大噪,使更多的人挖空心思要读到它们,反而扩大了它们的影响。

有些家长总是喜欢禁止孩子做这做那,比如不让读不健康的书,不让早恋,不允许玩游戏、网络聊天等等。但是如果一味地严厉禁止,却不讲明利害,就容易产生"禁果"效应,增加孩子的好奇,越是不让就越是要做。

现在有些书和电影就利用人们的原始禁果心理,增加自己的点击率和销量。像色即是空、谁和她睡觉了、爽了你就叫、和空姐同居的日子、秘密等,我们姑且不论内容如何、层次高低,仅从名字来判断,就足以引起人们去看。

◆◆办事的智慧◆◆

> 很多人不肯寻求别人的帮助,主要是怕给别人添麻烦,或是怕被别人拒绝丢面子。你的心理完全不必这么脆弱。对于你的求助,大多数人还是很乐意帮忙的,给他们一个机会帮助你,赢得他们的信赖,他们也会感到开心。即便真的遭到拒绝也没什么,大不了还是自己动手。为什么不尝试一下呢?

第九章　告别拖拉
——我的时间我做主

美国商业精英鲍伯·费佛在他的每个工作日里，一开始的第一件事情，就是将当天要做的事情分成三类：第一类是所有能够带来新生意、增加营业额的工作；第二类是为了维持现有的状况、或使现有状态能够继续存在下去的一切工作；第三类则包括所有必须去做、但对企业和利润没有任何价值的工作。在完成所有第一类工作之前，鲍伯·费佛绝不会开始第二类工作，而且在全部完成第二类工作之前，绝对不会着手进行第三类工作。

"我一定要在中午之前将第一类工作完全结束"，鲍伯给自己规定，因为上午是他认为自己最清醒、最有建设性思考的时间。"你必须坚持养成一种习惯：任何一件事情都必须在规定好的几分钟、一天或者一个星期内完成，每一件事情都必须有一个期限。如果坚持这么做，你就会努力赶上期限，而不是永无休止地拖延下去。"

一位时间管理专家说过一句话:"若要享受生命,现在正是时候——不是明朝,不是明年,也不是死后的来世,而是现世报。为了明天有更好的生活,最佳的准备是,今天就充实而快乐地生活。相信丰饶的将来没有多大意义,除非先创造一个丰饶的现在。"

这句话道出了正确的时间观,同时可以将它推己及人,成为我们的"明日观"。

你为什么会拖拉

办事拖拉是很多人的毛病,"明日复明日,明日何其多"。因为年轻,时间多多,岁月多,拖拉也就不以为错。

但是要提高工作效率,干出一番事业,就要尽早克服拖拉的这个习惯,因为拖拉对人有很多不良影响:

(1)陷入焦虑。拖拖拉拉,自以为"临时突击是完成任务的妙法",结果,时间压力给人带来一个又一个焦虑,让你天天在着急上火中生活。

(2)计划失败。一些人表面上也像个实干家,为自己确立目标订立计划,但很少去落实。这漂亮美好的计划,令人毫无作为。

(3)问题成堆。明日复明日,本来不过是举手之劳的事,可总是拖延,最终会酿成一个紧迫的问题,它在你最紧张的时候,来抢夺你宝贵的时间。

我们为什么会拖拉呢?

1. 逃避

每个人常常有逃避困难的想法,只不过一些人能够克服,另一些人则是想尽量逃避。拖拖拉拉,先办简单的事情,让它们占满分分秒秒,而把困难拖到最后再说,抱有"车到山前必有路"的侥幸心理。可是这种想躲避的心思,到头来只会让你更费力。

2. 让缺点合理化

拖拉者的一个最大退路,是找借口为自己开脱。经常听到一些人这样说:"看,我本来就不适合做这个,不是吗?"

3. 求得同情

"看看,我多么辛苦。"自我欣赏,当然也希望别人欣赏这没有功劳的"苦劳"。

4. 维护软弱的自我想象,患得患失

其实害怕成功道路上荆棘的人,所回避的正是成功。

5. 拖拉有时也有一些非情绪方面的原因

比如目标不合理,缺乏信息交流无法正确决策,没有确定期限,应酬过多,时间安排过于紧张，没有余地等。

看一看自己，是否也有上述的种种习惯？

拖拉的代价

没有别的什么习惯比拖拉更为有害，更没有别的什么习惯比拖拉更能使人懈怠、减弱人们做事的能力。

下面是你为拖拉付出的代价。

1. 拖拉是今天的杀手

日子在蹉跎、犹豫中一天天逝去，越拖你越恐慌，越拖你心里越没底。莎士比亚有句名言："放弃时间的人，时间也会放弃他。"若是时间放弃了你，等待你的将是无限制的恶性循环，如果不及时醒悟，后果将不堪设想。

2. 拖拉会使你终日生活在遗憾中

什么事都办不好，什么事都好像越来越不如意。回顾一天的作为，你会慨叹：今天又有这么多事没完成，明天还有那么多工作要办。你永远都只能生活在无止境的遗憾里。

3. 拖拉使你陷入烦躁之中

一件事久办未完，在心里沉甸甸地压着，就像脖子上挂着一块石头，又好像陷入了不能自拔的泥坑，这怎么不使你焦虑烦躁、寝食难安呢？

4. 拖拉使你待处理的问题越积越多

每天对着桌面上堆积如山的未处理工作，却不知从何下手，结果往往是丢了这件又忘了那件，件件工作半途而废，费时费力，结果问题越来越多。

5. 拖拉使你一再遭受心理挫折

它会使你对自己越来越丧失信心，你开始怀疑自己的能力，或者迁怒于所处的工作环境，产生怨气，抱怨自己的才能得不到发挥或者老有这样那样的事来阻碍你的工作。

6. 拖拉还会使你健康不良

拖拉所带来的工作上的挫败感，使你情绪低落，终日烦躁苦闷、饮食无味，必定会让你从精神上的消沉发展到身体上的疾病。身心长久不舒畅，随之而来的是各种各样的病症。

7. 拖拉使你前途黯淡，与晋升无缘

一个上司绝不会一而再、再而三地容忍部下办事拖拉，不讲求实效，做不出什么业绩来。上司需要的是强有力的辅助者，而不是优柔寡断的跟随者。

8. 拖拉使你陷入贫乏的人际关系

如果你办事拖拉，当断不断，估计同事、朋友也不愿意与你来往。在不经意地拖拉中，会使你失去你本来有的东西，譬如朋友的友谊、同事的帮助等等。你如果想拥有良好的人际关系，必须先得让自己成为守时、守信、不拖拉的人，这样才能赢得良好的人缘。

告别拖拉时代

每个人身上都有惰性。事情不及时，都爱往后拖一拖。现在大家的学习、工作都很忙，有时缓一缓再做有助于调节紧张的神经。可是如果凡事都要"以后再做"，往往计划落空，一片混乱。

那么，怎么克服惰性，克服遇事拖拉的毛病呢？

1. 从今天、从现在做起

不论明天是个什么日子，无论你今天多累，有多少理由，要是你真的想改进自己，马上列个事情明细单，定个时间，强迫自己做下去。这一步重要的是体会完成事情后的轻松状况。

2. 马上制订一个能完成的学习计划

在一天的学习、工作之余，还要制订一个近期学习计划。计划要能完成，时间较宽松些，适合自己的作息习惯。这一步重要的是找到你希望坚持、喜欢做的一件事，有兴趣的事能够坚持后，能为自己带来信心和愉悦感。

3. 分清事情的轻重缓急，安排整块与零散时间

不要避重就轻。事情肯定会有轻重缓急，先集中时间，把最重要的先完成，不重要的拖拉了自己也不害怕。利用好零散的时间做事，可以在不知不觉中完成繁琐的杂务。这一步最重要的是不要怕做难做的事。

4. 可以制定一个计划表

自己检查自己，还可以把自己的计划告诉别人，让自己产生压力，从而起到敦促作用。这一步最重要的是坚持。过一个月后，勤勉的好习惯会在克服惰性中形成，自己也会感到精神振作。

拿破仑·希尔在总结了优秀人物的经验后，为我们提炼出以下快速行动的忠告：把大块的任务分割成小块。善于化大为小，难题就好解决了。常出成绩的人大都懂得这种方法的价值。你想写二百页的书稿吗？每天写一页，不到七个月就可完成。如果想一下子搞定，只能被目标吓倒。有了艰巨的任务，首先分解它，化成一系列小任务，再一个接一个地完成就容易搞定了。

（1）正视不合心意的工作。找一段时间专做不合心意的事务，是磨炼意志的好方法。

（2）立即动手。你的房间该打扫了吗？现在就去找工具。得交报告了吗？马上开始起草。要勒令自己，决不拖延，有事情及早做。

（3）利用兴致。你无意写报告，却可能有兴趣翻阅有关资料；不想修电器，却可能愿意先收集所需元件，在该办的事情中先拣有兴趣的办，让你良好的精神状态为你服务。

（4）分析利弊。对目标有意识地加以分析，看看尽快实现有啥好处，拖拉有哪

些坏处，这对下定决心立即着手很有督促作用。

（5）向别人保证。请别人来督促你，会使你产生一种有益的焦虑感和时间紧迫感，这会有效地克服拖拉。

（6）每天做结算。认真总结当天的工作绩效，珍惜每一天，"学会把每一天当作礼品来对待"。把时间看作财富，你就不会再拖拉了。

（7）要有实施的勇气。勇气是克服懦弱、付诸实施的能力。潜力之所以没发挥出来，是因为自己限制了自己，缺乏突破的勇气。突破了胆怯的限制，就能充分发挥潜力。

（8）最后，最好每天早上问自己"我面临的最大问题是什么？今天打算把它解决到什么程度？该做哪些事情？"克服了拖拉的习惯，你就会跑在时间的前头。

终生管理时间和精力

生命是由时间和精力组成的。人生的时间和精力是有限而宝贵的。鲁迅先生就曾说过："生命是以时间为单位的，浪费别人的时间等于谋财害命；浪费自己的时间，等于慢性自杀。"

美国人的时间观念相当强，凡事都讲效率，大多数人始终处于奔忙之中，在以最快的速度完成一件之后，又迅速转向别的事情。大多数美国人走路快、办事快、很少讲废话，并且都有一个时间安排表，每天的事情安排得满满的。由于时间观念强，美国人常给人一种缺乏耐心、暴躁的印象，他们无法容忍那些浪费时间和精力的行为，对这样的行为往往会暴跳如雷、怒不可遏。

美国人珍惜时间资源的最大好处，就是办事效率高，实际用于办事的时间多，办事效果当然好。可以想象，一个干脆利落，工作时总是在奔跑的人怎么可能没有效率？

一切收获都来自于科学地管理时间和精力。美国人告诉我们，管理时间和精力，你应该有这样的意识。

1. 合理安排时间和精力

把时间和精力合理配置到各种事情上，而不让时间浪费。多数成功者都把工作与闲暇、工作与日常生活划分得清清楚楚，这样就能够享受各种活动并达到转换情绪的目的。比如进餐时，保持轻松、别无杂念，绝不牵涉工作中的烦心事。娱乐和运动时，应充分放松身心，以享受其中的欢乐。

一天减少一点精力浪费，长期积累，对于健康长寿、享受生活及事业发展都非常有利。伟人们视精力为生命，哪怕是一点点的精力，他们也从不轻易浪费。很多人把精力看得比垃圾还不值钱，从来就没有节约精力的观念。胡乱浪费精力不仅影响他们的成才、发展、享受生活，而且严重损害他们的身心健康。

2. 提高单位时间和单位精力的利用效果

很多人的失败归根到底是没有利用好时间和精力，同样，很多人的成功，是很好地利用了时间和精力。

精力是宝贵的，如果用在没有意义或意义很小的事情上，实在是一种巨大的浪费。当然，人非神仙，有时浪费精力是不可避免的，但要尽量减少。如果能把一生的大部分精力都用于比较有意义的事情，肯定不枉此生。

3. 把握好最佳时间和最佳状态

最佳时间通常是指办事的最好时间段或时间点。把握好最佳时间，通常都可以取得良好的效益，比如提高效果或降低代价。普通人往往只知道应该去做什么事，但不知道在什么时候做最好。高手常常在最佳时间办事，一时的好处或许不大，但长期积累，对于发展十分有益。对于重要的事情，要尽量安排在精力旺盛的时候做。把握最佳时间有一定的难度，因此，很多时候只能争取在较佳的时间办事。要把"在最佳时间办事"当做一种信念，长期如此，自然会成为习惯。

4. 根据事情的重要性付出相应的时间和精力

事情越重要，越要付出较多的时间和精力，以求取得好的效果；反之，越要节约时间和精力的付出。比如，当精力充足而做的只是简单的事情时，要自然地以较低的精力消耗办事。当精力不足而又偏偏碰上紧要的事情时，要迅速提高精力，并全力以赴。在重大的事情来临之前，还要先适当放松身心，以积蓄体能面对挑战。如果没有足够的体能积蓄，当巨大的压力到来时，很可能一下子被击垮。

休息的时候，应保持轻松的休息状态。工作或学习的时候，应保持旺盛的状态。或者说，工作要有工作的样子，学习要有学习的样子，玩也要有玩的样子。如其不然，就会影响效果，而且浪费时间和精力。

时间管理的十八条原则

对时间做有计划的管理，将使你受益无穷。下面就是管理时间的十八条优秀的经验。

1. 学习、研究和应用提高效率的方法

例如，找一些提高效率的书籍学习，并多用、多总结，使自己的一切行为尽可能高效化。这一点不难做到，长期坚持必可形成高效办事的习惯，对于个人的成才、发展都十分有利。在发达国家，无论是成功人士，还是普通人，乃至小学生，都喜欢阅读有关提高效率的书籍。

2. 找出个人低效或无效的言行，并一一改正过来

例如，有空时想想自己存在哪些低效或无效的不良行为习惯，并想办法解决，这一点不难做到，对提高个人素质及事业发展却非常有益。

3. 提高能力

能力强，就能想出好的办法，从而提高办事效率。一个能力强的人，很重要的一点就是善于利用时间和精力。

4. 保持良好的体质，以投入较多的时间和精力办事

如果缺乏锻炼，体质就不好，精力必然不足，而且容易疲劳，投入于办事的时间和精力也就不多。如果不注意休息，精神状态就不好，办事效率也就不高。

5. 培养优良的性格

不良的性格往往会浪费时间和精力。例如，拖拉、消极、贪图享受常常浪费时间和精力。成功的人们为了集中精力发展事业，总是避免和减少一些无谓的应酬，显得有点孤僻和不大合群，这种性格虽然也有点害处，但利远大于弊，是可取的。不难想象，一个高级人才如果随便和他人交朋友，他就没有多少精力学习和发展事业了。

6. 经常做计划，并做好准备

美国人办事经常做计划，而且经常向咨询公司寻求服务。由于计划正确，美国人办事效率相当高。准备不足时，要争取适度的后延，以增加准备的时间。比如说："我现在很忙，明天再谈，好吗？""让我考虑一下，好吗？""给我一点准备时间，好吗？"

7. 不要做无效或低效的事情

学习可以提高能力，运动可以健身及让人快乐，娱乐有益身心健康，这些于快乐成功都是有益的。很多人在无所事事时不是想着学习、运动或娱乐，而是无聊的交谈、抱怨或傻坐等，浪费了大量的时间和精力。

8. 拒绝一切不良情绪

所有不良情绪都会浪费时间和精力。人非草木，难免有些不良情绪，但要尽量避免和减少不良情绪。例如，亲友病死要节哀；做错事要减少负疚感，以实际行动弥补；失败了不要沉溺于伤心，要迅速站起来……成功的人永远没有时间悲哀，也不会浪费精力去悲哀。

9. 运用先进的工具和方法，以提高办事效率

成功的人善于运用先进的工具和方法，特别是运用高科技产品来装备自己的生活，并适时更新，以提高生活效率及生活水平。在发达国家，几乎所有家庭都有小汽车、家用电脑、健身器材、家庭浴室与厕所等等，使用这些现代化工具不仅提高了人们的生活水平，而且可以节省大量的生活时间，使人们可以相对延长工作、学习、娱乐及健身的时间，于人们的快乐、健康及发展极为有利。

10. 积极保健，以求健康长寿

健康长寿使人拥有更多的时间和精力，对于享受生活和发展事业有利。水平相近的两位世界级人才，一位是欠发达国家的，一位是发达国家的，假如前者的寿命比后者少了3~5年，那么，两位人才一生的成就可能会大大不同。

11. 把时间列为办事的一种代价——时间就是财富

在瑞士，婴儿一降生，医院就会立即打开计算机，通过户籍网络，为孩子登记姓名、性别、出生时间及财产等内容。很多瑞士人在为孩子填写拥有的财产时，写的都是"时间"两字。一个不珍惜时间的人，不可能成就大业。很多时候，虽然事情办得不错，但因花费的时间多而缺乏效益。

12. 经常盘算时间

办事要有时间观念，常常想着要如何节约时间和充分利用某些时间。伟人不同于普通人的是，他们盘算时间比盘算金钱更多。

13. 主动掌握时间，尽量遵循时间安排

要精密地安排每小时、每日、每周、每月、每年的任务，尽量减少时间的浪费。棋手的每步棋都是按原有的计划进行的，而很少是轮到自己下时，才想着怎么下。

14. 学会独处

凡成大事者都能快乐地独处，因为独处可以集中较多的时间学习、思考和发展事业。过分地爱热闹，往往会为外界干扰而浪费大量的时间。当然，一个人既要学会独处，又必须有能力合群。

15. 专注于自己的事情

只有集中大量的时间和精力发展事业，才能有所作为。要得到别人的尊重，靠的不是出卖自己去讨好他人，而是依靠实力、能力及合作利益去赢得别人的尊重。别人对你的干扰可以理解为"侵犯你的时间和精力"，因而你要注意维护自己的权利。在做事的时间里，尽量避免和减少分神。如果精神不集中，即使投入的时间很多，投入的精力也不多。

16. 抓住有利时机

在激烈的竞争中，成功的人能提早发现机遇，而普通人往往会等到机遇很明显时才认识到。俗话说：快一步，就领先一路。早发现机遇，并早计划、早付诸行动，有利于投入较多的时间和精力把握机遇。

17. 忙里偷闲

持续长时间工作的效率往往不高，倒不如抽点时间休息，以提高效率。这样有利于取得更好的工作效果，而且有利于健康及生活。

18. 尽量为自己创造优良的生活环境

优良的生活环境不仅使人精神饱满，而且使人迅速消除疲劳。不良的环境也令人容易疲劳、容易出错、无精打采。生活环境对于人的精力有着重要的影响，因此，要尽量为自己创造优良的生活环境。

节约时间的十六个方法

无论是小事还是大事，都可想办法节约时间。香港人的饮水量比较少，每天还不到四杯水，因为他们认为喝多水既要为喝水花时间，又要多小便，浪费了一些时间。虽然喝水少一点并不符合正常的要求，但对健康的影响很小，因此，香港人的寿命依然很长。为了节约一点时间，香港人连喝少点水的方法也用到了，可见，港人对时间的珍惜。

节约时间的常用方法如下。

1. 在同一个时间段做多件事，以节约时间

例如，在吃饭时与顾客谈生意；坐在马桶上可以安排一天的工作日程或看看书；乘公共汽车时可以考虑办某件事情的计划。

2. 就事论事，讲话先讲重点

就事论事，直谈主题，不要说无关紧要的废话。啰唆、爱闲谈的主人，客人往往会为了迎合主人而长时间聊天，因而浪费双方的时间。在办公室里，要保持公事公办的态度，不要让私人感情带来无谓的话题。比如不要说："最近怎么样啦！""这几天心情不好……"，而常说："有什么事呢？""还有什么事情呢？""没事了吧！"

3. 干脆利落

有些事情即使做不好也不怕，但犹豫不决、拖延就会浪费时间和精力，绝对是失误。一个人如果缺乏干脆利落的习惯，那么，明明10分钟可以解决的问题，他通常需要12分钟才能解决。

4. 常思考办事方法及使用先进的工具

每一条捷径都可能节约大量的时间。使用先进的工具，通常都可以节约时间。

5. 可省略的尽量省略

例如，合作的双方熟悉了，协商时就不必客套，可省去大量的礼节。又如，做事时，两三步常可合起来一步完成，也就等于省略了一步或两步。再如，"2010年10月10日"在一些文体中通常可简写成"2010.10.10"。

6. 与他人合作

比如，对于难打的电话，可先让秘书代拨电话，打通了自己再听。因为难打的电话，亲自拨打电话常会遭遇线路不通，因此而浪费时间。有些事情自己虽然可以办，但请内行的朋友帮助一下，将可节约大量的时间，而对朋友来说却只是顺手之劳，答谢朋友所花的代价也很小，非常值得。

7. 采用"集中时间做"或"分成几段时间做"的办事方式

有些事情安排成几个时间段来做，还不如集中时间做所花的时间少。有些事情却相反，集中时间做不如分成几段时间做所花的时间少。比如紧急的事情要集中时间做；可逐步做的事情要分成几段时间做；小事可利用空余时间零零碎碎做；对那些可以一次性完成的事情，通常考虑一次做完。

8. 全心投入，不要顾虑其他的事情

事情多，心理自然有点压力，但也只能逐一办理，而不能心急。如果做一件事，常常花时间顾虑别的事情，就很有可能影响办好目前的事情，也会增加办事时间，而且办得比较累。

9. 常给自己限制时间

如果不给自己适当的限制，尽管在潜意识上可能想着尽快做好，但实际上还是缺乏强烈的心态来节约时间。给自己限制时间，就可鞭策自己想办法和努力，常可以取得较好的效果。

10. 花钱节约时间

比如，多出几块钱坐的士，相比坐公共汽车节约了一些时间；打个电话要商店送货上门，虽然多花一点钱，但节约了不少时间；订每天的送上门快餐，可节约大量的时间。如果一生常常花钱买时间，就可节约大量的时间，如果将这些时间用于学习、发展事业，则非常有利。可见，长期注意花钱买时间通常是很合算的。一天吃一顿快餐，可节约20分钟的做饭时间，一年可节约120小时，尽管要多花些钱，但这笔时间可以用来学习一门技术或做很多的工作，得远大于失，何乐而不为呢？

11. 提前休息

在很疲劳之前，要主动休息，以节约休息所需的时间且利于身心健康。一旦很疲劳，消除疲劳与恢复精力就要花较长的时间，不可取。只有在不得已时，才在筋疲力尽之后休息。有时休息片刻，比如闭目养神或喝杯温开水，既可避免引起过度的疲劳，又能使自己始终保持较好的精神状态。

12. 不要为小事花费过多的时间

许多事情不值得认真去做，只要过得去就可以了。比如回一封不重要的信，只要简单想一下就可以，不必花太多的心思。有些事情可让下属去做。有些事情即使不做，损失也很小，可以考虑不做。

13. 顺便交友

成功的人用于专门的交际时间比较少，交朋友多是在学习、运动、娱乐及发展事业过程中同步进行的。

14. 利用电话、网络沟通

打电话前要有所准备，通话时要直奔主题，不要在电话里说无关紧要的废话或传达无关主题的信息与感受。

15. 避免在高峰期办手续、乘车、购物、进餐

这样一时节约的时间或许不多，但一生如此可节约大量的时间。

16. 公文包内多放点用品，以备不时之需

例如，稿纸、笔记本、手机电池、笔、快译通、电话本、一本好书、小巧的雨伞或雨衣等。英国人出门一般都会带上雨伞，以备下雨和遮阳之用。有时候，因下雨而不得不找地方避雨，也会浪费不少的时间。有时候要立刻起草一份计划，如果公文包里没有稿纸，就可能为找稿纸花费不少时间。

◆◆办事的智慧◆◆

你要全身心拥抱每一个迎面扑来真实今天，让充实、快乐的每一个今天，成为应对明天的最好准备。抓住了"今天"，才谈得上积极进取，力争向上；抓住"今天"，才不至于被时代所淘汰；抓住了"今天"，才不至于处处被动，以致于在急剧变化的形势下手足无措。

贝多芬曾说过这样一段话：我们没有学习到一些有用事物的日子，都白白浪费掉了。人没有比光阴更贵重、更有价值的东西了，所以千万不要把今天的事拖到明天去。

第十章　学会变通
——灵活机动易成事

汉灵帝死后，丞相董卓专断朝政，引起了满朝文武的愤恨。当时任骁骑校尉的曹操从司徒王允那里借来一把宝刀，前去刺杀董卓。当曹操身佩宝刀来到相府时，见董卓坐在床上，吕布在旁侍卫。不一会，吕布出去牵马，曹操感觉时机已到，急掣宝刀在手，正待要刺，不想董卓从衣镜中看到曹操在后面拔刀，他急忙问道："你要干什么？"这时吕布已经牵马至屋外，曹操见大事不妙，急中生智，持刀跪下说："我有一口宝刀，想献给丞相。"献刀之后，曹操就出门逃之夭夭。

成大功必须冒大风险。而行动在风险之中，对突如其来的危机，各种意外的情况，都需要在瞬间作出抉择，改变原来的意图和行动方向，随机应变，才可能化险为夷，转危为安。

天地间没有不变的事情。万事万物随时而变，随地而变，随社会的发展而变，随人的生理、情感、观念而变。时时在变，处处在变，人人在变。学会应变、善于应变、精于应变，能够随着时势、事态的变化而从容应变，是一个人立身处世、建功立业必须具备的本领。做事时不能认清客观形势的变化，不能跟着客观形势变化而变通的人，最终将一事无成。

出奇制胜好办事

要想办事取得成功，就必须有一点绝招，见人之所未见，行人之所未行，出奇制胜。

知不出众知，不算高明；用众所周知的办法取胜于人，也不算有本事。你能举起一根毫毛，不能说有力气；能看见太阳和月亮，不能说有眼力；能听到轰隆的雷声，不能说耳朵比别人灵。会办事的人，总是先人而出，先人而动，出奇制胜。

出奇制胜需要一颗灵活的头脑。有人曾经说过，所有成功的秘密就在于对你身边的一切保持高度关注，调整自己以适应周围的环境；意识到时机资源的宝贵，在适当的时间里说别人想听的话和需要听的话；仅仅处理好事情是远远不够的，还需要在适当的时间和适当的场合去处理。

出奇制胜是敏锐的洞察力以及在紧急时刻快速反应能力的综合产物。

有个犹太商人，他把独生子送到耶路撒冷去读书。不久这个犹太商人突然病倒了，在弥留之际，他立下遗嘱，把家中所有财产都转让给了长期服侍自己的贴身奴隶。不过如果他的儿子要财产中的哪一件，奴隶须毫无条件地满足他。商人死了以后，奴隶很高兴。他披星戴月赶往耶路撒冷，找到少主人，把老爷临死前立下的遗嘱拿给他看，商人的儿子看了以后十分伤心。

安葬好父亲后，儿子一直在心里盘算自己应该怎么办。最后，他跑去找社团中的拉比，向他说明了情况。拉比听了以后说："你的父亲非常聪明，而且非常爱你。"儿子不满地说："把财产全部送给奴隶的人还谈得上什么聪明，简直是愚蠢。"

拉比叫这位少主人多动动脑子，只要想通了父亲希望他要的东西是什么。拉比告诉他："你父亲非常清楚，自己死了后，身边没有一个亲人，奴隶可能会带着自己辛苦挣来的遗产逃走，说不定连招呼都不打。所以，你父亲才在你不在身边的情况下使用了这种把全部遗产保护下来的办法。"可是，商人的儿子还是无法明白，既然都送给奴隶了，保管得再好，对他又有什么好处。

拉比见他死不开窍，只好实话实说："奴隶的财产全部属于主人，这你是应该知道的。你父亲不是给你留下了一样财产吗？你只要选那个奴隶就行了。这是多么精明的想法呀！"

年轻人终于明白了父亲的良苦用心。

原来，父亲使用了一个权宜之计，遗嘱中所给予奴隶的一切用一个"但是"作为前提，把奴隶美好的一切都变成了梦幻泡影。这个"但是"是这个犹太商人所立遗嘱的关键。说穿了，犹太商人在立遗嘱时就设下了计谋让它无效，在立约时就准备要毁约，因为他当时面临的是"要么让步，要么彻底失去"这种无可奈何的选择，所以他只能选择让步，把全部财产让给奴隶，使奴隶不至于带着财产逃走。这种让步是他心有不甘的，把财产全部给奴隶，和奴隶带着财产逃走是一回事。为了解决这个难题，聪明的犹太商人给遗嘱装进了一个自爆装置，儿子只要找到这个装置，就可以在履约的形式下取得毁约的效果。果然，在拉比的开导下，儿子真的启动了这个自爆装置，严肃的遗嘱在形式上得到了履行，而对那个奴隶来说，没有任何的意义。这就是出奇制胜。

因地制宜把事办

公元前203年，韩信指挥汉军攻打齐国都城临淄时，遭到了项羽的部将龙且的抵抗。双方在潍水两岸相持不下。待观察了周围的地形后，韩信决定利用地形战胜对手。第二天，韩信渡河进攻龙且，当大军渡过一半时，他又擂响战鼓，撤回大军。龙且见此，以为韩信害怕了，便命令部队渡河追击。当楚军刚走到河中央，韩信急命将士把上游的沙袋扒开。大水顿时轰鸣而下，楚军被淹死大半，韩信趁乱杀死了龙且。至此，楚军大败，韩信攻下了临淄，灭了齐国。

天时不如地利。楚汉两军对峙，中间被一条河流阻隔，一方利用河流而取胜，一方反被水淹而大败。河流无声，它能为谁服务，在于它被谁利用。韩信因地制宜，利用了河流的有利条件，打败了楚军。

因地制宜的原则十分重要。办事时，我们应充分利用地理优势为己服务。前些年，旅游业刚刚兴起时，有些偏远的城镇盲目开办娱乐场所，因宣传不力，游人稀少，结果经营萧条，入不敷出。这样办事就是没有考虑因地制宜的原则。

皖南山区有座石头山，山上的石头奇形怪状，20世纪80年代，当地村民把它开采下来，送到城里去卖，一家的年收入高达1.8万元。村民心里乐开了花。80年代末，村民们发现，城里人用他们开采的石头垒成假山，售价也很高。于是，这些村民也学着垒假山出售，几年后，家庭年收入翻了几番。村民们更乐了，他们同时也明白了靠山吃山、靠水吃水这个道理。

随着山上的石头越开采越少，村民们认识到，他们不能轻易盲目地出售山石了，而应该有计划、有步骤地开发家乡资源，如今，山里的人利用山石资源积累起来的资金，办起了各种乡镇企业，使整个地区的农民很快走上富裕的道路。

这个例子很简单，但是主人公的做法却值得效仿。地势本无心，山水本无形，你不利用它来为自己办事,它也不会主动为你服务。如果你能很好地利用它,那么它就可以送给你许多财富。

"捧着金碗讨饭,住在宝地喊穷",这是典型的不识地利。在办事中提倡因地制宜的思想是很有见地的。

因事制宜把事办

你能不能成功,重要一点是看你会不会办事。除非你本人确实是个独具天赋的艺术家或运动员,否则想不通过办事就能问鼎成功,几乎是不会像吃饭穿衣那么简单的。

事情有难易之分,大小之别。有的事情和自己的切身利益紧密相连就要去办,有的事情和自己关系不大则可办可不办。如果你觉得自己即将要办的事情无法办到,就不要打肿脸充胖子;如果你觉得自己对即将要办的事情把握不大,就要小心谨慎,亦步亦趋;如果你觉得自己即将要办的事情可以办到,就要义无反顾地去办。因事制宜,才能把事情办好。

1. 没有把握的事情不吹牛

办事时千万不要过于自信,更不可吹牛。过于自信、吹牛,结局只能是失败,只能是自己遭殃。

元末有个士人王同喜欢说大话,尤其爱谈论军事,一谈到军事必定推崇孙武和吴起。遇元末大乱,张士诚在姑苏称王,跟朱元璋争天下。决战前,王同拜见张士诚说:"我看现在,地理形势没有比姑苏更便利的,但是你占据姑苏却不能称霸天下,原因在于将领无能。现在你手下的将领,都是本领低下的人,打仗都不懂兵法,如同老鼠打架一样。大王如果能让我做将军,便可取得中原,对付小小的敌人(指朱元璋)怎么可能不赢呢?"张士诚认为他说得很对,让他做将军,听任他去招募兵员,并命令主管粮草的官员给他充足的给养,不要计较多少。决战开始后,朱元璋手下的李文忠攻破杭州城,王同原本没有本领,先前和张士诚说的都是大话,根本没有把握能战胜敌军。为了自身的安全,王同偷偷溜掉了。几天后,王同被搜了出来,绑到军营外杀了,他临死前还夸口:"我擅长孙武、吴起的兵法。"真叫人哭笑不得!

2. 力不从心的事情不能办

我们在生活中难免遇到别人请求我们给他办事,对于这类事,你先要掂量掂量自己有没有能力帮别人把事情办成功,如果答案是否定的,那你就要当场拒绝掉,并这样回应他:"对不起,您托我办的事我实在无能为力,为了不耽误您的时间,我看您能不能找别人帮一下忙?"你能这样说,就表明你是负责任的人,是会办事的人。如果你为顾及面子,爽快地答应帮人去办,还允诺一定办成功。当你实际去办事时,碰到了许多困难,而这些困难凭你的能力根本无法解决,那么到这时,你可就没有面子了。

因此说，力不从心的事情不能办。

3. 不该管的闲事不能办

就管事者而言，大体有两种思想：一是只要是自己愿意管的都不是多余的；二是君子成人之美，两者都是从自己的愿望出发，判断何事该管与否。办事，除了自己私事完全归自己管之外，涉及到他人的所有事，都要视被管对方的要求而定。人家需要你去参与策划或从中斡旋或锦上添花时，那你就该伸出友谊的双手，献出你的智慧。但如果只是为了小集团的利益，无辜地伤害第三者，那就有"助纣为虐"之嫌。再有，不管你心肠多热，态度多诚恳，但如果对方不需要你管，那么，你的行为也就等同于管闲事了。

管了不该管的闲事，对方不但不会领情，在他看来还会认为你多管闲事，瞎逞能，到头来你吃力不讨好，白受气一场。何必呢？

因人制宜把事办

我们在办事时应注意因人而异、视人而变，切不可不分场合，不顾人物性格，没有分寸地为所欲为；也不可在任何情况下总以同一方式"以不变应万变"。用固定招式对待每一个人，这样吃亏的是你，失败的是你，不得人心的还是你。

1. 面对过分拘谨的人

这类人的特征是，就算你很客气地和他打招呼、寒暄，很热情地与他交谈，他有时也会表现得很冷漠，不在乎你，不理会你。在交谈时，他通常不会注意你在说什么，有时甚至根本没听你在说。碰到这种人只要你花些时间，去仔细研究观察一下他的一举一动，兴趣爱好，注意从他的言行中寻找出他真正关心的事情来，你就会得心应手。开始时，你可以随便和他闲聊，只要能够使他作出简单的回答或细微的反应，接下来就好办多了。你可以在他感兴趣的问题上，引导他充分地表达自己的意见，使他逐渐投入到与你的交谈中，他便会打开话匣子，你的负担便会大大减轻，至于以后的事情那就不用多说了。你必须始终注意把握的一点是，每个人都有他感兴趣或予以关心的事情，只要你稍加留意，然后有意触及，他便会"滔滔不绝"地和你说话。因此你要好好掌握并利用这类人的性格心理，成功地与这类人交往。

2. 面对爱好表现的人

有这样一些人，不管遇到什么事都喜欢表现自己，发表一些自己的看法，也不管自己行还是不行，对还是错。如果他露了脸，他便会到处张扬，要是砸了锅，也不要紧，还有成千上万条理由可以拿来搪塞。总之，他忘不了表现自己。对待这种人，最好的办法是站在一旁静静地观看，因为有时你明知他会出纰漏，好心提醒他，他不但不领情，反而会认为你嫉妒他，甚至记恨你，等他真的出了问题更会怪罪你，说是你使了坏。这类人很少冷静，他们总是热血沸腾、跃跃欲试，做事不假思索、草率决断，甚至为了表现自己的"果断"而招致意料不到的损失。所以，当你遇到这种人时，一定记住不要阻止他的自我表现，偶尔做一次配角似乎并不算什么，但为了避免由于这类人的草率和"果断"而造成的麻烦，你最好在适当的时候牵制一下对方，或在必要的时候提醒一下他冷静从事。

3. 面对城府较深的人

这些人不肯轻易让别人了解其心思和想法，世故圆滑，不愿被他人操纵或总想使人不知不觉中落入其精心编织的圈套。他最大的特征是说话不着边际，一旦涉及正题便"环顾左右而言他"，使你产生摸不着头脑和不知如何应对的感觉。事实上，在他的不着边际和"环顾左右而言他"之间，他能迅速了解和掌握你的想法和动机，然后争取主动，使你处于被动和服从的地位，被他牵着鼻子走。也有些人纯粹就是为了逃避矛盾，保全自己，使自己永远立于旁观者的地位，这样你只会感到无从下手。对待这种人不妨以其人之道，还治其人之身，彼此之间保持一种平等而互不干涉的局面。而当你必须要与这类人合作时，你就有必要先花一番心思去探察对方的真实想法，然后运用诱导的方式使其露出"庐山真面目"，或者你干脆坦率直言，直截了当地说出自己的想法，并请其也实话实说。如此也可减去由揣测、诱导手段带来的信息不准确等麻烦。

4. 面对傲慢无礼的人

有这样一类人，他们自视甚高，目中无人，总以一种傲视一切、举止无礼的面目出现在人们面前。如果你身边有了这种人，一定经常有不愉快的事情发生，而且周围的人都对这类人持排斥的心态，很显然这样的人是典型的最不受欢迎的人。但既然现在我们必须面对这种人，也让我们一起来想想办法对付他们。不卑不亢，是对待这种人的第一个办法。不论这种人怎样盛气凌人，我们绝不自认卑微，或同样地虚张声势，这样的话，你就会白白地费神费力，甚至会两败俱伤。第二个办法就是少跟他啰唆！在这种人面前，你说话应干净利落，少跟他啰唆，免得给他增添气势，无形中为他增加无礼的机会。如此他就不得不有所收敛。

办事要权衡利弊

人无远虑，必有近忧。聪明人办事，在注意其利益的同时，也不忽视与之相伴的害处。他们往往能兼顾利害得失。在这点上，我们不妨吸取古人的经验和教训。

汉魏时，朝廷对羌中鲜卑人归降的多安置在塞内各州郡。后来鲜卑人势力日益膨胀，经常在关内寻衅闹事，挑起民族矛盾。杀害地方官，侵扰附近村落，渐渐成为祸害。晋代时，侍御史郭钦给出了正确办理这件事的方案，他请求朝廷乘平吴的余威，把鲜卑人分散到内地或边疆，加强交通要塞，真诚地对待少数民族。朝廷对这个处理方案没有采纳，后来终于出现了五胡闹中华的混乱局面。

通常只有乘开国的势头才可扬威边疆，错过机会去办就很难有所作为。宋初不能立威于契，终使金、元外族之祸持续不断；明太祖朱元璋向北驱逐金、元，威风行于沙漠戈壁；明成祖朱棣定都燕京，多次征服胡人，并重修万里长城以御之，这样办事可谓深谋远虑。

北宋时，西夏主李继迁骚扰西部边疆，保安军擒获了李母。宋太宗想把她杀掉，犹豫不决，请枢密使寇准商议此事。商议定后，寇准回家路过相府，将结果告诉宰相吕端。吕端问："这件事准备怎样处理？"寇准告之："准备斩首，以惩戒凶逆。"吕端说："如此未必合适。"他于是进见皇帝说："从前项羽欲烹高祖父太公以示威于高祖，而高祖却说愿分得一杯羹。举大事者是不顾父母的，何况李继迁是个不孝之子呢。陛下今天杀其母，明日能抓住李继迁本人吗？如若不然，只能增添其对宋的仇恨。臣以为，应将李母安置于延州，好好服侍，以招来李继迁。他即使不降，也可用此事拴住他的心。"太宗听罢称赞，以此为理。后来李继迁母死于延州，李继迁死后，其子投诚。

《韩诗外传》中也有类似的故事。

楚庄王欲动员大军攻打晋国，并武断地决定："此事我已决定了，敢再谏者死！"此时，孙叔敖挺身而出，冒死劝道："我院里有一榆林，前天，我在林中偶见一只蝉，正欲去饮露水。这时其身后却有一只螳螂，正做捕食之势。然而螳螂也没有发现有一只黄雀早已瞄上了它。同时，树下一孩童却正张着弹弓向黄雀瞄准。而那孩童忽略了脚边的一个大洞。他们都只为眼前的利益所惑而不顾身后的危险呀！现在晋国未衰，而大王欲讨之，情形不也是一样吗？"听了这段话，楚庄王终于收回了成命。

当人被某事某物所惑时，往往会不顾利害得失匆匆行动，从而不免受挫。相反，兼顾利害得失者，无论办什么事都不会陷入困境。

办事要兼顾得失

有的人在办事时，无端生出许多烦恼，这都源于利害得失间的矛盾。如果单纯就事论事来讲，利害就是利害，得失就是得失，两者泾渭分明，水火不容，但是从人的生活整体而言，利害得失又是相互联系、密不可分的，甚至在一定的程度上，我们可以将其视为同一件事情。

春秋战国时期的宓子贱，名不齐，是孔子的弟子，鲁国人。有一次齐国进攻鲁国，战火迅速向鲁国单父地区推进，而此时宓子贱正担任单父宰相。当时正值麦收季节，大片的麦子已经成熟了，不久就能够收割入库，可是战争一来，这眼看到手的粮食就会让齐国抢走。当地一些百姓向宓子贱提出建议，说："麦子马上就熟了，应该赶在齐国军队到来之前，让咱们这里的人去抢收，不管是谁种的，谁抢收了就归谁所有，肥水不流外人田。"另一些人也认为："是啊，这样把粮食打下来，可以增加我们鲁国的粮食，而齐国的军队也抢不走麦子做军粮，他们没有粮食，自然也坚持不了多久。"尽管乡中父老再三请求，宓子贱坚决不同意这种做法。过了一些日子，齐军一来，把单父地区的小麦一抢而空。

为了这件事，许多父老埋怨宓子贱，鲁国的大贵族季孙氏也非常愤怒，派使臣向宓子贱兴师问罪。宓子贱说："今天没有麦子，明年我们可以再种。如果官府这次发布告示，让人们去抢收麦子，那些不种麦子的人则可能不劳而获，得到不少好处，单父的百姓也许能抢回来一些麦子，但是那些趁火打劫的人以后便会年年期盼敌国的入侵，民风也会变得越来越坏，不是吗？其实单父一年的小麦产量，对于鲁国的强弱的影响微乎其微，鲁国不会因为得到单父的麦子就强大起来，也不会因为失去单父这一年的小麦而衰弱下去。但是如果让单父的老百姓，以至于鲁国的老百姓都存了这种借敌国入侵能获取意外财物的心理，这是危害我们鲁国的大敌，这种侥幸获利的心理难以整治，那才是我们几代人的大损失呀！"

宓子贱自有他的得失观，他之所以在这件事上拒绝父老的劝谏，让入侵鲁国的齐军抢走了麦子，是认为失掉的是有形的、有限的那一点点粮食，而让民众存有侥幸得财得利的心理才是无形的、无限的、长久的损失。利害得失应该如何取舍，宓子贱作出了正确的选择。

有时办事要顺势而行

办事借势而起，借力而发，对成功人士来说轻车熟路。不少人希望以一己之力摇旗呐喊，造成对自己有利的态势，殊不知这样做容易得不偿失，真正高明的人必然是顺风而行，乘势而行。许多看起来难办的大事，居然顺顺利利地办成了，就因为懂得乘势的缘故。

斯瓦罗斯基家族是奥地利的一个世家望族，祖祖辈辈都从事仿钻石饰品生产。在第二次世界大战结束之后，奥地利被盟军占领，因为在大战中，该公司曾接受纳粹德国的订单，为德军生产过望远镜等军用物资，因此斯瓦罗斯基公司差点被法军当局没收。罗恩斯坦是美国富商，当时他正在奥地利，当获知此事后，立即前去和斯瓦罗斯基家族谈判。罗恩斯坦主动提出，他可以去同法军交涉，设法不使公司被法军没收；但他提出了一个条件，如果交涉成功，斯瓦罗斯基家族必须将公司的销售权让给他，且在他有生之年，他可以从销售总额中提取10%作为报酬。

罗恩斯坦的条件虽然非常苛刻，但他所能提供的帮助，却也是十分有价值的。斯瓦罗斯基家族权衡再三，别无他法，只好接受了这一条件。罗恩斯坦与斯瓦罗斯基家族的谈判一结束，马上又去了法军司令部，要求法军撤销没收计划，他说："我是美国人罗恩斯坦，斯瓦罗斯基公司从即日开始已成为我的公司，该公司因而属于美国的财产，所以我拒绝法军的没收。"法军一听斯瓦罗斯基公司已经成了美国人的公司，顿时无话可说，只好同意罗恩斯坦的要求，撤销了没收计划。不久之后，罗恩斯坦设立了斯瓦罗斯基公司销售代理公司，其实这家代理公司只不过就是开发票，以确保10%的销售额能成为罗恩斯坦的利润而已。

有时办事要逆势而行

当我们用一定的准则和规范对人们的行为进行引导与控制时，当我们对偏离目标的行为进行约束时，人们会产生一种内发的反向力量，使之更偏离正确目标的轨道。在办事过程中，因双方思想情绪的对立，你要他向东，他偏要向西；你从正面说理，他偏要反面理解。这种心理状况构成一种抗体，阻碍我们对别人的行为进行有效控制。

所以，有些时候办事能利用对方的对立思想情绪，有意识地反过来说，反过来做，使对方与你唱反调，也能达到自己的预期目的。

明朝时，四川有个叫杨庵的人，中了状元为官后执法无情，刚直不阿，因此得罪了不少人。他还屡次上书直谏，因而又得罪了皇帝。在奸臣的挑拨下，皇帝非常震怒，准备对杨庵治罪，把他充军到玉门关外。杨庵知道皇帝和一帮奸臣欲置自己于死地，便对皇帝说："臣之罪，罪该万死，皇上要将我充军，这是对微臣的宽恕，不过请陛下答应我一个小小的请求。""你有什么请求？"皇帝问。"宁去关外三千里，不去云南碧鸡关。皇上有所不知，那碧鸡关蚊子四两重，跳蚤有半斤，您切莫把我充军到那里。"皇帝沉吟不语。他心想，哼！你不想去碧鸡关，我偏要你去，让你尝尝四两大的蚊子和半斤重的跳蚤咬人的滋味。于是，皇帝就传下圣旨，把他发配到云南充军。

杨庵知道皇上不会饶恕他，发配充军已不能幸免。一帮奸臣更是落井下石，欲置之死地而后快。如果从正面请求，其结果会完全相反，碧鸡关即现在的昆明市，离杨庵的家乡很近，杨庵想回到离家乡较近的云南，他知道皇上和一帮奸臣会和他对着干，你请求向东，他偏让你向西，而自己又无法与之抗衡，于是杨庵就利用对方的逆反心理，提出与自己意愿相反的请求，结果歪打正着，遂了自己的心愿。

1914年，袁世凯实行独裁统治，派陆建章把当时共和党副理事长章太炎骗到龙泉寺幽禁起来。章太炎愤怒异常，宣言绝食。袁世凯害怕事情闹大，不好向舆论界交待，情急之下安排章太炎的门生王揖唐赴龙泉寺进见章太炎。章太炎见到王揖唐后，斥责他说："你是来给袁世凯做说客的吧？"王揖唐回答说："我哪里敢呢？"接着两个人便道起了家常和其他琐事，说了很长时间，当章太炎态度缓和下来以后，王揖唐开口说："听说先生要绝食而死，这有什么必要呢？"章太炎又愤怒起来，说："我不等袁贼来杀，宁肯自己饿死！"王揖唐笑着说："先生这样做正中袁世凯的下怀。"章太炎不解地问："为什么？""先生您试想，"王揖唐说，"袁世凯如果要真杀你，是十分容易的。现在你被监禁，可以知道他不是不想杀你，而是不敢杀你。袁世凯的奸诈，与曹阿瞒（曹操）等同，他之所以不敢杀你，是因为他不愿在千秋万世留下杀士的骂名。如果您自愿饿死，袁世凯既没有杀士的骂名，又除了心头之患。先生以前为袁世凯出谋划策是那么完善，而您自己怎么就不关心自己呢？"章太炎听了以后，马上起来说："你说得对啊！看来，我得马上进餐。"

　　章太炎对袁世凯的幽禁十分愤怒，以绝食抗议。袁世凯害怕舆论的压力，十分着急。王揖唐自告奋勇，前去劝说章太炎进食。王揖唐作为章太炎的门生，自然十分了解先生的个性，在这种对立情绪下，他知道直接劝说只会遭到章太炎的痛骂。他先矢口否认是来做说客的，接着和章太炎套近乎拉家常，见章太炎有了笑容，才利用对方的逆反心理，故意说章太炎绝食饿死正是袁世凯所希望的，说"袁世凯既没有杀士的骂名，又除了心头之患。"章太炎自然不愿让袁世凯达到目的，你要我死，我偏不死，"我得马上进餐"。"狡猾"的王揖唐利用章太炎的逆反心理达到了预期目的。

有时办事要因势利导

　　孙子说："兵形像水。"孙子认为，最理想的作战方式应该像水一样，水中隐藏着巨大的力量，却没有固定的形状，视容器的不同而改变形状。所以孙子以水喻兵，主张作战时要学习水的精神，因势利导。他说："就像水没有固定的形状一样，打仗也不可能有固定不变的态势。须视敌人的态势自在地变幻战略，方能掌握胜利之机。"

　　将孙子这一理论导入办事中，就是要把握大的原理、原则，不可僵硬死板、墨守成规。

　　在林肯当律师时，有一次，他得悉朋友的儿子小阿姆斯特朗被指控为谋财害命，已初步判定有罪。他以被告律师的资格，到法院查阅了全部案卷。他了解到，全案的关键在于原告方面的一位证人福尔逊，因为他发誓说在10月18日的月光下，清楚地目击小阿姆斯特朗用枪击毙了死者。对此，林肯要求复审。

　　在这场精彩的复审中，有以下一段对话。

　　林肯问证人：你发誓说看清了小阿姆斯特朗？

　　福尔逊：是的。

　　林肯：你在草堆后，小阿姆斯特朗在大树下，两处相距二三十米。能认清吗？

　　福尔逊：看得很清楚，因为月光很亮。

　　林肯：你肯定不是从衣着方面看清他的吗？

　　福尔逊：不是的，我肯定看清了他的脸，因为月光照亮了他的脸。

　　林肯：你能肯定时间是在11时吗？

　　福尔逊：充分肯定，因为我回屋看了钟，那时是11时15分。

　　林肯问到这里，就转过身来发表了一席惊人的谈话："我不得不告诉大家，这个证人是一个彻头彻尾的骗子。他一口咬定10月18日晚上11时在月光下看清了被告的脸。请大家想想，10月18日那天是上弦月，晚上11时月亮已经下山，哪里还有月光?退一步说,也许他对时间记得不够精细,时间稍有提前。但那时,月光是从西往东照,草堆在东,大树在西,如果被告的脸面对草堆,脸上是不可能有月光的。"

听了林肯合情合理的陈述,听众先是一阵沉默,紧接着掌声、呼声一齐迸发出来。福尔逊顿时傻了眼。

问清当时的情形,讲明道理以引导之,是论辩的常法,也是办事的方略。林肯步步为营,一点一点地营造有利于自己求证的局面,最终得出了福尔逊在做伪证的事实。因此说运用因势利导的方法,有时可以使复杂问题简单化,为人们之间的沟通提供方便。

◆◆办事的智慧◆◆

> 人们把擅长随机应变的人称为有"灵气"的人,这种人办事不呆板,有智慧,反应敏捷,见方则方,见圆则圆。你想成为这种人吗?

附录一
犹太人办事策略

契约高于逻辑

犹太人对契约的信奉简直达到了崇拜的程度,所以一方面他们不可能做不履行契约的事,而另一方面,由于对契约十分谙熟与精通,他们并不像别人所想象的,会被契约束缚手脚,反倒是常常利用自己的聪明智慧和娴熟老到,让契约成为自己的帮手。

犹太人加利在一个犹太教区为贫困人口做服务工作。那个时候,世界经济还远没有发展到今天这种程度,因此有一些犹太人的生活还处于穷困当中。冬天到了,这个教区的居民却还没有足够的煤来过冬,因为他们没有足够的钱买煤。当然,加利本人也没有这么多钱来帮助人们解决困难,但他却想到了一个办法,一个绝对可靠而又有效的办法。

他找到一个经销煤炭的商人,和他洽谈买煤的事情。不过他首先表示,希望那个煤炭商人能够看在上帝的份上,捐助一批煤炭给穷困居民。那个商人说:"我可不会白送东西给你们。不过,我可以半价卖给你50个车皮的煤炭。"

加利写信说,让煤炭商先运25个车皮的煤炭来。煤炭运来后,这个犹太教区的人却没有付钱,并说煤不用再运了。

煤炭商见此情况非常气愤,他发出了一份措辞强硬的催款书,说如果加利他们再不付款,他将起诉。

很快,这个商人收到一封回信,信上这样说:"您的催款书我们无法理解。您答应卖给我们50个车皮煤减掉一半,25个车皮正好等于您减去的价钱。这25个车皮的煤我们要了,而那25个车皮的煤我们不要了……"

煤炭商人自然气愤不已但又实在没有办法。

犹太人这样理解他们之间订立的契约。从逻辑的角度讲,这种理解是不能成立的。因为煤炭的一半价格并不等于一半煤炭的价格——两者仅仅在价格上没有区别,但是在事件本质上却有着根本的区别。由于这件事牵涉"慈善"这样一个敏感问题，煤炭商人只好不了了之。

契约甚至高于逻辑，这就是犹太人做生意的特点。

把合同当作商品出售

犹太民族极为重视立约与守约，并将其高度神圣化，因此，犹太民族被称为"契约民族"。但在商业活动中，犹太人却经常出卖合同。他们认为，合同本身也是商品，同样可以自由买卖。当然，这种合同必须是合法的、可靠的，而且是有利可图的。

卖合同的人相当于一个坐享其成的人，他不需要经营业务，也不需要履行合同中所指定的责任，不费吹灰之力就赚到了钱。

这对于会赚钱的犹太人来说，又何乐而不为呢？因此，只要他们觉得买卖双方的条件都能接受，就十分乐意把合同卖掉。当然，他们所收买的合同，仅限于他们的确认为有信用而且信得过的商人。

我们常说的"代理商"就是指这种靠买合同而稳赚利润的人。犹太人称"代理商"为"贩克特"，他们把别的公司企业已订立的合同买下来，代替卖方履行合同，从中获利。

犹太的"贩克特"生存于世界的每一个角落。他们一般会瞄准一些信得过的大公司或大厂商。银座犹太人藤田先生的公司就与"贩克特"常来往。

"您好，藤田先生，现在您做什么生意？"犹太"贩克特"常常会这样问。

"我刚好和纽约的一家高级女用皮鞋商签了个10万美元的合同。"

"太好了！您能不能把这个合同让给我？我给您两成的现金利润。"

双方有意，于是一桩合同买卖很快便成交了。藤田先生不费吹灰之力，取得两成利润，犹太"贩克特"也因此获得女用皮鞋输入权利，再从皮鞋销售中获取更大利润。交易的结果，双方都十分满意。这就是"贩克特"的快速生意，真可谓雷厉风行。

当双方成交后，"贩克特"手持合同立刻飞往纽约那家皮鞋公司，称10万美元输入的权利是属于他的了。他们这么做所带来的好处是没必要直接参加合同签订，而是直接买来满足自己需求的合同。

当然，合同买卖需要步步小心，它要求"贩克特"们洞察力敏锐，以减少不必要的损失。犹太人惊人的心算度，渊博的知识面，深刻的理解力，使他们成为做"贩克特"的天才。

变通的最高境界是法律再造

犹太商人素以守约守法著称。在实际经营活动中，犹太商人同样也会遇到种种法律规则与经营目标发生冲突的时候。犹太商人的基本策略是化两难为两全。

有这么一个笑话,恰是犹太商人这一策略的幽默解说。以色列的住房紧张问题很严重,几个德裔犹太人只好将一个报废的火车车厢作临时住舍。有一天晚上,几个德裔犹太人穿着睡衣,在寒风中颤抖不已地来回推着车厢。一个本地犹太人不解地问:"你们到底在干什么?"

"因为有人要上厕所,"推车人耐心地说明,"车厢里写着:停车时禁止使用厕所。所以,我们才不停地推动车厢。"

凡乘过长途火车的读者,想必都有机会看到这一条规定。其意图何在,大家也都清楚。现在既然车厢已经成为固定居所,此规定作为列车运行中的规定理当自然失效,虽然在保障"住宅"周围的环境卫生中还有必要遵守,可是这几个德裔犹太人却不知变通,死守规定,弄得两头不讨好:人冻得要命,环境卫生仍没搞好。

这是对笑话的一般理解。然而,要是换一个角度来看,事情就完全不是一个"迂腐"的问题,反倒是"变通"的表现了。

这几个犹太人是寄居在火车车厢之中的,就像犹太商人长期寄居在其他民族的社会中一样。这条规定是铁路主管部门制定的,无论其是否有效,应由列车车厢的所有人或铁路主管部门宣布,这几个犹太人没有立法的权力,自然也没有废除某项法律的权力。

规定既然不能废除,用厕所又在情理之中,聪明的德裔犹太人就想出了让列车"动起来"的点子。只要车厢一动,规定便从其本意上不适用了,无需再由任何人来废除,既然铁路主管部门从未规定是否允许人力推车,他们当然可以自行决定。而就在他们几个人的瑟瑟发抖之中,规定没有违反,上厕所的要求也满足了,不是两全其美吗?

这则笑话表明:在通常情况下,犹太人懂得变通法律。既能从形式上遵守,同时又不改变自己原有的活动方式。

不允许随便践踏规则

犹太人特别讲究规则和契约,他们认为契约是人能够存在的理由和根据。他们做事情也就形成了这样的习惯,无论是什么事情,有了契约,形成了规则,他们就觉得十分放心、保险,倘若没有形成合同,也没有规则,那样即使条件再优惠,他们也绝对不会做。

一个寒冷的冬天,一大早牛奶店就排起了长龙一样的队伍,顾客都要购买热的鲜牛奶。当大家都在等候按次序购买的时候,迈克来了,他一来就挤进了队伍。排在最后面的犹太青年约翰觉得不可容忍,于是想搞个小恶作剧。他跑过去,突然一把拉下迈克的帽子,然后又回到自己原来的位置,他把胳膊放在身后,高举起帽子,笑嘻嘻地对迈克喊:"伙计,你的帽子都在排队,你还不来排队吗?"

这就是犹太人的规则意识，他们自己不违反规则，也不容许别人随意地践踏大家形成的规则。

　　为什么非要有一个规则呢？可以随便找出一个事例来说明。

　　有一辆拥挤的公交车驶来，进了站台，车门打开，于是大家一窝蜂似的往上涌。结果，年轻力壮的人挤在了前面，而年老体弱的被挤在了一边。车上的人们十分着急却由于上车的人挤得太厉害而无法下去，而下面的人因为车门被堵而无法上去，无数人的脚被踩，无数人的东西被挤坏，经过很长时间的喧闹，车才勉强开动。大家纷纷叫着、骂着，整个车站一片混乱。这是一个没有规则的车站通常出现的一幕。而一个有规则存在的车站，情况就大不一样，所有的人都在安静地等待，车来了，大家按照先下后上的规则就可以有序地上下车，而上车的人们可以排成队伍按先来后到的次序上车，大家为年老体衰的人让座，车厢里整洁有序。这就是规则带给人们的方便。

　　正是规则意味着井然有序的活动，保证了整个活动的高效率，因此才需要有高度地崇尚规则的意识。

　　犹太人在生活中讲究规则，在商务上，他们也同样地重视规则，典型的例子就是犹太人在经营的时候，决不偷税漏税，也极少做违法的事情。在犹太人看来，偷税漏税是可耻的行为，是一件让人痛恨的事情。犹太人说商人和国家是有规则的，国家提供了经营的条件和管理的责任，那商人就应该履行对国家和社会的责任——交纳赋税。如果大家都不遵守这样的规则，那么这个国家就不会存在。这个社会和国家之所以存在，是由于大家都遵守了这样的规则的缘故。

　　一切的违法活动，都是对规则的破坏和挑战，是决不可饶恕的错误。于是犹太人在经商的时候，极少发生这样那样的违法犯罪活动，他们的犯罪率之低是世界罕见的。

　　犹太人会搞投机，但违反他们的投机都是在国家许可范围内的，因为没有法律明文规定的条文就不算是违法。既然没有明文规定那就是默认与许可，犹太人就会抓这样的机会。而明目张胆地犯罪，就是直接地破坏，所以，尊重规则和契约的犹太人是不会这样做的。

　　在一个企业中，最有效的管理莫过于那些通行的规则和惯例，通常我们叫它制度。

　　有一个犹太人管理着一家很大的公司，但是大家看到他显得十分轻松，他经常出去考察，他不无自豪地说："我的公司即使我一年不回来，大家也会干自己的事情，公司不会出现任何问题。"

　　这就是规则的魅力。

对自己不利也不能违约

　　《塔木德》要求："立誓之事就是对自己有害也不能反悔。"谨守此道的犹太商人奥斯曼善于从长远考虑问题，为了信誉宁愿暂时赔钱，他目光远大的作风给世人留下了深刻的印象。

1940年，奥斯曼以优异的成绩毕业于开罗大学并获得了工学院学士学位，重新回到了伊斯梅利亚城。贫穷的大学毕业生想自谋出路，当一名建筑承包商，这在许多人看来简直是白日做梦。奥斯曼也陷入窘境："我身无分文，但我立志于从事建筑业。为了这种目的，我可以委曲求全，从零开始。"

奥斯曼的舅父是一名建筑承包商，他曾经开导奥斯曼：要有自己的思想，不要人云亦云。

奥斯曼为了筹集资金，学习承包业务，巩固大学所学的知识，便到了舅父的承包行当帮手。

在工作中奥斯曼注意积累工作经验，了解施工所需要的一切程序，了解提高工效、节省材料的方法。一年多的实践后，奥斯曼收获不小，但也有不少感慨："舅父是一个缺乏资金的建筑承包商。设备陈旧，技术落后，无力与欧洲承包公司竞争。我必须拥有自己的公司，成为一名有知识、有技术、能同欧洲人竞争的承包商。"

1942年，奥斯曼离开舅父，开始实现自己成为建筑承包商的梦想，他手里仅有180埃镑，却筹办了自己的建筑承包行。

奥斯曼相信事在人为，人能改变环境，不能成为环境的奴隶。根据在舅父承包行所获得的工作经验，他确立了自己的经营原则："谋事以诚，平等相待，信誉为重。"创业初期，奥斯曼不管业务大小、盈利多少，都积极争取。他第一次承包的是一个极小的项目——为一个杂货店老板设计一个铺面，合同金只有3埃镑。但他没有拒绝这笔微不足道的买卖，仍是颇费苦心，毫不马虎。他设计的铺面满足了杂货店老板的心意，杂货店老板逢人便称赞奥斯曼，于是奥斯曼的信誉日益上升。奥斯曼的经营原则获得了顾客的信任，他的承包业务日渐发展。

1952年，英国殖民者为了镇压埃及人民的抗英斗争，出动飞机轰炸苏伊士运河沿岸村庄，村民流离失所。奥斯曼承包公司开始了为村民重建家园的工作，用两个月时间，为160多户村民重建了房屋，他的公司获利5.4万美金。

20世纪50年代后，海湾地区大量发现和开发石油，各国统治者相继加快本国的建设步伐。他们需要扩建皇宫，建造兵营，修筑公路。这给了奥斯曼一个历史性的机会，他以创业者的远见，率领自己的公司开进了海湾地区。他面见沙特阿拉伯国王，陈述自己的意图，并向国王保证：他将以低投标、高质量、讲信誉来承包工程。沙特阿拉伯国王答应了奥斯曼的请求。后来工程完工时，奥斯曼请来沙特国王主持仪式，沙特国王对此极为满意。

"人先信而后求能"。奥斯曼讲究信誉，保证质量的为人处世方法和经营原则，使他的影响不断扩大。随后几年，奥斯曼在科威特、约旦、苏丹、利比亚等国建立了自己的分公司，成为了享誉中东地区的大建筑承包商。

奥斯曼讲究信誉的做法，在一定情况下会使自己吃亏。但在这种情况下，吃亏毕竟是暂时的，所谓有亏必有盈，某次吃亏或经济利益受损却会给自己长远的事业带来积极的影响甚至长远的影响。

和奥斯曼一样，精明的犹太人相信，千金一诺是非常有意义的原则，它可以在你受挫折的时候给你必要的支持，保证你有足以东山再起的人际关系，它可以给你带来可靠的机遇，因为你已经赢得了别人的信赖和承诺。

面子一文钱不值

商人都重利，犹太人也不例外。他们会以"变脸术"去争利，从没有过半步退让。犹太人会慷慨大方地把笑容"赠送"给他人。可在金钱问题上，犹太人会擦亮眼睛，高度警惕地瞧着。一旦进入角色，多半是斤斤计较。

商定有关价钱问题时，紧盯金钱的犹太人，态度非常认真。犹太人对每个有关价钱的问题，都会深思熟虑。对于利润的一分一厘及契约书的形式等，也细致入微。在这些问题上，他们丝毫不含糊，即使谈得满嘴白沫也不罢休，发生激烈的争吵也在所难免。

犹太人绝对不可容忍的是敷衍了事，马虎大意。如果双方意见不一致，他们的一贯作风是必须深究到底，及时决定方罢休。犹太人在探讨问题、辩论是非之时是无"面子"之说的，他们不问对方是何人，对的就是对，错的就是错，丁是丁，卯是卯。有时辩论甚至会演变成相互谩骂而纠缠不清。

通常，犹太人在商谈时的第一天，很多时候都是不欢而散的，更不用说商谈出什么圆满的结果。在争吵后的第二天，犹太人一改昨天的态度，依旧笑容可掬地前来晤谈，这一点不能不令人感到惊讶。他们态度转变之快，实在令人叹服。不过，商谈中他们还是以利益为重，始终不会作出丝毫的让步。犹太人的"变脸术"，他们的理智，足以战胜一切——在利益面前，"面子"算什么，值多少钱？

为了达到争取利益的目的，犹太人善于向对手施加压力。他们通常使用三种方法：

（1）在进行交易时不断保持明显的竞争。你能得到的选择越多越好——直到某个限度为止。到了某一阶段时，为了向对方施加压力，代替方案越多越好。

（2）经常反对对方，持续引起对方的反对和不满。在不让对方产生敌意的情况下，有人情味地施加压力，同时辅以个人的关切和鼓励，对方就会慢慢地把自己的期待降到最低。

（3）削弱对方的地位。为了达到这个目的，必须谨慎从事，操纵对方。如果能占有优势的话，事情就更好办了。不要害怕向对手施压会触怒对手，因为对方也会压制你。当然，要连续不断地向对手施压，以达到控制对手，最后赢得谈判的目的。

任何东西都不能掺假

犹太教关于食物的戒律严格规定：任何东西都不能掺假。犹太人的食品加工业就受此严格地制约。美国的火腿香肠十分好吃，因为里面没有混入猪肉和马肉。一旦记住这种味道，就会觉得日本做的火腿香肠难以下咽，根本不能吃。日本做的香肠里面加了鱼肉和鸡肉，而且为了增加分量，还加了很多淀粉。这样做成的肉团子就没有了纯正的肉的味道。

库舍规定还适用于酒类。拉比们会通过监督并且亲自品尝来确定原料的纯正。无论是加工食品还是酒类，如果符合库舍规定，都会由拉比在标牌的一角上签上自己的名字。

《塔木德》规定严格禁止将酒兑水买卖。允许兑水的场合只限于酒吧，并且是在客人知道已经兑水的情况下。但是，如果是对于酒吧和中间商，即使酒吧知道并同意中间商的葡萄酒兑水也不能买卖。因为如果这个酒吧买了这些兑水的葡萄酒，就有可能将其伪装成没有兑水的酒，在顾客不明真相的情况下卖出去。另外，这种兑水的酒有可能已经混入细菌，并在酒中腐败、发酵，不能够长期保存。不管怎么样，这种行为极大地损害了商业信用。最重要的是：在卖出之前就彻底地加强商品的质量管理，制止浑水摸鱼的行为。

纽约有一个犹太人开的旧书店，在卖给客人书之前，经常会确认有没有脱页的现象。因为是旧书，书皮和装订不结实也是没有办法的事，但如果把内容不全的书卖给顾客，那几个月后书店的信誉就会受到极大的损害。正是因为不卖有缺陷的商品，这家书店的顾客才会越来越多。

与之相反，犹太人还有别的得意之作。就是说，如果商品有破损，他们就会向人们以极其低廉的价格出售，而人们也是在知道商品有瑕疵的情况下买的。这也可以说是诚实正直的生意之道。

疏忽就要承担责任

大多数国家在借贷和做生意方面经常用赊欠的方式解决问题，而犹太人在这一点上有着明确的责任规定。

犹太人最初是由有利害冲突的部落联合而成，而后又分散在世界各地。所以，为了调整思维方式和习惯不同的犹太人的利益，制定严密的法律体系就变得很有必要了。《塔木德》就是由拉比们将日常生活中各种见解集合起来形成的，它收录了人们所能想到的各种各样的问题。

A向B提出"帮我保管一下这个吧，我还要帮你保管你的东西呢。"B很快答应了。这种情况下，A和B都有保证对方东西安全的责任。A向B说"帮我保管一下这个吧"，而作为回应，B说"好的，放在这里吧"。这时，B就应当对A负责。A对B的这种善意的行为不一定有回报的义务。按照现在的说法，就是体现了双方责任和单方责任的区别。

那在实际中需要对对方的东西做多少赔偿呢？《塔木德》举了三个例子来给出

基本的判断标准。

（1）无偿帮别人保管东西而造成丢失或损伤，保管人没有赔偿的义务。但如果是借别人的东西，无论是什么原因造成，都有义务赔偿原物。

（2）承租人或是被有偿雇佣的人，必须赔偿因自己的原因造成的损失。如果是由于偷盗或是其他无意行为或是不可抗力的天灾（如羊在放牧中被狼群或是狮子吃掉）造成的损失，不能被追究责任。

这里值得思考的是到底什么算是天灾什么算是人祸。关于这个区别也有详细的论述，也就是我们要说的第三个例子。

（3）雇工在放牧家畜的时候遭到野兽的侵袭，无论是狮子、熊、豹或是毒蛇，只要出现一头，就被认为是不可抗拒的天灾。狼群（狼的数量在两匹以上）侵袭家畜的时候，如果不能击退，也是不可抗力的天灾。人有可能击退两匹土狼，但如果它们是从前后两个方向夹击，也可以断定家畜的损失是有不可抗力造成的。上面的例子只限于在安全的区域放牧时出现的事故。如果牧羊人故意把家畜引到危险的区域，引起的一切后果都由牧羊人承担。

总而言之，由于疏忽引起的事故就要承担全部的责任。所以，犹太人在做事情之前都做十分周密细致的准备，在做事的过程中对每个细节都予以充分的考虑。

每天清洗一次砝码

把商品的缺点给顾客暴露出来。既要把商品的缺陷说给顾客听，也要大声宣布"我的货是最好的"。

犹太民族的先知训示他们的后人说：

"你们不可行不义。要用公道天平、公道砝码，公道升斗、公道秤。"

他们的要求是具体的：

不可有一大一小两样的砝码和量器。

批发商每个月清洗一次量器，小生产商一年清洗一次。

小生产商要经常清洗砝码。以其不发粘为度。

店主每周要清洗一次量器，每天清洗一次砝码，每称完一样东西都擦拭一次天平。

诚信是犹太商法的灵魂，是商业活动的最高技巧。犹太商法不仅要求商人"把坏豆子从谷桶里清除出去，而不能放在消费者看不到的谷桶最下面"，还禁止在买卖中用颜料涂描衰老的奴隶以及病弱的牛羊、陈旧的器具。

这样做的目的就是把这些"商品"的缺点给顾客暴露出来。然而，他们既要把商品的缺陷说给顾客听，也要大声宣布"我的货是最好的"。

彻底的诚信并不意味着他们放弃了对世界的修饰。为了使世界看起来漂亮一些，犹太人的先知允许人们把好衣服洗得更光鲜，把麻布衣服拍打得更薄更精致，把窗子和篮子涂上艳丽的色彩。

犹太商人认为顾客欠债不还是商人的过错。

现代犹太人对诚信的阐述当然贴近现代的社会。诚信就是财路，就是商业活动中最高的技巧。无论在西方世界还是在东方世界，无论是对大商人而言还是对小商人而言，这条犹太商法无时无地不在得到证明。

他们明明白白地告诉顾客"我要赚钱"，他们让世界清清楚楚地看着他们怎样赚钱。

犹太商人绝不奸诈。在世界商业史上第一个提出"不满意可以退货"的，就是犹太商人。这人是朱利叶斯·罗森沃尔德。罗森沃尔德是美国希尔斯·罗马克百货公司的老板，这句闻名于世的口号提出于19世纪刚刚开始的时候。

绝不漏税，合理避税

在犹太人的经商观念中，他们一方面信守"绝不漏税"，另一方面又善于"合理避税"。

"绝不漏税"，是犹太人的又一句经商格言，这体现了他们强烈的纳税意识。犹太人以能够纳税为一大光荣。犹太人拥有世界上最多的财富，却比世界上任何一个国家的商人都重视交税。在犹太人心中，有一套属于他们自己的观点。他们认为，纳税是和国家订立的神圣的"契约"，无论发生什么问题，自己也要履行契约。谁偷税、漏税、逃税，谁就违反了和国家所签的契约。违反"神圣"的契约，对犹太人来说是无法原谅的。

一个瑞士人到海外旅行，回来时将一颗宝石藏在鞋里企图不通过纳税入境，结果被当地海关查出扣留。一位同行的犹太人看到这种情况时十分奇怪，问道："为何不依法纳税，堂堂正正地入境？"按照国际惯例，像宝石之类装饰品的输入费，一般最多不会超过8%，如果照纳输入费，堂堂正正地进入国境，若想在国内再把宝石出卖时，只要设法提价8%就行了，这样简单的计算方法，小学生都会。因此说，犹太人的依法纳税实在是一个明智之举。

但是，犹太人"绝不漏税"并不表明他们轻易地就交出不合理的税款。他们讨厌被人随意征税。犹太商人在做一笔生意之前，总是要首先经过认真的计算，这笔生意是否能挣钱，先粗略算出在除去税款以外，他们有多少钱能装入自己的口袋。

犹太人为了多赚点钱，也在税收上想了不少点子，重点就是：避税。

在长期的商场历练中，他们总结出了一套合法避税的办法。他们充分研究有关税收的各种法律法规，努力做到在某些方面比国家征税人员更懂税收。

其实，犹太商人在世界各地苦心经营各自的一方天地，并没有多少时间运用他们高超的智慧去思考如何避税。他们认为，避税不应是从商者的根本目的，即使是一个天才避税者，也不能够通过避税迈入富人的行列。它的根本目的在于促使管理者对管理决策进行更加细致的思考，进一步提高经营管理水平。

即使有合法避税的初衷，但过分玩弄避税技巧，滥用避税方法，还是极易遭遇恶意避税的风险的。在犹太人心目中，神圣的契约可以是商品，宝贵的时间可以是商品，为赚钱可以暂弃自己的宗教信仰，但良知和尊严绝对不会出卖。

"纳税天经地义，避税合理合法。"犹太人的圣典《塔木德》早就有过类似的表述。他们在做到合法避税的同时又做到绝不漏税，从根本上来说是得益于由《塔木德》等犹太圣典所承载下来的智慧。

合法避税又绝不漏税，这就使犹太商人在世界各地有了生活和发展的根基。

附录二

办事能力测试

1. 目的与功能

本工具的目的是帮助被调查者了解自己或者他人的办事风格,然后根据各种办事风格的特点,进一步了解自己应当如何同其他风格类型及同样风格的人进行人际交往,发扬自己风格的长处,努力克服各自风格的缺点,以建立起更为积极的人际关系。

2. 适用对象

本工具适用于想了解自己和他人的办事风格类型以及如何同其他风格的人交往的所有人员。可用于自测,也可以组织集体施测。

3. 使用说明

本工具由60道题目组成,每道题目分别描述了人在办事时的思想和言行。

指导语:请仔细阅读下面的题目,然后根据自己的理解、经验和生活实际,实事求是地对题目进行判断,看每道题目是否符合自己的办事风格,然后用分数"3"、"2"和"1"表示自己的观点,其中"3"代表"非常符合","2"代表基本符合,"1"代表"不太符合",并在"符合程度"栏中作出相应的选择。

4. 测验题目

题号	题 目	符合程度		
1	我精力充沛,节奏迅速,目的明确,说话直率,这些特点有时会引起他人的忌恨。	1	2	3
2	我喜欢直言自己喜欢什么和不喜欢什么,有啥说啥。	1	2	3
3	我喜欢深思熟虑后再讲话,一面讲话一面仍然在思索。	1	2	3
4	我非常珍视和谐的人际关系,经常充当和事老的角色,往往能收到息事宁人的效果。	1	2	3
5	我比较认真,不那么爱开玩笑。	1	2	3

续表

题号	题　目	符合程度		
6	大家都知道我待人热情直爽。	1	2	3
7	我喜欢单独干或者和少数人一起干。	1	2	3
8	我不喜欢与人顶撞,因此只拣别人爱听的话说,而把自己的实际想法放在肚里。	1	2	3
9	当机立断是我的一个突出特点。	1	2	3
10	我说话时精神抖擞,声音很大。	1	2	3
11	我在面临风险时是极其谨慎的。	1	2	3
12	我力求顾全别人的面子,极不愿意损害彼此之间的关系。	1	2	3
13	我对效果非常看重。	1	2	3
14	我特别善于帮助别人在精神上振奋起来。	1	2	3
15	发生冲突时,我会千方百计地避免动感情。	1	2	3
16	情况不顺利时,我虽然也会有埋怨和不满,但可能照常干下去。	1	2	3
17	我更注意当前的实际情况,不大考虑理论、原则或人的感情。	1	2	3
18	我最讨厌整天在办公桌边埋头工作。	1	2	3
19	我在许多问题上可能与其他类型的人一样有深沉的感情,但我尽量谈事实而不想谈情感。	1	2	3
20	我处理事情往往是优柔寡断的。	1	2	3
21	我的感情往往是通过言行流露出来。	1	2	3
22	我喜欢豪言壮语。	1	2	3
23	我对自己的要求非常严格,对别人的要求也非常苛刻。	1	2	3
24	我特别富于同情心。	1	2	3
25	我从心底里是很关心别人的,但我在口头上不像他人讲得那么多。	1	2	3
26	我交往非常广泛,要做什么事情时总能找到许多人前来帮忙。	1	2	3
27	我遵循的原则是,与其吃后悔药,还不如保险一点好。	1	2	3
28	由于我行为友善,受人喜爱,因此容易与大多数人搞好关系。	1	2	3
29	我在很短的时间里能完成大量的任务。	1	2	3
30	我讲起话来往往滔滔不绝,可以轻而易举地发表长篇大论,可谓口若悬河。	1	2	3

续表

题号	题目	符合程度		
31	我不大喜欢流露赞扬或欣赏的态度。	1	2	3
32	我有时待人过于友好,为了搞好关系替人帮忙而会丢下自己的事。	1	2	3
33	我说话时语气转折很少,表达观点和提出要求喜欢开门见山。	1	2	3
34	我不但自己爱玩,而且喜欢逗人快乐。	1	2	3
35	我谈话的中心一般是工作,很少谈及人。	1	2	3
36	我在决策时非常小心和谨慎,总希望寻求某种保证来减少有关的风险。	1	2	3
37	我一般精于时间的安排。	1	2	3
38	我有时也会感到泄气,通常是因为得不到别人的必要鼓励。	1	2	3
39	虽然我在表面上对人不是很关心,但在困难的境遇中,我往往会竭尽全力保证员工能得到适当的待遇。	1	2	3
40	在与人和组织打交道时,我非常有耐心。	1	2	3
41	我往往会令人吃惊地突然改变自己的主意或者突然修改原先的计划。	1	2	3
42	遇到陌生人时,尽管我有时内心也会出现片刻的疑惧,但与他们相处共事似乎还比较容易,用不着多费心思。	1	2	3
43	我以考虑周密、办事有序而著称。	1	2	3
44	我比大多数人更乐于日常事务性工作,根据别人创立的规章制度办事。	1	2	3
45	我一门心思关注当前的情况,对自己活动的长远后果缺乏足够的考虑。	1	2	3
46	如果需要长时间坐着开会,我仍会显示出不知疲倦的精力。	1	2	3
47	我希望与自己有关的事情都要做得完美无缺。	1	2	3
48	我在稳定有序的环境下工作,通常是很有成绩的。	1	2	3
49	我是个不达目的决不罢休的人。	1	2	3
50	充沛的精力,加上坚定性强带来的种种因素,我有时感到什么都不在话下。	1	2	3
51	我在决策时是绝不会漫不经心的,我总希望做到万无一失。	1	2	3
52	我能主动为集体做一些默默无闻、平凡琐碎的事情。我独立自主的意识很强,希望为自己定一个目标,而不希望别人给自己指引方向。	1	2	3

续表

题号	题 目	符合程度		
53	我生气勃勃,精力旺盛,似乎浑身上下有使不完的劲。	1	2	3
54	做任何事情都显得精神抖擞,干劲十足。	1	2	3
55	如果有一个办公室,我很喜欢把它布置得井井有条。	1	2	3
56	为了提高工作效率,我不惜牺牲自己的时间和精力。	1	2	3
57	我有非常明确的目标和追求。	1	2	3
58	我喜欢抛头露面。	1	2	3
59	我说话时总是力求精确,对别人也这样要求,希望别人能提供详细的材料证明所讲的论点。	1	2	3
60	我喜欢与别人一道工作,特别是在较小的团体中,喜欢与别人合作。	1	2	3

5. 结果分析

(1) 记分规则。对照表1,结合自己的答题记分情况,将得分分别相加,得出每种办事风格类型的得分。其中分数最高的即是自己所偏重的办事风格类型。应该说明的是,很多人的办事风格并不单纯地属于单一类型,可能是多种类型的混合。

题目分类表

办事风格类型	题目	得分
果断型风格	1、5、9、13、17、21、25、29、33、37、41、45、49、53、57	
表露型风格	2、6、10、14、18、22、26、30、34、38、42、46、50、54、58	
思考型风格	3、7、11、15、19、23、27、31、35、39、43、47、51、55、59	
随和型风格	4、8、12、16、20、24、28、32、36、40、44、48、52、56、60	

(2) 测验分数的解释:

A. 果断型风格。果断型的人精力充沛;讲求实际;比较理智;有非常明确的目标和追求,不达目的决不罢休;独立自主的意识很强,当机立断;精于时间的安排;说话直率,节奏快,身体前倾,动作坚定有力;以工作为中心,节奏迅速,在短时间内能完成大量的任务,是实干家。

B. 表露型风格。表露型的人喜欢抛头露面;奔放热情,说话直爽;交往广泛;精力旺盛,干劲十足;不断进取;想象力丰富;有很强的坚定性;谈话内容,往往以人为中心;善于运用各种体态语言传情达意。做事容易心血来潮,不大愿意深入实际;不愿做平凡小事;满足于一般的规划设想,不屑于实际考察。

C. 思考型风格。思考型的人最具有完美主义特征。做事考虑周密,效率高;树立高标准,并且努力达到和超过这些标准;喜欢独立工作;忠诚;不大喜欢流露赞扬的态度;不喜欢口头讲话,而倾向于书面表达;与人谈话的中心一般是工作,说话讲求逻辑性;不喜欢公开表露自己的情感。

D. 随和型风格。随和型的人具有协作的精神。为提高工作效率，不惜牺牲自己的时间和精力；欢迎他人提意见；文静友善；富于同情心；喜欢组织上规定好职责和任务，自己按部就班地履行义务；是优秀的守业者；决策时小心谨慎，优柔寡断；与人谈话时多以他人为中心，倾向于保持沉默，体态语言的运用比较克制；珍视和谐的人际关系，喜欢息事宁人，谈吐得体。